创新解码
理论、实践与政策

赵付春 / 著

INNOVATION DECODING
THEORY, PRACTICE AND POLICY

上海社会科学院出版社
SHANGHAI ACADEMY OF SOCIAL SCIENCES PRESS

上海社会科学院院庆60周年
暨信息研究所所庆40周年系列丛书

编审委员会

总　　序

上海社会科学院信息研究所的历史可以溯源到1959年建立的学术情报研究室，1978年10月正式成立学术情报研究所，1992年12月更名为信息研究所。建所以来，信息研究所的研究方向与研究重点一直伴随着时代的变化与信息科学的发展步伐而不断调整，目前已发展成为从事重大战略信息和社科学术信息汇集、分析的专业研究所，现有在编人员45人，设有6个研究室、1个编辑部和3个院属研究中心，承建“丝路信息网”“长江经济网”两大专业数据库和“联合国公共行政网（亚太地区）”，承办“全球城市信息化论坛”和“一带一路上海论坛”。

成立至今的40年里，信息研究所始终紧跟时代步伐；坚持以马克思主义为指导，坚持理论联系实际，以专业的学术情报研究资政建言、服务社会，取得了丰硕的研究成果，为上海社会科学院的智库建设和学科发展作出了积极的贡献。

建所40年是信息研究所发展的一个里程碑，也是一个新起点。未来信息研究所将以习近平新时代中国特色社会主义思想为指导，紧紧围绕党和国家的重大战略布局，优化学科配置和人才队伍，努力建设以重大战略情报信息研究为重点，以专业大数据库建设为依托，以各类论坛、智库报告为载体的新型情报信息研究体系。

值此上海社会科学院建院60周年暨信息研究所建所40周年之际，我们策划了这套院庆暨所庆系列丛书。丛书共8册，内容涵盖科技创新、城市信息化、科学社会主义、国外社会科学等领域，既有信息研究所的传统优势学科，也有近年来新的学科增长点。我们希望以这种形式，总结并展示信息研究所40年的发展历程及最新成就。期待这套丛书能成为本所与社会各界分享研究成果的纽带，也能激励本所员工不忘初心，继续前行，为实现信息研究所的发展目标而不懈努力。

王　振（上海社会科学院副院长、信息研究所所长）

2018年6月

序

“创新”已成为时代的热门词。市面上有关“创新”的著作，大体可以分为三类：第一类讲创新理论，有关创新管理、研发管理和创新经济学等，是对创新原理和运行规则的思考；第二类谈创新实践，包括各类企业的创新案例，以期为企业提供实用的参考；第三类重创新政策，面向各级政府，讨论如何营造一个良好的创新氛围，形成健康的创新生态，属于智库的研究范畴。

由于知识背景和所关心的问题不同，每位作者在其所接触到的范围内讨论创新问题，其观点和结论自有其道理，但很明显这三者之间存在着内在的关联。本书的成书目的，就是试图对“创新”本身进行解读，并认为创新并不必然隶属于经济、管理或社会某一领域，而是有其自身的发展规律，或可称之为“创新学”。

不无巧合的是，对于创新的认识，笔者恰好经历了从创新实践到理论，到进一步了解创新政策这样一个历程。20世纪90年代后期开始在企业从事管理工作十余年，直接面对市场，提出和实施过不少创新性的营销和竞争策略，也感受到了企业管理中创新机会的无处不在和实施创新的艰难。

理论方面，之前主要是工作之余，阅读一些畅销的创新管理专业书，如《管理实践》《从优秀到卓越》《第五项修炼》等。走上研究之路后则大量涉猎了有关创新的学术文献。在此基础上，慢慢建构起个人有关创新的知识体系。但这个时期，主要是在个人和组织层面的创新管理居多。这方面的工作在之前所出版的《双元性创新理论的多层次构建》(2012)一书中已有所体现。

来上海社会科学院工作以后，更多地接触到有关创新政策的文献，才发现在组织创新之外，另有一番天地。各级政府所推出的科技创新政策，其背后都有一定的理论基础。其中最重要的当属以迈克尔·波特《国家竞争优势》为代表的集群理论、丹麦学者Lundvall等倡导的国家创新体系理论等。此外，近年开始兴起的社会创新（social innovation）越来越引起人们的关注。这一研究领域的学者更多是从相对宏观的视野看待创新，反思创新正反两方面的影响。他们常常借助于制度学派的观点，把单个企业创新置于一定的制度环境中加以考察，研究创新生态系统的问题。

但是不同学派所说的创新究竟有何异同？有无可能将其加以整合，形成一个完整的创新理论？对创新这个谜题如何解码？这是一个困扰笔者很久的问题。

受创新的演化经济学（新熊彼特主义）的影响，笔者有一段时期坚持学习生物进化论的发展史，了解了一点进化论的皮毛。在自然选择的问题上，可分为四派：最经典的一派是传统达尔文主义，将生物个体作为进化的单元，自然选择的对象是以个体为基础。此后有一派往更高层面走，提出群体选择理论，即自然选择的对象是种群而非个体（爱德华兹，1962）。另一派则往微观层面走，主张基因选择理论，认为自然选择是以基因为单位（道金斯，1976）。最后一派试图调和不同学派的矛盾，是由哈佛教授古尔德提出的"层次选择论"。他认为自然选择发生在多个层面上，从个体、基因到物种，甚至更高的层次进行选择。

对照来看，其实创新也是这样，从个人到企业，再到集群、区域和国家，不同层次上的创新各有其原则。每个层面某种类似于自然的力量（如市场、习俗等）都在对创新进行选择。低层次创新嵌入在高层次之中，同时后者并非前者的简单加总，而是有其自身的规律。这其中能够将其黏合的，是制度。或者说，制度是解码创新的一把钥匙。

找到了制度这个工具，无疑让笔者看到整合创新理论的希望。[①] 因为没有好的制度，企业家这个群体不会出现（传统社会vs现代社会；计划经济vs 市场经济）；没有好的制度，企业创新没有动力（国企vs民企）；没有好的制度，产业不会集聚（单个企业vs产业集群）；没有好的制度，无法实现创新驱动经济增长（脱离中等收入陷阱）。要理解创新，必须先理解其所处的制度环境。

---

① 吴敬琏曾明确提出，在中国高新产业发展方面，制度重于技术。由此推之，制度创新也重于技术创新。

当然,制度本身是一个内涵比较丰富的概念,它与创新之间在多个层面有着不同的相互作用。但如果简化一点,可以认为从制度视角需要解决的根本问题是:为何要创新?不同主体创新的动机无非两个方面:一个是内在寻求变化的冲动,由兴趣所驱动;另一个是由外在的激励所致,有奖励、奖赏等,这就是制度要解决的问题。

对于单个企业的创新,存在内部和外部两类制度,它们同时起作用,同样重要。在创新体系理论看来,制度本身就是一种建构,是与单个企业或集群一起发生共同演化的,并不是完全外生的。在计划经济制度环境中,创新基本不存在。而在向市场转轨的经济体中,如果存在政府过多的不当干预,创新主体的积极性也很难发挥。

在这一指导思路下,笔者从2015年开始构思创新理论的构建,同时将其作为研究生课程"互联网创新管理"的主要内容,通过与学生的互动,对理论框架不断地完善,到今年已经是第四个年头,最终的成果就是本书。归纳起来,本书有以下五方面重要特色和理论贡献。

一是从本质、方法和环境三方面提炼出创新的十大原理;

二是提出创新的三个基本问题是:创新产生、扩散和价值占有;

三是分个人、企业、集群和国家四个层次分析创新的过程;

四是借鉴世界各国的科创政策为我国的科创建设提供了参考意见;

五是从理论、实践和政策三方面丰富了创新的知识图谱。

本书系统化地凝聚了笔者这些年来对创新的一些思考。当然,限于学识,书中必定有部分内容仍然需要进一步的推敲和实证,不当之处,恳请方家不吝指正。

本书的出版得到上海社会科学院信息研究所40周年系列学术成果资助,在此表示感谢。

2018年3月28日于上海寓所

目　　录

第二篇 企业创新实践篇

第三篇　创新公共政策篇

绪　　论

苟日新，日日新，又日新。

——《大学》

一、研究背景：基于互联网的创新时代

“创新”已经成为当代中国和世界的时髦词（buzzword）之一，这距离创新理论创始人、美籍奥地利裔经济学家约瑟夫·熊彼特（Joseph Schumpeter）最早向世人引介这一词汇已经有一百余年了。[①]其间“创新”一词的意义不断地得以丰富，人们对创新的认识不断加深，到今天已经形成了多个流派，影响深远。

但创新可谓古已有之，它常常意味着技术和社会的变革。在人类发展史上，重大技术创新的影响深远，从中国古代“四大发明”到现今的新“四大发明”（高铁、支付宝、共享单车和网购），还有马镫、蒸汽机、电力和汽车等，均属此类。与此前的社会不同，市场经济环境下的创新，是“对业已确立的习惯和带来舒适感的任何东西进行系统化的抛弃，不论是产品服务还是处理程序、成套的技巧、人际关系与社会关系或组织本身”[②]。

例如，20世纪中叶以来，信息技术革命浪潮袭来，微电子技术按摩尔定律迅猛发展，个人计算机、各类智能终端日益普及。20世纪90年代中期互联网

---

① Schumpeter, J.A. (1911). The Theory of Economic Development [M]. Harvard University Press, Cambridge, MA, English Edition, 1934. 本书所引用的内容选自熊彼特.经济发展理论[M].何畏，易家详等，译.商务印书馆，1990.

② [美]彼得·杜拉克.杜拉克论管理[M].孙忠，译.海口：海南出版社，2000：174.作者现通译作“德鲁克”。

开始兴起，迅速席卷全球，世界被前所未有地连接在一起，变“平”了的世界改变了人们的生活和工作等方方面面。

但创新并不限于技术创新，还有组织管理创新、商业模式创新、制度创新等，其含义是把现有的资源加以重新组合和对新观念和思潮的采纳，比如科学管理思想的引入、公共行政管理体制的变革，此类创新对经济社会产生的影响常常大过科技创新本身的力量。

从历史发展看，技术创新与社会各类创新常常相互促进、共同演化。某种通用技术的创新走在重大经济社会变革之前是一般规律，它往往成为其他方面创新的工具、平台和基础。例如，互联网作为一项通用技术创新，逐渐成为经济社会运行的基础设施，成为当代经济社会创新的全新平台。这一新的平台要求人们从思维上作出改变，如前几年在媒体上炒得很热的“互联网思维”。与此同时，很多机构和人群的思维仍然停留在前互联网年代，并没有完全适应这个新社会。只有当更多人的观念慢慢发生改变之后，社会思潮发生变革，才会产生更多的创新。

创新在今天之所以广受关注，首先是因应经济增长模式变革内在的要求。以我国为例，经历40年的改革开放，在国内外大环境的激烈变动下，经济开始由高速转为中高速，走到了一个新的十字路口。以往依赖于要素驱动、投资驱动受边际效益递减规律的作用已经不复有效，加之环境资源的约束进一步加深，以知识发现和应用为特征的创新驱动的发展战略应运而生。2012年党的十八大明确提出“创新驱动发展”的国家战略，强调要“以全球视野谋划和推动创新，提高原始创新、集成创新和引进消化吸收再创新能力，更加注重协同创新。……加快建设国家创新体系，着力构建以企业为主体、市场为导向、产学研相结合的技术创新体系”。

创新的重要性还因为社会问题日趋复杂性。相比于经济问题，中国的社会矛盾和治理问题同样严峻。近三十年来中国的快速工业化拉动了城镇化，地域、行业和城乡差异日益拉大，公共服务和社会保障无法满足广大人民群众的需要，不同阶层人群渐有固化的趋势，各方面矛盾交织，社会治理成为各级政府深感棘手的大问题。这种形势下，强调社会治理的创新也成为时之必然。为此，2015年，中央“十三五”规划提出“创新是引领发展的第一动力。必须把创新摆在国家发展全局的核心位置，不断推进理论创新、制度创新、科技创新、文化创新等各方面创新，让创新贯穿党和国家一切工作，让创新在全社会蔚然成风”。

近二十多年来，互联网以摧枯拉朽之势重新建构了社会，重置了人类的时空观，网络化逻辑的扩散深远地影响了企业的创新行为。相比于以往，互联网时代呈现出很多新的特点。对此，学者们有着不同的总结。如《维基经济学》一书将其总结为四个方面：开放、对等、共享和全球运作。[①]《连线》原总编安德森认为互联网经济的根本特点一是长尾的崛起；二是免费模式大行其道。两位经济学家夏皮罗和瓦里安仍坚持将歧视定价、锁定、正反馈、标准视为网络经济的基本规则，而这些，从经济学看，并无太大新意。[②]

经济史学家认为产业革命给创新带来的最大的影响不仅在于技术创新能力水平的提升，更大的影响在于创新产生的动力和扩散的速度（Mokyr, 2010）[③]，这一论断对于正在展开的数字经济革命来说，无疑是非常贴切的。

综合不同的观点，本书认为：创新规律固然具有一般性，例如必须接受市场检验的铁律，同时也具有时代性和地域性。在不同时空中，创新有不同的展现形式。今天互联网环境下的创新与100年前的创新相比，仍然是有新意的。因此，首先有必要认识一下时代背景，这是本书的成书背景。

本书认为，互联网时代最基本的特征可归纳为四个关键词：连接、平台、共享、智慧，它们共同影响和塑造着经济、社会、文化各方面的创新行为。乐观一点看，可以认为它们推动着人类文明向更高层次发展，逐渐实现“科技以人为本”、建设人类共同的美好家园这一宏伟目标。

首先，这是一个万物互联的时代。互联网是使地球变平的主要“推土机”（弗里德曼，2006）[④]，它将全球的人、计算机和各类物品连接在一起。关联产生价值，形成一张前所未有的宏大价值网络。从技术上看，IPV6让所有实体都有一个网络地址和“身份证”，物联网广泛的触角让所有物体得以接入互联网；

① ［加］唐·泰普斯科特，［英］安东尼·D.威廉姆斯．维基经济学：大规模协作如何改变一切［M］．何帆，林季红，译．北京：中国青年出版社，2007：33.

② ［美］卡尔·夏皮罗（Carl Shapiro），［美］哈尔·瓦里安（Hal Varian）．信息规则：网络经济的策略指导［M］．张帆，译．北京：中国人民大学出版社，2000.

③ Mokyr, J. The Contribution of Economic History to the Study of Innovation and Technical Change[C]// Bronwyn H. Hall and Nathan Rosenberg (eds.). Handbook of The Economics of Innovation (Volume 1) [M]. Linacre House, Jordan Hill, Oxford, UK, 2010: 1750–1914.

④ ［美］托马斯·弗里德曼．世界是平的：21世纪简史［M］．何帆，肖莹莹，郝正非，译．长沙：湖南科学技术出版社，2006.

云计算让各类如洪流般涌出的数据有了聚集地，也让计算能力得到保障；大数据分析技术使得数据金矿的潜在价值变得空前。数据的流动、存储、处理、共享技术共同发展，可以给个人、企业和国家创造出前所未有的创新和创业机会，带来更加丰富的体验。

其次，这是一个平台主导的时代。平台模式将渗透商业领域的每个细微角落，成为新世界的战略主轴。一方面，平台所具有的正反馈或马太效应，推动用户数量迅速壮大，经常动辄成千万上亿，这是传统环境下难以想象的。借助于巨大的流量，平台企业可以发生类似于粒子裂变式增长。新平台的出现迅速替代传统平台，按新的游戏规则，对各传统产业形成破坏性的冲击。另一方面，用户常常大规模自发组织起来开展协作，推动各类基于平台的商业模式创新，如企业社区化、O2O、交叉补贴、众包、众筹等，席卷各个传统行业，突破了人们的想象。

再次，这是一个因共享而繁荣的创新时代。传统的要素驱动和投资驱动的环境中，由于决策者信息不畅通，常常会造成大量的浪费：一部分人所掌握的资源处于闲置状态，而另一部分急需此资源而无从获取。互联网平台出现之后，人们获取信息和知识的成本大大降低，极大地减少了信息的这种不对称，释放了人们对资源高效共享的巨量需求，产生了巨大的价值。不仅仅公共物品，很多私人物品都可得到共享，共享而非占有在诸多领域逐渐成为主流。资源能在一地、一国乃至全球范围内得到更加集约的利用、更好的共享。共享经济成为万物互联世界的一个缩影。

最后，这是一个日趋智慧化的年代。社会借助于互联网广泛链接，导致知识和信息的广泛共享，其结果是使得各方面更加智能，但也带来了这个社会多方面的动荡和危机，需要更加智慧的解决方案。智慧城市、智慧社区、智慧出行、智慧养老、智慧医疗等已经成为社会创新的热点区域。智能关注于自动化技术的发展、流程快速响应，侧重于经济社会运行、公共服务的高效能、低碳化等，但是人工智能、虚拟现实等技术发展本身给人类的工作、伦理、隐私和人机关系带来新的困惑和挑战，需要更加高度的智慧，最终满足更高层次的需求和可持续发展，促进人的自由和发展。

概言之，万物互联是今天现实世界的运行基础，构成一个基础平台，在此基础上人类构建多种交易和互动子平台，通过平台进行资源共享，特别是数据资源的共享、数据的应用使社会迈向高度智慧化。这就是我们所处的时代背景。

二、研究问题和目标

尽管互联网创新的问题在当前广受关注，但相比于现实中轰轰烈烈的互联网创新实践，此方面的研究可谓远远滞后。这一方面是由于这场技术革命远未结束，当代学者处于风暴之中，难免会有“只缘身在此山中”之感叹；另一方面也由于有些现象背后反映的规律性的东西没有经历足够的时间检验。一些所谓的“商业模式创新”在风光三五年之后，光环迅速褪去，算不上真正有价值的创新。还有些“创新”并没有创造价值，反而是在毁灭价值。但是我们不能因此只作事后的判断，认为只有成功的创新才是创新。很多成功的创新正是建立在大量失败的创新基础之上的。

对于这个基于互联网的创新社会，本书明确提出创新并不依附或隶属于某一特定学科，如管理学、经济学或社会学，而是有其自身的发展规律。讨论创新的问题，必须要从创新的本质出发，从理论、实践和政策三个方面入手，来深入细致地探讨这一主题，从这个不断变化的年代中来寻求有关创新相对稳固的规律，刻画其知识图谱。具体地说，本书将会涉及以下关键问题：

首先，从理论上看，创新有哪些一般性原理？其基本问题是什么？

其次，从实践上看，在互联网环境下，企业如何提升创新能力？

再次，从政策和制度层面上看，政府在创新中承担何种积极作用，应当通过何种政策促进创新？

最后，回到中国的现实问题：“创新驱动战略”还需要解决哪些重要的问题？

通过对上述问题的深入探讨，本书尝试建立一个多层次的创新理论框架，并从互联网创新的视角探讨和解释当前的一些热点问题，从全球各国科创政策的演变和现状，反思我国的创新驱动发展国家战略，获得一些新知，提供政策建议。

三、基本概念的界定

对于本书中创新的概念界定如下：

（一）创新

对于“创新”有着多个定义。英文“innovation”源于拉丁文“innovare”，意为“创造新事物”。因此，“创新”一方面可以作为名词（innovativeness），表示“新事物”本身，当然，新事物也可以分为全新发明和部分改进的“新”；另一方面，可以作为动词（innovating），强调“创造”“探索”“尝试”等。还可以一方面表示创造的动作，另一方面作为创造、推广、付诸实践的过程。

对于创新，需要区分两个方面的问题：一是创新、发明与模仿之间的区分；二是区分创新的具体行为和过程。在此基础上，作出一个定义。

专栏0-1 创新的定义

以下试列举部分知名学者、机构和企业家对创新的不同理解。

创新是一种“创造性的破坏”，企业为了寻求新的利润来源，开展持续搜寻，以创造新的事物，在破坏旧规则的同时建立新的规则。

——约瑟夫·熊彼特《经济发展理论》（1911/1996）

创新是指全新的或有明显改进的产品（包括商品和服务）、流程，新的营销方法，或在商业惯例、车间组织、外部关系方面新的组织方法。

——OECD，奥斯陆手册（2005）

产业创新是指包括在新产品或改进的产品的营销中的技术、设计、制造、管理和商业活动或新（或改进的）流程或设备的第一次商业化使用。

——克里斯·弗里曼《产业创新经济学》（1982）

能使现有资源的财富生产潜力发生改变的任何事物都是创新。创新就是改变来自资源而且被消费者获得的价值与满足。

——彼得·德鲁克《创新与企业家精神》(1985)

公司通过创新活动获得竞争优势，他们在最广泛意义上开展创新，包括新技术、新的做事方式。

——迈克尔·波特《国家竞争优势》(1990)

创新事业是“跳出框框”式的生存和生活。它不仅是一个孤立的好主意，而是各种好主意、受激励的员工、对顾客需求的独特理解的组合。

——维珍集团创始人理查德·布兰德森(1998)

1. 创新、发明和模仿

熊彼特(1942)认为创新是企业家的主要职能，是通过对现有生产要素的重新组合，创造一种新的生产函数，并付诸实现，因此是一种“创造性的破坏”[①]。按此理解，创新更多的是一种对现有秩序的否定和突破。熊彼特(1947)进一步提出在外部环境变化时，一个经济体(产业或企业)需要有“创造性响应”(creative response)，即创新，区别于被动式响应，后者是模仿的范畴。[②]

创新区别于科学研究和发明创造的一个明显特征是其需要有实践(或称“商业化”)的行为。一个发明如果仅仅停留在产品原型、停留在人的脑海中，而没有付诸商业实践，还不能算是创新，或者说是不完整的创新。一项科技成果，如果仅仅是发表了论文，在实验室里实现，也不是创新。熊彼特最早提出的创新是企业家的职能，区别于发明家和资本家。他对企业家的描述非常

① Schumpeter, J.A.. Capitalism, Socialism, and Democracy[M]. Harper, New York, 1942.
② Schumpeter, J. A.. The Creative Response in Economic History[J]. Journal of Economic History, 1947, 7(2): 149–159.

生动：

> “企业家式领导，与其他各种经济上的领导（如同在原始部落里或共产主义社会里我们期望可能看到的）不同，自然要带上它所特有的条件的色彩。它丝毫没有作为其他各种领导特色的那种魅力。它在于完成一种非常特殊的任务，这种任务只在稀少的场合才会引起公众的想象力。为了它的成功，更主要的与其说是敏锐和精力充沛，不如说是要求某种精细，它能抓住眼前的机会，再没有别的。‘个人声望’诚然不是不重要。不过资本主义企业家这个人物，并不需要，一般也不会，同我们大多数人心目中关于‘领袖’像个什么样子的看法相符合，以致要认识到他竟然属于社会学中所说的领袖这一类人物，那是有一些困难的。”（熊彼特，1990）[①]

我们注意到这一段话中的思想，后来被德鲁克加以发挥，总结为“创新就是一种实践”。本书秉承这一观点，认为创新必须投入实践，接受市场检验。换句话说，拒绝接受市场检验的创新都是玩概念，是伪创新。而在接受市场检验的创新中，其中很多经历较长一段时间被替代了，无论如何，它仍然可算是创新。

发展到后来，创新的定义逐渐变得广泛，不仅仅包括前述较为激进的创新，也用来指代组织所采纳的新观点、实践和物体（Rogers, 2003）[②]，包括新设备、新系统、新政策、新流程、新程序、新产品、新服务等。也就是说，不管上述观点、实践和物体等是不是第一次出现在客观世界，只要对于特定主体来说是新的，就属于创新。

笔者认为，上述两种观点均存在一定的偏颇。全新创造的东西当然是创新，但如仅限于此，符合这一条件的创新未免太少了，更适合用“发明”“创造”来替代。而如果从实践角度看，仅仅是产生新的事物并不是创新的全部，创新包含着将其商业化的过程，因此这一定义过窄。而Rogers的定义将对任何个

---

① ［美］约瑟夫·熊彼特. 经济发展理论［M］. 何畏，易家详等，译. 北京：商务印书馆，1990: 99.
② Rogers, E. M.. The Diffusion of Innovations(5th ed) [M]. The Free Press. New York, 1962/2003.

体来说是新的东西显然又过泛，无法区分创新与一般的复制模仿。当然客观地说，要严格区分创新还是模仿是不可能的，关键在于时空范围、创新主体的界定。以下对这几个方面进行一个比较（见表0–1）。

表0–1　科研、发明、创新与模仿的概念比较

项　目	科学研究	发　明	创　新	模　仿
新颖性*	高	高	可高可低	低
知识基础	深奥的知识基础	强调知识层次较高、专业较深	强调知识广度、联想和重组	需要一定的知识基础
商业化	无需	无需	需要	需要
动　机	求真/兴趣	兴趣/商业	自我实现/商业	学习/商业
过　程	持续求知	一次性，偶然性	社会过程	持续过程
层　次	个人/团队	个人/团队	团队	团队
性　质	是技术发明的重要基础	作为创新的基础，既受需求，也受兴趣驱动	多数因需求驱动，少数受兴趣驱动	主要受需求驱动
实施人	科学家	发明家	企业家	抄袭者/追随者
代　表	牛顿、杨振宁	爱迪生、鲁班	福特、乔布斯、马云	很多

注：* 此处指对世界的新颖性。
资料来源：作者编制。

2. 创新的动态过程

有关创新的另一个问题是创新是一次性活动还是一个过程。很多时候创新看上去只是一次性的，比如说某软件企业进行一次功能升级，在原有基础上增加一个小的功能；办公人员个人采取一种新的办公软件提高效率。但更多的时候创新需要一个社会化互动的过程，从产生创新思维开始，到企业内部经过反复权衡和酝酿，之后决定采纳，然后需要实施一系列变革，将创新思路加以实践。如企业要开展全面质量管理、流程再造、业务转型等，都无一例外地会面临这个问题。

更为重要的是，创新很少是一蹴而就的，也不是事先给定的，而是在其生命周期内需要经历在实践中不断修正、变化的再创新过程。有些创新在最终广为人所接受时，已经与最初提出时的样子和设想大相径庭。这一点可以从很多有形产品，如汽车、电话的演化过程看得分明。而对于无形的服务、制度、管理创新，在不同情景下的实践呈现出多种多样的姿态就丝毫不奇怪了。

1893年卡尔·本茨制造的四轮双人座“维多利亚”

1908年美国福特公司生产的T形车

20世界80年代中国最为畅销的上汽大众生产的桑塔纳

图0-1　不同年代的汽车

本书认为，尽管一次性的创新在现实中大量存在，但它们更适宜称之为“创意”“点子”“改进”，乃至笔者曾用过的“微创新”。此类创新虽是个人化的、局部的创新，但实际上不像看上去的那么短暂，同样要经历一般创新过程中的多个环节。对于企业而言，重要的创新都将是一个复杂的过程，涉及多个人员、部门，乃至产业链环节，需要开展大量的沟通和协调。

综合上述，笔者尝试给本书中的（企业）创新概念作一个界定：创新是指在一定的时空范围内，个人/组织等主体创造或采纳新事物（含观点、实践和物体）的互动式学习和实践过程。对这一定义进一步说明如下：

首先，对于一般企业而言，所在国别和行业是一个比较合适的空间范围。比如说，中国互联网企业将美国的互联网商业模式移植到中国，由于市场环境差别较大，市场区隔也非常明显，更多的是创新，而非模仿。

其次，创新是一个互动式学习和实践过程。创新的过程是产生和接受新生事物的过程，因此是一个学习过程。而从创新必须付诸实践来看，在今天全球化、开放式的互联网年代，熊彼特式的企业家个人创新（被称为“第一类创新”，Mark I）并不多见，一般都会涉及多人。不同的人对创新都有自己的理解。创新要获得广泛接受，需要人群通过互动达成共识。

最后，需要说明的是，仅就方法论而言，创新和模仿的概念区分并不太重要。从创新所需要的知识而言，都具有累积性，没有哪一个创新是完全空前的。因此，任何一个创新主体要开展创新或模仿，都适用于本书所介绍的创新管理的整套方法。但是对于企业而言，区分创新和模仿对企业声誉有重要影响，一个被市场认为是“山寨”的公司很难赢得人们的尊重，品牌价值自然也不会高。对于政府而言，需要鼓励竞争、知识创造和科技成果转化，需要制定专利和知识产权法律制度和规制，打击侵犯专利等知识产权，有必要区分创新与模仿。因此，创新与模仿的区分一是存在于法律层面；二是与组织声誉相关。

（二）互联网创新

基于创新的定义，本书进一步将“互联网创新”定义为“全部或部分地利用互联网来创造价值的创新过程”。互联网在此不是一个空间概念，而是用来使能（enable）企业创新的一组相关技术和组织资源，比如数字基础设施、大数据、人工智能等。

在创新的环节中，无论是完全基于互联网，还是部分地利用互联网，只要是互联网在其中为企业创造了价值，都可以归到互联网创新的范畴内。

很重要的是，随着互联网在未来进一步向社会各层面渗透和融合，一切创新都应该是互联网创新，这两个概念也许很快就合而为一了。

（三）创新的分类

对于创新，现有研究存在多种分类方法。

熊彼特（1911）最早提出了五类创新：① 引入一种消费者所不熟悉的新产品，或一种产品的新特性。② 采用一种新的生产方法，是那种在现有制造部门尚未通过经验检定的方法，这种新的方法并不一定要建立在科学新发现的基础之上，同时也可能存在于商业上处理一种产品的新方式之中。③ 开辟一个新的市场，是本国特定制造部门以前不曾进入的市场，不管这个市场以前是否存在过。④ 控制原材料或半制成品的一种新的供应来源，也不管这种来源是现存的，还是初次创造出来的。⑤ 实现某种工业新的组织形式，比如造成一种垄断地位（例如通过“托拉斯化”），或打破一种垄断地位。[①]

这五个方面对应于：产品创新、流程创新、市场创新、供应源创新和组织

① ［美］约瑟夫·熊彼特．经济发展理论［M］．何畏，易家详等，译．北京：商务印书馆，1990: 73.

创新。不能不说，熊彼特对商业的洞察力是非常强的，这一分类即便到今天也仍然不失其活力。如OECD在《奥斯陆手册》(2005年版)中就将创新分为产品、流程、组织和营销创新四类。[①]尽管含义与熊彼特的未必完全相同，但显然从思想上一脉相承。

表0–2 《奥斯陆手册》(2005年版)创新的分类及含义

分类	含义
产品创新	对其特征或预期用途引入新的或显著改进的商品或服务。这包括技术规格、组件和材料、嵌入式软件、用户友好性或其他功能特征的重大改进
流程创新	实施新的或显著改善的生产或交付方式。这包括技术、设备和/或软件的重大变革
营销创新	实施新的营销方法，涉及产品设计或包装、产品布置、产品推广或定价方面的重大变化
组织创新	在企业的业务实践、工作场所组织或对外关系中实施新的组织方法

资料来源：OECD(2005)。[②]

根据创新相对于原有技术、惯例，可以将创新分为渐进式(incremental)和激进式(radical)两类(Freeman and Soete, 1997)，前者是温和式的改良，后者是激进式的革命。对照熊彼特的观点，可以看出他实际上是关注于后者。

Tushman and Anderson(1986)通过对微机、水泥和航空产业的分析，发现技术变革和创新遵循一个间断式突变的规律，即一个重大的技术突破伴随着大量渐进式的创新。而这种重大技术突破有能力增强型和能力破坏型两类。[③]能力破坏型创新需要在产品的开发和生产方面的新技能、能力和知识。掌握新技术从根本上改变了产品类原有的相关能力。例如，使用浮法玻璃法制造玻璃所需的知识和技能与掌握其他玻璃制造技术所需的知识和技能是非常不同的。类似地，自动控制的机床需要在工程、机械和数据处理技术方面进行更改。这些新的技术和工程要求远远超出和不同于那些需要制

① ② OECD. Oslo Manual: Guidelines for Collecting and Interpreting Innovation Data (Third edition) [R]. OECD Publishing, Paris, 2005.

③ Tushman, M. L., and P. Anderson. Technological Discontinuities and Organizational Environments[J]. Administrative Science Quarterly, 1986, 31(3): 439–465.

造常规冲压机械工具的技术。而能力增强型创新是建立在现有产品类别技能和诀窍之上，全面提升其性价比的技术创新。它不会让原有技能过时，例如Intel芯片的不断替代，从X86系列到奔腾芯片就是这样一种演进。

March(1991)提出组织学习的两种方式，一类称为探索式学习，另一类为开发式学习。探索式学习与企业不断搜索、寻求变化、承担风险、实验、游戏、柔性、探险、创新的活动相关。开发式学习与企业修正、选择、生产、效率、择优、实施、执行等活动相关。[①]后来的学者认为两类组织学习导致了企业的探索式创新和开发式创新。这种分类在管理学界得到广泛的采纳。

当上升到国家或区域层面，存在模仿式创新和自主创新两大类，韩国学者金麟洙分析了韩国企业的发展，发现存在由模仿到自主创新的发展趋势。我国政府则将自主创新分为三种：原始创新、集成创新和引进消化再吸收。

另外从创新的实施和组织方式看，Chesbrough(2003)将其分为开放性和封闭性两类。他提出以往很多企业实施的都是封闭式，仅依靠企业内部资源的创新，但实际上，企业内部的人才总是有限的，聪明人并不总是在企业内部。随着形势的发展，再大的企业需要借助于外脑，从而变得越来越开放。由此，开放式创新将成为主流。[②]

近年来，随着经济全球化和互联网的发展，新的创新方式不断涌现，对创新的分类也有了新名目。例如Govindarajan & Trimble(2012)提出在国际上，以往的创新都是源于发达国家，再向发展中国家推广和传播，但近年来，随着新兴工业国家兴起，出现“逆向创新”的现象，即很多跨国公司通过对发展中国家市场的开拓和创新，反过来将这些创新传播到发达国家。[③]此外，英国国家科技艺术基金会(National Endowmnet for Science,Technology and the Arts，简称“NESTA”)(2012)[④]对印度的考察发现，印度存在一种“节俭式创新”，其潜力和连锁效应对世界的影响并不仅在于它的产品、服务或者公司，而是一套

① March, J. Exploration and exploitation in organizational learning[J]. Organization Science, 1999, 2(1): 71–87.

② Chesbrough, H. .Open Innovation: The New Imperative for Creating and Profiting from Technology[M]. Harvard Business School Press, Cambridge, MA, 2003.

③ Govindarajan, V., Chris Trimble. Reverse Innovation: Create Far From Home, Win Everywhere[M]. Harvard Business Review Press, April 10, 2012.

④ Bound, K., I. Thornton. Our Frugal Future: Lessons from India's innovation system[R]. Nesta, July, 2012.

完整的创新体系。这种创新方式是针对在资金、物质、制度等资源方面的局限性，采用一系列方法，将这些限制转化为优势。通过在开发、生产、传输过程中最小化地利用资源，或采用新的方法来利用资源，从而能大幅降低产品和服务的成本。

随着消费者在互联网上声音的壮大，用户作为创新的重要来源也引起了广泛的关注，从而有了生产者创新和消费者创新的区分。von Hippel（1976）较早提出的用户创新现象在今天已经变得普遍。[①]3D打印推动了创客的出现，用户，而不是传统的生产者，成为创新的主角，他们被称为“产消者”（prosumer）。

由此可见，创新的分类是随着时代的发展而逐渐丰富的，它是实践的结果，也需要有理论的发展和归纳。

四、本书框架

本书总共分为五个部分，除了绪论与跋，其他三个部分分别对应理论、实践和政策，其内在逻辑如图0–2所示。

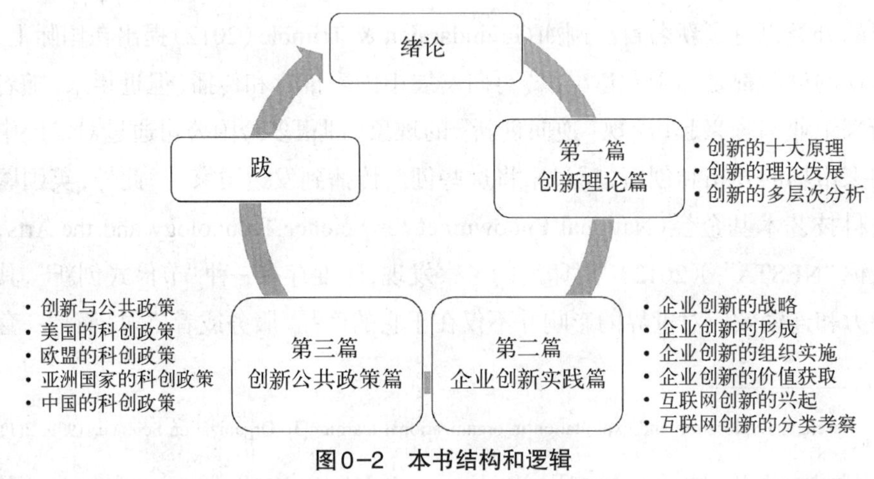

图0–2 本书结构和逻辑

① von Hippel, E..The Dominant Role of Users in the Scientific Instrument Innovation Process[J]. Research Policy, 1976, (5): 212–239.

“绪论”部分，分析创新的时代背景，提出研究问题，分析基本概念，以及全书的框架结构。

第一篇：创新理论篇，分为三章，为本书的纲领部分，对研究问题、基本概念、理论基础作出详细的阐述。

第一章“创新的十大原理”，从创新本质、方法和环境三个方面提出十条原理，为本书的主要立论。

第二章“创新的理论发展”，从历史演化的视角来讨论创新理论的产生和发展，提出创新的三大问题是创新的源头、扩散和价值占有，这构成本书的“经”。

第三章“创新的多层次分析”，从个人、企业、区域和国家四个层次考察创新，形成对创新的立体式解构，构成本书的“纬”。

第二篇：企业创新实践篇，分为六章。对企业创新管理作深入分析，从创新战略到实施，对其一般过程的不同环节分别进行分析。

第四章“企业创新的战略”，从战略层面探讨创新的类型，将涉及企业动态能力、技术创新轨迹与企业核心能力、吸收能力、创新的民主化、开放式创新、双元性创新、创新联盟等重要的创新方式，避免陷入“创新者的窘境”，最后分析创新的战略制定。

第五章“企业创新的形成”主要分析企业面临创新的主要问题要进行的决策过程，包括如何应对不确定性，借助大数据手段进行科学决策，以及如何建立创新联盟。

第六章“企业创新的组织实施”，创新形成之后要付诸实施，包括新产品开发过程、技术和市场对商业化过程的影响，如何实现产品差异化、建立架构式产品和技术产品的商业化，对复杂产品的实施和服务创新。

第七章“企业创新的价值获取”，重点探讨企业如何获得创新的价值。关注于创新与企业绩效的关系、如何利用知识产权，以及在开放式创新平台的环境下，如何获利和创造其他经济、社会、环境收益。

第八章“互联网创新的兴起”，对互联网创新兴起的基础进行分析，描述互联网创新的特点，对不同互联网创新分类进行考察。

第九章“互联网创新的分类考察”，着重探讨互联网环境下商业模式创新的相关理论和实践。

第三篇：创新公共政策篇，讨论创新与公共政策的关系、各国实施创新驱动战略及中国的科创政策演化。

第十章“创新与公共政策”，探讨互联网创新环境下政府应当如何作为，首先分析政府对于创新的重要性，以及互联网环境下政府自身的改革，政府作为企业创新的来源和动力，在知识产权保护、资本市场等方面可以做的工作。

第十一到十三章“主要国家的科创政策”，分为美国、欧盟和亚洲三组国家，选择代表性国家的科创政策进行分析。

第十四章“中国的科创政策”，对我国科创政策的演化进行回顾，对当前的科创治理和框架式条件进行分析，最后提供相关政策建议。

最后是一个简短的跋。

第一篇

创新理论篇

随着对创新重要性的尊重与理解日渐加深，越来越多的经济学家认为自己是熊彼特主义者。

——斯蒂格利茨和沃尔什(2005)[①]

本篇分为三章，关注于创新理论的发展和建构，分析以下问题：

(1)创新的基本原理包括哪些？

(2)创新和企业家精神的理论发展脉络。

(3)创新的三个基本问题。

(4)对创新的多层次考察。

创新的基本原理试图从创新的内在规律出发，从本质、方法和环境三个方面总结其原理。

创新的理论源于经济学领域，经济学家关注于一国经济背后的动力是什么，如何将创新，特别是技术创新纳入生产函数之中，进而理解其政策意义。由于创新与企业家精神常常同时出现，在讨论创新理论时，很难与企业家精神理论完全区分开来。因此有必要对后者的理论发展作一个回顾。基于理论回顾，本书提炼出创新的三个基本问题，并认为这是任何层面的创新都需要解决的问题，构成创新实践的重要纬度。同时特别关注于创新的内在张力。

但是在如何创新的问题上，则是组织管理学所关注的问题。管理学关注于组织创新，这是创新最重要的分析单元。

---

① [美]约瑟夫·斯蒂格利茨，卡尔·沃尔什. 经济学(第三版)[M]. 黄险峰，张帆，译. 北京：中国人民大学出版社，2005: 440.

第一章　创新的十大原理

从创新理论和实践两方面看，人们对于创新的认识已经有了丰富的积累。在前人研究的基础上，本书提出创新中的“创”是从实践过程看，“新”是从结果来看，因此开张明义地提出创新的十条原理。这十条原理分别涉及创新的本质、方法和环境三个方面。图1–1是一个全景式的展示，后文将对此作进一步的阐述。

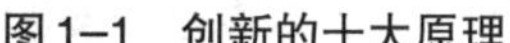

图1–1　创新的十大原理

第一节　原理1–4：创新的本质

原理1：创新是互动式实践过程

德鲁克提出，创新不是科学，也不是艺术，而是一项实践。因此，创新能够成为一门学科，能够为人们学习和实践。[①]

---

① ［美］彼得 · 德鲁克. 创新与企业家精神［M］. 张炜，译. 上海：上海人民出版社，2002.

说创新是科学，忽略了创新因时、因地制宜变化的一面。很多创新都具有强烈的本土化特征，不存在统一的创新模式。而且创新并不是可以完全量化的，影响因素繁多，难以精确地断言某种因素可以导致(更多的)创新，其因果关系并不明晰。显然它至多是一门不精确的、难以完全用数学语言表达的社会科学。

说创新是艺术，忽略了创新内在过程有其规律性的一面。创新的路径、思考方法有其不变的内容，否则就无法理解不同主体之间可以相互学习和借鉴的现象了。从创新的经济学意义上看，更是如此，一个创新层出不穷的地方，其经济必定是趋于繁荣的。

人类在探索未知的过程中，会有很多的猜想，有时是狂想，但是它是可能的吗？其中充满未知。企业创新首先是“创造”，是探索未知的一种学习和实践，它要试验的是：如果我们想在某些方面创造出新颖的变化，社会和市场能够多大程度上接受这一变化呢？最终的结果无论成功或失败，它都增进了人们的知识。

创新的创造本质是新知识的形成、扩散和应用。它既可能是新知识的形成，也可能是旧知识在不同情境中的应用。但是对于创新的应用，不同的人会有不同的理解，作出不同的反应，为了实现成功的创新，需要持续的互动，这种互动包括不同方面的合作和竞争。

一项创新在扩散过程中，需要持续的互动，不同人相互作用的结果，还可能产生大量的、因地制宜的再创新。很多创新从最初提出创意，到最后所实现的商品或服务之间，可能完全成为多种表现形式，甚至可能产生意想不到的效果。

爱迪生于1877年发明留声机时，发表了一篇文章，提出他的发明可以有10种用途，包括保存垂死的人的遗言，录下书的内容让盲人来听，为时钟报时以及教授拼写。音乐复制在他列举的用途中并不占有很高的优先地位。几年后，爱迪生对他的助手说，他的发明没有任何商业价值。又过了不到几年，他改变了主意，做起销售留声机的生意来——但作为办公室口述记录机使用。当其他一些企业家把留声改装成播放流行音乐的投币自动唱机时，爱迪生反对这种糟蹋他发明的做法，因为那显然贬低了他的发明在办公室里的正经用途。只是在过了大约20年之后，爱迪生才勉强地承认他的留声机的主要用途是录放音乐[①]。

竞争可能是创新所需要的最重要的一种互动。创意提出者之间的竞争、不同创新支持者之间的竞争会激发企业巨大的创新活力。竞争中常常包含了相互学习,从这个意义上看,它也是一种合作。

对于原始创新的再创新既可能是一个工程技术问题,也可能是一个市场选择的过程。再创新通常发生在工作现场,在生产车间,或与客户的接触过程中,这种现场的管理是日本式管理的精髓,通过持续的改进和积累,最终产生了意想不到的威力,其中蕴含着创新实践的精髓。

再创新的发生还可能源于既得利益的政治干扰和游说,有时候是强制或妥协的结果。这也属于创新互动的一种。

总之,创新是人类为适应环境而开展的"知行合一"适应性实践。通过不断的实践,总结积累出创新的一般性原则,但这仅仅是原则而已,最终还需面临新的实践场景,加以应用。因此有关创新的知识,按亚里士多德的分类,属于实践性知识[②],仅仅有一个良好的构思和创意是不够的,需要将其实现出来,到实践中接受检验,得以生存和推广,这才是创新的完整含义。

原理2:创新是资源的新组合

这是熊彼特的定义。原理1主要关注于"创",本原理关注于"新"。创新中的"新"是从成果来看的,"新"就新在组合。所有的创新,其原材料都是现成的资源,这种资源包括人力资本、物质资本、社会资本等,创新者只是将其像搭积木一样重新进行排列组合,最终却产生一个全新的成果。

换句话说,创新者可以是发明者,但一般不是发明者。作为一项适应性社会实践,创新者这个圈子的进入门槛远低于发明者。

当然组合也不是轻而易举的。

举例说明:苹果最初推出的个人电脑,图形界面、鼠标都不是自己的发明。后来推出的iPod,其中很多技术也不是源自内部。福特T型车的巨大成

---

① [美]贾雷德·戴蒙德.枪炮、细菌和钢铁:人类社会的命运[M].谢延光,译.上海:上海世纪出版集团,2006.

② 亚里士多德将所有知识分成三类:为着自身而被追求的知识是"理论(思辨)知识"(theoretike);为着行动而被追求的知识是"实践知识"(praktike);为着创作和制造而被追求的知识是"创制知识"(poietike)。

功，不在产品，而在生产流水线的组织。

在制度创新里面，这一特征就表现得更明显。除了制度的放松和变更，从资源看，几乎没有一样东西谈得上是新的。例如中国的改革开放，从计划经济到市场经济，国家仅仅是允许农民开展承包分田到户，允许私人可以办企业，所有的土地、劳动力等生产资源都是原有的，就产生了翻天覆地的变化，迅速解决了十几亿人的温饱问题。

原理3：创新内在包含着张力

创新可以根本性地改变经济和社会，这种改变的力量来自创新内在张力的相互作用。根据原理1，创新是具有不同思维背景人群的互动式适应过程，是一个社会化的过程。由于不同人观念和利益的冲突，其中包含着或明或隐的张力。这种张力正是创新发展的内在力量。

创新的张力首先来源于它与现状之间的不协调。创新思维本质上是对现有的常规做法的一种提升和背离。但现状包含了一整套利益、关系的惯例和制度安排，改变它就会形成内在的张力，激发冲突。它可能有多个方向：一种是正向增强，在原有基础上加以提升和改进，称为“增强型创新”；一种是逆向思维，削弱原有规范的力量，为其他可能留出空间和道路，称为“削弱型创新”[①]。此外，还有跳出框框的思维，可称为“突破型创新”，它是熊彼特意义上的“创造性毁灭”，有可能取消原有常规存在的基础，让现实完全变样。而无论哪一种创新，都是一种对现实的不满足。

社会对创新的接受度并不总是欢迎的，尤其对逆向或突破式创新，常常会造成剧烈的冲突，因为它们带来了更多的不确定性。对不确定性的创造和包容是一个地区发展和繁荣的重要基础。

硅谷何以能够成为全球独一无二的创新发源地？区域经济学家萨克森宁提出硅谷有着独特的商业文化。比如交流方式上，相比于别处，“硅谷更为开放，你不必担心是否有人在你周围走动。人们不仅倾向于离经叛道，而且还刻意地刺激各种不同想法。创新的思想火花在不经意的地方出现。勇敢者从意

① Tushman, M. L., and P. Anderson. Technological Discontinuities and Organizational Environments[J]. Administrative Science Quarterly, 1986, 31(3): 439–465.

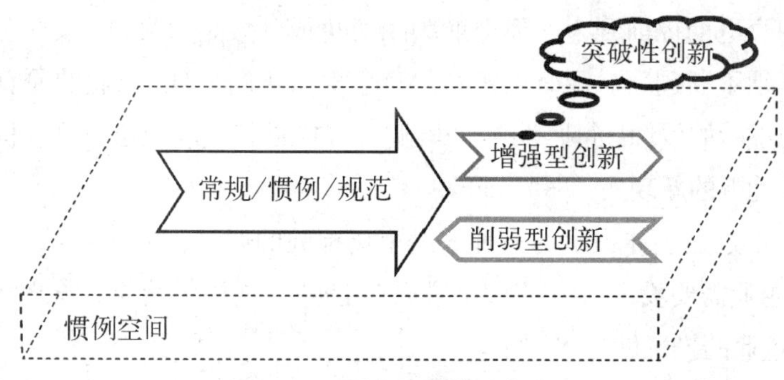

图1-2 创新思维的示意图

想不到的赞助者处获得支持。"[①]《硅谷百年史》的作者斯加鲁菲说:"硅谷精神造就了硅谷。这里有一群疯子,疯子般的音乐家、艺术家、政客,疯狂的人。他们喜欢琢磨怎样把一个点子用得与众不同,他们不计较工资和盈利,在车库里捣鼓自己的东西,仅仅为了兴趣和好玩。"

如果从企业内部看,一个明显的张力存在于不同职能部门之间。不同相关方对组织绩效成功和重要性的认识不同,导致多个绩效目标的相互竞争。

此外,创新还会导致组织或个人产生身份认知的失调和焦虑感。当一个组织开展创新时,它必须进行自我否定,这种创新越激进,身份认知变得更加难以协调。要想成功地创新,企业高层必须能够包容和管理这种失调。

张力的存在对于创新而言有其积极的一面,可以说是推动创新的基本动力,克服它所带来的不确定性正是重大创新的魅力所在。

原理4:不创新的风险大于创新风险

创新不是可有可无,在"唯一不变的就是变化"的高风险现实世界中,创新是必需的,不创新的风险通常高过创新的风险。

根据生命周期理论,任何产品都会经历成长、成熟到衰退的阶段。随着市场竞争的加剧,进入超竞争时代(hypercompetition)(D'Avani, 1994)[②],产品生命周期被大大压缩。一家公司新推出了产品之后,竞争对手会迅速跟进,导致

① [美]安纳利·萨克森宁.地区优势:硅谷和128公路地区的文化与竞争[M].曹蓬等,译.上海远东出版社,1999: 60.

② D'Avani, R. Hypercompetition: Managing the Dynamics of Strategic Maneuvering[M]. Free Press, March, 1994.

成熟期和衰退期提前到来。而企业为了避免或延缓走向衰退，在衰退期来临之前就必须不断创新。同时由于新的竞争对手不断出现，企业的原有市场份额会受到不断的侵蚀，企业必须不断创新，才能维持市场地位。这些构成当前全球化环境下的新现实。

创新不过是主体提出的一种未经市场检验的假设，为了验证这个假设是否成立，企业需要投入人力、财力，脱离“红海”。而当供给与需求之间没有得到匹配，企业的投资就打水漂了。

熊彼特认为企业家的重要职能之一是需要说服资本家资金投入的必要性，企业家通过创造信用，产生经济周期的波动。而今天，则不单纯是这样，很多风险资本同时也在做着相反的事：寻找合适的创业项目，将钱投进去，赌一把未来。有些好的项目上，风险资本之间也同样在竞争。

事实上，风险有很多种，创新越激进，不确定性越大。需要做的不是避免风险，而是需要积累知识，避免无谓的冒险。

大多数公司都不会将突破性创新列为优先的战略任务，因为它们倾向于认为在现有基础上逐步的改良、增量式创新更加安全，风险更小。但是在当前环境日趋复杂、变化日趋激烈的环境下，仅有改良不能保障公司持续的成功。公司必须突破过于保守的创新思维，实现突破式创新。

德鲁克指出“保护过去与创造未来相比，风险更高”，他们的成功表现在“系统地分析创新机遇的来源，随后确认其中一个机遇，并对它加以利用”。“成功的创新者都非常保守，因为他们并不注重冒险，而是强调机遇”①。硅谷的成功不是建立在规避失败的基础上，而是视失败为常态，强调在失败中一再奋起。对失败的容忍可以说是硅谷成功的关键（萨克森宁，1999）②。

① ［美］彼得·德鲁克. 创新与企业家精神［M］. 张炜，译. 上海：上海人民出版社，2002: 177.
② ［美］安纳利·萨克森宁. 地区优势：硅谷和128公路地区的文化与竞争［M］. 曹蓬等，译. 上海：上海远东出版社，1999: 60.

第二节　原理5–8: 创新的方法

原理5: 创新是所有人的职责

对每个人而言,创新的能力是与生俱来的,创新的基本主体是自由思想的个体及其在此基础上构成的知识型组织。创新是人的基因,每个人出于自利或利他的动机,为了适应不断变化的环境,都必须创新。

如果将创新理解成为不断学习和改变自身原有习惯的潜能,这句话或许更容易理解,即不存在所谓"创新者特质",创新就是一种学习新知识、接受新事物的能力。

创新应该也必须是大众的。没有这一条,就无法理解在当前互联网时代,维基、众包、用户生成内容(UGC)网站等商业模式大行其道。

企业要把"创新是每个人的职责"作为宗旨,并为所有人创造一个挑战现状的安全空间。鼓励员工愿意发表看法和发问,甘冒风险,开展实验,犯错也不会受到惩罚。

很多企业认为创新是研发人员的职责,但不认为是所有人的职责。但是从全球最具创新力的公司,如苹果、亚马逊、salesforce.com等公司的实践看,它们努力将"创新是所有人的职责"作为公司的指导理念灌输给员工。

时隔12年之后重返苹果时,乔布斯推出了"非同凡想"的广告。这一广告用以下言辞向创新者致敬:"向狂人们致敬,以及格格不入的人、离经叛道的人、制造麻烦的人……那些有'非同凡想'的人。他们不爱规则、不满足现状……他们改变事物。他们是人类前进的推手。"

乔布斯想要重塑苹果勇于创新的基因,他认为应该向每个员工传递这样的信息:"我们的偶像是创新者。我们的目的就是创新。如果你想来苹果工作,我们希望你是一个创新者,一个想要改变世界的人。"①

当然,由于人的禀赋有别、所处地位和环境不同,其创新有层次、程度上的差别,对整体创新贡献度也不一样。

---

① [美]杰夫·戴尔,赫尔·葛瑞格森,克莱顿·克里斯坦森. 创新者的基因[M]. 曾佳宁,译. 北京:中信出版社,2013.

原理6：创新必须被有效管理

企业创新是在不断的试错中实现的，一家企业创新的成功是建立在自身和很多家企业创新失败的基础上。数据显示，90%以上的创新最终结果是不同程度的失败。因此，创新绝不是免费午餐，其经济和社会成本巨大。这是我们在倡导大众创新的理念时不可不知的。

创新力强的公司都非常重视创新的方法，重视从失败中吸取教训。但什么是创新的正确方法？怎么样才能让企业充满创新活力？不同的学者对此孜孜以求。

从20世纪80年代以来，管理学领导提出大量帮助企业创新的理论和方法。这其中最为著名的有：《追求卓越》分析了优秀企业的最佳实践，定义了此类企业的八大特征。《基业常青》提出了四大观念。《第五项修炼》认为一个优秀的企业必须经历五项修炼才能成为学习型组织。《流程再造》认为企业应当抛弃原有过时的流程和组织架构，深刻思考并彻底地变革流程。到21世纪，《蓝海战略》则构建企业摆脱竞争迈向蓝海的四种方法。

业界也在不断地探索。IDEO公司是一家世界领先的创新设计公司，其口号是"早失败早成功"，提醒员工如果没有失败就不会创新。谷歌公司认为有好的失败和坏的失败。好的失败有两个关键性的特点：① 你知道失败的原因，为下个项目积累了相关的知识；② 好的失败发生得快，并且不是那么严重，不会损害公司的品牌。谷歌的领导们认为："我们要尝试许多事物，其中必然有些无法成功。这没关系。如果不成功，我们就继续尝试。"

如原理3所指出，重大的创新通常张力也会更大，张力过大又得不到有效的协调是导致创新失败的重要原因。很多创新不是毁于创意不够佳，而可能是由于既得利益者的阻挠，导致执行层面难以落实。

创新的来源与成果本身无法预知，但是创新的过程可以进行管理。管理制度和流程能够提供一个良好的创新环境。缺乏一个好的管理，创新无法持续涌现。

专栏1-1 "创新十型"

基利等（2014）综合分析了2 000个最佳创新案例，总结出一套创新的框架，认为所有的创新都可以被分解和分拆成三大类中10种基本类型的组合。三大类是指配置、产品和体验，10种基本类型包括：盈利模式、网络、结构、流程、产品表现、产品系统、服务、渠道、品牌和客户交互。

盈利模式	网络	结构	流程	产品表现	产品系统	服务	渠道	品牌	客户交互
配置				产品		体验			
关注企业最核心的运营和业务系统				关注企业核心产品或服务及其组合		更加关注企业及业务系统中面向客户的元素			

资料来源：拉里基利（Keely, L.）等.创新十型[M].余峰，宋志慧，译.机械工业出版社，2014.

原理7：开放式创新优于封闭式创新

原理1提出，创新是一个互动式和适应性实践过程。这种互动是建立在知识背景不同、文化不同的人群之间的。不同视角的人们会相互启发，借助模仿、比喻等，形成创新。只有开放的环境中才能实现这一目标。封闭的环境下，人们趋于同质化，很难产生真正的创新。

热力学第二定律所揭示的封闭系统的熵趋于减少的原理告诉我们，封闭系统最终必将走向灭亡。对于任何一个组织或国家而言，这一道理同样成立。

2000年雷富礼担任宝洁CEO之后，订下了一个目标，即将宝洁新产品想法中依靠外部资源得来的想法比例提升到50%。截至2006年，宝洁已经有45%的新产品想法来自外部资源。由于有数百个新推出的想法是基于源自外部的想法，宝洁研发开支占销售额的比重也从4.8%下降到3.4%。这种"联系+开发"的活动形成了许多外部想法，使得宝洁得以持续成长壮大。在联发活动中，宝洁的团队和独立研究人员、其他公司，乃至竞争对手合作，一同形成想法。

宝洁采取了许多不同的程序从外部资源搜集想法。例如，公司与NineSigma和InnoCentive这样的第三方技术中介公司合作，将宝洁与外部技术联系起来。这些公司帮助宝洁起草技术简报，描述公司正尝试解决的问题，然后匿名将简报发送给全球数千名研究人员。这就使得宝洁在合同保障下，和提供解决方案的人建立了联系。联发活动已经帮助宝洁开发了许多新产品，如喷雾式清洁拖把、玉兰油日常洁面乳、佳洁士美白除渍牙贴、易安姆斯护牙狗粮、清洁先生三步洗车套装和蜜丝佛陀锁色水凝唇膏等(戴尔等，2013)①。

开放式创新的好处不仅仅限于观点的多元，而且有利于创新的推广和用户的采纳，降低创新的风险。在这个意义上，组织创新通常优于个人创新；创新集群通常优于个别企业的创新。

对于一国或一个地区而言，建立创新集群就是营造一个开放式创新的环境。硅谷之所以超越128号公路，是由于其独特的工业体系，以及独特的开放式文化社会氛围(萨克森宁，1999)②。

原理8：创新应受伦理原则约束

本原理提出了创新的底线原则，也可称为“反创新原理”。换句话说，创新未必都是好的，有坏的创新。无底线、违反伦理的创新就是坏的创新。

创新行为可能与现有社会规范和法律不完全一致，有些创新就是从突破现有规制和法律开始的，但它一旦突破伦理原则，就走向事情的反面。这其中显然有一个度的问题。

正如科学界存在伦理底线，创新同样需要遵循这一伦理底线，以及以伦理为基础的法律底线。比如在奶粉里加三聚氰胺、用苏丹红做调料等，必须受到法律的制裁。

又如在科学上争议非常大的干细胞克隆、转基因等问题。科学研究本身没有边界，但是要成为一项创新，就必然进入公共领域予以推广。这时候，创新的底线原则就得以发挥作用，需要经过充分的讨论和长期的实验验证。

还有如传销行为，本是一种营销方式的创新，从国外引入到中国，却导致了各种不良的丑恶社会现象，如背信弃义，欺骗亲朋好友，控制员工的思维和行动自由，以人为工具，严重违反了公平正义原则，完全演变成一种违法犯罪和违反

---

① [美]杰夫·戴尔，赫尔·葛瑞格森，克莱顿·克里斯坦森. 创新者的基因[M]. 曾佳宁，译. 北京：中信出版社，2013.

② [美]安纳利·萨克森宁. 地区优势：硅谷和128公路地区的文化与竞争[M]. 曹蓬等，译. 上海：上海远东出版社，1999.

人类良知的行为。此类创新突破了伦理底线，要用社会规范和法律加以约束。

在大数据年代，有的创新还涉及个人隐私等问题，值得加以关注。比如有些公司过度收集个人数据，利用这些数据做一些未经本人许可的商业创新行为，这方面正受到人们越来越广泛的关注。

专栏1-2　富有争议的创新：谷歌街景地图

2007年，谷歌公司启动街景地图项目（Google Street View），对此褒贬不一。在为用户带来虚拟现实体验、寻址方便的同时，也有很多反对的声音，尤其是在那些对个人隐私保护非常严密的国家。如德国政府发现一些街景车装配了扫描器，可以从私人Wi-Fi网络中抓取数据。美国电子隐私信息中心（EPIC）对38个州律师处和哥伦比亚区的法律诉讼案件汇总，法院的结论是："谷歌公司从无线网络，包括家庭互联网用户的私人Wi-Fi网络中开展了未经授权的数据收集。"

在街景问题上，谷歌重复在其他数据项目的默认做法，就是先侵入不设防的私人领地，直到遭遇抵制。《纽约时报》一篇报道这样评论："谷歌崇尚创新至高无上的地位，抵制对许可的要求。"公司不问它是否可以将私人住宅相片录入数据库，而是想拍就拍。通过耗尽其诉讼对手的精力，最终同意付一点相比于其回报象征性的罚款了事。EPIC保留了上千件各国针对谷歌案件在线记录，还有更多未被公众所知。

谷歌最终花了700万美元平息了这些案件。目前，街景项目在欧美等多地受限，仍会持续面对各种涉及隐私的索赔诉讼。

第三节　原理9–10：创新的环境

原理9：开放包容的社会能显著激发创新

创新的基础是知识和学习，根本上依赖于组织和社会的开放度，开放的环境允许信息的自由流动。同时创新失败率较高，需要组织和社会对创新者的包容。

在原理6中，开放式创新已经包含了信息需要自由流动的内涵。事实上，信息的自由流动与人的自由是紧密结合的。互联网的出现迎合了这一趋势，从而刺激了大量的创新源源不断地出现。只有信息得以自由流动，不同信息之间相互印证、不同观点之间相互竞争和碰撞，才能产生智慧的火花，形成创新。

萨克森宁（1999）在对比硅谷与128号公路两地的发展时指出，硅谷内部不同公司的信息交流和对失败的包容是后者无法比拟的。这种交流建立在非正式社会关系的基础上。企业经理、专业人员经常从这样的社会关系中，甚至一些流言蜚语中发现极有商业价值的一面。硅谷公司的员工创业失败后，同样能够为老公司所接纳。相比之下，128号公路的企业遵循规模效应和强有力的内部组织原则，缺乏横向信息交流，对失败也不太宽容，从而压抑了实验和学习的机会。而这种机会对小公司来说尤其重要。结果是：硅谷建立的半导体公司比美国其他地方的公司开发新产品快60%，交付速度快40%。[①]

对于一个创新企业或创新体系来说，特别需要专业的信息中介服务，这种信息中介可能是专业机构，也可能是政府部门。

进入万物互联的数字经济年代，联合国、世界银行等国际组织一致主张，信息获取权是基本人权。人为地阻碍信息的流通，不仅不会达到预期的结果，而且会扼杀创新。

原理10：政府对创新制度环境负主要责任

国家创新体系理论开宗明义地主张，创新不仅仅受到市场力量的作用，而是受到很多非市场因素的影响。创新需要有与之相适应的制度环境，这一制度供给由政府政策所决定，如资本市场的成熟度、税收、监管制度等。由此可见，创新与政治、社会的关系密切。正是制度环境的不同导致了创新在地理上的非均衡分布现象。

---

① ［美］安纳利·萨克森宁.地区优势：硅谷和128公路地区的文化与竞争［M］. 曹蓬等，译. 上海：上海远东出版社，1999.

吴敬琏在论述中国高科技产业发展时明确提出“制度重于技术”的观点。他指出“一个国家，一个地区高新技术产业发展的快慢，不是决定于政府给了多少钱，调了多少人，研制出多少技术，而是决定于是否有一套有利于创新活动开展和人的潜能充分发挥的制度安排、社会环境和文化氛围”[①]。

波特教授在其著名的钻石模型中对政府的作用已有详尽的表述，包括政府对其中四个要素的正负面影响等（Porter, 1991）[②]。萨克森宁（1999）在评述产业政策的争论时，提出政府自上而下的干预和官僚式的指导方式常常是失效的。区域政策要致力于培育一致性和信任感，刺激和协调企业之间，以及企业与公共部门之间的合作。[③]

笔者将政府在创新方面的职能归纳为以下四个方面：

（1）体系建设者。政府要对整个创新生态体系的健康运行负责，它需要协调各方面的利益和矛盾，平衡不同方面的诉求，允许各类创新主体遵循自身规律运作。同时它还要在一些影响区域环境的重要事务上承担责任，如交通堵塞、房价控制、土地匮乏和环境质量等。

（2）创新制度供给者。一方面，竞争是创新的重要来源，因此，创新制度的根本是推动竞争，不断完善竞争的规则。另一方面，政府常常会管制各类创新资源的流动，如人才、资金、物资和知识产权保护，对区域的开发计划，对交通基础设施的管理水平，对部分创新产品的市场准入，都能够影响区域对人才的吸引。对创新的实现和扩散，对科技转化平台的资助、社会管治和干预度影响着创新的转化能力与效率。

（3）创新资源供给者。即政府通过所控制的资源重新加以分配，以利于创新，包括：① 直接提供者，如土地、财政预算、水电煤、通信、教育等基础设施。政府可以直接投资于一些市场可能出现失灵的领域，如基础研发、共性平台建设，还有一些短期内明显没有回报的领域。② 间接提供者，体现在各类研发经费投入补贴、税收优惠、创新资本的可获得性。

---

① 吴敬琏. 发展中国高新技术产业：制度重于技术[M]. 北京：中国发展出版社，2002.

② 政府投资于要素、影响个人和企业的战略目标、作为采购方和影响买方需求、对相关和支持性产业的作用，形成国内企业的压力、激励和能力。引自 Porter, M. E. Towards a Dynamic Theory of Strategy[J]. Strategic Management Journal, Winter 1991, 12: 95–117.

③ [美]安纳利·萨克森宁. 地区优势：硅谷和128公路地区的文化与竞争[M]. 曹蓬等，译. 上海：上海远东出版社，1999.

(4)创新采购者。政府是创新产品的重要采购者，可以创造创新需求，其产业导向和规划会改变对企业创新的激励。

归纳起来，良好的创新制度环境主要包括三个治理要素：自由、平等和法治。

最为重要的是，人的思想需要处于一种相对自由的状态，除了人们可自由地开办企业、人才自由流动，还包括最基本的自由权，即言论、信仰、免于匮乏和免于恐惧的自由。自由带来多样性，这是创新的基础。

平等意味着创新领域需要去中心化和去权威化，创新者要能够公开运用理性，挑战权威的观点。即使有一些言论和行为不符合社会常规，只要不违法，不侵害别人的自由和利益，都是可以接受的。《中关村科技园区条例》(2001年版)第七条第三款曾这样规定："组织和个人在中关村科技园区可以从事法律、法规和规章没有明文禁止的活动。"正是在这样一种环境中，中关村的创新实力日益增强，取得了良好的效果。

创新者是打破常规和惯例的人群，是与众不同的一群人，他们的思想和行为需要法治环境加以保护。此外，法治环境可以保障创新者的成果不被其他组织或个人、公权力随意侵犯，法律对产权保护的程度对创新者有着直接的、正面的激励。

这种制度环境一旦与人们追求财富的愿望相结合，创新、创意就会蓬勃涌出。

专栏1-3 华为任正非谈创新环境

2012年7月2日下午，任正非与诺亚方舟实验室干部及专家座谈。

任正非：我先不讲诺贝尔奖的获得，重要的是怎么能创造对人类的价值。中国创造不了价值是因为缺少土壤，这个土壤就是产权保护制度。在硅谷，大家拼命地加班，说不定一夜暴富了。我有一个好朋友，当年我去美国的时候，他的公司比我们还大，他抱着这个一夜暴富的想法，二十多年也没暴富。像他一样的千百万人，有可能就这样为人类社会奋斗毕生，也有可能会挤压某一个人成功，那就是乔布斯，那就是Facebook。也就是说财产保护制度，让大家看到了“一夜暴富”的可能性。没有产权保护，创新的冲动就会受抑制。第二个，中国缺少宽容，人家又没危害你，你干嘛这么关注人家。你们看，现在网上，有些人都往优秀的人身上吐口水，那优秀的人敢优秀吗？我们没有清晰的产权保护制度，没有一个宽容的精神，所以中国在“创新”问题上是有障碍的。大家也知道Facebook这个东西，它能出现并没有什么了不起的，这个东西要是在中国出现的话，它有可能被拷贝抄袭多遍，不要说原创人会被抛弃，连最先的抄袭者也会家破人亡，被抛弃了。在美国有严格的知识产权保护制度，你是不能抄的，你抄了就罚你几十亿美元。这么严格的保护制度，谁都知道不能随便侵犯他人。

资料来源：福布斯中文网。

第二章　创新的理论发展

创新的研究源于不同的理论流派，至少包括了：① 经济学，最重要的是演化经济学、创新体系理论、区域经济学；② 管理学及其各个分支，如战略管理、营销管理等；③ 社会学，包括行动理论、新制度理论、组织社会学；④ 工程学和信息与计算机科学；⑤ 政治科学和科学政策研究等。但从当前文献看，有关创新研究存在三个大的流派：一个是"创新管理学"流派，将创新与管理、企业绩效相关联，关注企业创新的问题，涉及创新的管理；另一个是"创新经济学"流派，关注于技术投入对经济增长、社会发展的影响，也可称为"研发创新经济学"。在两者之间，还存在"创新体系理论"流派（Fagerberg et al., 2012）[①]。

本章着眼于创新理论的发展历程以及企业家精神的相关理论回顾，进一步探讨创新的三个基本问题，最后聚焦于创新的内在张力。

第一节　创新理论的产生和发展

创新经济学是创新的理论源头，尝试从经济学视角解释创新的产生、发展及影响。其核心的理论问题有两个：一个偏宏观，即创新是如何推动经济增长的？一个相对微观，即企业如何实现创新？

① Fagerberg, J., M. Fosaas, K. Sapprasert. Innovation: Exploring the knowledge base[J]. Research Policy. 2012, 41(7): 1132−1153.

一、创新研究的起源：熊彼特学派对主流经济学的挑战

自亚当·斯密开创的古典经济学，始终关注于稀缺资源的有效配置，以供给和需求为基本概念。随着边际分析的引入，日益走向经济科学化之路，将均衡作为经济学的核心问题，成为经济学的主流。这一研究范式在瓦尔拉斯的一般均衡模型中发挥到了淋漓尽致。

熊彼特的分析秉承马克思的分析范式，是从经济简单循环开始的，这一简单循环中，供给与消费完全相等，市场出清，处于一种均衡状态。

但是现实中这样的均衡常常会被打破，或是由于需求的变动，或是由于技术的进步，系统进入一种非均衡状态。现实中非均衡是常态，均衡只是特例。熊彼特将创新定义为一种重新组合，是生产函数的变动。这种组合不是技术层面而是经济层面的。经济层面的重新组合涉及需要和手段，它在技术上并不一定是完善的。而且技术与经济两者之间“常常是背道而驰的”[①]。他进一步认为企业家开展创新，需要将资源从现有循环体系中抽取出来，让资源放弃

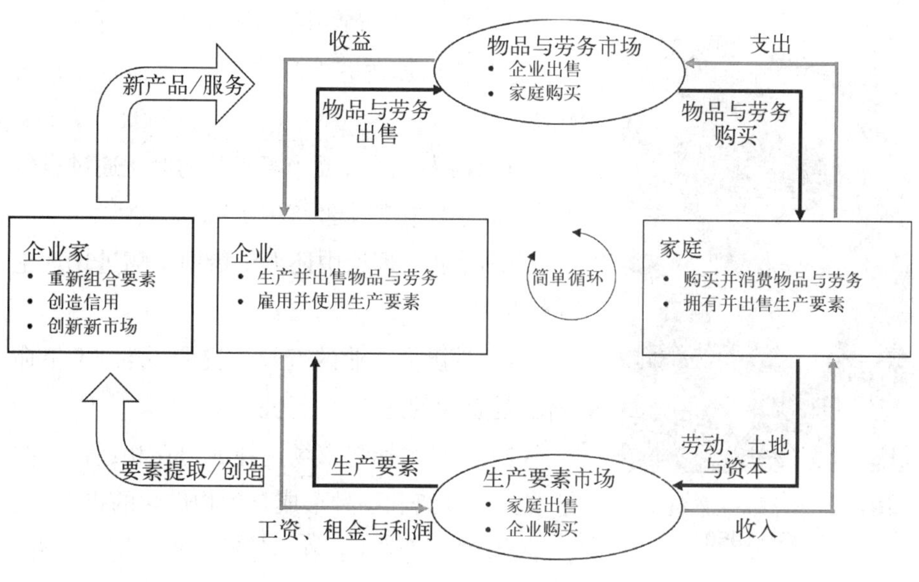

图2-1　企业家对经济简单循环的突破

① ［美］约瑟夫·熊彼特. 经济发展理论［M］. 何畏，易家详等，译. 北京：商务印书馆，1990: 18.

当前的用途，而投资于未来不确定性的环境，原有用途无疑构成为其机会成本，因此，企业家创新的动机在于追求经济利润，这被后来学者称为“熊彼特租”。熊彼特借助于“创新”这一新概念，尝试从动态的视角来对经济增长现象作出另一种诠释，开创了有关经济发展的“熊彼特学派”。

熊彼特学派的后来者相当程度上借鉴了达尔文的生物演化论和生存竞争学说。作为“新熊彼特学派”的两位代表人物尼尔森和温特（Nelson & Winter）明确将其学说命名为“演化经济学”。他们对微观经济理论进行了广泛而现实的介绍，参考了个人和企业如何学习和作出决定的实证见解。在此基础上，他们创造性吸收了进化论的思想，构建出有别于主流经济学的发展模型。正如进化论的起源中，达尔文从苏格兰启蒙哲学和亚当·斯密“看不见的手”思想中得到启发一样，演化经济学同样从生物进化论吸取了很多思想，形成了“变化—选择—保留”（variation, selection, and retention，简称“VSR”）范式[①]，它由三个步骤构成：

（1）变化：创新，营销和其他追求差异化战略的过程赋予一些企业相对于其他企业的优势，导致企业之间的差异。

图2-2　约瑟夫·熊彼特（1883—1950）

（2）选择：差异产生之后，市场力量会选择，一些企业能更加适应市场的变化，其他企业则被淘汰。

（3）保留：最终，受市场青睐的变化通过竞争和模仿等手段在整个经济中扩散。

此外，创新理论中还大量借用生物进化理论的术语，例如：

（1）创新是企业的变异或突变，类似于生命进化，是企业的适应性行为。

（2）自然选择与市场选择的内在相通性。突变、选择、隔离和物种形成是生物进化的机制，由于自然选择，其结果存在着不确定性。对应于此，

① Nelson, R. and S. Winter. An Evolutionary Theory of Economic Change[M]. Harvard University Press, Cambridge, 1982.

创新面临着市场选择，企业创新需要与竞争对手保持隔离，避免被竞争对手模仿，最终的结果同样难以预料。

（3）生物变异之后的特征通过基因可以遗传给后人，使之获得适应性；企业创新行为和结果通过惯例可以遗传。

（4）生物演化遵循间断式平衡的发展模式，即一次大的变异之后，有大量小的性征变异，最后只遗留少部分能够适应环境的性征。企业创新同样如此。

（5）群体进化论认为，种群是进化的基本单位，单个个体的变异并不足以改变种群。创新集群理论同样主张集群是国家竞争力的基础，一个国家或地区的创新优势最终体现在产业集群的基础上。

（6）进化论重视生态的平衡。一个生态系统要获得平衡，需要物种和种群内部实现适者生存，不同物种之间还需要持续进行能量交换。对于一个创新生态来说，同样如此。

当然，演化经济学者倾向于认为企业不同于生物之处在于，企业家具有较强的自由意志，可以主动选择和创造变化，这就是创新。

总体而言，新熊彼特学派与主流经济学的分歧主要体现在四个方面：

第一，熊彼特学派将动态，即非均衡作为其分析起点。熊彼特认为资本主义经济的核心是市场过程的动态性。在他看来，市场不仅是一种为了达到均衡的资源分配信号，也是推动企业和制度创新、经济结构性增长和激进式变革的空间，它并不外在于企业。企业共同形成市场结构，并在这一结构中生存、竞争。动荡，即非均衡是常态，核心在于经济体、企业的变革与适应能力，而主流经济学恰恰忽视了这一点。

第二，熊彼特学派强调历史的方法。这一思想可以溯源到马克思、德国历史学派，社会制度的出现、变革和消失这一演化过程对于经济行为具有重要影响。主流经济学研究一般规律，企业交易可以是没有任何时代和社会背景的。但在现实中这种企业是不存在的。熊彼特（1939）建议后来者要研究商业史、公司报告、技术杂志和技术史，以便理解经济体系中的行为。[①]企业在其成长和发展过程中形成的“惯例”具有强大的惯性，很难被打破。企业不可能随时

① Schumpeter, J. A..Business Cycles: A Theoretical, Historical, and Statistical Analysis of the Capitalist Process (2 vols) [M]. New York, McGraw-Hill, 1939.

大量增加或减少供给；即便在较长时间内，很多资源也无法自由进入或退出，流程也难以改变。

第三，熊彼特学派挑战理性经济人假设，认为企业家的决策很难用利润最大化“理性经济人”假设来概括，因为企业家往往是凭敏锐直觉而理性分析作出决策。这类同于后来由西蒙所提出的“有限理性”概念。它更加关注于环境、制度、社会和心理等约束作为新古典理性行为在真实的历史时期的条件。企业的决策和搜索范围受到上述各项因素，尤其是信息不完全等所制约，因此不可能是完全理性的。

第四，创新和企业家精神成为熊彼特学派的关键词。传统经济学认为竞争是最重要的因素。但熊彼特认为，在现实中，不是竞争，而是新商品、新技术、新的供给来源、决定成本或质量竞争优势的新型组织形式起主要作用。企业并不以边际利润和产出作为竞争基础，而是以创新为基础。由于变化成为常态，企业要适应环境，必须持续地进行创新，创造垄断性的经济租金。熊彼特认为创新是一种创造性毁灭的力量，而资本主义运行规律，其本质就是不断创新。资本主义不可能离开创新而存在，但在完全竞争市场中是不存在创新的，因为没有创新的必要，寡头垄断市场反而有利于创新，因为它给企业创新提供了动机。

此外创新带来不确定性[①]，创新越具有突破性，不确定性越高。这种不确定性只有少数企业家才能承受。但是整个社会通常是厌恶风险的，它遵循常规（routine）运行。因此，经济发展的过程可以看成是企业家寻求变化与社会其他部分寻求稳定之间的斗争。

当然，在古典经济学中，并非完全没有考虑创新的存在。斯密在《国富论》中强调分工的作用，其中重要的一条就是知识的专业化使人们更容易创新。但是以往经济学并未像熊彼特那样将创新作为推动经济发展的内生因素，更没有对创新本身作出深入的探讨。

---

① 根据奈特（Knight）的分类，不确定性是指那种无法预计其实现概率的事件，风险是概率可计算或评估的事件。本处只是一般性描述，包括这两者。

二、创新研究的发展历程

熊彼特将创新作为企业家个人的一种特质，这是熊彼特前期的观点（Mark I）。到后来经历美国管理革命之后，他对此有修正，认为大企业才是经济体创新的重要来源（Mark II）。

有关创新的特征，熊彼特（1947）提出在外部环境变化时，一个经济体（产业或企业）的"创造性响应"（creative response，即创新）具有三个本质特征：一是在事先难以理解，不可预测。二是它会促成一连串的转型事件，让经济体可以摆脱资源禀赋，形成长期的影响。三是其发生频次与社会中的人员素质、专业化程度、人们的决策行为模式紧密相关。①

在较长一段时间内，熊彼特有关创新的经济思想并没有得到应有的重视。在"二战"后，开始出现少量的相关研究。如20世纪50年代在美国，兰德公司专门聘请了一批年轻的经济学家，包括后来的诺贝尔奖得主阿罗（K. Arrow）、演化经济学创始人尼尔森（R. Nelson）和温特（S. Winter）对研发与创新经济投入产出进行研究。

Arrow（1962）提出信息可以影响经济决策者对不确定性的判断，为企业家带来利润，是一种不可分割的商品，保持垄断是信息持有者的最佳策略。但是这种策略对整个社会而言，无疑又会造成福利损失。对于发明、研究这样的信息商品来说，具有非排他性和非竞争性，个人收益与社会收益之间不成比例，属于公共物品，对此类知识的生产存在市场失灵的问题，因此公共部门需要对知识，特别是基础研究进行干预。②当然，后来的学者对企业研发知识是否属于公共品提出质疑。但是从基础研究看，阿罗的这一结论是没有问题的。

经济学家的研究强化了之前凡尼瓦・布什（V. Bush，1945）《科学：无止境的前沿》这篇具有影响力的报告的理论基础。布什在报告中提出：对抗疾病、产品和产业创新、新增就业、国防等所需要的新知识，只有通过基础科学研

---

① Schumpeter, J. A.. The Creative Response in Economic History[J]. Journal of Economic History, 1947, 7(2): 149–159.

② Arrow, Kenneth J.. Economic Welfare and the Allocation of Resources for Invention [C]// Richard Nelson (ed.), The Rate and Direction of Inventive Activity. Princeton, N. J.: Princeton University Press, 1962.

究才能获得。[①]布什认为联邦政府应当持续地支持基础研究，并以培育科学人才为己任，并重视将军用技术转为民用。时任总统富兰克林·罗斯福将国防研究委员会改组为科技研发办公室，由布什负责。1944年12月，罗斯福总统在给布什的回信中“批示”：

> “思想的新前沿摆在我们面前，如果能以我们所发动的这场战争同样的愿景、胆识和动力去开创这一领域，我们就可以创造出更加丰富和富有成效的就业和生活。”

在欧洲，英国产业联邦聘请克里斯朵夫·弗里曼（C. Freeman）开展了类似的企业研发活动分析。Freeman（1995）通过对比20世纪70年代的日本与苏联，以及20世纪80年代的东亚与拉美的发展历程，雄辩地指出，日本和东亚的成功在于：① 国家对基础科研投入的重视，建立强大科技基础设施；② 在市场的驱动下，企业有强大的研发创新的动机；③ 生产体系内部关联更加紧密，促进了知识的流动和外溢。[②]

表2–1 日本与苏联20世纪70年代生产体系的比较

日　本	苏　联
较高的GERD/GNP比率（2.5%）	很高的GERD/GNP比率（4%）
很低的军事/空间研发比率（<研发的2% ）	很高的军事/空间研发比率（>研发的70% ）
企业层面很强的研发、生产和技术进口的整合度	企业层面研发、生产和技术进口之间分割，较弱的制度性联系
很强的用户—生产商、分包商之间的网络联系	供、产、销之间的网络联系很弱或不存在

① Bush, Vannevar. Science: The Endless Frontier[R]. U.S. Office of Scientific Research and Development, Report to the President on a Program for Postwar Scientific Research, Government Printing Office, Washington, D.C., 1945.

② Freeman, C..The “National System of Innovation” in historical perspective[J]. Cambridge Journal of Economics, 1995, 19(1): 5–24.

（续表）

日　　本	苏　　联
企业层面，经理和雇员均有很强的创新动机	20世纪60—70年代有一定的创新动机，但是被很多经理和劳动者负面激励因素所抵销
对国际市场竞争具有丰富的经验	除了军备竞赛，很少直接面对国际市场竞争

表2–2　东亚和拉美20世纪80年代生产体系比较

东　　亚	拉　　美
普及高等教育，工程专业毕业生比例高，扩充大学教育体系	工程师比例过低，教育体系恶化
技术进口通常与本地技术变革的计划相结合，在后期快速提升研发水平	技术，尤其是从美国进口，大量转移，但是企业层面研发能力弱，整合度低
产业研发占比常常升至总研发水平的50%以上	产业研发占比常常低于总研发水平的25%
发展强大的科技基础设施，后期与产业研发密切关联	科技基础设施较弱，与产业研发关联较弱
投资水平高，20世纪80年代强势日元环境下，吸引日本大量投资注入和技术引进，受日本管理模式和网络化组织模式的影响	国内投资（主要是美国）下降，总投资水平降低，技术国际化网络水平低
大量投资于先进通信基础设施	现代通信发展缓慢
强大而快速发展的电子产业，拥有高出口量和广泛的国际市场用户的反馈	弱的电子产业，低出口水平，未能从国际市场中学习

资料来源：Freeman(1995)。①

此后，国际组织OECD聘请他为其成员国开发一个统一的、国际可比的研发活动统计指标体系，其成果是《弗拉斯卡蒂手册》(*Frascati Manual*)，成为后来国际研发活动指标体系的基础（OECD, 1963）②。

① Freeman, C. .The “National System of Innovation” in historical perspective[J]. Cambridge Journal of Economics, 1995, 19(1): 5–24.

② OECD. Proposed Standard Practice for Surveys of Research and Development[R]. Directorate for Scientific Affairs, DAS/PD/62.47, Paris, 1963.

图2-3 克里斯朵夫·弗里曼（C. Freeman, 1921—2010）

从学术机构看，早期对创新的研究大多源于外部需求，很多是政策导向的，比如说如何推动创新在产业和社会人群中的扩散。这其中产生的代表著作有：伍德华德（Woodward）《管理和技术》（1958）[①]、伯恩斯和斯托克（Burns & Stalker）《创新的管理》（1961）[②]、罗杰斯（Rogers）《创新的扩散》（1962[③]）等。

在创新政策研究中，最有影响力的事件还是1965年在英国苏塞克斯大学（University of Sussex）成立了第一个专门的创新研究机构"科学政策研究部"（the Science Policy Research Unit，简称"SPRU"），克里斯朵夫·弗里曼担任其首任负责人，不仅招募一批社会科学研究人员，也有工程师和自然科学家，是一个跨学科的研究机构，其研究视野并不局限于狭义的科学，还包括产业创新及其扩散过程。它所出版的期刊《研究政策》（*Research Policy*，1971年发刊）是当前创新研究最具影响力的期刊（据影响因子排名），SPRU逐渐发展成为全球创新研究的重镇。

20世纪80年代之后，创新研究开展进入繁荣期。相关文献呈现日益增长的趋势。J. Fagerberg和B. Verspagen于2009年对ISI Web of Science中SSCI期刊标题中含有"innovation"文献进行统计，将其绘成趋势图（见图2-4）。可

① Woodward, J.. Management and technology[M]. H.M.S.O, London, 1958.
② Burns, T., and G. M, Stalker. The Management of Innovation[M]. Tavistock, London, 1961.
③ Rogers, E. M.. The Diffusion of Innovations(5th ed.) [M] .The Free Press. New York, 1962/2003.

以看出，实际上在1994年之前一直在0.2%左右徘徊，到1994年和2002年分别有一个明显增长，到2008年增长到0.7%。考虑到论文总数量的大幅增长，这一比例上的增长是非常显著的。

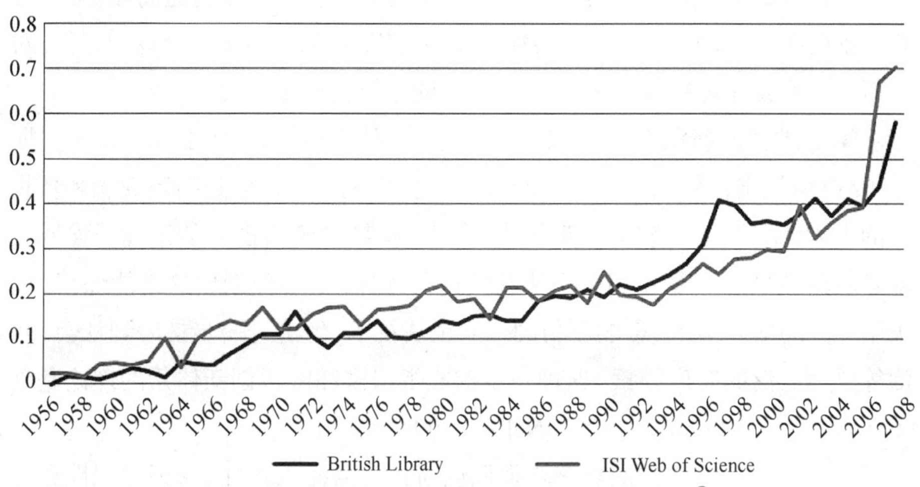

说明：标题中含有“innovation”的社会科学文章（占所有社科文章比例）①

图2-4 创新文献占比统计表（1956—2008）

基于前期研究，Lundvall（2013）归纳出创新研究理论的三大脉络：②

第一类："新熊彼特学派"或创新的演化理论，研究创新推动经济增长的机制。尼尔森和温特所著《经济变革的演化理论》（1982）是演化经济学的奠基性著作，他们讨论了企业学习和创新行为如何演进和嵌入于技术竞争过程之中，提出各类创新产生于主体的多样性，经由市场环境的选择，最终竞争胜出者的创新得以保留，这被归纳为"变异—选择—保留"（VCR）范式。③在此基础上，多西（Dosi, 1982）借鉴库恩有关科学革命的范式概念，认为由于历史原因，在某个行业存在特定的技术范式和轨迹，渐进性技术变革遵循技术范式

① Fagerberg, J., B. Verspagen. Innovation studies–The emerging structure of a new scientific field[J]. Research Policy, 2009, 38(1) : 218–233.

② Bengt-Åke Lundvall. Innovation Studies: A Personal Interpretation of "The State of the Art" [C]// Jan Fagerberg, Ben R. Martin, Esben Sloth Andersen-Innovation Studies: Evolution and Future Challenges[M]. Oxford University Press, 2013.

③ Nelson, R. and S. Winter. An Evolutionary Theory of Economic Change[M]. Harvard University Press, Cambridge, 1982.

定义的技术轨迹，突破性技术变革则创造新的范式。[①]

第二类："创新的技术经济理论"对创新、知识本身进行了深入的技术性分析，是基于阿罗（1962）信息价值占有理论[②]。创新过程是知识的产生、转化和商业化（Pavitt, 2005）[③]，价值占有是其最终目的。不同于普通商品，知识具有非排他性、不可事先评估、默会性等特性，其价值如果得不到合理的评估，对创新者形不成有效的激励，就会遏制人们的创新精神和动力。

第三类："创新的社会经济理论"，由伯恩斯和斯托克（1961）和罗杰斯（1962）[④]所提出，认为创新是一个互动式过程，创新不仅仅是指新观念和新物品的引入，而是指一连串的事件，包括创新扩散和价值占有的过程。强调互动必然牵涉到多个利益相关主体共同进行选择，哪一种创新最终能保留，取决于多方的博弈结果，影响创新的因素也从技术、经济进一步扩展到社会、政治等更为广泛的制度因素，这进一步构成了国家和区域创新体系的理论基础（Freeman, 1982; Lundvall, 1992; Nelson, 1993）[⑤]。

以上三类理论的共同点是均强调创新具有路径依赖性、知识累积性和情境依赖性。其中演化经济学提出的惯例、技术范式和轨迹，理论框架更具一般性。技术经济理论认为部门与技术之间的差异是根本性的，特别重视知识的默会性和价值占有机制。社会经济理论则强调公司、本地、区域、国家创新体系制度的差异，产生不同的互动和互相依赖模式，进而提出"国家（区域或部门）创新体系"的概念。这一理论具有强烈的政策导向，无疑让各国政府、政策制订者感兴趣。从20世纪90年代以来，在学界和国际组织如OECD等的推动下，世界各国兴起了一股建设"国家创新体系"的热潮，至今仍在延续。

---

① Dosi, G..Technological paradigms and technological trajectories. A suggested interpretation of the determinants and directions of technical change[J]. Research Policy, 1982, 11: 147–162.

② Arrow, Kenneth J..Economic Welfare and the Allocation of Resources for Invention[C]// Richard Nelson (ed.), The Rate and Direction of Inventive Activity. Princeton, N. J.: Princeton University Press, 1962.

③ Pavitt, K. Innovation processes[C]// Fagerberg, J., Mowery, D.C., Nelson, R.R. (Eds.), The Oxford Handbook of Innovation. Oxford University Press, Oxford, 2005: 86–114.

④ Burns, T., and G. M., Stalker. The Management of Innovation[M]. Tavistock, London, 1961; Rogers, E. M.. The Diffusion of Innovations(5th ed.) [M] .The Free Press. New York, 1962/2003.

⑤ Freeman, C..The Economics of Industrial Innovation (second ed.) [M]. Frances Pinter Publishing, London, 1982; Lundvall, B–Å. (ed.) National Systems of Innovation: Towards a Theory of Innovation and Interactive Learning[M]. London: Pinter Publishers, 1992; Nelson, R.R. National Systems of Innovation: A Comparative Analysis[M]. Oxford University Press, New York, 1993.

Fagerberg等（2012）则通过对创新文献的聚类分析，发现创新研究网络有三个中心领域，分别是研发经济学、创新组织管理、创新体系。显然，研发经济学主要关注于创新对经济增长的影响，是经济学者的关注点。创新组织管理涉及企业如何开展创新，是管理学者的研究重点。而创新体系研究无疑是科技和产业政策咨询导向学者更感兴趣的部分，它既与经济学相联系，又与管理学相联系，属于两者之间的交叉学科。①

第二节　创新与企业家精神理论

从个人层面看，创新与企业家精神几乎可以划等号。但企业家精神在经济发展中的作用并不是从来就得到认可的，因为讨论为什么有些人喜欢经商办企业，实在像是一个心理学问题。人们对企业家的认识也一直存在种种误解和扭曲，比如企业家与单纯寻租者之间很难明确划分界限。今天，很多中国人仍然坚信：私营企业老板是带着“原罪”的。

但是最终，人们越来越认识到企业家作为一种稀缺性资源对经济增长的重要性。经济学家刘易斯说，一个国家的储蓄低，并不是因为这个国家穷，而是因为这个国家的企业家阶层弱小。企业家的作用就是给现实经济注入一种新的动力和活力，通过将各种要素加以巧妙组合，可以将传统社会“低收入—低储蓄—低投资—低生产率—低收入”的恶性循环转化为现代社会的“高收入—高储蓄—高投资—高生产率—高收入”的良性循环。从这个角度看，可以断言，一个国家或地区涌现的企业家越多，其创新也会越多，竞争力自然越强。

一、企业家精神的理论研究回顾

经济学理论对企业家在经济发展中作用的认识有一个发展历程，大体可

① Fagerberg, J., M. Fosaas, K. Sapprasert. Innovation: Exploring the knowledge base[J]. Research Policy. 2012, 41(7): 1132–1153. 详细内容见本章后附“专栏”。

以分为四个阶段：

第一阶段：前古典经济学阶段（1776年前）。

这一阶段，经济学没有独立成为一门学科，不同领域的学者对财富来源有着不同的理解，但是对企业家认识非常粗浅。古罗马认为个人可以借助于工商之外积累财富，因此，财富有以下三个方面的来源：① 土地；② 高利贷；③ 政治收入（如税收、保护费等）。到中世纪基督教兴起，教会并不反对工商业发展，只是严格禁止高利贷，严格节制资本。教会提出体面的工商职业包括：进出口商人、商店业主、制造业主。

第二阶段：古典经济学阶段（1776—约1870年）。

18世纪的法国经济学家理查德·坎迪隆（Richard Cantillon）是古典经济学的先驱，他将企业家精神的概念首次引入经济学文献之中（Cantillon, 1755）[①]，认为企业家能敏锐地发现供给与需求之间的差距，履行了"低买高卖"的重要经济职能。企业家对以特定价格购买要素投入和以一种不确定价值出售产出十分敏感，具有平衡和稳定市场经济的作用。应对不确定性和风险以达到市场均衡是古典经济学者关注的焦点。

以亚当·斯密发表《国富论》（1776）为界，古典经济学家开始强调自由贸易、专业分工和竞争的作用，它不强调财产的占有，而将经济要素分为土地所有者、资本家、工人三类。据此，古典经济学家提出：劳动力、生产和企业家活动可以按产业分类，不同国家、不同区域生产专业化的比较优势提供了套利的机会，从而使企业家有用武之地。

19世纪的法国经济学家让·巴普蒂斯特·萨伊（Jean-Baptiste Say）较早提出企业家的作用，他认为企业家雇用生产要素，并将其结合起来，在"不同生产者阶层"之间，"生产者与消费者"之间，企业家充当了"沟通的纽带"。因此，企业家是"许多方面和关系的中心"。

很显然，古典经济学并未能严格区分企业家、资本家、企业主、商人，他们非常狭隘地认定生产过程才是价值创造的过程，而没有认识到企业家的产品和全新生产过程创新活动。尤其是没有认识到商品/服务的主观和投射的价

① 转引自Murphy, P. J., J. Liao, H. P. Welsch. A conceptual history of entrepreneurial thought[J]. Journal of Management History, 2006, 12(1): 12–35.

值是重要的，这种主观价值论对于企业家作用的认识是至关重要的。

第三阶段：新古典经济学阶段（1870—约1960年）。

以边际革命的兴起为标志，开始强调以人为中心的主观效用研究框架，从此以后，社会、政治和文化因素逐渐进入经济学领域成为市场体系运行的中心驱动因素。对企业家活动的解释也开始将此类环境的洞察和理解包容在内。这一阶段的学者倾向于认为企业家活动是一种变革的机制，因其将资源转化为不可预见的产品和服务。

新古典经济学奠基人马歇尔对企业家有过精彩的论述，他提出："不论哪个时代，都潜在着一些不为世人所知的领域及更有发展前途的事业，有能力的发起人寻找到具有这种发展前途的事业，便去动员资本家集聚所需的资本，并亲自推进其向前发展，结果这一事业会比其他任何都更快地取得成功。例如，肥沃的土地适合于发展农业，尽管地下埋藏着丰富的矿产资源，但是土地所有者却因没有资本或缺乏事业心而迟迟不去开采。这一情况一旦被有能力的发起人发现，他会立即用兴办公司、铺设铁路这种现代化方式唤醒沉睡的资源。此时，这个发起人在自己获得巨大利润的同时，也为国家增加了财富，并给予这一事业相关者带来利益。"①

新古典经济学家提出，资源的分配和其他决策基于主观决定，一种资源的主观价值差异表明存在套利机会。但发现套利机会仅仅是反映企业家适应环境的一面，主动创造出环境中的变化才是企业家精神最重要的特征，其本质是重新组合，由此形成新产品、生产方法、市场、原材料和组织。

作为创新理论的首倡者，熊彼特（1911）第一次从理论上系统分析了企业家精神，他将企业家类比为经济增长领域的"国王"。企业家可以通过五种创新方式将各种要素组织起来进行生产，并通过不断创新改变其组合方式才带来了经济增长。企业家对行业形成"创造性破坏"的力量，是造成市场动荡和无序的根源，通过模仿者的跟进，逐步消除这一动荡，使系统再次达到平衡。从此，经济学界一改过去仅注意增长要素本身的研究方法，开始注意对隐藏在经济增长要素背后的动力机制——企业家进行研究，并形成一个企业家史研究学派。

---

① Marshall, A..Industry and Trade[M]. Machmillan, London, 1919.

奥地利学派代表人物之一，科茨纳（Israel Kirzner）认为新古典经济学依赖的是完全竞争理论，而忽视了企业家的重要作用。他提出有关企业家的三个主要观点（Kirzner, 1973）[①]：第一，在市场环境下，部分人的套利机会来源于其他人的忽略或效率较低的活动，因此单个企业家决策和活动是市场体制各类现象的基础。第二，对于创造利润机会的警觉性，企业家发现它并基于此创造了一个新市场，这同时意味着企业家始终面对巨大的不确定性。第三，所有者与企业家精神有显著区别，企业家并不要求占有资源，知识和协调活动是企业家精神的充分条件。

第四阶段：多学科综合阶段（约1960年至今）。

20世纪40年代，哈佛大学教授阿瑟·科勒（Arthur Cole）从企业家史的角度对企业家进行研究，再次吸引了人们对于企业家精神的关注。这一年代的代表作还包括格申克龙（Alexander Gerschenkron）（1945）对苏联的研究和兰德斯（David Landes）对法国的研究（1949）。

除了经济学，不同学科都对企业家精神进行了研究，包括社会学、社会人类学、政治学、经济和商业史、心理学（McClelland, 1961）、管理学（Shane, 1991）等。

进入20世纪80年代之后，经济、技术等领域创造性破坏的力量开始凸显，英美两国的自由化、放松管制政策开始成为主流，创业和中小企业的作用越来越受到重视，相应的研究也日益增多，有关企业家精神的研究逐渐成熟。

大卫·柏基（David Birch）在《工作创造的过程》（1979）中提出美国大部分新工作是由新的小企业，而非现有大企业所创造的，企业家是创造就业的功臣。[②]这一报告对学界和政界均产生了巨大的影响。

巴布森学院（Babson College）的卡尔·威斯伯（Karl Vesper）最早在管理学会成立了一个企业家精神的兴趣小组，在欧洲，维也纳经管学院的Josef Mugler创立了欧洲小企业理事会（European Council for Small Business，ECSB）。1981年，卡尔·威斯伯与约翰·霍纳德（John Hornaday）一起发起了第一届Babson研究大会。英国的阿伦·吉布（Allan Gibb）和特利·韦伯

---

① Kirzner, I.. Competition and Entrepreneurship[M]. Uni. of Chicago Press, Chicago, 1973.

② Birch, D. G.W.. The Job Generation Process[J]. MIT Program on Neighborhood and Regional Change(Vol. 302), 1979.

（Terry Webb）组织了第一届小企业政策和研究会议。20世纪80年代，相关科学期刊也得以大量增加，影响力较大的有雅安·麦克米兰（Ian MacMillan）发起的《商业投资期刊》（*Journal of Business Venturing*）；杰拉德·斯威尼（Gerald Sweeney）发起的《企业家精神和区域发展》（*Entrepreneurship and Regional Development*）；佐尔丹·埃斯（Zoltan Acs）和大卫·奥德勒基（David Audretsch）发起的《小企业经济学》（*Small Business Economics*）等。

国内学者张维迎和盛斌（2004）认为企业家的职能包括：①

（1）善于捕捉机会。发现机会是企业家从事经营活动的起点。所谓发现机会，就是寻找市场中潜在的不均衡。从市场作为一个连续的过程来看，企业家不仅发现不均衡，而且同时在创造不均衡。

（2）生产要素的组织者。生产要素并非现实的生产力，要转变成为现实生产力，必须按一定的结构组织起来。所谓组织就是建立从要素投入到产品产出之间的一种函数关系。

（3）作为创新者。创新的经济发展的内生因素，经济发展就是来自内部自身创造性的关系经济生活的一种变动。

企业家要把劳动者组织起来从事生产，离不开一定的资本积累。资本积累与企业家产生之间存在互动、互为因果的关系。资本积累一方面来自储蓄。企业家首先将自己的储蓄用于有利可图的生产项目，会对民众的储蓄倾向产生极大的刺激。但作为生产要素的组织者，实际上创造了一种新的生产组织制度。这里最重要的发明也许要数劳动力市场的建立和金融制度的创造。前者使劳动力成为一种可以自由流动的商品，后者使资本成为可以自由转移的要素。因此，企业家同时也是生产要素的创造者。

二、企业家精神形成的前提条件：经济学的视野

企业家精神的形成需要分为硬件和软件两大类条件：前者是指各类制度因素，如产权、税收等；后者是指社会文化价值观因素，人们对创业的一般看法。

---

① 张维迎，盛斌. 论企业家：经济增长的国王［M］. 北京：生活·读书·新知三联书店，2004.

当前经济学研究大体遵循“制度—企业家精神—增长”这一范式（Bjørnskov, Foss, 2016）[①]。何种制度最有利于企业家精神的萌生和成长？当前的经济学理论倾向于认为是经济自由度。所谓经济自由度一般是指人们参与经济活动而不受过多的限制或补贴的自由度（Bradley & Klein, 2016）[②]。与经济自由度最为相关的制度包括产权、法治、开放的市场和创新的激励（Gwartney et al., 2014; North, 1990）[③]。

加拿大著名智库弗雷泽研究院（the Fraser Institute）每年发布世界经济自由度指数对各国经济自由度进行排名。[④]他们认为经济自由的基础是偏重个人选择而非集体选择；是市场协调下的自愿交易而不是通过政治过程分析；自由进入市场和竞争；保持个人及其财产免受他人侵害。在此基础上，关注于5项关键指标：

（1）政府规模：开支、税收和国有企业；

（2）法律结构和财产权安全；

（3）货币管理：通货膨胀、外汇等；

（4）国际贸易自由度：资金、人员流动；

（5）信用、劳工和企业的管制。

2017年，排名前列的国家和地区是：中国香港、新加坡、新西兰、瑞士、爱尔兰、英国、毛里求斯、格鲁吉亚、澳大利亚和爱沙尼亚。中国内地位列第112名，相对靠后。

世界银行对各国营商环境（doing business）的评价也反映出这一倾向。这一评价体系选择了11项一级指标、43项二级指标（实际适用41项指标，其中劳动力市场监管指标未引入评价系统），主要目标在于评估内资中小企业的运营。而中小企业发展正是企业家精神最集中的体现。

这11项指标可分为两大块：一是管制过程的复杂性和成本，包括开办企

① Bjørnskov, C., N. J. Foss. Institutions, Entrepreneurship, and Economic Growth: What Do We Know and What Do We Still Need to Know? [J]. Academy of Management Perspectives, 2016, 30(3): 292–315.

② Bradley, S. W., P. Klein. Institutions, Economic Freedom, and Entrepreneurship: The Contribution of Management Scholarship[J]. Academy of Management Perspectives, 2016, 30(3): 211–221.

③ Gwartney, J. D., Hall, J., & Lawson, R. Economic freedom of the world: 2014 annual report[R]. Vancouver, Canada: The Fraser Institute, 2014. North, D. N. Institutions, institutional change, and economic performance[M]. Cambridge, UK: Cambridge University Press, 1990.

④ James Gwartney, Robert Lawson, and Joshua Hall. Economic Freedom of the World: 2017 Annual Report[R]. Fraser Institute, 2017. <https: //www.fraserinstitute.org/studies/economic-freedom>.

业、办理施工许可、获得电力、产权登记、跨境贸易、纳税六项指标，考察各国政府在这些方面所需要的准备文本材料、服务时间和成本；二是法律制度的力度，包括劳动力市场监管、获得信贷、保护少数投资者、合同执行、破产办理五项指标，考察各国政府在这些方面运行的透明度、程序、时间、成本和弹性。

从企业生命周期角度看，也可以以企业日常运营为核心，将全生命周期分为启动、选址、融资、容错处理四个阶段。日常运行包括跨境贸易、纳税两项指标，启动阶段包括开办企业、劳动力市场监管两项指标，选址阶段包括办理施工许可、获得电力、产权登记三项指标，融资阶段包括获得信贷、保护少数投资者两项指标，容错处理阶段包括合同执行、破产办理两项指标，共11项指标。

2017年营商环境排名中，排名前列的国家和地区是：新西兰、新加坡、丹麦、中国香港、韩国、挪威、英国、美国、瑞典、马其顿。中国内地排名第78位，处于中游水平。

三、企业家精神形成的前提条件：社会学的视野

社会学家则从另一个角度分析企业家精神的来源。比如马克斯·韦伯提出新教伦理是资本主义精神的思想来源。[①]新教伦理主张因信称义，不承认教会是人与神之间的中介，否定僧侣阶级在世界上的统治地位。人们应该顺从上帝的召唤，把握时机，用人间的财富和事业成功证明自己是上帝的选民。而资本主义精神被界定为“为了追逐财富、攫取利润所需要的勇敢、守信、坚强，富有雄心、锐意进取，百折不挠”精神。同时追逐财富本身并不是为了个人享受，同时在奉行一种勤劳、节约、俭朴、谦逊和讲求效率的苦行主义。可以看出，这里所说的资本主义精神与企业家精神一脉相承。

另一个思想来源是启蒙运动以来所倡导的人文主义精神。启蒙主义思想家们强调人类个性本身的价值，并把关心人的事业，强调个人的权利和利益，用人的观点观察一切生活现象，特别是保护人的个性放在第一位，否定封建的教会的权利和利益。人文主义还崇尚科学、自然，关注生产力的发展，建立在

---

① ［德］马克斯·韦伯．新教伦理与资本主义精神［M］．于晓，陈维纲等，译．北京：生活·读书·新知三联书店，1987.

实验基础上的科学知识，高于宗教权威。

在这些思想的影响下，社会阶层的流动和变得更加开放成为普遍接受的价值。商人地位得到了提升，与贵族之间通婚、社交、职业流动，他们在经济倾向上的趋同及职业选择上的融合，最后必然影响政治结构的变动。

这些思想系统地分析了企业家精神的来源，可以解释一国或一地企业家精神较为充沛的社会现象，而非一种偶然，具有相当程度的合理性。事实上，在很多地方特定时期内，虽然也会涌现出企业家精神，比如今天的中国，但是要使之"蔚然成风"，同样需要有对个人自由、尊重产权和开放社会的观念基础。

第三节　创新的三个基本问题

从创新的生命周期看，存在三个基本问题，即创新如何产生，或创新的源头是什么？创新如何扩散？创新的价值由谁占有？从源头、过程和分配三个方面对创新行为进行考察。我们在第二篇会详细对企业的这几个方面进行考察。

一、创新的产生

熊彼特最初提出创新是企业家的一项本质性的职能，是从个人或小微企业层面考察的，这被称为"第1类"（Mark I）创新，并提出五种基本的创新方式。后来观察到现实中涌现出很多产业研究实验室，他对此有所修正，认为具有研发能力的大中企业可以有组织地实现创新（称为"第2类"创新，Mark II）。[①]

"二战"后较长一段时间内，受美国、日本科技发展对经济的巨大影响启示，很多国家将创新与科技发展联系在一起，认为科学技术知识是创新的源

① Dosi, G., R. R. Nelson. Technical Change and Industrial Dynamics as Evolutionary Processes[C]// Bronwyn H. Hall Nathan Rosenberg (ed.) Handbook of the Economics of Innovation, Volume 1 (Handbooks in Economics) North Holland, (1st Edition), April, 2010.

头，因此各国都大量投入基础科学，后来被归纳为“基础科学—应用科学—创新应用”这一创新的线性模型（Kline and Rosenberg，1986）[①]。

线性模型比较直观，易于理解，但是只狭隘地关注了创新的一类，即基于科研的创新，而且重在产品创新。它基本上将创新等同于研究和技术成果的商业化，没有考虑到包括用户在内的各方的参与和反馈、企业社会资本在创新中的作用，以及所谓“低技术密集度”产业的创新和地域的因素等。创新的源头当然不仅仅是科学知识的应用：且不论从实验室到最终的批量生产，需要完全不同的流程工艺，很多实业界的创新事实上与科学发展并无直接关联，莱特兄弟是在对飞机工作原理不是非常清楚的情况下完成设计试飞的。所以创新与科技发展之间的关系不是简单的因果和从理论到实践的过程，而是要经历不断试错和互动式学习的过程。

随着创新内涵的扩大和深化，线性模型很快被“创新系统”或“技术系统”替代。这一理论认为一个国家或地区的创新构成一个制度系统，既有企业、政府、研究机构这样的创新组织，更为重要的是通过相关政策的制定促成不同主体之间的互动和学习，从而实现技术转移、创新商业化。创新作为一个体系反映在多个方面：

一是创新很少是单个的、偶然出现的，而呈现出累积性和集群性。一项发明从出现到实际应用，可能需要经历一个长期的过程。这一过程中，需要不同方面持续的互动和创新，比如飞机制造的理念在文艺复兴时期达·芬奇就已经提出来了，到1903年美国莱特兄弟证实动力飞行是可能的，但是引导它进入商业航空的麦道公司于1935年推出DC-3，这三十多年中无数的商用飞行实验都失败了。真正的实现必须有五项缺一不可的、互补性的关键技术：可变间距螺旋桨、伸缩起落架、一种质轻铸造而成的机体构造、辐射状气冷式引擎和摆动副翼。早一年推出的波音247，就是因为少了摆动副翼，起飞与着陆都不稳定。[②]

二是表现在创新的多方参与开放性、互动式学习特征。创新是资源的重

① Kline, S. J., N. Rosenberg. An Overview of Innovation[C]// R. Landau and N. Rosenberg (eds.), The Positive Sum Strategy: Harnessing Technology for Economic Growth, Washington, DC, National Academy Press, 1986, 275–304.

② [美]彼得·圣吉. 第五项修炼（第2版）[M]. 郭进隆，译. 上海：上海三联书店，1998.

新组合，而资源常常分散在多个主体手中。完全封闭式的创新在早期大企业内部可能存在，但是随着社会分工的细化、知识资源的分散、互联网技术的推动，封闭式创新已经绝无仅有，更多地表现出多方（尤其是用户和供应商）参与。在创新扩散过程中，还会出现不同的用户结合实际情境进行再创新的情况。

三是创新的产生受到制度和文化环境的制约。制度因素包括资本市场、人才教育和劳工政策、法治水平等因素的影响，这被称为创新的“框架性因素”[①]。在一个不重视知识产权、对教育不重要的地区，很难达到较高的创新水平。此外，包容、开放的文化也非常关键，如萨克森宁（1999）对美国东部128号公路和西部的硅谷作了对比研究，发现制度和文化因素是两个地区产生差异的重要原因。[②]佛罗里达提出创意阶层崛起的3T理论，即技术、人才和包容，这也可以看成是创新产生所需的基本条件。

二、创新的扩散

创新的概念到今天已经扩展为一个过程，不仅包括创新的产生，还包括扩散。扩散过程是指一项创新在一段时间内，通过特定沟通渠道在社会系统的成员之间沟通的过程，也是创新应用推广的过程。不理解创新的扩散过程，就无从区分创新与发明、科技等不同概念。

扩散可能有两种形式：首先是一种沟通和说服，即新观点在人群中的沟通，是自愿的含义。但是也有很多的创新扩散并不完全是自愿的，包含着强制和规范。

强制性的创新推广并不罕见。它常常来自上级、权威和自上而下的指令，如果不接受就会受到某种可以预期的惩罚。如处于特定组织中的员工，当高层决定推广某新产品或开展管理创新时，员工并没有太多的选择余地，不采纳可能意味着降职或解聘等。某个国家法令出台之后，例如强制企业开展排污，企业也没有选择的余地。当然，具有强制性的创新推广，是否能取得比自愿性

---

① OECD. Managing National Innovation Systems[R]. OECD Publishing, Paris, 1999.

② ［美］安纳利·萨克森宁.地区优势：硅谷和128公路地区的文化与竞争［M］. 曹蓬等，译. 上海：上海远东出版社，1999.

接受创新更好的效果，则另当别论。

比强制性稍弱的是规范性扩散，即企业为了赢得某种合法性，从而接受某项创新。这种规范不像法律那么严格，但是如果企业不接受会感觉被排斥或被边缘化，从而感到接受此类创新能够为企业带来一定的利益。比如行业协会推广一种建议性标准（ISO非强制性标准、质量承诺）或鼓励参与公益活动等。

在自愿采纳创新方面，由于新观点带来不确定性，而不同的人对于不确定性有不同的偏好度，因此形成了不同的接受人群。Rogers（2003）将此分为三类人群：第一类人群比较愿意尝试新鲜事物，他们在信息上也比较畅通，是风险偏好型的人，因此是创新扩散推动者和领先者。第二类是在接受新鲜事物的意愿上或信息畅通方面略有欠缺的人，他们不愿意承担过多的风险，在领先者作出示范后，他们也愿意接受，因此是跟随者。这一类占到人群的多数，一项创新能否得到较广的应用，关键在于争取到足够的跟随者。第三类是滞后者，他们偏于保守，有时是信息比较闭塞，不愿意甚至拒绝新鲜事物，他们是滞后者。因此，一项创新的扩散过程呈现出S形的规律（如图2−5所示）[①]。

在现实中，人们往往会关注于创新扩散的速度，这种速度是由什么决定的？

根据扩散的沟通特性，本质还是知识和信息的扩散速度。因此，新事物本身、人们对新事物的接受度、信息传播的环境是影响创新扩散最主要的因素。对于新事物的接受度，与创新本身的特性有关。而信息畅通度则与创新采纳者的社会网络相关。由此形成了各种不同的创新采纳和扩散理论。

从创新特性看，Rogers（2003）提出有五种特性特别重要：（相比于旧的做法的）相对优势、（与现有观念或经验的）兼容性、复杂性（使用便捷度）、可尝试性、可观测性。[②]符合这五个方面特点的创新更容易被采纳。对于新技术的采纳，则要兼顾考虑技术和社会两个方面的因素。

①② Rogers, E. M.. The Diffusion of Innovations (5th ed.) [M]. The Free Press. New York, 1962/2003.

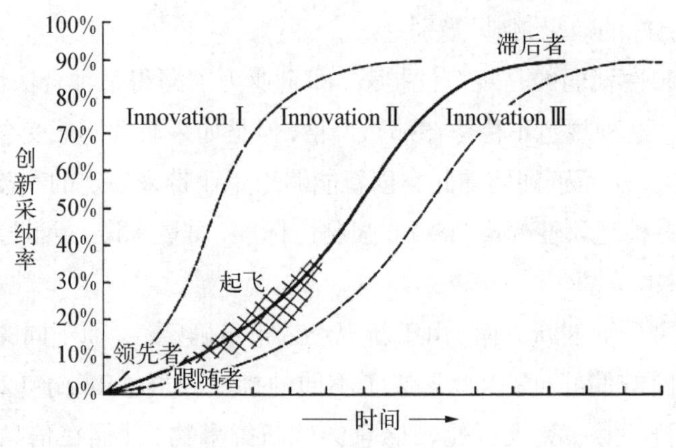

图2-5 创新扩散过程

资料来源：Rogers(2003)。

在信息畅通方面，个体单独的采纳与群体、组织的采纳就显现出了较大的差异。个体接受创新不仅受到自身能力的影响，还会源于从众的心理，受到周围人群的影响。有很多创新知识具有“默会性”“黏性”，无法通过明示的语言来表达，还必须通过实践，手把手地传授才能够转移和扩散。因此，人际沟通的网络结构就显得尤为重要。

专栏作家格拉德威尔（2009）对于传染病的传播方式，提出了流行三法则：个别人物法则、附着力因素法则和环境威力法则。[①] 具体地说，个别人物法则是指关键的少数人，是80/20法则的另一种表述。附着力因素法则指有些信息更加容易受人关注，而且不容易被遗忘，或称有黏性。比如2017年11月网络上流行一篇《如何避免成为一个油腻的中年猥琐男》的文章，“油腻”二字就带有强大的黏性，传播力特别强。环境威力法则则指人们对周围的环境较他们所表现出来的更为敏感。人们在接受某种新事物的问题上，受到特定环境中旁人的影响。

但是与一般的信息传播不同的是，创新扩散不是一个单向的传播和接受过程，而是一个持续创新的过程。现实的创新从来不是一蹴而就的，而是边扩散边创新，在不断试错和竞争中前进的。最终的创新成果与最初提出的创新设想，有时会大相径庭。这一过程中，涉及生产者（及其合作生产商）与用

① ［美］巴尔科姆·格拉德威尔.引爆点：如何制造流行［M］. 钱清，覃爱冬，译. 北京：中信出版社，2006.

户之间大量的互动，生产者在互动中学习，用户参与创新等，实现知识共享和转移。

三、创新的价值占有

创新是有成本的，从其产生到最后的商业化要经过一段时间，需要投入精力、资金等，这给创新者带来了风险。其中最主要的风险之一，是最先进行创新的人未必是最后获益最多的。因为后来者可以吸引先行者的经验，少走弯路，以更低的研发成本实现更有竞争力的创新，实现后发优势。同时大量的创新产生的知识溢出具有正外部性，仅靠市场的自然调节，不足以激励企业的创新行为。

相比于创新的两个问题，价值占有相对更加隐含，有一些人甚至误认为它不重要。确实在实践中，笔者与企业界人士进行沟通时，除非问及，他们很少主动提及这个问题。当前环境中，很多创新者面对各种侵犯知识产权现象，只有睁一只眼闭一只眼，这反映出知识产权保护方面的制度仍然非常不健全，以及人们在这种制度环境下的一种无奈。因此，这个问题关涉到的是“持续创新”的问题，一个缺乏“永续经营”理念的公司是不会真正关心它的。

创新成果的占有是对创新者的反馈，构成创新过程的关键一环。如果是正反馈，则会引起进一步的创新，相反，就会打击创新者的积极性。从整个社会看，它很大程度上超越了企业自身的力量，而成为一个重要的创新制度问题。

早期很多大企业会成立自己的研究实验室，目的是为保护商业秘密，更多地占有创新的成果，此类做法始于德国，兴盛于美国。最为著名的有贝尔实验室、杜邦公司的实验室、IBM的Watson实验室，一直到今天Google的人工智能实验室。

从企业外部看，为了鼓励创新，让创新者能获得必要的回报，各国政府一般实施专利制度，通过发明、设计等创新成果的鉴定，授予其一段时间的专营权，从而在个人利益与社会利益之间取得一种平衡。

专利制度最早可以追溯到中世纪后期的威尼斯。1623年，英国通过的专利法案被认为对于工业革命起到了直接的推动作用。到今天，随着信息和知识作为一种有价值的资源，虽然专利和知识产权保护的作用仍然非常重要，但是已经大大削弱了。一是占有机制总是不完美的，许多专利可能被竞争对手通过周边式发明所绕过。如果涉及不同国家的制度差异，这种情况就变得更加复杂。二是一些专利虽然被侵犯，但是很难提供有效的侵权证明，这一问题在应用于知识产权时尤其严重。由于缺乏良好的占有机制，很多良好的发明被束之高阁。

由此，以熊彼特为代表的一些学者得出一个重要结论：垄断，至少是某个时空内的垄断是创新的目标，企业通过创新达成垄断的目的，才能获得超过经济利润的租，在竞争对手赶上之前，企业可以享受到“熊彼特租”。

企业为何不能持续享受“熊彼特租”？ Teece（1986）发现，一项创新通常不是孤立的，它通常需要现有资源作为互补，这些资源，如互补性的营销和服务能力能够提升产品复杂性，使企业保持一种系统的创新能力，使竞争对手无法复制。而当创新企业不占有这些互补性资源时，它对创新成果的占有就会大打折扣。[①]早期少数大型企业自身拥有了这些互补性资源，它们对于创新成果的占有其实并不依赖于专利的保护。发展至今，创新越来越趋于开放，企业所需的知识变得分散，企业创新很难具备所有的互补性资源。

要占有一项创新的成果，申请专利只是选项之一。本质还是如何避免创新被竞争对手所轻易模仿。因此，创新者除了要加强保密工作，还要提升产品复杂性和快速行动能力，也即Teece等（1997）所提出“动态能力”。[②]即企业通过采取迅速行动，获得更快的创新产品提前期（lead time，专利的本质也是以法律形式赋予创新提前期）和学习经验优势，都有利于企业占有创新成果的能力，从而保持持续的领先地位。

① Teece, D. J.. Profiting from technological innovation[J]. Research Policy, 1986, 15 (6): 285–305.
② Teece, D., G. Pisano, A. Shuen. Dynamic capabilities and strategic management[J]. Strategic Management J., 1997, 18(7): 509–533.

第四节　创新的内在张力：惯例与创新

原理3提出“创新内在包含着张力”，这种张力又是创新发展的内在动力，其对于创新的发展和最终的成功有着重大的，有时是决定性的影响。本节拟对此作更加细致的分析。

在企业成长过程中，随着经验的积淀，会逐渐形成各种惯例（routine）。企业的日常运行是基于惯例的，它等同于一个人的习惯或社会的习俗（Winter and Nelson, 1981）[①]。在企业中，惯例表现为明文或隐含的制度，因此，寻求改变的创新与维持传统的惯例之间就不可避免地形成了一种张力。不同类别的创新难易程度差别较大，其难度取决于对惯例的改变程度。

惯例被譬喻成企业可遗传的基因，是企业通过组合内部各类资产所形成独特的运作管理和组织流程和规范。它也被认为是动态能力（dynamic capability）的三大支柱之一，构成一个企业的能力基础（Teece et al., 1997）[②]。对其特征可归纳如下：

（1）持续可继承性。企业惯例一旦形成，具有顽强的生命力，如无特别干扰，会一直延续下去。尽管企业人事有变动，过去的惯例可以由今天所继承，今天所形成的惯例会成为遗产留给未来。因此，惯例形成组织的记忆。

（2）适者生存性。企业作出的不同决策和成功经验会形成多种惯例，不同惯例之间会有竞争性，这是环境选择的结果。适合的、效率更高的惯例得以保存，有助于提升企业的适应能力。正由于如此，惯例可以看成是企业过去成功经验的总结，反映一家企业的世界观和思维定式。

（3）层次差异性。从作为制度和流程的惯例看，显然基层和中层更受惯例约束，而高层更少。对高层来说，面临的决策具有更多的不确定性，从而可以遵循的惯例更少或没有。但是从隐含的惯例，如文化、价值观来看，情况却相反，层次越高，越容易困于成为惯例的文化因素，难以突破最核心的价值观，这点在需要公司开展颠覆性创新的情况下更加突出。

---

①② Nelson, R. and S. Winter. An Evolutionary Theory of Economic Change[M]. Harvard University Press, Cambridge, 1982.

（4）难以改变性。惯例构成为一个企业的核心竞争力（core competence），但在环境突变形势下，会成为企业核心阻滞力（core rigidity）的来源（Leonard-Barton, 1992）[①]。在强大惯例的作用下，企业逐渐演变成为对外部环境变化反应迟缓的现象。这种情况下，需要借助于外部巨大的冲击，才有可能走出僵局。

惯例对企业的好处是显然的。如同一个人的习惯形成之后，可以不假思索地完成很多的工作，对危险作出适时的反应，从而提升适应性。同样，惯例可以帮助企业提高反应速度、降低运行和协调成本，进而提升企业的适应性。

从创新的角度看，任何惯例都只是特定情境下的产物，不具备普适性。时过境迁，惯例必须成为要改变的对象，当然不同类型的创新对惯例改变的要求是不同的。根据Henderson and Clark（1990）的观点，创新可以分为渐进式、部件式、架构式和激进式的创新，其变革程度呈递增趋势。[②]渐进式创新是指不改变部件及其联系的情况下的创新；部件性创新是不改变部件联系的前提下，对零部件进行修补和增强。这两者虽然对惯例的改变有一定的要求，但只是原有基础上的改良，不是伤筋动骨的。但是架构式和激进式创新则不然，它是建立在否定现有惯例的基础上，对部件之间的联系作出改变，其中架构式改变部件的联系方式，但对部件本身的改变不大；激进式创新则对部件本身和联系都要改变，是一种革命式变化。在后两种情况下，会导致企业内部的内在张力，即"创新悖论"（paradox of innovation）。

创新悖论是人们通过反省或互动建构出来的认知上对立的一种感知或构念（Ford & Backoff, 1988: 89）[③]，它不同于冲突或困境认为"非此即彼"的思维，而是将对立双方在逻辑上同时并存和包容相互。冲突和对立思维常常是抵制变革的主要思想来源。只有能够包容对立双方的并存，才有可能推动变革。

现有研究将创新的内在张力分为四个来源，即学习、组织、身份和绩效

---

① Leonard-Barton, D.. Core Capabilities and Core Rigidities: A Paradox in Managing New Product Development[J]. Strategic Management Journal, 1992, 13: 111–125.

② Henderson, R. M., K. B. Clark. Architectural innovation: The reconfiguration of existing product technologies and the failure of established firms[J]. Admin. Sci. Quart., 1990, 35: 9–30.

③ Ford, J. D., R. W.. Backoff. Organizational change in and out of dualities and paradox[C]// R. E. Quinn & K. S. Cameron (Eds.), Paradox and transformation: Toward a theory of change in organization and management. Cambridge, MA: Ballinger, 1988: 81–121.

(Smith & Lewis, 2011)[①]:

学习悖论是由组织在实践中不断调整、变革与创新所致,包括探索式和挖掘式学习之间的冲突和并存(March, 1991)[②]。学习要求使用、批判或破坏过去的现实理解和实践,来建构一个新的、更加复杂的参考框架。

组织悖论是指复杂的组织系统导致不同的结构和流程之间的冲突,以及组织内部的协作与竞争、授权与分权、控制与柔性之间的冲突。例如一个组织如何既有充分的授权,又有集权式的监督。

身份悖论由组织多元性和复杂性所导致,创新会导致组织内部的不协调,凝聚力下降,个人与集体之间、个人在专业身份与企业成员身份之间形成价值观和认知上的冲突,这会导致严重的焦虑感。人有自然的防御式反应,避免这种悖论认知,包容分割、移情、压制、还原、反击和矛盾并存。

绩效悖论是指不同相关方对组织绩效成功和重要性的认识不同,导致多个绩效目标的相互竞争。

企业创新与惯例之间的张力,可以从三个方面来加以认识和解决(Smith and Lewis, 2011)[③],如图2–6所示:

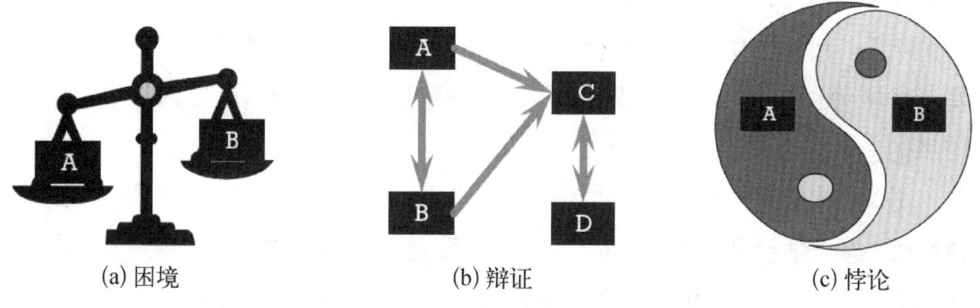

图2–6 企业创新与惯例之间的张力

第一种:困境(Dilemma)。相互竞争的不同选择,各有其优劣势。选择A必定会削弱B,反之亦然。在这一策略指引下,决策者根据经验或直觉选择其中一种,而放弃另一种,所谓"舍鱼而取熊掌"。比如迈克尔·波特提出企业

① Smith W.K., M.W. Lewis. Toward a theory of paradox: A dynamic equilibrium model of organizing[J]. Acad. Management Rev., 2011, 36(2): 381–403.

②③ March, J.. Exploration and exploitation in organizational learning[J]. Organization Science, 1999, 2(1): 71–87.

在低成本与差异化战略方面不可以兼得。

第二种：辩证（Dialectic）。基于黑格尔的哲学，矛盾的要素（正题A和反题B）通过综合（C）得以解决，经过一段时间，会面临新的对立（D）。要素之间既矛盾又关联，从而充满悖论。由于综合强调矛盾双方的类同性，而忽视有价值的差异性，所以整合只能是暂时的。由于对异质性的需求始终存在，综合会逐渐偏于一方。当面临多目标决策时（如质量和成本、速度之间），决策者会使用不同方面的折中方案，它更像一个政治的平衡决策，而不是某个维度的最优决策。

第三种：悖论（Paradox）。矛盾对立且相互关联的要素（二元对立）在一段时间内持续存在。这种要素单独看来是合乎逻辑，但当放在一起，出现不合理、不一致乃至荒唐的现象，哲学上称为“二律背反”。这一认识框架中，A与B浑然一体，无法割裂。比如企业追求长期和短期利益的一致性时，会发现两者既相互背离，又相互促进和支持。企业作为一个矛盾统一体，需要兼顾两者，既要在目标上有所隔离，又要相互整合。

后两种认识框架存在相当程度的类似性，但是其区别在于，悖论思维更多地借用东方文化中的阴阳思维，更具模糊性，它把对立双方看成为一体两面，甚至认为“A即是B”，而不作严格的区分。而辩证思维的基础是形式逻辑，需要严格区分正题和反题。反映到现实中，我们发现，要作出严格区分事实上是困难的。

总之，人们应当认识到，创新内在的张力无处不在，如何认知它们，与之舒适相处，甚至学会从中获益。通过建立和发现对立双方的关联，找到不同寻常的创新之路。悖论思维对于企业创新管理的贡献正在于它可以促进创造性思维和变革（Eisenhardt & Westcott, 1988: 170）。①

① Eisenhardt, K. M., B. J. Westcott. Paradoxical demands and the creation of excellence: The case of just-in-time manufacturing[C]// R. E. Quinn & K. S. Cameron (Eds.), Paradox and transformation: Toward a theory of change in organization and management. Cambridge, MA: Ballinger, 1988: 169–194.

专栏2-1 创新学的知识体系

扬·费格伯格(Jan Fagerberg)1989年博士毕业于苏塞克斯大学科学政策研究部(SPRU),现任挪威政府研发公共支持效率评估委员会主席,一直专注于技术(创新与传播)与竞争力、经济增长与发展之间的关系,以及创新理论、创新体系和创新政策工作。费格伯格的研究得到广泛的引用和传播。他在社会科学引文索引(ISI-Thomson)上的工作有近1 700次引用,Google学者(CIRCLE Annual Report 2012)的引用量是5 000次。其主要著作包括“The Economic Challenge for Europe: Adapting to Innovation Based Growth”(1999),《牛津创新手册》(“The Oxford Handbook of Innovation”)(2004),“Innovation, Path Dependency and Policy: The Norwegian Case”(Oxford University Press 2009),“Innovation Studies: Evolution and Future Challenges”(Oxford University Press 2013)等。

费格伯格教授先后于2009年和2012年在权威期刊*Research Policy*上两次撰文对过去一个世纪有关创新的出版物进行了文献计量分析,有以下主要发现:

(1)20世纪60年代以前,除了熊彼特,很少有创新的论著。1960年后,创新作为一个新兴科学领域,文献逐步开始增长。

(2)创新领域引用率最高的10部经典著作(1956—2008年间):

排名	作　者	国家	标　题	类型	年份
1	Nelson R & Winter S	美国	An Evolutionary Theory of Economic Change	专著	1982
2	Nelson RR	美国	National Innovation Systems	专著	1993
3	Porter ME	美国	The Competitive Advantage of Nations	专著	1990
4	Schumpeter JA	奥地利/美国	The Theory of Economic Development	专著	1912/1934

（续表）

排名	作　者	国家	标　题	类型	年份
5	Rogers EM	美国	Diffusion of Innovations	专著	1962
6	Lundvall B–Å	丹麦	National Innovation Systems-Towards a Theory of Innovation and Interactive Learning	专著	1992
7	Freeman C	英国	The Economics of Industrial Innovation	专著	1974
8	Cohen W& Levinthal D	美国	Absorptive Capacity	论文	1990
9	Pavitt K	英国	Sectoral Patterns of Technical Change	论文	1984
10	Arrow K	美国	Economic Welfare and Allocation of Resources for Invention	章节	1962

（3）创新领域最具影响力和贡献的10位学者（1956—2008年间）：

排名	作　者	国　家	所属机构
1	Nelson R	美国	Columbia/Yale/RAND
2	Freeman C	英国	SPRU
3	Rosenberg N	美国	Stanford
4	Schumpeter JA	奥地利/美国	Harvard/Graz
5	Porter ME	美国	Harvard
6	Griliches Z	美国	Harvard
7	Von Hippel	美国	MIT
8	Lundvall B–Å	丹麦/法国	Aalborg/OECD
9	Pavitt K	英国	SPRU
10	Chandler AD	美国	Harvard

（4）创新研究网络有三个学科中心点，分别是组织创新、研发经济学和创新体系，如图所示：

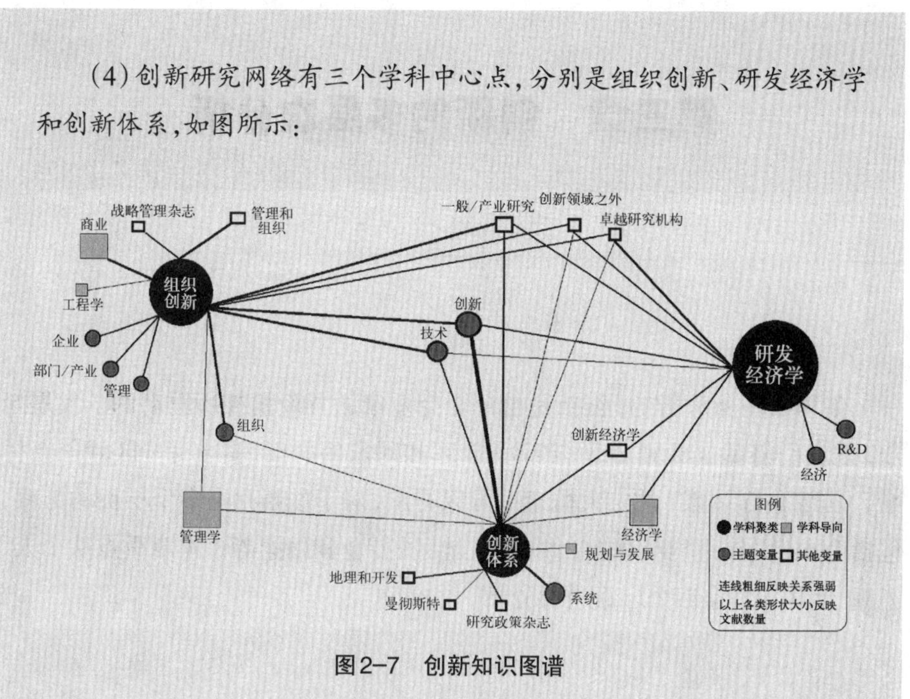

图2-7　创新知识图谱

第三章　创新的多层次分析

如熊彼特所分析的，创新是由单个企业家的冒险精神所驱动的。发展至今，学者们将其放大到企业、产业、地区和国家的层面，提出了“区域创新体系”“国家创新体系”的宏大概念。可以看出，对于创新存在多个层面的考察，包括个人、团队、企业、联盟、供应链、地区、行业和国家等。本章重点从个人、组织、地区和国家四个层面进行分析。

第一节　多层次框架下的创新

创新是一个多层次的概念。从个人、企业到国家不同层面都在开展着创新，其背后所需要的力量有一定的共同性，那就是人们渴求改变、自我实现的内在动力，加上外在制度的激励因素。这两股力量的交织，形成了五彩缤纷的创新生态体系。

个人是创新最基础的单元，但是单个个人并不能完成一项创新，而必须有多个人的配合和合作。对于创新者，特别是企业家，人们往往会提出：是否存在一种创新者或企业家特质？另外，有些人开展创新是为了生存和适应，而另一些人似乎将其当成一种乐趣。这两类人的创新应该有着很大区别。对于这个问题，当前理论并没有给出令人满意的答案。

创新团队是一个高于个人但是低于企业的层面，但其重要性不弱于后两者。因为当企业处于初创时，往往是靠一个团队。比如马云的背后有18个人跟着他一起创业，等阿里巴巴做大以后，其高层团队的通力合作，才把其事业进一步做大。还有很多家族企业常常在如何处理创业团队成员出现分歧时举棋不定，导致满盘皆输。事实证明，创新团队有时影响比个人创新还要大。而要形成一个创新团队，成员构成尤其重要。很多风险投资家明确表示：在考察项目时，最关键的是创业团队。

一般认为，企业是最核心的创新主体。其他创新主体，包括科研机构、大学和政府都是与企业同一个层面的，但是最终创造出市场的，将各类技术、发明交付给最终消费者的，只能是企业。而企业创新受到多种因素影响，何种企业更具创新力？这是以往创新研究的关键问题。很多主张之间不乏冲突和矛盾之处，最典型的问题如：是大企业更能创新还是小企业？是竞争还是垄断市场更有利于创新？等等，这些问题可能永远不会有终极答案，而是需要结合具体情境加以分析。

从演化经济学视角看，企业从不单独进化，而是与其产业链上的合作伙伴共同进步和学习，企业由人组成，人喜欢扎堆，形成小团体。这样做的好处很多，比如相互信任，信息畅通，减少机会主义，办事方便，可以简化流程和节约交易成本。企业也同样，它们会与同行之间、科研机构之间形成多种合作方式开展创新，例如成立创新联盟、合资公司、产研联合实验室、技术转化办公室等。这些都是产业集群存在的重要依据。产业集群正是企业聚集在一起以便于降低交易成本，提升总体创新水平，同时通过集群的力量构成区域的品牌优势，参与国际国内竞争。

国家层面的创新与国家竞争优势密切相关。在经济全球化年代，国家之间既开展贸易分工合作，也不可避免存在国家利益之争。而国家竞争力最终是由其创新实力所决定的。这种创新实力是一种综合实力，既有硬实力，如有形的创新资源，如人才、资本等方面，也有软实力，如文化、制度影响力。在一个国家的创新体系中，企业的创新固然是其中最重要的一个成分，但是最终决定体系优劣的，是制度。制度的建设是一个长期的过程，好的制度保障重大创新、大量企业家不断涌现。坏的制度让人们自顾不暇、畏首畏尾，甚或不知创新为何物。介于中间的，是大量虽有小创新，但是难有大创新的国家。

图3–1为创新的多层次框架示意图，图中只略列举影响因素，后文详加说明。

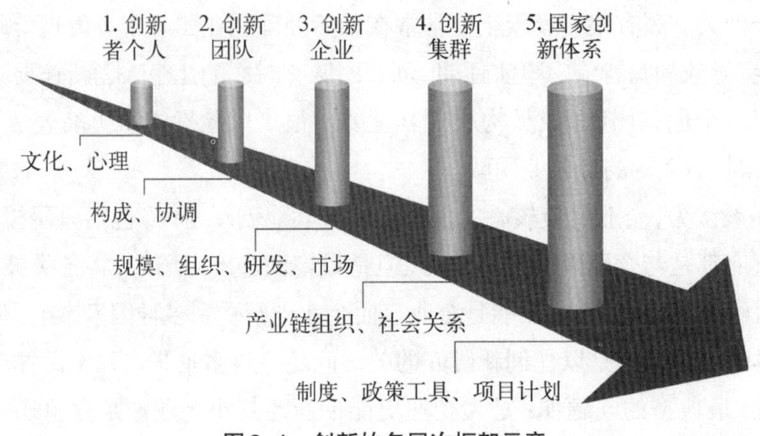

图3–1 创新的多层次框架示意

第二节 个人创新：超越特质论

从创新的真正含意看，其实没有纯粹的个人创新，只有个人发明和创意。如前所述，创新是一个互动性学习和实践过程，必然涉及多个个人和组织。在个人层面，或许称为"创意""创造性行动"更加合适一些。此外，如果是作为组织中的个人，其创新行为构成组织创新的一部分，其行为必须放到组织创新环境下加以审视。

创新是人类的本能和生存需要。正是通过不断适应变化的环境，人类作为一个物种得以生存和繁衍。而从整体上看，人都有适应环境的能力，因此都有一定的创新性。但很显然，并不是每个人都可以称为一个创新者。创新者究竟是天生的，还是后天培育的？存在所谓的"创新特质"吗？

有学者研究了117对15—22岁同卵和异卵双胞胎的创造能力。经过10个创造力测试，研究人员发现，这些双胞胎在测试中的表现只有30%是由遗传因素决定的。与之形成对比的是，在一般性智力因素测试（IQ测试）中，80%—85%的表现都是由遗传因素决定的。因此，一般性智力（IQ）基本上是先天的禀赋，但是创造力则不完全是。列兹尼科夫等人的研究结论是：人的创造性行为只有25%—40%是由遗传因素决定的。对创造力而言，后天教育比先天禀赋要重要。

既然创新可以后天造就，那么创新者需要具备哪些条件？对此存在不同的观点，如戴尔等提出创新者应该有五项发现技能：联系、发问、观察、交际、实验。他们认为只要掌握这五项技能，就能把创新者的基因植入体内。[①]

——联系。创新者依赖于某项认知技能，称之为“联系性思维”或简称为“联系”。联系指的是大脑尝试整合并理解新颖的所见所闻。这个过程能帮助创新者将看似不相关的问题、难题或想法联系起来，从而发现新的方向。往往在多个学科和领域交错的时候，就会产生创新的突破。

——发问。创新者是绝佳的发问者，热衷于求索。他们提出的问题总是在挑战现状。研究发现，创新者的提问与回答的比例（Q/A ratio）一直保持在较高水平。也就是说，在交谈中，创新者不仅问题（Q）比回答（A）多，而且问题的价值也很高，至少和好的回答的价值一样高。

——观察。创新者同时也是勤奋的观察者。他们仔细地观察身边的世界，包括顾客、产品、服务、技术和公司。通过观察，他们能获得对新的行事方式的见解和想法。

——交际。创新者交游广泛，人际关系网里的人具有截然不同的背景和观点。创新者会运用这一人际关系网，花费大量时间精力寻找和试验想法。他们并不仅仅是为了社交目的或是寻求资源而交际，而是积极地通过和观点迥异的人交谈，寻找新的想法。

——实验。创新者总是在尝试新的体验，试行新的想法。实验者总是在通过思考和实验无止境地探究世界，把固有观念抛到一边，不断检验新的假设。他们会参观新地方，尝试新事物，搜索新信息，并且通过实验学习新事物。

上述技能对于创意的探索和实现无疑非常重要，它非常巧妙地在创新中引入了科学思维：发问、观察、实验三大技术是科学研究的基础。另外两项技能：联系是为了激发想象力，是发问的基础；交际则是为了促进想象力和实验能力。因此它整个是一个科学的创新观，非常有启发性。

但正如创新有不同类别，创新者也应该是分成不同类别和层次的，比如技术创新与流程创新之间、与商业模式之间所需要的思维方式有差异，而战略

---

① ［美］杰夫·戴尔，赫尔·葛瑞格森，克莱顿·克里斯坦森. 创新者的基因［M］. 曾佳宁，译. 北京：中信出版社，2013: 10–11.

创新与战术创新、渐进式与突破式创新之间，所需要的技能可能正好相反。因此，对不同类型的创新者来说，并不需要掌握上述全部技能。上述五项技能如果都要具备，就基本等同于对一个高层战略家和企业家的要求。

从创意到创新是一个社会过程，是在一定的社会背景下展开的，它要从一个人的头脑中，变成大家都能接受的一个新事物，并非易事。将一个有创意的想法转化为可实施的行动之间，需要经历多个阶段。很多学者强调其中社会网络的重要性，将此划分为四个阶段，即观念产生、解释、支持和实施。[①] 在不同阶段，不同的社会网络结构能够起到促进或抑制作用。在观念产生阶段，弱联系的数量显得尤其重要。而强联系则有助于观念的解释。进入观念支持阶段，联系不同群体的结构洞，尤其是可借力的结构洞（borrowed structural holes）开始发挥主要作用[②]，最终在实施阶段，创新者自我网络的结构闭合性能起到关键性作用。

从这一过程的描述同样可以看出，在不同创新过程对创新者的要求存在诸多内在的矛盾和冲突。一个创新者在阶段跨越时要灵活地进行思维和网络转换，确实不是一件容易的事。

笔者同意"人都有创新能力，但是这种能力大小不同"这一观点，并据此将人的创新能力大体分为五级（见图3-2）：

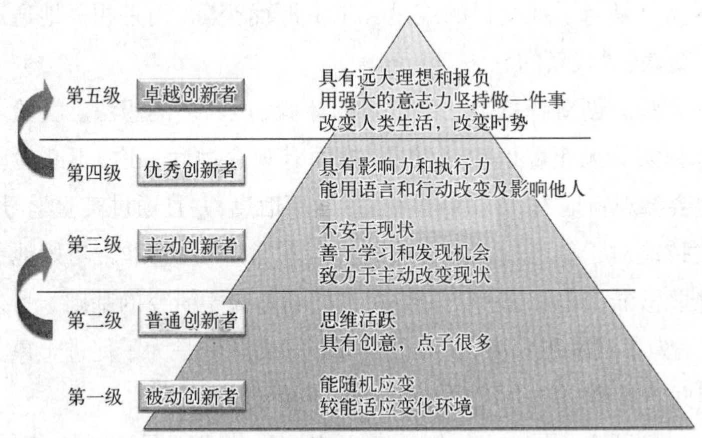

图3-2 创新者的等级划分

① Perry-Smith, J. E., P. V. Mannucci. From Creativity to Innovation: The Social Network Drivers of the Four Phases of the Idea Journey[J]. Academy of Management Review, 2017, 42(1): 53–79.

② Burt, R. S.. Structural Holes: The Social Structure of Competition[M]. Harvard University Press, Cambridge, MA, 1992.

第一级，随机应变，较能适应变化环境，可称为“被动创新者”，这一类人随处可见。

第二级，思维活跃，具有创意，点子很多，可称为“普通创新者”，如各类职员中相对优秀者。

第三级，不安于现状，善于学习和发现机会，致力于主动改变它，可称为“主动创新者”，从这一级开始，人们开始意识到创新对于本人的重要性，如一般的创业者，各行业能独当一面者。

第四级，具有影响力和执行力，能用语言和行动改变和影响他人，可称为“优秀创新者”，如企业家、艺术家、科学家等。

第五级，具有远大理想和抱负，用强大的意志力坚持做一件事，改变人类生活，改变时势，是从第四级人群脱颖而出者，成为各行业的佼佼者，如深刻改变人类生活和历史进程的伟大企业家、思想家等。

从上述五级创新者来看，第一、二级属于同一类型，只是程度不同。第三、第四级也只是量的区别，而从第二到第三级，第四到第五级则是质的跃迁，属于不同层次的创新者。同时从创新的视角看来，一个社会能否算得上是创新型社会，创新氛围浓不浓，关键看第三级以上人群的数量和占比。

对于第四级与第五级创新者的区分，类似于之前有一本管理畅销书《从优秀到卓越》中指出优秀与卓越公司的区别。在此笔者想借用梁任公在《李鸿章传》中对李氏的评价来说明两者的区别。梁先生说：

> 西哲有恒言曰：“时势造英雄，英雄亦造时势。”若李鸿章者，吾不能谓其非英雄也，虽然是为时势所造之英雄，非造时势之英雄也。[①]

在这个意义上，我们可以说第五级创新者是可以创造时势的人，他们从0到1地开创一个行业，改变这个世界，比如福特、乔布斯、马云等；而第四级创新者是时势所造的创新者，是极大地发挥技术和商业的潜力，让其从1到10或1 000，例如戴尔、刘强东等人。

不仅如此，笔者还认为，虽然不是每个人都能成为第三级以上的创新者，

---

① 梁启超. 李鸿章传［M］. 南昌：百花文艺出版社，2000.

但是创新仍然是可以通过学习而提升的。不论在哪个领域，创新者首先应该是一个学习和实践者。与其去问一个人是不是创新者，不如问：他们的创新倾向如何？所谓的"创新倾向"是指一个人愿意主动创新的意愿。

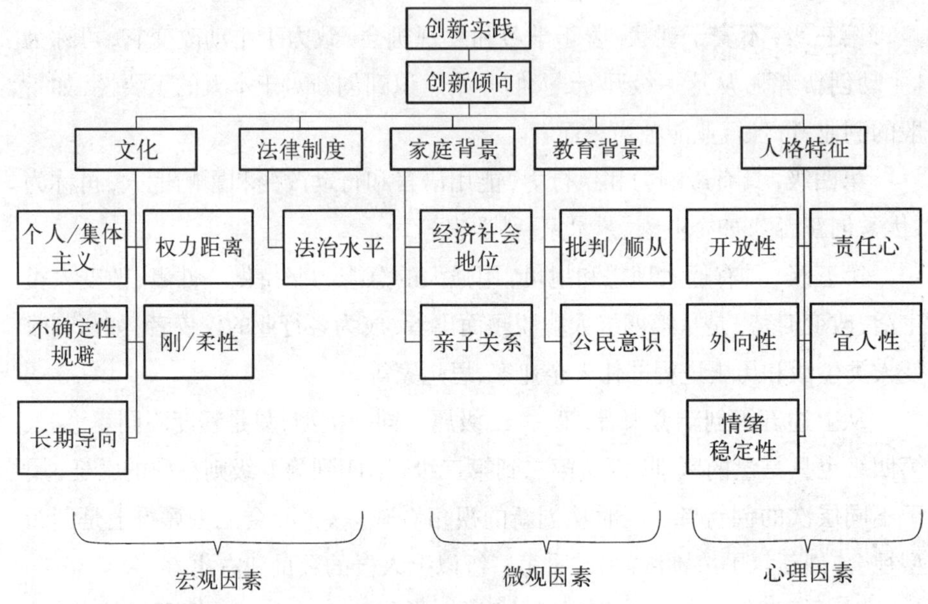

图3–3　影响创新倾向的因素分类

从当前研究看，影响个人创新倾向的有以下五个方面的因素：

一是文化因素。借助于霍夫斯特德（Hofstede）对文化的五维度分析[①]，我们逐个分析其对创新倾向的影响，可以发现，尽管不能非常确定其因果关系，但是结合创新的特性，还是可以提出一些假设，通过进一步的实证分析来检验的。

值得注意的是，霍夫斯特德对中国的文化特性进行了分析，根据其分析结论，中国在权力距离、不确定性规避等方面很明显不太有利于创新的形成。这些维度的改善既有赖于中西文化交融的影响，也受到制度变革的影响。比如中国在改革开放以后，市场经济引入，很多人的观念已经发生了较明显的变化。中国制造行销全球，表明中国人的商业才能已经为世人所认可和接受。

二是法律制度。主要指法治水平。一般而言，法治水平较为成熟的国家，

① Hofstede, G.. Cultures and organizations: software of the mind[M]. McGraw-Hill, London, 1991.

表3–1　文化维度对创新倾向的影响

文化五维度	对创新倾向的影响
个人/集体主义	创新既需要个人想与众不同的愿望，是一种内在的动力。尽管需要集体合作，但是总体上，偏向于个人主义更有利于创新
权力距离	权力距离反映个人自主性的大小和平等程度，创新需要有更高的个人自主权，因此，权力距离小更有利于创新
不确定性规避	创新反映的是一种对不确定性的容忍，因此，规避度小有利于创新
刚/柔性	创新是智慧和勇气的组合，应在刚性和柔性之间取得平衡，相对而言，偏刚性更有助于创新
长期导向	长期导向让人更加着眼于未来，是创新所需的特性。但过于长期导向，对创新未必有利。对于企业，创新只需要先人半步，因此，适度偏中长期就好

制度给人以相对的稳定性和可预期性，这可以为创新降低不确定性，从而有助于创新。更为重要的是，法治为包括知识产权在内的各类产权提供保障，让创新者更多地从中获益，从而提升了创新的激励。

以上两方面构成影响创新的宏观环境因素。

三是家庭背景。经济社会地位和亲子关系是这一维度中影响创新倾向最重要的变量。创新者的家庭条件好坏，对于其是否愿意会产生积极或消极的影响，目前并无统一的研究结论。家庭条件较好的人往往更能承受创新失败带来的损失，但是也有些人因为条件好，而不愿意冒险和创新。从很多家族企业的发展看，其后代表现差异很大。可以看出这其中的影响相当微妙。亲子关系对人的健康成长至关重要，很多从小缺乏爱的人或关系不融洽的，更难以有积极的心态来面对失败，尽管不一定缺乏创新的意识，但常常会因创新失败而一蹶不振。

四是教育背景。教育背景让一个人拥有更多的专业知识，这是创新所需要的。但是创新还需要勇气、情商，这不是一般的学校教育所能够给予的。尤其在中国，教育更多强调顺从，有太多的规训，缺乏挑战权威的勇气，这些都对创新不利。

以上两方面构成影响创新的微观环境因素。

五是人格特征。心理学家基于大量调研提出“大五人格”模型（big five personality traits），用于理解个人特质与其行为之间的关系，包括开放性（openness）、责任心（conscientiousness）、外向性（extraversion）、宜人性（agreeableness）和神经质（neuroticism，也称情绪稳定性）。[①]表3–2就不同维度对创新倾向的影响进行了分析。总体而言，人格与创新之间的联系并不很稳定，除了个别情况（如开放性），很难断定某种人格对创新一定有利或不利。一项创新从产生到推广应用，需要有不同性格特质之间的配合。例如，要比较性格外向的与内向的人，哪一种更加有利于创新是困难的。内向的人观察更加细致，更能提出创新的思路，性格外向的人很明显更适合去推广创新产品，说服用户。

表3–2 “大五”人格对创新倾向的影响

人　格	描　　述	对创新倾向的影响
开放性	具有想象、审美、情感丰富、求异、创造、智能等特质（+）	创新需要有开放的思维，开放度高将有更高的创新倾向
责任心	显示胜任、公正、有条理、尽职、自律、谨慎、克制等特质（+）	责任心强有利于原则的应用，未必对创新有利，两者相对独立
外向性	表现出热情、社交、果断、活跃、冒险、乐观等特质（+）	外向性的人擅长社交，能从外部获得大量信息，但是否更倾向于创新还需要其他条件加以配合
宜人性	具有信任、利他、直率、依从、谦虚、移情等特质（+）	宜人性容易与人相处，但是常常会从众，创新倾向反而不强
情绪稳定性	具有焦虑、敌对、压抑、自我意识、冲动、脆弱等特质（–）	情绪稳定程度高者更冷静，未必更倾向于创新

说明：“+” 表示得分高者表现出的特质；“–” 相反。

① “大五人格” 模型最早由 Ernest Tupes 和 Raymond Christal 在前人大量人格特征描述的基础上，通过因子分析，于1961年提炼而成，最初他们提出的 “大五” 包括 “外向性”（surgency）、“宜人性”（agreeableness）、“可靠性”（dependability）、“情绪稳定”（emotional stability）和 “文化”（culture）。Warren Norman（1963）随后将 “可靠性” 改为 “责任心”（conscientiousness）。Lewis Goldberg（1981）第一次提出 “大五” 的概念。

人是社会的人，个人的创新能否成功，与其所处的社会环境密切相关。很多时候，形势比人强，创新者个人虽然强大，仍然不免于失败。因此，更重要的是需要有一个自由、包容的制度环境，这一点对于企业创新也是适用的。

专栏3-1　SCAMPER创新法

艾利克斯·奥斯本（Alex Osborn）和鲍伯·艾伯乐（Bob Eberle）将七个英文单词首字母组合成SCAMPER思考法。以腕表的创新为例说明如下：

SCAMPER 挑战	发明新款腕表
S 取代	用天然木材或石材取代金属材质
C 结合	在表内预留空间旋转药物，表定时提醒吃药，闹钟一停，就可以马上拿出药物服用
A 借用	在迷路的时候，表可以当反光镜使用
M 放大、缩小、修改	把腕表的表面做大一点，边缘略微凸出，用来固定杯子
P 一物多用	把腕表作为艺术品装饰起来
E 删减	减去表内的装置，放入一个日晷
R 倒转、重新安排	倒转指针，让表逆时针走动 将表面倒转向内，把表的背面露在外面，凸显设计和时尚

资料来源：米哈尔科（2000）。①

① ［美］迈克尔·米哈尔科．思考的玩具［M］．于海生，译．北京：新华出版社，2000.

第三节　企业创新：权变模型

根据科斯的观点，企业与市场作为两种不同的治理机制，产生不同的交易成本。企业的存在可以更好地防止市场环境的机会主义和道德风险等导致交易成本较高的情况，它利用阶层制方式一次性、长久地固定相关契约的实施，资源的所有者通过专业化的协作提高生产率（阿尔钦，登姆塞茨，1972）[①]，节约交易成本，从而实现比市场组织方式更高的价值。

与新制度学派强调产权、激励和契约等概念不同，知识管理学者[②]认为，企业不仅仅是一种契约的组合，还是各类生产性知识和资源的汇集，其最核心的资源是知识资源。企业为知识的形成、积累、发展创造了市场所不具备的条件，企业构成为一种知识场域。当不同的知识在企业这个场域中交汇，就能够激发出要素重新组合的创新。通过这一视角，可以更好地理解为何有些企业获得竞争优势，而另一些失败了。

创新理论与知识管理理论有着近似之处，但是视野更宽。企业是一个创新体系，其中当然需要知识资源，但是其他资源，如固定资产、资金、人力资本、环境等同样重要。正是在这个意义上，熊彼特提出创新是创造一种新的资源组合，使企业得以脱颖而出，实现竞争优势。

企业创新与个人创新有内在的相同之处。企业由个人组成，企业创新是企业中每个创新者成果的有机汇总。他们都需要面对不确定性，不断学习和自我更新。

两者的不同之处也是很显著的。第一，企业创新是有强烈成果导向的。虽然国外有一些企业如3M，鼓励出于个人兴趣爱好的创新，但此类创新成功的案例并不多，相反有很多失败的案例。盲目的创新会消耗企业珍贵的资源，从而让企业迷失在对技术的迷信之中。华为董事长任正非称之为创新“幼稚

① ［美］R.H.科斯，A.阿尔钦，D.诺斯．财产权利与制度变迁：产权学派与新制度学派译文集［C］．刘守英等，译．上海：上海人民出版社，1994.

② Foss, N. J..Knowledge-Based Approaches to the Theory of the Firm: Some Critical Comments[J]. Organization Science, 1996, 7(5): 470–476.

病”，对当事人的奖励是一双臭皮鞋。第二，企业创新是分层次的，可以分为战略创新和战术创新。战略创新是高层的职责，战术创新是中低层的职责，两者是否能有机结合，又成为企业创新成功的关键。第三，企业创新又是分专业的，其研发、市场、生产、财务等各有其特点和导向，需要有高度的组织性和横向协调性。无论是技术创新还是流程创新，一般都可分解成不同的环节，每个专业人员承担创新任务的一部分，通过一定的协调机制，最后实现单个人创新难以实现的目标。第四，企业创新规模和风险远高于个人。企业创新尤其是很多大企业的创新通常需要大量资金、人力的投入，其带来的风险可能是大量的资源浪费、失业和社会成本，这是个人创新所不能想象的。第五，企业为创新提供了一种适宜的情景。日本学者野中郁次郎借助了物理学中“场”(Ba)的概念。办公室等业务空间是“物理场”，电子邮件、电视会议、网络社区是“虚拟场”，课题研究小组是每个人都与主体自己相关的“实际存在的场”，另外还有各种各样的“场”(野中郁次郎，胜见明，2006)[①]。场是共享隐私知识、创造形式知识的基本构成要素。而知识的转移和共享就是创新的源泉与实现过程。

在激烈的市场竞争中，企业创新本身应该成为一项制度安排，一种必需的惯例。企业运行需要各种各样的惯例，把创新作为一项惯例意味着企业要定期地审视自我，对战略、流程、制度等进行定期的更新，以适应变化了的环境。如果不这样做，企业可能面临被淘汰的危险。

企业创新能力的决定因素有哪些？对此，学者们存在无数种回答，显然对于不同行业和地域、规模和性质不同、发展阶段不同的企业，主要影响因素存在较大的差异。因此，这是一个因时因地而变的问题，很难有一个统一的答案。

Damanpour(1991)对创新的前置变量和调节变量作了一个元分析(Meta-analysis)，试图检验各项变量对创新影响的稳定性。其中前置变量为组织的13个属性，调节变量包括组织类型(是创新还是保守，机械还是有机式)、创新类型(管理还是技术，激进还是渐进等)、采纳阶段(启动和实施)和创新范围

---

① 野中郁次郎，胜见明.创新的本质：日本名企最新知识管理案例[M].林忠鹏，谢群，译.北京：知识产权出版社，2006: 19.

（单一和多项创新）。对前置变量的元分析结果如表3–3所示。调节变量中，创新范围和组织类型是有效的调节变量；创新类别和接受阶段则不是。其意义是，原来所看重的创新类别看来不是最重要的，重要的是管理者对创新变革的态度和企业的组织形式是否有利于创新。作者对以往的创新理论进行一个重温，提出要形成一个组织创新的权变理论（Contingency Theory）。

表3–3 影响创新的组织属性

自变量	预期关系	变量解释及其对创新的影响	元分析结果
专业化分工（specialization）	正向	指组织内部不同专业的数量。更高的专业化分工能提供更广泛的知识库，并增加思想的交叉融合	正向
职业化水平（professionalism）	正向	指组织成员对职业化知识掌握程度，其教育背景和经历。职业化水平增加跨界活动、自信心和超越现状的承诺	正向
形式化（formalization）	负向	指各项组织活动中遵循规则和程序的程度。灵活性和较少强调工作规则能促进创新，低度形式化使组织变得开放，鼓励新的想法和行为	不显著
集权	负向	指决策与权威的中心化程度。权力的集中会妨碍创新的解决方案，而权力的分散则是创新所需要的。参与式工作环境通过提升组织成员的意识、承诺和参与来促进创新	负向
管理者对变革的态度	正向	管理者对变革的良好态度能营造一种有利于创新的内部氛围。在实施阶段特别需要管理者对创新提供支持，这对个人和各单位之间的协调和冲突解决是必不可少的	正向
管理任期	正向	管理者工作任期的持久性对于如何完成任务、管理政治过程和获得预期成果提供了合法性和知识	不显著
技术知识资源	正向	技术知识资源积累越多，组织就越容易理解新的技术思想，并且能够开发和实施新技术	正向

（续表）

自变量	预期关系	变量解释及其对创新的影响	元分析结果
行政强度	正向	指管理人员占全体员工数量的比例。由于创新的成功采用在很大程度上取决于管理者提供的领导、支持和协调，更多的管理者促进了创新	正向
闲置的资源	正向	闲置资源使组织有能力购买创新，经受失败，承担创新成本，并在实际需要形成之前探索新的想法	正向
外部沟通	正向	成员的环境扫描和组织外部专业团体活动可以引入创新的想法。创新组织能够有效地与其环境交换信息	正向
内部沟通	正向	促进思想在组织内的分散，增加其数量和多样性，导致思想交融，创造一个有利于新思想生存的内部环境	正向
职能分化（functional differentiation）	正向	指组织划分成不同部门的数量。不同部门的专业人士联盟形成了差异化，他们深入理解和推动本单位技术系统和行政系统的变革	正向
垂直分化（vertical differentiation）	负向	指组织层级的数量。层级数增加了沟通渠道的复杂度，使得层次之间的沟通变得更加困难，阻碍了创新思路的流动	不显著

资料来源：Damanpour（1991）。①

Ahuja等（2008）对之前的技术创新相关研究文献作了一个非常广泛的回顾（参考文献达到400余篇），提出需要区分创新投入和创新产出两个方面，前者是对于创新激励的问题，后者是企业自身的能力问题。②他们将影响创新的因素区分为四个维度，即产业结构、企业特征、组织内部属性和制度影响（图3–4），对14个影响创新的变量进行了分析，发现很多变量的影响都存在不确

① Damanpour, F.. Organizational Innovation: A Meta-Analysis of Effects of Determinants and Moderators[J]. Academy of Management Journal, 1991, 34(3): 555–590.

② Ahuja, G., C. M. Lampert, and V. Tandon. Moving beyond Schumpeter: Management research on the determinants of technological innovation[J]. Academy of Management Annals, 2008, 2(1): 1–98.

定性，单个变量对创新的影响非常不稳定，不同的变量之间存在相互作用，从中可以看出企业本身就是一个复杂的创新系统。

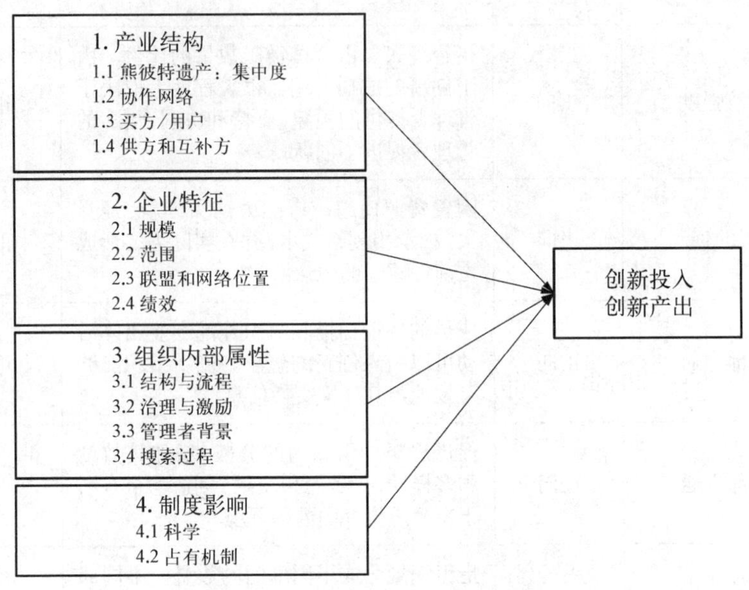

图3–4 影响企业创新的因素分析框架

资料来源：Ahuja等（2008）。[①]

综上所述，企业要保持创新性，主要源于内因和外因。内因是企业可以直接控制和调节的，而外因则超出企业所能控制的范围之外。

从内部看，影响企业创新能力的主要包括企业高层的远见卓识、技术研发能力、员工整体的素质、对市场的感知和反应速度，以及企业的激励机制和文化等，都可能产生的重要影响。这是管理学、组织行为学领域的重点研究内容。

从外部看，产业集聚情况、所能接触的大学和研究机构的研发能力、技术工人及人才市场供需平衡、产业政策和法规、信息化等基础设施、市场竞争的激烈程度、所处经济周期、国家和区域政治体制及社会文化等都会影响到企业的创新行为，这涉及创新体系建设的问题。

① Ahuja, G., C. M. Lampert, and V. Tandon. Moving beyond Schumpeter: Management research on the determinants of technological innovation[J]. Academy of Management Annals, 2008, 2(1): 1–98.

第四节　创新集群：创新的空间集聚

集群的概念最早由经济学家马歇尔（1890）① 提出。熊彼特在对创新扩散的研究过程中提出创新有在特定产业、时间段内集群的趋势，大创新会带来大量小的创新，形成一种潮流，这对于世界经济中商业周期和长波形成有着重要影响（Schumpeter, 1939）②。

真正让“产业集群”这一概念广为人知的是迈克尔·波特教授。他在《国家竞争优势》中提出，国家的竞争优势建立在产业竞争优势的基础上，国家与产业竞争力的关系，也正是国家如何刺激产业改善与创新的关系。而产业常常以集群的方式竞争，形成一个钻石结构，是产业集群而不是其他主宰了当前经济地图（Porter, 1998）③。

按照波特（1990）的定义，产业集群是指某一特定领域中相互关联的公司和机构（如政府、大学、研究机构）在地理上的集中，集群包括一系列相互联系的产业和其他有助于竞争性的主体。

经济地理学者的实证研究发现，创新活动在地域上绝非随机分布，而是会呈现出扎堆现象，大量创新有时会集中在一地、一段时期内爆发。而且经济活动越是知识密集，地理上越是集中，典型的如生物技术和金融行业（Asheim, Gertler, 2004）④。如同产业集群现象，创新同样呈现出空间集聚的趋势，这被称为“创新集群”（或技术集群）⑤。建设创新型国家，形成国家竞争优势，需要形成多个创新集群。

根据Pavitt（1984）的研究，产业集群可以分为四类：① 科学型；② 规模

---

① Marshall, A.. Principles of Economics (First ed.) [M]. Macmillan, London, 1890.

② Schumpeter, J. A.. Business Cycles: A Theoretical, Historical, and Statistical Analysis of the Capitalist Process (2 vols)[M]. New York, McGraw-Hill, 1939.

③ Porter, M. E.. Clusters and the New Economics of Competition[J]. Harvard Business Review, 1998, 11–12: 77–90.

④ Asheim, B., M.S. Gertler. The Geography of Innovation: Regional Innovation Systems[C]// Fagerberg, J., Mowery, D.C., Nelson, R.R. (Eds.), The Oxford Handbook of Innovation. Oxford University Press, Oxford, 2005, pp. 291–317.

⑤ Zhang, Y., H. Li. Innovation Search of New Ventures in A Technology Cluster: The Role of Ties with Service Intermediaries[J]. Strategic Management Journal, 2009, 31(1): 88–109.

主导型；③ 供应商主导型；④ 专业化供应商。[①]每种类型在知识流动形式上有其独特性。

对于科学型集群（例如制药、航空航天），直接开展基础研究或与公共研究机构和大学合作与自己的研究活动形成互补至关重要。这些部门属于高度研发密集和专利密集，并且倾向于与公共研究部门开展更密切的合作。规模主导型集群（例如食品加工、车辆）倾向于与技术研究机构和大学建立联系，而不是自己进行研究。他们的创新表现取决于进口和建立在其他地方开发的科学的能力，特别是在流程改进方面。供应商主导型集群（如林业、服务业）主要以资本品和中介产品的形式进口技术；他们的创新绩效在很大程度上取决于与供应商进行互动的能力以及扩展的服务。专业化供应商集群（例如计算机硬件和软件）属于研发密集型，并强调产品创新，通常与用户保持密切合作。

创新一个互动式的学习过程，在此意义上，产业集群还可以被理解为一个广义上的、开放式的组织，为创新提供了一个知识场域。因此，它对创新的影响是非常显著的，这至少体现在以下五个方面：

第一，产业集群本身构成企业创新的动力。集群促进市场信息更加透明，相比于孤立的企业，集群企业能够更加充分地了解买家的需求，竞争和合作均更加充分，从而推动企业产生内在创新的动力。

第二，集群可以推动隐性知识的共享，加速创新的形成。由于邻近性（proximity）效应的存在，各类知识在集群内部可以进行交流碰撞，相互启发，不仅使显性知识得以扩散，更能学到隐性知识，降低企业的学习和创新成本。[②]隐性知识是指无法编码和明文表示的知识，具有社会和制度嵌入性，与当地特定的氛围和场景相关。除非面对面的接触、观摩和交流，手把手传授，此类知识无法得到转移和共享。

第三，产业集群有助于创新的形成和扩散。企业的“聚集”不仅可以帮助在企业之间增加互动，而且还可以增加与大学、行业协会、政府实体等其他“机构”的互动，从而促进知识共享，增加本地化学习的能力，使得创新在集群内部快速扩散，提升创新的速度和整体竞争力。

---

① Pavitt, K. Sectoral patterns of technical change: Towards a taxonomy and a theory. Research Policy, 1984, 13: 343–373.

② Boschma, R.. Proximity and innovation: a critical assessment[J]. Regional Studies, 2005(39): 61–74.

第四，产业集群形成对创业有利的条件，能够吸引更多企业入驻。集群所提供的各类资源，包括人力资源、财务资源，可以加快新企业的形成。在一个产业较为集聚之地，相关研究机构、风险资本也会相应地发展壮大，专业人才都会慕名而来，形成良性循环。新企业的形成代表新鲜血液的输入，对创新氛围的营造有着积极的影响。创业与创新虽然不能等同，但是创业与创新所需要的背景条件是类似的。从实践方面看，创业精神高涨的地区，必然也是创新氛围较浓的区域。特斯拉汽车公司2007年选择密歇根州作为其技术中心所在地，部分原因是其现有的基础设施。马斯克这样说，"我们觉得使用现有的测试轨道、验证设备、风洞等是很明智的，而不是复制这些昂贵的投资"。

第五，产业集群有助于促进关系网络和信任氛围的形成，从而有助于创新。萨克森宁（1999）对比美国硅谷与128号公路两地产业的发展，认为同样的法律体制环境下，前者是一个具有独特结构的产业体系，是真正意义上的创新体系，后者只是围绕几家独立的大公司而形成简单的要素集聚。前者的根本优势存在于社会和文化层面，即密集的内部关系网络的形成有助于创新的形成。[①]

硅谷是迄今为止世界上最成功的创新体系。但硅谷是如何形成的？它何以能持续引领世界发展之潮流？对于这个问题，已经有了大量研究，形成了很多答案。时至今日，世界各地已经出现大大小小几百家的小硅谷，称为"某谷"的地方，但是无一能跟硅谷相媲美。

硅谷的奥妙不仅在于组成要素的完善性，如成长型公司、研究型大学、风险资本、天使投资和法律等中介服务、全球创业移民政策等，更重要的在于形成这些要素的制度、文化、社会条件和关键推动者。后者是历史形成、具有路径依赖性的。其他地方要形成自己的优势，需要着手思考一个核心的问题：如何构建有利于创新的制度安排？

制度不是凭空出现的，构思良好的制度必须与当地传统相结合。这种结合可能正是地方性创新并形成自身竞争优势的方面，不宜轻易否定。但是无论如何，它不应该违背第一章所讲的创新所需的环境，即需要一个相对包容和

---

① ［美］安纳利·萨克森宁．地区优势：硅谷和128公路地区的文化与竞争［M］．曹蓬等，译．上海：上海远东出版社，1999.

开放的社会。

近年来，随着经济全球化的深入，也有不少人质疑地区的重要性，认为随着资源的全球化快速流动，跨国公司为主导的全球价值链会根据不同地区要素禀赋选择最适合的地方进行生产组织，地区已经变得不再重要。但是现实中却存在大量全球化与地方化并存发展的情况，出现了全球本土化的现象（Glocalization）。据统计，在硅谷创业者之中，有2/3的人原籍为中国或印度，人员虽然能够随时流动回国创业或与国内合作，但是他们仍然主要为集群的优越条件所吸引，主要留在硅谷。如此高比例外籍人士很显然说明了区域的因素在全球化的环境下得以增强。由此可见，集群的重要性并未减弱。

第五节　国家创新体系：知识流动和制度建构

企业创新更多关注于企业内部的因素，是组织理论学者的典型视角，可以称为“内因主导论”。但近几十年来，企业的创新越来越呈现出开放式的特点（Chesbrough, 2003）[①]。学者们提出，正如企业内部个人不是孤立地创新一样，企业创新本身也不孤立，而是与其他组织协作和相互依赖，包括与产业链上下游的企业、非企业的实体如大学、研究机构、政府部门等，同时，由于知识经济变得越来越明显，知识流动必然要求开放性和体系性（Edquist, 2005）[②]。与此同时，知识并不是如很多人想象的从一处流向另一处的单向流动，而是一个基于情境的、互动式的学习过程，也就是说很多有价值的知识具有黏性，不像信息那样容易流动。基于这一理解，产生了不同的理论，如知识形成模式2理论（Gibbons, et al., 1994）[③]、三螺旋理论（Etzkowitz and Leydesdorff, 1997）[④]和国家

① Chesbrough, H.. Open Innovation: The New Imperative for Creating and Profiting from Technology[J]. Harvard Business School Press, Cambridge, MA, 2003.

② Edquist, C.. Systems of innovation-perspectives and challenges[C]// J. Fagerberg, D. Mowery and R. Nelson (eds), The Oxford Handbook of Innovation, Oxford University Press, Oxford, 2005: 181–208.

③ Gibbons, M., C. Limoges, H. Nowotny, et al. The New Production of Knowledge: The Dynamics of Science and Research in Contemporary Societies[M]. Sage, London, 1994.

④ Etzkowitz, H. and L. Leydesdorff (Eds.). Universities and the Global Knowledge Economy: A Triple Helix of University-Industry-Government Relations[M]. Cassell Academic, London, 1997.

创新体系等，其中国家创新体系最有影响。

一、国家创新体系的基本概念

国家创新体系的概念源于20世纪80年代的欧美国家，英国学者C. Freeman被认为是这一学派的始祖。之后出现了两位最有影响力的学者，一位是丹麦的A.B.Lundvall，另一位是美国的R.Nelson（他早已是演化经济学的权威学者）。Dosi et al.（1988）主编的《技术变革和经济理论》一书中汇集多位学者的文章，被认为是这一领域最重要的一部论文集。[①]之后的两部专著Lundvall（1992）和Nelson（1993）分别从不同的视角对国家创新体系展开了讨论。[②]前者重理论建构，后者重各国案例分析，对15个主要国家的创新体系建设进行了细致的归纳。

Freeman（1987）从日本的经验中获得灵感，提出了"国家创新体系"的概念，将其定义为"影响新技术的产生、进口、扩散的公共和私人部门的活动和互动所构成的机构网络"[③]。他提出制度、企业研发、人力资本和产业组织、产业聚集结构是国家创新体系的四个要素。Lundvall（1992）偏重于理论建构，对创新的来源、性质和非市场因素进行探讨，非常强调创新的"互动式学习"性质。他对国家体系的关注"反映出国家经济对于生产体系结构和一般制度设置的差异"，反映国家特色的特征有：公司内部组织、公司间关系、公共部门的作用、金融部门的机构设置以及研发力度和组织结构。

Nelson and Rosenberg（1993）关注于科学与技术的相互作用，提出研发组织有助于知识的创造和散播，从而是创新的主要来源。[④]他们对创新体系的定义相对狭窄，主要是涉及正式研发活动的支持。相比之下，Edquist（1997）对国家创新体系给出一个最为宽泛的定义"各类影响创新的开发、扩散和利用

① Dosi, G.. C. Freeman, R. Nelson, G. Silverberg and Luc Soete. Technical Change and Economic Theory. Part V: National Innovation Systems[M]. Pinter, London, 1988.

② Lundvall, B.-Å. National Systems of Innovation: Towards a Theory of Innovation and Interactive Learning[M]. Pinter, London, 1992; Nelson, R.R. National Systems of Innovation: A Comparative Study[M]. Oxford University Press, Oxford, 1993.

③ Freeman, C.. Technology Policy and Economic Performance: Lessons from Japan[M]. Pinter, London, 1987.

④ Nelson, R.R. and N. Rosenberg. Technical innovation and national systems[C]// R.R. Nelson (ed.), National Systems of Innovation: A Comparative Study. Oxford University Press, Oxford, 1993: 3–21.

的重要经济、社会、政治、组织、制度及其他因素”[①]。由此可见，国家创新体系似乎只是一个泛的框架，并没有提出任何具体的理论主张。但Lundvall（2006）认为这一理论对于国家之间的制度学习提供参考，不仅能让政府识别影响创新的不同子系统中的各种要素、框架式条件，还能够更好地界定政府的职责。[②] Equist等（2008）发展出一个国家创新体系相对成熟的比较框架，将其归纳为四个维度、十类活动。[③]

专栏3-2 Equist等（2008）提出国家创新体系比较的四个维度、十类活动：

1. 为创新过程提供知识投入

（1）提供研发支持，以创造主要用于工程、医学和自然科学的新知识。

（2）通过教育和培训劳动力进行创新和研发活动，来建构能力。

2. 需求端的活动

（3）新产品市场的形成。

（4）从需求方面明确提出对新产品的质量要求。

3. 提供创新体系的构成

（5）创建和变革开发新的创新领域所需的组织。例如加强开办新企业和使现有公司多元化的创业精神，并建立新的研究机构、政策机构等。

（6）通过市场和其他机制建设网络，包括创新过程的不同组织之间的互动学习。这意味着将在创新体系不同领域发展起来的新知识元素与来自外部的新知识元素及创新企业中已有的元素相结合。

---

① Edquist, C.. Systems of innovation approaches-their emergence and characteristics[C] //C. Edquist (ed.), Systems of Innovation: Technologies, Institutions and Organizations. Pinter, London, 1997: 1–35.

② Lundvall, B-Å., Patarapong Intarakumnerd, Jan Vang. Asia’s innovation systems in transition[C]. Edward Elgar Publishing, Inc., 2006.

③ Edquist, C., L. Hommen. Small Country Innovation Systems Globalization, Change and Policy in Asia and Europe[C]. Edward Elgar Publishing Limited, 2008.

(7) 创建和变革制度。例如影响创新组织和创新过程的专利法、税法、环境与安全法规、研发投资程序等，为创新提供激励和消除障碍。

4. 为创新公司提供支持性服务

(8) 孵化活动，如为创新行为提供设施和行政支持。

(9) 为促进知识的商业化和采用而进行的创新进程和其他活动提供资金。

(10) 提供与创新过程相关的咨询服务，例如技术转让、商业信息和法律咨询。

经合组织（OECD）作为一个国际组织，在成员国家（以欧美发达国家为主）科技政策的推广方面起到了关键性的作用。通过开展一系列创新方面的研究，形成了多个创新手册，例如《堪培拉手册》(1995，创新人力资源)、《弗拉斯卡蒂手册》(2015，研发创新统计)、《奥斯陆手册》(2005，创新调研和测量指引）等。通过对各国科技政策的建议，有力地推动和普及了“国家创新体系”的理念。政府在创新方面的投资不完全是由于市场失灵，更多是为了制定政策，引导和激励创新行为。如美国有75%的公共部门投资是“使命导向”的（Mazzucato, 2015）①。美国国家标准和技术研究所（NIST）从1990年启动的“先进技术计划”（ATP）项目专门投资有前景的处于发展早期的技术，作为“种子资金”，通过公私合作方式，推动高科技创业企业的发展（Shipp & Stanley, 2009）②。

此外，国家创新体系有两个主要的分支流派。一派主张“区域创新体系”，由Cooke（2001）提出，他认为这一体系由基础设施和上层建筑（superstructure）两大部分构成③。他所提到的基础设施范围很广，包括了物理

① Mazzucato, M.. The Entrepreneurial State (revised edition) [M]. Anthem Press, London, 2015.

② Shipp, S., and M. Stanley. Government's Evolving Role in Supporting Corporate R&D in the United States: Theory, Practice, and Results in the Advanced Technology Program[C] //21st Century Innovation Systems for Japan and the United States: Lessons from a Decade of Change: Report of a Symposium. Washington, D.C.: National Academies Press.

③ Cooke, P. Regional innovation systems, clusters, and the knowledge economy[J]. Ind Corp Change, 2001, 10(4): 945–974.

基础设施和知识基础设施，后者如科研、教育、科技园区、技术转移中心等知识基础设施，还包括本地资本市场、政府的行政执法能力、公共预算支出，以及其他有助于促进能力、声誉、信任和可靠性的区域治理能力。上层建筑反映组织、制度和区域三者的相互嵌入性程度，这种嵌入性要求在制度层面，形成合作文化，倾向于协作、学习导向、要求达成共识；在企业的组织层面，要求劳资双方达成信任关系，车间合作氛围良好，关心员工福利，强调师徒制的工作改进，面向外部交易和知识的开放交流。在治理的组织层面，需要政策制定者之间有包容性、主动接受监督、咨询式而非命令式、授权、建立平等的网络化关系。

另一派主张"部门创新体系"是更合适的分析单元，他们对NSI在国家层面整体一致性或连贯性表示了相当的怀疑，并认为，"支持技术创新的制度体系"在如药品、飞机等各个生产部门之间是非常不同的（Nelson and Rosenberg, 1993, p. 5）①，这表现在部门发展沿革、技术轨迹等方面。此外，他们强调在许多部门中上规模的企业常常是跨区域和跨国的行为。企业并不固定在某个区域内经营，上规模的企业常常是跨区域的。因此，行业的政策对于企业的影响可能更大。

Malerba在部门创新体系的重大国际项目报告中讨论了部门体系和国家体系之间的关系。他强调，"各部门之间存在重大差异"，"国家体系之间的差异很重要，因其影响了一个部门体系在特定国家可能呈现的一些特征"（Malerba，2005）②。国家和部门两个流派所提出的不同视角相关的主要理论问题，涉及国家创新体系的特征和连贯性，即在全球化日益加剧的情况下，它们是否能在国家层面表现出真正的系统特性的问题。从很多学者的研究（Porter, 1990; Edquist, 2008）③来看，部门无疑是创新体系中最为重要的研究单元。

---

① Nelson, R.R. and N. Rosenberg. Technical innovation and national systems[C]// R.R. Nelson (ed.), National Systems of Innovation: A Comparative Study. Oxford University Press, Oxford, 1993: 3–21.

② Malerba, F..Sectoral Systems: How and Why Innovation Differs across Sectors[C]// Jan Fagerberg and David C. Mowery(eds.). The Oxford Handbook of Innovation, 2005.

③ Porter, M.E. The Competitive Advantage of Nations[M]. New York: The Free Press, 1990; Edquist, C., L. Hommen. Small Country Innovation Systems Globalization, Change and Policy in Asia and Europe[C]. Edward Elgar Publishing Limited, 2008.

二、国家创新体系理论的基本主张

国家创新体系很大程度上可以算是集群理论的延伸，但是两者的理论视角存在一定的区别。集群关注于与企业生产相对密切的因素，聚焦于产业链因素。而国家创新体系关注更加广泛的经济社会制度因素，其理论基础包括新增长理论、演化经济学、制度经济学，包含以下观点：

1. 创新不是一个线性过程，而是一个系统的互动过程

创新不仅仅来源于基础科学，而且源于全过程中所涉及机构和人员的参与和互动。组织创新、用户创新、干中学、商业模式创新等并不完全依赖于新技术和科学的发展。创新过程越来越受其背后的科学基础、技术开发和商业化不同阶段之间相互回馈的影响。即便在生物技术领域，科学研究是创新的主要来源，但是科学与技术的差异变得越来越模糊。科学研究议程越来越多地由商业部门技术开发过程中发现的问题所驱动。

2. 知识要素作为经济中的主导要素，内在需要无障碍流动

技术和各类信息在人、企业、研究机构之间的流动是创新过程的关键，构成为经济发展所需要的新要素，即知识要素。知识流最终指挥其各种流，如物流、资金、人才的流动，知识和学习成为当前经济环境下企业最为重要的生产要素和能力，是为知识经济。

3. 制度是关键：国家是创新体系最重要、最恰当的分析单元

作为最重要的创新主体，企业活动嵌入在更广阔的社会经济系统中，法律、规范、政治和文化影响和经济政策等外因对创新起着激励或抑制的作用，决定了其创新活动的规模、方向和相对成功性。而制度、规范、文化所作用的范围很大程度上是一个空间地理概念，通常为一国或一个（亚）文化圈。创新绩效不仅取决于具体行为者（如企业、研究机构、大学等）的表现，而且取决于本地、国家和国际层面上作为创新体系的要素如何相互作用。竞争性的市场对创新的必要但不充分条件，包括监管框架以及正式和非正式的政治和社会制度在内的制度环境是选择机制的关键部分（Dosi, 1988; Geels, 2014）[①]。

---

① Dosi, G.. Sources, procedures and microeconomic effects of innovation[J]. Journal of Economic Literature, 1988, 26 (3): 1120–1171; Geels, F.W. Reconceptualising the co-evolution of firms-in-industries and their environments: Developing an inter-disciplinary Triple Embeddedness Framework[J]. Research Policy, 2014, 43: 261–277.

作为创新体系的制度建构者，国家（政府）提供了一套统一的规制、税务、金融、竞争、知识产权等方面的政策，成为创新体系中重要的角色之一。分析这些因素是否有利于知识和信息的流动，消除有碍于其流动的瓶颈是政策制定者的重要任务。从而国家成为创新体系中最恰当的分析单元，具有政策可操作性和横向可对比性。

4. 重要的知识流动传播方式

知识的产生、传播和利用需要不同创新主体之间密切的互动，国家创新体系中有五类最基本的知识流动：

（1）企业间的互动：建立研发联盟、合资公司共同研发、技术协作。

（2）企业、大学、公共研究机构之间的互动，高校和研究机构与企业的合作，具体表现为专利和许可、培训咨询、专业和学术报告会、合作申请专利、合作发表及其他非正式关联合作。

（3）创新资助、技术培训、研究与工程设施、市场服务等支持机构互动的其他创新。

（4）企业的知识、技术扩散：通过购买新机器设备、交易和展销会、非正式交流与接洽，通过内含在机器设备之中的新技术的扩散。

（5）人员流动：通过人才直接将知识带到其他的机构，高校或研究机构高素质人才出来创业或加盟企业，或以技术入股等。科技人员在公共部门和私人部门内部和之间，跨国移民等流动带来知识的转移和流动。“二战”后美国的崛起成为典范，吸引顶尖人才成为很多国家的战略。

三、国家创新体系的构建

国家创新体系虽然听上去较为宏大，但是它并不特别强调自上而下的构建，而更加强调微观主体创新积极性的调动，即自下而上的努力；也不强调有一个最优的体系，而是主张根据国家实际情况进行建构。一个典型的国家创新体系如图3–5所示，它同时考虑微观、中观和宏观三个层面的构建。

在微观层面上存在三类组织：企业、科研机构和各类支持性机构（科技转化中介服务、法律、会计、商务等），关注各类知识的形成、扩散和应用。在企业方面，关注其内部能力以及围绕一个或几个核心企业的联系，并考察它们与创

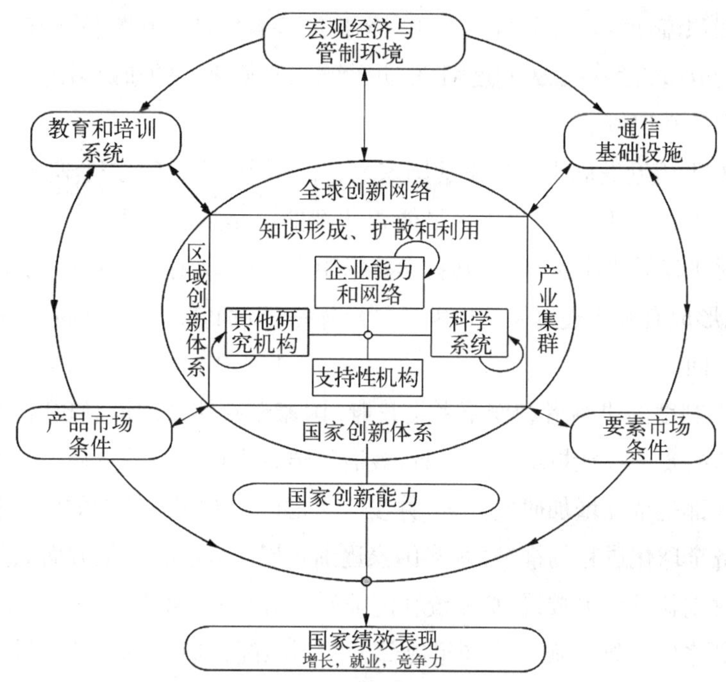

图3–5　典型的国家创新体系框架

资料来源：OECD(1999)。①

新系统中其他企业、机构之间的知识关联，以发现价值链关联之间存在问题。这种分析与特定公司经营活动相关，通常需要进行直接的实地调研。这方面是管理学重要关注的内容。

在中观层面，主要是产业集群、区域集群和空间布局。它使用三种主要的聚类方法：产业、空间和功能性聚类来考察具有相互关联的公司之间的知识联系。产业集群包括围绕共同的知识基础组织起来的供应商、研究和培训机构、下游用户和消费者、物流公司和特定的政府机构、金融或保险公司等。区域集群重点分析知识密集型活动在地理高度集聚背后的地方性因素。功能聚类分析使用统计技术来识别具有某些特征（例如，共同的创新风格或特定类型的外部联系）的公司群体。

在宏观层面，是将国家创新体系作为一个整体。它使用两种方法：宏观

① OECD. Managing National Innovation Systems[R]. OECD, Paris, 1999.

聚类和知识流动的功能分析。宏观聚类将经济看作是相互关联的产业集群网络。功能分析将经济视为制度网络，并绘制出它们之间的知识图谱，也即前述五种典型的知识流。

对处于相近发展水平的发达国家而言，不同国家之间在科学技术上各有其优势，因此，它们的专业化水平能否达到前沿是这些国家最主要关注的问题。而对于发展中国家而言，其科学技术距离前沿尚有距离，同时制度也不成熟，要想形成有利于追赶发达国家的创新体系，其面临的问题同时来自制度和技术两方面。

由于制度的供给者和变革者是政府，国家创新体系理论对政府的角色定位提出新的要求。在技术研发方面，政府的传统定位一直是弥补市场失败，但很多时候都是重在增加研发数量，并没有考虑改进对现有研发的效率和效果。随着经济全球化进程的推进，很多国家逐渐扩展了政府在科创方面的角色，这包括应对创新系统失败，包括系统功能障碍、知识和技术流动性不够等问题。

创新系统失败来源于不同组成部分的不匹配，如产学研不同机构目标的相互冲突，以及由于狭隘专业化、信息不对称、沟通和网络化不足，以及人员迁移等导致制度的僵化和机制不灵活。

此外，在创造一个创新的文化、推进技术扩散等方面也是政府的重要职能。在第三篇“创新公共政策篇”中会对此作出更加详细的阐述。

四、国家创新体系的评估

OECD是国家创新体系的主倡者，他们为此撰写了一系列报告，并拟定出一套评估工具，定期对成员国和部分非成员国的科创体系进行评估。综合近年来的分国别报告，可以归纳出其基本框架如表3–4所示。

表3–4 OECD国家创新体系评估框架

评估要素	主　要　内　容	说明
总体经济状况	GDP增长情况；产业结构；固定资产投资；就业；劳动生产率 国际贸易和外国直接投资（FDI）；高科技出口情况 不同规模企业的发展	宏观环境

（续表）

评估要素	主　要　内　容	说明
框架式条件	宏观经济的稳定性；行业管制；税制；竞争环境；对内和对外开放度；知识产权保护；基础设施建设；风险资本市场发展；移民政策；国民教育体系和受教育水平	企业创新及合作相关的外部条件
创新绩效	投入：总研发投入水平及其结构（国际对比）；科研人员数量；理工科专业学生培育（STEM）； 产出：专利/商标/设计水平；科学出版（数量和质量）合作发表；合作专利； 产业集群发展； 公共部门创新	不同主体的创新绩效有不同评估标准
创新主体	各类主体研发投入和开展状况，包括： 企业（区分规模和行业）； 研究机构、高等教育机构； 科技园区； 民间非营利机构	除政府以外的创新主体活动情况
创新政策和治理	政府科技主管部门分工； 各类科技资助项目，基金项目，税收减免等优惠政策； 政策制定各方参与状况	政府的科创制度供给状况
政策建议	根据各国情况提出不同的操作性建议	

资料来源：作者编制。

没有比较就谈不上优劣。一个国家创新体系的优劣，总是在与其他国家进行比较之后才有意义。OECD的做法，是以在创新方面比较前沿的国家作为标杆，再对其他国家的创新体系作出综合性的评估，进而提出一些政策性建议。这种做法类似于做案例分析，其好处是深入考察一国的创新体系运作方式，指出具体运作过程中存在的障碍和不足。

另一个国际组织：世界知识产权组织（会同康奈尔大学、INSEAD）则直接将各国创新能力进行排名，每年发布“国家创新指数”，可以算是全球国家创新体系的系统性评估。“国家创新指数”被定义为创新转化效率，即创新投入和产出两方面。创新投入方面，包括了制度、人力资本、基础设施、企业成熟度、市场成熟度五个指标；创新产出方面，包括知识和技术产出、创造性产出两个指标。通过这样的横向比较（以及纵向比较），以分数的方式直观地反映出来，各国可以有针对性地加以改善。不足之处是，其中有些指标略嫌粗糙。尤其是对于中国、印度这样的大国而言，内部情况差别很大，有些平均值几乎不能说明任何问题。此外，不同指标之间存在着内在关联和相互作用，将其直接加总，如同一个篮子里面有3个苹果加2个草莓，另外一个篮子里只有5个苹果，得到的都是5个水果，可实际上差别还是挺大的。

专栏3–3 德鲁克论创新与创业精神

在诸多讨论创新的学者中，彼得·德鲁克无疑是其中最为杰出的一位。之所以他对创新的讨论更加精彩，笔者以为原因在于其多元的学科背景和对社会的深刻洞察方面。德鲁克从来没有把自己定位为某个专业领域的学者，而认为自己是“社会生态学家”，而这一定位恰与创新的跨学科特性高度吻合。

笔者尝试从德鲁克的三部著作（《德鲁克文集》三卷本：“个人的管理”“组织的管理”和“社会的管理”）[①] 中摘引不同层面的创新评述，以加深理解。

一、个人的创新

我很快就明白并不存在“富有成效的人品”。我曾经以为富有成效的人士在气质和能力、他们所做的事和做事的方法、人品、知识、兴趣，一句话，在几乎区别人类的各个方面都与众不同。而实际上，他们的共同之处就在于具有叫别人正确做事的能力。（一，p.106）[②]

我渐渐地养成了习惯，并且能持之以恒。每过三四年，我选择一个新的学科。例如统计、中世纪史、日本艺术或经济学。要精通一门学科，

① ［美］彼得·德鲁克. 个人的管理：德鲁克文集（第一卷）［M］. 沈国华，译. 上海财经大学出版社，2003；［美］彼得·德鲁克. 组织的管理：德鲁克文集（第二卷）［M］. 王伯言，沈国华，译. 上海财经大学出版社，2006；［美］彼得·德鲁克. 社会的管理：德鲁克文集（第三卷）［M］. 徐大建，译. 上海财经大学出版社，2006.

② 指德鲁克文集（第一卷），第106页，以下同。

3年时间的学习是绝对不够的。不过要了解一门学科，3年的时间就足够了。所以，60多年来，我坚持一次选修一门学科。这种学习习惯不仅为我打下了坚实的知识基础，而且迫使我接触新学科、新学说和新方法，因为我学的每一门学科都有新的假说，并且采用不同的方法论。(一，p.130)

我们强调意见分歧的重要性，主要有三个原因：第一，意见分歧是防止决策者成为组织囚徒的唯一手段。第二，不同意见本身就能够为决策提供可供选择的方案。第三，刺激想象力首先需要不同的意见。(一，p.208)

二、组织的创新

现代组织必须为创新而构建，而创新，用伟大的美籍奥地利经济学家约瑟夫·熊彼特的话来说，"就是创造性的破坏"。现代组织必须为有计划地扬弃已经建立的、习惯了的和熟悉的东西——无论产品、服务或方法，还是全套技能、人际和社会关系或组织本身——而构建。总而言之，现代组织必须为适应经常不断的变革而构建。(一，p. 48)

每一家企业都存在三种基本的创新：产品或服务创新；引导市场以及改变消费者消费行为和消费观念的创新；与在提供产品和服务以及在将产品和服务引入市场的过程中所需的各种技巧、活动有关的创新。这三种创新也许可以被分别称为产品创新、社会性创新(如分期付款的消费方式)及管理创新。(二，p. 56)

我们来慢慢学习如何有条不紊、方向明确和有节制地开展旨在创造明天的工作。首先我们应该明白有两种——虽然是互补的，但却——不同的方法：① 发现并利用社会和经济方面出现的突变及其产生充分影响之间的时滞——我们可称之为"对已初露端倪的未来进行预期"；② 用一种力图超前探明可能发生的事物的趋势和形态的新观点对迄今尚未出现的未来进行积极预测，这种方法可称为促使未来发生变化。(二，p. 248)

现有企业的创业型管理层应该做到"三不"：① 最重要的告诫是不

要把管理单位与创业单位混淆起来。② 导致现有企业脱离本行业的创新努力很少会取得成功。③ 最后，尽量避免通过收购，也就是收购小型创业型风险企业来进行本企业的创业活动。（二，p. 273）

新创风险事业的创业管理必须具备以下四个条件：第一，必须以市场为导向；第二，必须进行财务规划，尤其要事先进行现金流量和资本规划；第三，在风险事业实际需要与实际负担得起之前早早就着手组建高层管理团队；第四，致力于创业的创始人必须对自己的角色、职责范畴和与别人的关系进行定位。（二，p. 277）

三、社会的创新

决非只有科学或技术能够创造新知识、淘汰旧知识，社会创新与科学创新同等重要，前者往往要比后者更加重要。（一，p. 49）

我们需要的是一个创业社会，在那里创新和创业是常规性的、稳定的和持续不断的。正如管理已经成为所有当代机构的特殊器官，成为我们的组织社会的整合器官，同样，创新和创业必须成为我们的组织、我们的经济、我们的社会的一种必不可少的维持生命的活动。（三，p. 99）

在过去的20年中，人们在世界观方面发生了一个基本的变化或一个真正里程碑式的转变，那就是认识到了，政府的政策和部门都是人为的而不是神创的。因此毫无疑问，它们会很快变得过时。（三，p. 101）

第二篇

企业创新实践篇

由于企业的目的是造就顾客，任何企业都有着两种职能，也仅有此两种基本职能：营销和创新。……创新贯穿于经营的每一个阶段。

——彼得·德鲁克《管理实践》

本篇关注于企业创新的实践，共分为六章，着重分析：

(1)企业创新的战略；

(2)企业创新的形成；

(3)企业创新的组织；

(4)企业创新的价值占有；

(5)互联网创新的兴起；

(6)互联网环境下的商业模式创新。

本篇不直接分析制度，但是制度的影响仍然贯穿于本篇之中。很多企业的创新行为都或明或隐地受到制度的影响。这其中最重要的制度包括：一是竞争性制度，即国家对于垄断的态度，尤其是行政垄断是否严重。二是知识产权保护制度。知识产权的保护不是万能的，但是却体现出一种制度对创新者的保护态度。法规不完善或执行不力，最终会损害创新的积极性。三是政府的研发补贴和税收政策。政府为了鼓励产业升级，常常出台政策鼓励企业加大研发投入。而税收过高会收走企业的盈余，导致企业后续投入资源减少，从而影响创新研发投入的积极性。总之，制度要做到有利于创新，需要为企业和企业家留足空间，提供公平竞争的平台，为其减少不必要的负担。

第四章　企业创新的战略

创新是一项适应性实践,需要在公司整体战略指引下开展。从这个角度看,创新战略必须跟随公司战略。但是创新作为一种企业探索行为,有很大的未知和不确定性成分。一旦成功,就能够开拓一个新领域。这使得创新战略不同于一般的战略规划,它更加强调企业的执行能力,在执行中探索新的战略方向。

第一节　创新战略和企业战略

创新战略是企业战略的一部分,但它不是与各类职能如营销、生产等战略一样的构成,而是作为战略的一个动态的维度。创新战略与企业战略之间,既有从属和包含的关系,企业总体和各类职能战略都内在地包含着创新战略;同时创新战略会对企业战略本身进行反思,进而动态调整战略的反作用关系。

对于企业战略有多种理解。项保华教授认为“战略管理的焦点在于权衡处理高效、愉快、正确三者的长短期关系,营造一个整体持续发展、个体自愿投入的做事氛围”。他提出以下战略管理等式:①

战略管理 = 方向正确 + 运作高效 + 心情舒畅

① 项保华.战略管理:艺术与实务[M].华夏出版社,2001:2.

在这一等式中，最重要的当然是方向正确。缺乏正确的方向引领，后面两点就失去了根基。而创新战略着重的是帮助企业不断调整和改变方向，以适应环境。

管理学家亨利·明茨伯格对战略管理学派作了一个全面回顾，归纳为三大类别——说明性(prescriptive)、描述性(descriptive)和配置性(configurative)。[①]说明性方法关注于战略应当如何形成。描述性方法则关注于战略实际上如何形成。配置性方法为整合性的，寻求将各类要素整合到独特的阶段和期间，如何从一个阶段转型到另一个阶段，类似于"战略变革"。

明茨伯格将这三大类别进一步细分为十种学派，如表4–1所示。他将战略比喻成一头大象，并在"结束语"中意味深长地指出，"只有读者您自己才能看见完整的大象。它可能存在，但不存在于这些文章的章节内，而只存在于您的思想见解之中"[②]。

如果说战略是一头大象，创新则像是大象的循环系统，它为大象的整体和各个部位输血供氧，使之保持活力。我们当然无法想象一头没有了心脏的大象。

对应于明茨伯格提出的十大学派，笔者归纳出创新战略的不同视角。

表4–1 对应于明茨伯格企业战略流派的创新战略

十大学派		概括	关键词	信奉格言	创新战略
说明性	设计学派	概念作用的过程	匹配/适合、特色竞争力、竞争优势、SWOT、明确阐述、执行	"三思而后行"	创新作为一个持续适应和内外匹配的目标导向的过程
	计划学派	受控的、正式的过程	规划、预算、日程安排、远景方案	"及时处理，事半功倍"	
	定位学派	分析的过程	通用战略、战略集团、竞争分析、资产组合、经验曲线	"让事实说话吧，妈妈"	

①② [加]亨利·明茨伯格，布鲁斯·阿尔斯特兰德，约瑟夫·兰佩尔.战略历程：纵览战略管理学派[M].刘瑞红，徐佳宾，郭武文，译.北京：机械工业出版社，2001.第一类原作译为"说明性"实际上不太准确，应该是"处方式"更接近原义。

（续表）

十大学派		概括	关键词	信奉格言	创新战略
描述性	企业家学派	预测的过程	壮举、远见、洞察力	“带我们见你的头”	创新作为一个探索求新的过程
	认识学派	心理过程	图表、框架、概念、纲要、诠释、观念、有限理性、认识风格	“一旦我相信了就会看到”	创新作为一个意义赋予的过程
	学习学派	应变的过程	渐进主义、应急战略、理性决策、企业家身份、风险经营、拥护者、核心竞争力	“失败了，再来”	创新作为一个互动式学习和能力重建过程
	权势学派	协商过程	契约、冲突、联合、利益相关者、政治游戏、集体战略、网络、联盟	“当心第一”	创新作为一个体制转型和悖论协调的过程
	文化学派	集体思维的过程	价值观、信念、神话、文化、思维方式、象征主义	“苹果掉下来的地方从不会离树太远”	创新作为一个身份重塑的过程
	环境学派	适应的过程	适应、进化、偶然性、选择、复杂性、利基	“要看情况而定”	创新作为一个系统共演的过程
配置性	结构学派	转型的过程	构建、原型、时期、阶段、生命周期、转化、革命、转向、复兴	“任何事情都有个季候……”	创新作为一个（再）结构化的过程

资料来源：参考明茨伯格等（2001: 236）。①

以下对上述创新八个过程作简要的解释和分析：

（1）创新战略作为一个企业持续适应和内外匹配的目标导向过程。战略的说明性学派主要思想来源为产业组织理论，遵循“结构—行为—绩效”（即“S−C−P”）范式，因此通常倾向于将企业置于一定的产业环境中进行讨论，先分析市场的结构及各类作用力，进而提出企业如何适应环境，以及如何作出有

① ［加］亨利·明茨伯格，布鲁斯·阿尔斯特兰德，约瑟夫·兰佩尔. 战略历程：纵览战略管理学派［M］. 刘瑞红，徐佳宾，郭武文，译. 北京：机械工业出版社，2001.

利于自身的竞争决策。创新是企业持续适应环境的重要工具。

从这一过程看，企业创新战略需要在识别环境中有利和不利因素的基础上，选择一个有利的位势，以获得竞争优势。相应地，企业必须不断变革自身，引入新的观念和工具，重新配置企业资源，使企业获得适应性，活得了，活得久，活得好。

(2) 创新战略作为一个企业家探索求新的过程。熊彼特认为企业家的职能是创新，是一个企业的灵魂。企业家通过五种主要创新手段整合各类资源，创造新的生产函数。

由于路径依赖，创业企业家通常决定了企业所处的市场位置，从而大致明确了探索的方向、深度和广度。无论哪一类探索，都属于创新的范畴。

企业家不但自身要有，而且要给企业注入一种内在的企业家精神。它是一种永不满足现状、持续探索求新的精神，体现在企业的方方面面。

(3) 创新战略作为一个企业意义赋予的过程。意义赋予（sensegiving）是指人们努力对各类事件进行解释并为之创造一种秩序的期望或过程（Weick，1995）[①]。企业创新会对组织产生冲击，导致组织努力方向的变化、流程重组、结构调整、身份变化，这可能导致组织成员在新旧两种制度环境之间的认知冲突和失调，需要组织成员对于其意义的共同赋予。如果经理或员工理解不到创新的益处，认为创新不能给企业和自身带来利益，或弊大于利，创新就失去了动力。这种情况下，即使高层启动了创新，最后也会因为支持不足而导致失败。

创新意义的赋予要求企业创新之前要达成充分的共识，对要开展的创新进行广泛的讨论和博弈，以争取多数关键人物的同意，进而推动其成功实施。

(4) 创新战略作为一个企业互动式学习和能力重建过程。未来充满不确定性，包括宏观环境和行业竞争格局的变化。无论企业事先作出何种周密的部署，也无法消除这种不确定性，因此企业必须不断学习，提升自身的能力，实现能力的重构和创新，以应对变化的环境，降低风险。它不同于传统的基于科技研发的创新（STI），而更偏重于“干中学”“用中学”和“互动中学习”（DUI）

① Weick, K. E.. Sensemaking in organizations[M]. Sage, Thousand Oaks, CA, 1995.

的创新模式（Lundvall, 2007）[①]。

企业创新不是单个人学习的简单加总，而是一个互动式的组织学习过程，实现组织系统的成长。如《第五项修炼》作者彼得圣吉所提出，必须做好系统思考、自我超越、心智模式、共同愿景、团队学习五项修炼。

在能力重建方面，Teece等（1997）提出企业需要具备“动态能力”（dynamic capabilities）[②]。所谓动态能力，是指企业整合、构建和重新配置内外部能力来应对快速变化环境的能力。它反映了组织在特定路径依赖和市场定位的情况下获得竞争优势全新的、创新形式的能力。

（5）创新战略作为一个企业体系转型和悖论协调的过程。技术发展有其技术轨迹和技术范式（Dosi, 1982）[③]，这一范式由一个行业或区域内的企业所共同塑造和选择，具有相对的稳定性。同样，企业当前的位置是由历史路径所形成的，这构成一种体系（regime），体系包括了企业的运行惯例和模式，是一整套制度安排（Geels, 2006）[④]。

对体系的挑战发生在技术革命或社会变革比较剧烈的时期，很多原有的价值被打破，原有技术所依赖的架构被颠覆，从而需要企业主动或被动地开展转型。体系转型不同于个别技术、产品的创新，是战略性的、整体性的变革和创新。

体系转型可能存在多种路径，如自上而下式的系统变革，也可以是企业在内部专门成立创新和探索的小组，待其成长成熟，反过来影响企业的其他部分。无论哪一种方式，在企业转型阶段，常常是原有体系与新发生的体系双轨并存，企业面临严重的创新悖论和冲突。这种悖论如果得不到妥善的处置，将会导致企业转型的失败。因此，转型的过程也是企业创新悖论得到协调的过程。

---

① Lundvall, B.-Å.. National Innovation Systems−Analytical Concept and Development Tool[J]. Industry and Innovation, 2007, 14(1): 95−119.有关这两种分类的区分，详见第四章第五节。

② Teece, D., G. Pisano, A. Shuen. Dynamic capabilities and strategic management[J]. Strategic Management J., 1997, 18(7): 509−533.

③ Dosi, G.. Technological paradigms and technological trajectories. A suggested interpretation of the determinants and directions of technical change[J]. Research Policy, 1982, 11: 147−162.

④ Geels, F.W.. The hygienic transition from cesspools to sewer systems (1840−1930): the dynamics of regime transformation[J]. Research Policy, 2006, 35: 1069−1082.

（6）创新战略作为一个企业身份重塑的过程。从创新的视角看，战略就是企业不断引入新思维并不断革新自身的过程。很多曾经辉煌的企业，成为业内标准的制定者和领先者，但是往往也慢慢退化为不思进取的庞然大物。一旦环境发生变化，这种恐龙式的企业适应能力反而是最差的。

相比于技术、管理上的变革和创新，企业最难改变的是身份上的转换（Tripsas，2009）[①]。从领头羊的位置转成追随者甚至落后者，企业员工会产生认知上的失调。不能正视这一失调，往往会导致企业创新失败。

（7）创新战略作为一个企业系统共演的过程。创新战略是动态地看待企业的发展，本质是一个演化的过程。而如果从创新系统的视角看，企业始终处于一定的产业链和社会环境中，与各相关方存在共生、共栖的相互依存关系。缺乏相关方的配合和支持，企业很难孤军奋进，因此，企业创新经常是一个系统共同演化的过程（Murray, 2002）[②]。企业更多受外界影响，但有时候企业也会主动影响和改造外部环境，使之朝向有利于企业发展的方向。

系统共演也包括企业与其产业链合作方的互动（Pacheco et al.，2014）[③]。这其中既有互动式学习、相互合作的内容，又有竞争对手对标准、主导模式的竞争和博弈，争取成为产业链的主导者。每个新的革命性的事件到来，都会导致整个系统结构的重组，产生新的行业霸主。

（8）创新战略作为一个企业（再）结构化的过程。企业在与外界的互动过程中，形成与外界相适应的特定结构。这一结构决定了企业资源配置的方式、内外部各类要素互动的常规方式，是企业保持相当程度稳定性的基础。

企业创新不一定都要打破原有结构。企业作为一个系统，包括核心部件及其联系。所谓的结构演化，是指不同部件之间联系的变化，这种变化意味着资源的重新组合方式，比单个部件的变化给企业带来更大的冲击，很多商业模式的创新就属于此类。Henderson & Clark（1990）根据核心部件及其联系发生变化的情况，将企业创新过程分为四种方式：渐进、模块、架构、激进。它们之

---

① Tripsas, M..Technology, Identity, and Inertia Through the Lens of "The Digital Photography Company" [J]. Organization Science, 2009, 20(2): 441–460.

② Murray, F. Innovation as co-evolution of scientific and technological networks: Exploring tissue engineering [J]. Research Policy, 2002, 31: 1389–1403.

③ Pacheco, D. F., J. G. York, T. J. Hargrave. The Coevolution of Industries, Social Movements, and Institutions: Wind Power in the United States [J]. Organization Science, 2014, 25(6): 1609–1632.

间的关系如表4–2所示：[1]

表4–2　结构化在创新分类中的定位

		核心部件	
		增强	颠覆
核心部件之间的联系	不变	渐进式	模块式
	变化	架构式	激进式

资料来源：Henderson & Clark(1990)。

当核心部件之间的联系保持不变，单个的核心部件功能不变或得到增强，为渐进式创新；部件被全面更替时，为部件或模块创新（modular or component innovation）。这两类都是在保持现有结构不变情况下的创新。

当核心部件之间的联系变化，核心部件不变或得到一定的增强，为“架构式创新”（architectural innovation），是寻求部件之间新的组合方式。核心部件也被颠覆，为激进式创新（radical innovation）。此两类创新为企业结构转型和再结构化的过程。

架构式创新可能与技术毫无关联，但是影响巨大。举例来说，集装箱的发明本身并没有任何技术突破和部件的变化，而仅仅是将卡车车厢直接拆下来装在货轮上，改变了货箱与运输工具之间的联系，就完全改变了货运市场，提升了远洋运输的运载力，促进了世界贸易，就是一种架构式创新。

第二节　创新战略的方向

如前所述，企业创新的方向必须遵循企业总体战略目标的方向，以及在此战略目标指引下各个职能战略的方向。而在实际情况中，企业所面临的情

① Henderson, R. M., K. B. Clark. Architectural innovation: The reconfiguration of existing product technologies and the failure of established firms [J]. Admin. Sci. Quart.,1990, 35: 9–30.

况千差万别，在不同的环境中，企业需要作出不同的战略选择。借鉴Miles 和Snow两位学者归纳出企业内部典型的三类问题，本节对此进行探讨。他们提出的三类问题包括：

（1）事业问题（Entrepreneurial problem）。企业对产品和市场领域的选择，即企业要决定竞争领域。对于已经在市场中的企业来说，其选择范围受到现有领域的限制。

（2）工程问题（Engineering Problem）。企业在特定产品和市场领域中，对生产技术和配送等运营问题的选择，建立新的信息沟通渠道和联系，目的是构建一个生产体系。

（3）管理问题（Administrative Problem）。目的在于减少内部不确定性，既通过标准化和理性化前两类问题中提出的解决方案，也包括形成和实施流程使得组织未来能更好地创新。因此它包括两类变量：一类是引领式的变量，即企业对未来创新领域的选择，或摆脱路径依赖；一类是滞后式的变量，即企业对结构和流程的理性化。

基于这三种类型的问题，他们将企业分为四种行动战略：防御者（Defender）、探索者（Prospector）、分析者（Analyser）和反应者（Reactor）。防御者是一个更加关注内部能力开发的创新者，试图通过内部创新提升竞争力；探索者是一个主动寻求变化的创新者，其创新方向在企业外部，不断地开辟新的领域；分析者处于前两者之间，既有向外的市场开拓的创新，又有向内的效率改进的创新。最后，反应者基本不开展创新，只是一个被动的模仿者。不同类型的企业对于前述三个问题有着不同的对策，如表4-3所示。

表4-3　四种战略类型的企业三类问题处理方式及创新方向

类型	描　述	事业问题	工程问题	管理问题	创新方向
防御者	高管对于这一领域的运作很专业，不打算开拓新的领域	如何锁定市场份额，并保持生产和客户的稳定性？	如何尽可能有效地生产和配送产品？ 采用垂直整合，规范化程序、技术的持续改进	为了确保效率，如何维持对组织严格的控制？	有限的环境扫描范围，关注于改进生产技术和流程为主，提升运营效率 很少对技术、结构、运营

（续表）

类型	描 述	事业问题	工程问题	管理问题	创新方向
防御者		保持相对狭隘产品市场领域、忽略外部的发展、主要通过市场渗透实现渐进式增长		财务与生产专业强有力的组合，成本导向、内部晋升、集中化控制	方法作重大调整和创新
探索者	探索者不断尝试新的机会，制造出变化和不确定性，主动改变环境	如何探索和定位新产品、新的市场机会？ 探索者拥有较长的产品线、关注范围较广的环境条件和事件、通过新产品和市场开发促进增长	如何避免对单一技术流程的锁定？ 重柔性的、快速成型的多种技术、惯例化和机械化程度低	如何协调经营活动与创新活动？ 营销和研发专业强有力的组合 主导产品组合时限不长、去中心化的管理、分工不细、会任用外部经理来主导、复杂的协调机制	广泛的环境扫描范围，不断探索，致力于发现和发掘新产品与新市场机会的企业，以满足变化的顾客需求，乃至于创造需求创新能力胜于效率
分析者	这是一类既规避风险同时又能够提供创新产品和服务的企业。同时在两类市场中运作，一类相对稳定，企业保持高效运作；另一类处于变化的，企业快速采纳可能新出现的机会	如何保持现有市场份额，同时发现新的市场和产品机会？ 保持现有产品和服务的质量、水准和效能，与此同时要采取足够的灵活性以及时捕获新的商业机会	如何保持现有市场稳定的份额和变化环境中的柔性？ 两个技术核心、有较强的技术研发团队、技术效率中等	如何区别对待运营管理稳定性和动态性两个领域？ 营销和应用研发强有力的组合，辅之以生产部门的配合多采用矩阵式结构，中等集中化控制系统，极度复杂的协调机制	有限的产品和技术研发。存在两个创新方向： 当市场稳定时，通过技术改进来保持低成本；当市场发生变化时，通过发展新产品和服务，来保持竞争力
反应者	对外部环境缺乏控制的企业，它既缺乏适应外部竞争的能力，又缺乏有效的内部控制机能	缺乏持续和稳定的响应机制，管理者没有一个系统化的、明确的战略设计与组织规划	技术、结构、流程与战略之间缺乏一致的、稳定的联系	管理人员保持一个稳定的战略—结构关系，不顾环境变化	被动模仿者，基本不创新

资料来源：Miles 和 Snow(1978)，作者整理编制。①

① Miles, R., C. Snow. Organizational Strategy, Structure, and Process [M]. Stanford University Press, CA, 2003.

典型的创新战略有探索型、挖掘型，以及两者兼顾。这三种战略各有其适用环境和范围，企业创新战略就是要结合内外部环境，在其中找到一种匹配性。从这个意义上看，创新战略的失败往往是由于方向错误和与环境的不匹配所导致的：该保守时却冒进，该奋进时却持保守态度。

从三种创新方向看，事实最困难的是兼顾两者的平衡。从探索者和防御者两种战略方向的分析可以看出，这两种逻辑是背道而驰的，要在一个企业中整合这两种相互冲突的思维，并非易事，这需要企业高层团队有多元化的背景、包容的智慧和强大的执行力。

最后，值得提出的是，创新是一个探索未知、不断学习、寻求新的可能性的过程，因此，无论哪种创新方向，都包含了一定的风险。企业只是在多种可能性中选择企业高管自认为风险—回报率相对较高的一种。因此，企业高管的认知对其创新战略选择起着举足轻重的作用。

第三节　企业创新战略的过程

由上节分析可知，从创新战略角度看，企业绝不是在特定环境或内部约束下实现最优化的实体，而是可以通过自身的创新性活动来改变这些约束。创新让企业得以（短期或长期内）摆脱现实的束缚，是企业作为一个有机组织具有自由意志的体现。

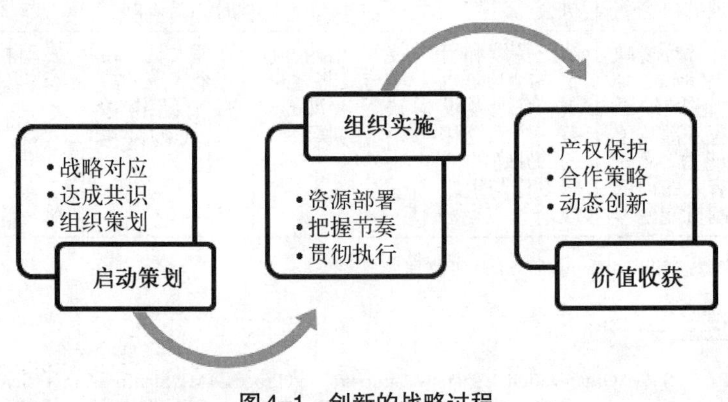

图4–1　创新的战略过程

尽管创新中存在诸多偶然性、随机性的因素，但是基于创新原理6："创新必须被有效管理"，盲目创新弊大于利，企业创新必须是一个有组织的过程，这种有组织性一定程度上构成了对创新的约束，但能使得创新服从更大的战略，从而确保企业在做正确的事，也更加有效。对应于创新的三个基本问题，笔者将其划分为三个步骤：

一、启动策划

通常理解，创新的启动和策划应该是由高层所运作和构想的。但视创新规模的大小，现实中也不乏基层启动的创新。笔者暂以前者为例来说明，后者基本过程类似。

企业高层经理一般会根据企业战略方向，明确创新的重点领域、时间要求，创新策划包括三项基本任务：战略对应、达成共识和组织策划。

战略对应是指创新战略必须与公司战略相一致，公司战略中包括短期和长期目标，创新需要强调长短期的平衡，以此来决定资源的分配。战略对应不是一种静态的对标，而更像是瞄准一个移动靶，需要开展动态的调整。

达成共识是一个思想统一的过程，从CEO开始，首先在高层酝酿，其次向需要创新的相关部门经理层达成共识。在开展重大创新变革时，需要全体员工、股东、供应商、客户等利益相关方事先有足够的思想准备。这种共识包括创新变革的必要性和迫切性。

组织策划是排出创新的计划和日程，明确关键节点和里程碑事件，确保创新得以实施和落地。它与战略策划的思维大体一致，近细远粗。重要的是落实到相关责任部门和人员，协调不同专业的分工和行动，以及出现意外情况的应急措施。

二、组织实施

在创新各项准备工作完成之后，进入组织实施阶段，包括资源部署、把握节奏、贯彻执行三项重要工作。

首先是对相应资源进行部署，确保资源到位。任何一项创新离不开资金、人员和设备等资源，其中最重要的是创新人力资源。在当前网络环境中，这些资源还可能来自组织之外，这对于企业创新来说，需要有足够的包容性，打造一个异质性的创新体系。

其次是把握创新的节奏。一项全公司范围的创新可能包括多方面的工作的齐头并进，企业的组织创新时，必须事先设定关键节点或里程碑式的事件，从而按计划来协调各专业的行动。同时定期对计划的回顾和反思，保持适度的灵活性。在出现变故时，可以对其进行适当调整。

再次是贯彻执行。贯彻执行是创新得以落地的关键环节，需要坚定的高层承诺和强有力的组织领导，防止执行的走样。此外，如前所述，创新一个互动式学习过程，在创新推进的过程中，伴随着不断“再创新”。对这种“再创新”的包容性有多大，高层需要定出一个实施指导原则。变要有变的道理，不变亦有不变的道理。例如，1998年华为在引进IBM的IPD（集成产品研发流程）过程中，任正非就不允许作所谓的“再创新”“因地制宜”，提出“先僵化，后优化，再固化”的“削足适履”式的创新变革思维，结果大获成功。[①]

三、价值收获

创新得以实施之后，其总体价值会在相关方面进行分配，同时随着竞争的进行，其价值逐渐消减，这可称为创新价值的耗散。战略学者Teece（1986）对企业从创新中获益的现象进行分析，发现技术创新者占有的价值份额甚至不及其他主体如模仿者或追随者，只有20%左右（见图4–2）。[②]相关实证研究也有类似的发现（Bernstein & Nadiri, 1991）[③]。结果如何最大限度地获取创新的收益，将其转化为企业的竞争优势，是很多创新企业面临的挑战。企业常常会发现，自己辛辛苦苦开拓出的一个新市场或开发出的一个新产品，却被竞争对

---

① 余胜海．华为还能走多远［M］．北京：中国友谊出版公司，2013.

② Teece, D.J.. Profiting from technological innovation [J]. Research Policy, 1986, 15 (6): 285–305.

③ Bernstein, J. I., and M. I. Nadiri. Product Demand, Cost of Production, Spillovers, and the Social Rate of Return to R&D [J]. Working Paper no. 3625. NBER, Cambridge, Mass., February 1991.

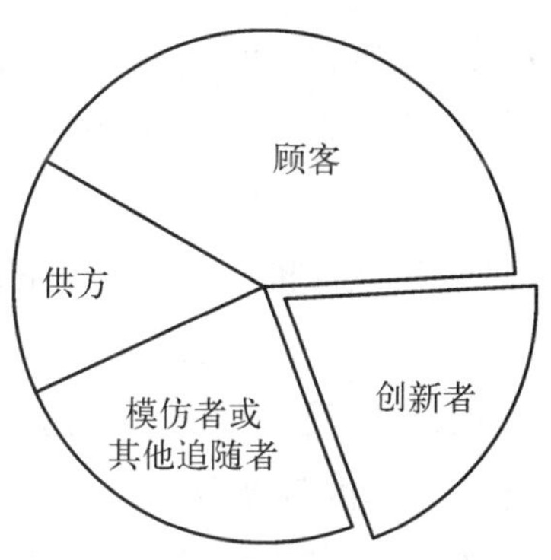

图4–2　创新利润的分布情况

资料来源：Teece(1986)。

手轻易模仿，成果被他人占据了大部分。这种情况在很多环境发生激烈变化的行业广泛存在，例如计算机、数码相机等领域。

创新利益的竞争的本质是企业如何长久地保持竞争优势的问题。这首先取决于企业自身避免创新被模仿的能力。这种能力既取决于产品创新本身的可模仿度，也取决于企业利用外部制度的能力。

创新产品的可模仿性首先是资源的独特性，正如熊彼特所提出的"创新"的一类。如果企业能够掌控竞争对手无法获取的某种独特的资源。比如原材料、核心技术诀窍、专业技术人才等，就无疑可以获得更多创新的价值。

其次，从创新产品的可模仿度来看，有很多创新产品本身的制造和提供具有复杂性，竞争对手很难通过逆向工程了解技术细节，从而无法在短期内简单复制。这种复杂性体现在企业自身通过长期的研发投入所积累的技术诀窍，从而在经验曲线上有所积累，其他人如果缺乏相关的技术经验，无法解码和追赶。企业可以在这一段领先的时间最大限度地获取创新利益。在营销管理中，推出新产品的企业往往定出高价，称为"撇脂价格"，也就是最大程度获得先发优势所带来的利益，回收其研发成本。等到竞争对手作出反应时，趁其立足未稳，又快速调整价格，建立了竞争的壁垒。

创新可模仿性的另一个方面来自产业链上独特的互补性资产。这种互补性体现为创新系统中不同资产的重要性。企业很少独自创新，多数情况下，一项创新的商业化需要互补性知识、技能和资产，比如软件的创新需要硬件的配合，新产品的推出需要营销渠道的配合，等等，构成为一个创新系统。此时如果竞争对手必须同样关联产业链，才可能超越。反之，很多企业正是由于创新太过孤立，就容易被对手超越。如苹果早期推出的个人电脑，其体系过于封闭，结果被IBM所超越。

从外部制度来看，一国的产权保护机制为代表的占有机制对于企业创新价值获取有着重要意义，是企业和市场结构以外，掌控创新者获得创新利润能力的环境因素。它主要包括技术性质、保护创新的法律机制的有效性等维度。技术性质包括属于产品还是流程的创新及知识的可转移性。企业保护创新的重要法律手段包括专利、版权和商业机密等。很多跨国公司进入法治相对落后的发展中国家时，常常会面临这一矛盾。占有体制并非越强越好，在现实中，即使产权保护很好的国家，很多法律条文也并非无懈可击，很多模仿者可以绕过这一保护，实现利益最大化。

另外，创新时期的把握是企业能够占有其创新价值的重要影响因素。产业的技术演化遵循库恩的范式理论（Dosi, 1982）①，根据主导设计范式出现的时期，可以分为“前范式”和“范式形成”两个大的阶段。在前范式阶段，不同的技术设计相互竞争，待到发展到一定阶段，其中会有1—3个主导设计范式胜出，形成行业标准，产业进入“范式形成”阶段。在范式形成的前后，竞争的重点大不相同，从而影响了创新利润在创新者与跟随者之间的分配。范式形成之前，创新更多是围绕产品设计展开，形成之后则以价格、流程和成本为核心。对于创新者来说，需要敏锐把握两者的差别，从而最大程度从创新中获益，避免模仿者捷足先登，成为范式的主导者。

在前范式阶段，企业创新最终是否能获益，除了产权保护机制，更取决于企业所主导或遵循的范式和标准能否在竞争中胜出。在后范式阶段，互补性资产的重要性开始凸显。企业通常有两种基本策略：契约外包或一体化，以最大程度获得和占有创新价值。在一个市场中，除了模仿者，创新者还面临共专有资产拥有者如供应商、渠道、平台等方面的挑战，有时最不显眼的加工制造能力也可能成为瓶颈。这一点在新产品的市场需求出现井喷情况下表现得特别明显。如近年来中国智能手机的发展，很多智能手机品牌商就受制于制

---

① Dosi, G.. Technological paradigms and technological trajectories. A suggested interpretation of the determinants and directions of technical change[J]. Research Policy, 1982, 11: 147–162.

造商。所以尽管智能手机商在市场上攻城略地，最终从中获益最多的，仍然是背后掌握GPU等核心技术的企业，如高通、英伟达等。

在今天开放性创新越来越盛行的平台经济环境下，企业要想从自身的创新中获益，最重要的反而不是加强企业自身的壁垒，而更需要树立起共享、共赢的观念，有时甚至是通过成就别人来提升自己。例如，2G时代的龙头手机制造商诺基亚在智能手机出现之初，已经开发出自己的操作系统塞班，但其过于想亲自掌控这一商业生态体系，没有想到3G时代遵循平台经济的规则，到这一系统于2011年为大众所抛弃时，其上面所开发的应用程序不过13万个，其竞争对手iOS和安卓系统上的应用程序则达到50万和40万之多。

企业从创新中获益的能力其实就是其持续创新的能力。在高度竞争和开放的互联网年代，企业很难再像以前那样"一招鲜，吃遍天"，同时也很难严守住自身的信息不外泄，以及避免人才的流失。要保持创新的利益，需要企业具有动态创新能力，定期实现自我革新，淘汰自身原有的产品。

专栏4-1　创新战略的叙事：好数据还需好故事①

禅宗有一个"一指禅"的故事，场面血腥，少儿不宜。

每当禅师俱胝在解释有关禅的问题时，他都会举起一个手指。一个非常年轻的门徒开始模仿他，每当有人问他，他的师傅讲道时在说些什么，那个男孩就会举起他的一个手指。

俱胝听说了这件事。一天他正巧碰见那男孩正在模仿，就抓住他，抽出一把刀，削下了他的手指，并将它扔掉了。

当男孩嚎叫着跑开时，俱胝大声喊道："停！"男孩停住了，转过身来，透过眼泪看着他的师傅。俱胝正举着他自己的手指，男孩也开始要举起他的那个手指，而当他意识到手指不在时，他向师傅鞠躬，当下，他开悟了。

① 笔者的专栏文章，2016年8月刊发在公众号"复旦商业知识"。

本人慧根较浅，一直没法欣赏此类开悟故事。同时也有些怀疑：小男孩真的开悟了吗？禅师伸一个指头的寓意不要说小孩不能明白，有很多人生阅历的大人可能也是糊涂的多。小男孩模仿一指禅更多是少年人心性，为了好玩。而禅师授徒如此蛮干，最后留下的恐怕不是开悟，而是恐怖。

这一看似简明的手势（数字），只让人自己感悟，从沟通学上说，问题多多。数据是现实世界的写照，但是这种写照不是唯一的，更不是完整的。1+1=2是数学语言，蕴含着无限内涵，可以作无穷多的解读。一花一世界，每个人都有自己的小宇宙，同一个数据让不同的人来解读，会产生不同的结果。因此在沟通中，仅用数据和图表的呈现是远远不够的。

营销是大数据在企业中应用最广的领域。但数据工作者不能跟营销人员说因为有两个变量相关性等于0.860，所以要采取某种行动，而是需要将数据领域的发现与业务场景结合起来。这就需要两方面配合，最好能讲一个让人印象深刻的故事，巧妙地改变高层的态度，实现企业的数据化运营。经典的例子有啤酒和尿布的混搭，超市给高中生寄婴儿用品等。换句话说，大数据分析好是好，本身并不足以导致行动，企业还需要一个好的故事。

英荷壳牌公司就是这样一个很会讲故事，也很擅长运用故事的企业。

1965年，壳牌公司启动了一项称之为“统筹计划机制”的项目，该系统由电脑控制，旨在规范公司的现金流。这类通过理性建模来预测现金流的方式顺应了当时管理科学（运筹学）的发展潮流。尽管壳牌高层对此项目的支持力度非常大，但是结果却不尽如人意，预测结果常常与现实情况相差甚远。到20世纪70年代，公司终止了这个项目。

倒是该公司于同一年悄悄启动的另一个项目让其受益匪浅，这便是影响深远的情景规划（Scenario Planning）方法。这一项目最初由伦敦总部的两位资深主管戴维森和纽兰主持，高层让他们大胆构想一下未来,为公司远景战略规划提供决策参考。

项目小组在前5年内业绩平平。到1971年,他们提交了“2000年研究报告”,通过设想不同的未来情景,作出对公司的远期预测,但初稿似乎并没有引起高层足够的关注。这一年,戴维森邀请了法国分公司规划部经理皮埃尔·瓦克作为核心成员参与到项目中,正是瓦克的参与让此项目的命运得以转变。

瓦克何许人也?此人曾经是一名杂志编辑,对东方哲学和神秘学很感兴趣,他的任务是讲述令人信服的故事,描述公司未来发展可能遇到的商业环境。他讲故事的才能在情景规划方法上得到充分的发挥,让高层印象深刻,从而接受了这一战略规划思想。

接下来的情节已经为很多人所知:在瓦克等人的推动下,壳牌成功预测了1973年以来的多次石油危机和经济动荡,取得了辉煌的业绩。瓦克在《哈佛商业评论》上撰文这样介绍情景规划:壳牌的情景规划不仅仅是预测未来,它的价值在于将情景规划融入机构发展的方方面面,以及为各方提供至关重要的关联环节,包括战略制定、创新、风险管理、公共事务及领导力发展。它打破了多数公司规划中人们根深蒂固的习惯思维,即假定未来和现在没有多少差别。更为重要的,情景规划只是讲故事,并不带有耸人听闻的威胁,这让壳牌的管理者可以以开放的态度面对之前难以置信或察觉不到的发展变化。

如果说由于当时的数据量和处理能力的局限,导致了统筹计划机制项目的失败,到今天,可以大胆地说,即便这一项目得以存活,在20世纪70年代突如其来的石油危机等事件面前,此类以历史数据和量化方法为基础的数据分析也根本无能为力。与情景规划相比,它们存在着方法论上的缺陷,不能保证公司安稳渡过后来多场系统性的危机。

大数据出现后,企业能够用海量的数据、更加复杂的模型、更加强大的计算能力以及更低的成本对未来进行预测和推断。为此,很多人欢呼一个新时代的到来。但其实,大数据所做的不过是统筹计划机制的升级版,它们使用了同一套方法论,根本假设没有改变。它对于未来与过去之间存在的连续性和断裂性关系并没有特别好的解决方案，必然存在着对颠覆性创新和黑天鹅事件的盲点。

那么，如何克服这一缺陷？

情景规划声称克服了量化方法的这一局限性，他们最初有意避免量化的概率预测，瓦克甚至认为“计算机建模是思想的敌人”，要求成员重在描述“可信的故事”。但这种缺乏数据的预测降低了其科学性，在科学思想发达的西方企业，经常会遭到质疑。即使在壳牌内部，它也多次差点被砍掉。到今天，情景规划的推行者也不得不改弦易辙，越来越多地用上计量经济模型，并借助计算机开展量化分析。

由此可见，时至今日，两类预测方法的倡导者都意识到了自身的缺陷，有意借鉴对方的优势，两者出现了一定的合流。

未来很大程度是过去的延展。对未来的预测，一部分必然是演绎的结果，另一部分则需要大胆的想象。在科学不够发达的年代，人类用占卜、祈祷的方式来预测未来，到今天有了大数据，可以代替一些神秘仪式。可是未来不可预测的部分终归是永恒存在的，像禅师那样伸一个指头，加之用暴力，很难让凡人开悟，最好有一个好故事，普度芸芸众生。

第五章　企业创新的形成

从第五章到第七章对应于创新管理的三个过程，对此进行更加细致的探讨。本章着重讨论企业创新的第一个基础问题，即创新的源泉和形成，以此来探讨企业可能获得创新之处以及企业创新所需的基础。

第一节　创新的多种来源

根据创新原理5，创新是所有人的职责。企业汇集了不同知识和工作背景的人一起共事，形成一种多样性，这是创新形成的基础。企业创新的来源包括很多方面。根据不同的创新类别，可以有多种分类。以下根据地点、主体、机遇、功能、扩展方向五个方面进行分析。

一、按创新地点分类

根据创新发生的地点，可以分为企业内部、外部、内外部边界三大类。

企业内部包括生产现场、办公室、会议室、研发实验室、内部培训室等，被认为是企业创新的主要场所。企业内部各个部门发挥其专业特长，对产品和服务加以持续改进。由于产生于企业内部，此类创新更容易被企业内部接受和消化。在今天互联网环境下，尽管互联网打破了时空的局限，但是很多企业却越来越重视办公场所中员工面对面交流产生观点碰撞的积极作用。一些大企业如Google、腾讯等，在办公场所的设计方面都很是费了一番心思。这些对于员工创新创意的产生，无疑会起到非常积极的作用。

谷歌为代表的互联网这种办公场所的创意设计非常适合于具有高素质的知识型员工的工作，因其价值观非常开放和崇尚变化，公司对其创新成果的要求非常高。根据国际设备管理协会的统计，在70%的美国办公室直接或间接采用这种低分区或不分区的方式。

有批评家指出，谷歌为代表的互联网在办公场所的开放式设计并不适用于所有企业，尤其它有侵犯员工个人隐私之嫌，员工之间受到相互干扰。[①]办公场所应该与所从事的工作、员工的构成背景和企业文化相匹配。例如像银行或钢铁制造企业可能就不太适应这种过于娱乐化的办公场所，他们更加强调严谨、安全、对质量的追求一丝不苟，因此在营造良好创新氛围方面需要另辟蹊径。

从企业外部看，创新最主要的来源是行业内机构，如合作和外包商、技术研讨会、产品设计展销会、供方培训等；企业可以在市场上发现竞争对手的创新，从中吸收其优点，克服其不足，在模仿的基础上获得优胜。还可以从外包商、各类技术交流会、展销会获得灵感，与自身产品加以整合，集成创新。

行业外机构如科研机构、大学或第三方咨询机构所提供的各类培训班，是企业从外部吸收知识开展开放式创新的重要途径。值得一提的是大学提供的EMBA或类似的管理培训。企业高层通过适当开放所面临的管理困境，除了通过教授的讲解，来自不同行业的企业家、银行家或政府官员在课堂上对案例的分析，常常能给企业带来更多的创新来源。同时企业受其他行业的类似解决方案启发，从而引入创新。

第三类重要的创新场所发生在企业内外部边界上，如采购部门、服务交付的场所、各类企业举办的开放会议等。企业在提供服务、采购或对外合作过程中所获得的创新灵感。这一场所其实就是日本知识管理学家野中郁次郎所提出创造和转化知识的"Ba"(场)的概念(Nonaka et al.,2000)[②]。企业不仅要善

---

① Lindsey Kaufman. Google got it wrong. The open-office trend is destroying the workplace[EB/OL]. The Washington Post, 2014-12-30. https: //www.washingtonpost.com/posteverything/wp/2014/12/30/google-got-it-wrong-the-open-office-trend-is-destroying-the-workplace/?utm_term=.4774e48eb4a7 [2017-11-22].

② Nonaka, I., R. Toyama, N. Konno. SECI, Ba and Leadership: A Unified Model of Dynamic Knowledge Creation[J]. Long Range Planning, 2000, 33: 1-31.

于在内部创造“Ba”，更要学会与各方面共同营造一种产生新知识的“Ba”的氛围。

在互联网广泛普及的今天，企业越来越重视借助于网络与外部在线沟通，其边界变得越来越模糊，用户已经不仅仅参与到最终的服务交付，还参与到产品研发环节。如何利用社交网络来开展创新已经成为互联网企业最为重要的课题之一。

二、按创新主体分类

前述创新分类强调创新场所内外有别，但以一个具有明确使命的企业为创新主体来看，必然是以我为主。无论是对外还是内外互动获得的创新源泉，所有的灵感和思维必须要由企业内部加以吸收和消化，要落在不同主体身上。企业内创新主体来源可以分为不同层面，可分为企业家、管理者和员工三个方面。

企业家在企业创新中的作用是熊彼特创新理论的核心，是创新，尤其是颠覆式创新最主要的来源。

尽管很多企业高层经理与企业家的角色统一，但是两者在创新方面仍然存在不小的区别。企业经理层一方面像是企业家创新思维的执行者，他们将企业家所创立的事业推向成长和成熟，更加关注于规范化、程序化的计划、组织、协调和控制工作，关注于具体运营方面的效率改进和创新，让此类创新显得更加可预测、细微和常规化。另一方面，经理层的作用有时候与企业家正好相反。企业家的创新是志在改变现有惯例和制度，他们是对现有企业能力产生“创造性破坏”；经理层的创新则是不断增强现有能力，构建所谓的“核心竞争力”。

创新的另一个重要来源是员工。这一思想源于梅奥的霍桑实验，该实验揭示了员工在受到重视时生产率可以得以改进的事实。德鲁克在《管理的实践》(1954)这部不朽管理学名著中建构了一个管理的新范式，即如何挖掘企业最有生命力的资源——人力资源。他说:“经理人的首要任务是把他的资源——首先是人力资源——中蕴藏的力量都挖掘和发挥出来，消除一切可能存在的弱点。只有这样才能创造出一个真正的整体。”“经理人做工作依靠的是一种特殊的资源：人。”“人的资源是唯一能够扩大的资源”，把人管理好，既是管理的出发点，也是管理的归宿。在对工人的管理上，德鲁克强调要把工人作为“人”来对待，而不是机器。他说：“人们只能雇用整个的人，而不能雇用人体的某一部分，这一观点阐明了为什么改善人在工作中的作用是改善工作成效的最佳途径。”[①]对于这些箴言，当时美国的企业并没有太重视，反而是日本人自觉地接受了这一思想。员工参与管理和创新的思想在日本大放异彩，伴随着日本企业的崛起影响了全球商业界。

三、按机遇划分创新来源

作为一名高瞻远瞩的企业家，需要有敏锐的觉察力，捕捉和发现市场中的机会。这种机会来自内外部发生的各类机遇。以此为分析对象，德鲁克在《创新与企业家精神》(2002)一书中归纳出创新的七个来源。他认为企业应该系统地创新，其中包括内外两组创新来源：[②]

第一组创新机遇有以下四条，他们存在于单位内部，或产业内部，基本上是一些征兆，不过却能充分表明市场已经在发生变化，或者只要投入少许努力，就能推动变化。

(1)出乎意料的情况：意外成功、意外失败、意外的外部事件；

(2)不一致：实际状况与预期状况之间不一致，或与原本应该的状况不一致；

(3)以程序需要为基础的创新；

(4)产业结构和市场结构的改变，出其不意地降临到每个人身上。

第二组创新机遇有以下三条(包括发生于企业或产业外部的变化)：

(1)人口统计数据(人口的变化)；

(2)认知、情绪和意义的改变；

(3)科学的及非科学的新知识。

事实上，德鲁克的以上分类是尝试对企业家所面临的不确定性的来源进

① [美]彼得·德鲁克. 管理的实践[M]. 齐若兰，译. 北京：机械工业出版社，2006.
② [美]彼得·德鲁克. 创新与企业家精神[M]. 张炜，译. 上海：上海人民出版社，2002：42–43.

行总结。他一直强调未来不可预测，企业作出创新必定面临极大的风险。而如何降低这一风险，又需要企业不断的创新。

德鲁克本人也承认，这一分类从逻辑上不是太严谨。内部的创新机遇常常是源于外部创新机遇的变化。另外，对于外部机遇他只列了三条，即人口、风尚和知识。而其他政治、文化、社会、全球化等诸多变化因素没有考虑到其中。比如像柏林墙倒塌、欧盟东扩、中国加入WTO及互联网在全球推广等重大事件对企业创新的影响远远高于以上所列因素。

在德鲁克的分类中，所忽略的最重要的一方面大概是政府对创新的影响。在很多国家，尤其是转型国家，政府与市场两者的角色定位非常不明确，一些政府的干预力量非常强大，对政府的管制变化需要企业家有所预判，对来自政府部门的信号——如政府规划文件的导向也非常值得关注。从中国改革开放40年的经验看，很多企业的失败正是源于企业家对政府管制动向的不敏感。正因为如此，在波特基于实证经验的钻石模型之中，对政府的角色才有所补充和阐述。

从今天来看，对德鲁克分类可以增补的另一个方面是类似互联网、社交媒体这样的通用技术在全球化推广的影响。它不同于德鲁克所说的新知识，而是技术的快速扩散。在移动互联网时代，很多落后地区可以直接跳过传统的电信和互联网一代，直接与全球建立联系，这在很多发展中国家和最不发达国家已经有征兆。企业家如果能预判到此类技术的推广，应该能够迅速作出反应。

专栏5-1　政府资助作为创新源头

利用创新性的研究方法，加州大学戴维斯分校两位学者弗雷德·布洛克(Fred Block)和马修·凯勒(Mathew Keller)分析了《研发杂志》(*R&D Magazine*)过去40年(1966—2006)中随机选择12年所评出的百强创新成果。他们的研究发现，在20世纪70年代，几乎所有获奖者都来自公司内部，最近超过2/3的获奖者来自组织之间的合作，包括政府机构、联邦实验室和联邦资助的大学研究。在2006年，88个获奖的美国实体中有77个是联邦资助的受益者。作者指出，其背后的原因有四：① 全球竞争日趋激烈，技术生命周期缩短；② 新兴技术的复杂性超出了最大型企业的内部研发能力；③ 研发能力在越来越多的行业中的扩张导致其投资向高科技供应链垂直扩张，这增加了单一国内经济的附加值损失的可能；④ 越来越多的国家通过各类提升研发效率的新机制，积极参与到科研竞赛之中，以应对这一现实。

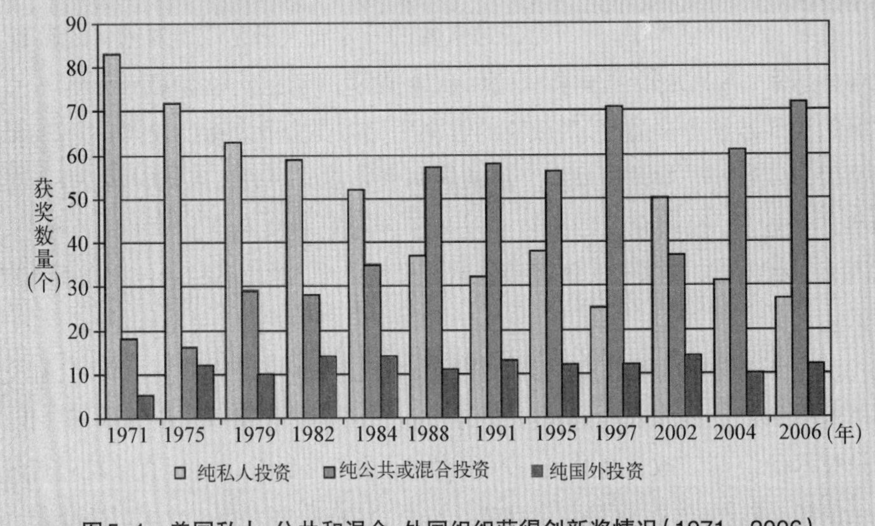

图5–1 美国私人、公共和混合、外国组织获得创新奖情况（1971—2006）

资料来源：Block and Keller(2008)。①

四、按功能划分创新来源

von Hippel（1988）提出可以按创新功能来源（the functional source），即企业与个人从特定产品、流程和服务创新中获得的利益来分类。用户可以从利用创新中获益；制造商可以从制造创新中获益；供应商从供应部件和原材料

① Block, F., and M. R. Keller. Where Do Innovations Come From? Transformations in the U.S. National Innovation System, 1970–2006[J]. Information Technology & Innovation Foundation. July 2008.

来使用创新中获益。[①]因此，他把创新的源头分为用户、生产制造商、供应商三类创新。他对此作出统计，发现在科学仪器行业，有77%的创新源头来自用户，成型工艺创新有90%来自用户（见表5-1）。对于同一类创新，根据我们所要考察的视角不同，可以有不同的划分。比如对于汽车公司来说，考察汽车制造的创新，属于生产者创新，如果我们以金属成型的机器创新为考察对象，汽车的创新则可以归为用户创新。

表5-1　企业创新的来源分析

创新类型 样本	创新者					
	用户	制造商	供应商	其他	缺失数量	总数
科学仪器	77%	23%	0	0	17	111
半导体和印刷电路板工艺	67%	21%	0	12%	6	49
拉挤成型工艺	90%	10%	0	0	0	10
拖拉机铲	6%	94%	0	0	0	16
工程塑料	10%	90%	0	0	0	5
塑料添加剂	8%	92%	0	0	0	16
工业气体利用	42%	17%	33%	8%	0	12
热塑性塑料利用	43%	14%	36%	7%	0	14
电线终端设备	11%	33%	56%	0	2	20

资料来源：von Hippel(1988)。

① von Hippel, E.. The Sources of Innovation[M]. Oxford University Press, New York, 1988: 3.

这样的划分表面看像是概念的游戏，但是von Hippel所提出的用户创新有着重要的启发。尤其是互联网年代，借助网络社区的用户参与创新产生诸多新的商业模式。而与此相近似的概念，“开放式创新”强调各方合作而非单方面的创新可能更接近创新的本质。用户固然是创新的重要源头，但是更多创新存在于不同方面的互动学习之中。

五、按不同扩展方向划分创新来源

创新源于新知识的学习。而不同类别的知识可接入、可编码、可转移程度上有较大区别，这可以分为显性和隐性知识；局部和通用知识；知道什么、知道为何、知道如何和知道谁等不同类别的知识。

进入20世纪以来，所有重大的技术变革都有科学发展的因素在背后起作用，这让人们产生一个直觉，创新来源于基础研究及其进一步的开发，这是创新的线性模型（Kline and Rosenberg, 1986）①，这也被称为基于科研的创新（STI）。此类创新更多地使用显性的、通用的知识，开放度较低。

但是，与此同时人们也发现，由于人类知识的局限性和知识本身的可编码性，并不能理解所有技术和诀窍背后的科学原理，但是这并不影响很多技术诀窍在具体实践中的利用。有更多的创新是在实践、使用、互动中产生的，它可以归为需求拉动型，称为基于干中学、用中学和互动中学习（DUI）的创新（Lundvall, 2003）②。此类创新使用隐性的、局部的知识，强调开放式创新。

表5–2 两种扩展方向的创新

	DUI模式创新	STI模式创新
举例	跨专业团队、质量圈、集体建议体系、自组织团队、边界模糊化、功能集成、与客户合作	研发投入（占总收入比重）、产学研合作（与大学研究机构合作）、劳动力素质提升（科学学位员工占比）

① Kline, S. J., N. Rosenberg. An Overview of Innovation[C] // R. Landau and N. Rosenberg (eds), The Positive Sum Strategy: Harnessing Technology for Economic Growth, Washington, DC, National Academy Press, 1986, 275–304.

② Lundvall, B.-Å., E. Lorenz. Modes of Innovation and Knowledge Taxonomies in the Learning economy[J]. Paper to be presented at the CAS workshop on Innovation in Firms, Oslo, October 30 – November 1, 2007.

（续表）

	DUI模式创新	STI模式创新
知识类别	隐性、局部 知道如何、知道谁	显性、通用 知道什么、知道为何
开放度	较高	较低
来　源	多元	直线式

第二节　企业的学习能力

1990年，美国MIT教授彼得·圣吉出版了《第五项修炼》一书。[①]一时之间，创建“学习型组织”成为各类组织的流行口号，除了学习型企业，还有学习型国家、社会、城市、家庭，等等。这本书所提出的五项修炼：自我超越、心智模式、共同愿景、团体学习和系统思考也领一时之风骚。

时过境迁，到今天再来看学习型组织的时候，我们发现，很多组织所谈的学习，已经与圣吉所说五项修炼距离甚远。《第五项修炼》作为一本在管理学界影响较大但又很少人真正看懂的著作，其主要贡献在于对组织学习进行了全新的诠释，让人们了解了系统学习观的独特魅力，唤起了很多组织对于学习的兴趣。同时它试图用一些简单的基模来研究和把握现实复杂性，多少透露出一种技术专家的过度自信。

事实上，对于企业来说，组织学习的目标只有一个，就是吸收和利用知识开展创新，是围绕公司战略开展的各类创新。组织学习的结果是知识库的累积，通过对知识的灵活运用，创新性解决各类问题。

① ［美］彼得·圣吉.第五项修炼（第2版）［M］.郭进隆，译.上海：上海三联书店，1998.

一、企业的探索式和挖掘式学习

詹姆斯·马奇（J. March）是斯坦福的组织行为学资深教授。1991年他发表在《组织科学》的高引用率文章《组织学习中的探索与开发》一文提出企业的学习有两种倾向：一种是寻求确定性的开发式学习，另一种是寻求变化和新的可能性的探索式学习。[①] 由于资源有限，企业过于偏向某一方面会导致另一方面的问题。只有那些能够在两者之间取得某种平衡的企业会取得长足的发展。

换句话说，组织的学习不一定能够增加其绩效，要分析学习的方式以及企业的目标。一些大型企业之所以经历多年辉煌发展之后倒闭，不是因为他们不学习，而是因为他们学习的方式不对，比如由于锁定在既定路径之中，面对新的挑战，无法摆脱积习，只能眼睁睁地看着对手一个个超越自身。还有一些企业探索能力很强，但是却不太会开发这些探索得来的新知识，由先驱变成为先烈。

从统计学角度看，学习可以界定为旨在提升绩效平均值和方差的行为（见图5–2，曲线2向曲线1和3转化，前者 μ 值增加，后者 σ 值增加）。例如，一家企业学习采用一项新技术，如果这项技术显著优于现有技术，而它又为其他人所不熟悉时，企业就能明显提升绩效的平均值，从而形成相对竞争优势。但是

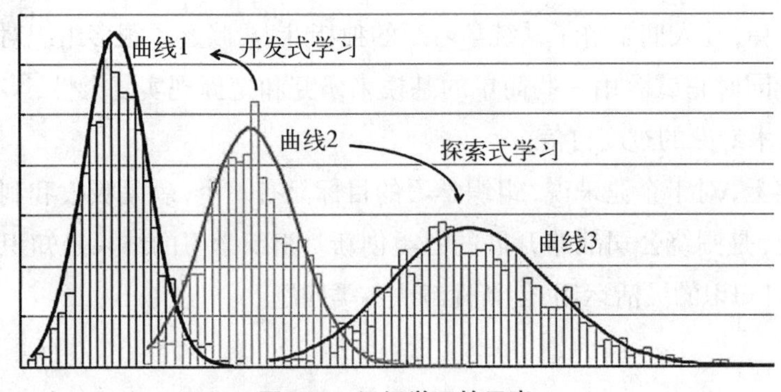

图5–2　组织学习的示意

① March, J. Exploration and exploitation in organizational learning[J]. Organization Science, 1999, 2(1): 71–87.2018年3月谷歌学术显示，本文有20 090次引用。

由于新技术充满不确定性，需要积累经验曲线，因此会加大企业的方差值，使企业绩效不确定性加大。如果方差过大，会抵消其平均值的提升，企业就难以从新技术中获益。

二、企业的吸收能力

在企业创新学习中，人们常常忽视更为基本的、企业自身的知识基础问题。一个很浅显的道理是：一个小学生是无法接受高中知识的，学习是一个累积性过程。企业的吸收能力理论（Theory of Absorptive Capacity）正是试图回答这样一个问题：在同样的知识环境下，为什么有些企业创新能力强于另一些资产、人员等方面相近的企业？

根据对组织学习的认知结构的考察，Cohen & Levinthal（1990）认为提出企业学习与个人相同之处是记忆是根据知识之间联系来产生的，单词需要放在特定的情境才能真正领会其意义。要学习新的知识，组织需要有之前相关的知识作为准备和基础。"机会总是垂青于有准备的头脑"，这句名言对企业同样适用。[①]企业的吸收能力理论认为外部知识是企业创新的重要源头，那些能够较好吸收外部知识的企业必将更具竞争优势（Cohen & Levinthal, 1990）[②]。吸收能力不仅能帮助企业利用外部新知识，还能帮助准确预测未来技术发展走向。它可以影响企业创新方向，是否能够进入一个新的市场，为未来提供一种期权选择。

不同企业的吸收能力，即企业对于外部知识的识别、消化和利用能力存在着较大的差别。Zahra and George（2002）将吸收能力定义为一系列组织惯例和流程，组织借此获取、消化、转化和利用知识来形成动态能力。[③]因此，它包括四个维度：

（1）获取：是指企业识别和获取外部产生的对其运营来说非常关键的知

① 这句话被吸收能力理论两位提出者Wesley M. Cohen和Daniel A. Levinthal 用作1994年发表在《管理科学》杂志上一篇文章的标题Fortune Favors the Prepared Firm (Management Science, 1994, 40(2): 227–251).

② Cohen, W. M., D. Levinthal. Absorptive capacity: A new perspective on learning and innovation[J]. Admin. Sci. Quart., 1990, 35: 128–152.

③ Zahra, S. A., G. George. Absorptive capacity: A review, reconceptualization, and extension[J]. Academy of Management Review, 2002, 27: 185–203.

识的能力。知识获取惯例方面花费的努力有三个属性：深度、速度和方向。学习的深度和速度决定了企业获取能力的质量。学习的方向决定了企业获取外部知识的路径。总体而言，企业获取外部知识的能力很大程度上取决于企业的经验、之前的研发投入、内部不同专业人员的数量和质量、企业及其人员所处的社会网络特性等。

（2）消化：指企业的惯例和流程使得它可以分析、处理、解释和理解从外部所获得的知识和信息（Kim, 1997）①。企业对外部知识具有选择性，对于不能理解的观点和知识，企业会忽略其存在。外部知识与内部知识之间存在显著的不同，很多外部知识的产生有其特定的背景，脱离了这个背景，可能会导致企业难以理解。

（3）转化：指企业开发和修正有助于将现有知识与新获取和消化知识之间组合的惯例。通过增加、删除、以不同方式对知识进行解释的方式，企业将外来知识进行转化，使之与企业内部知识和惯例相匹配。对于很多与企业内部有异质性和排斥性的知识，需要企业具有较强的转化能力。其转化是否能够成功，在于不同方面的双向交流和互动、企业领导的变革意图和内部的企业家精神。

（4）开发。吸收能力最终要反映在知识应用方面。企业学习和积累知识的目的是要解决所面临的问题，制定合适的决策。这需要企业灵活将所吸收的知识运用于现有各种惯例之中，并创造新的组合方式，以适应外部新形势。在快速变化和激烈竞争的市场环境下，企业需要具有一定的随机应变能力，而不是固守于常规。

企业要充分吸收利用外部的知识，应该分为两个阶段：第一阶段是广泛识别外部有用的知识，这一阶段重在尽可能的多样化，将其转化为内部可理解的知识，构成潜在的吸收能力，它包括前两个因素，即获取和消化；第二阶段关注于寻找前一阶段所获取知识应用于内部，与内部知识相结合的机会，这一阶段重在知识的转化和开发，构成实现的吸收能力。

---

① Kim, L.. From imitation to innovation: The dynamics of Korea’s technological learning[M]. Harvard Business School Press, Cambridge, MA, 1997.

表5-3　吸收能力的定义和维度

定　　义	维　　度	来　源
评价、消化和应用新知识的能力	通过过去的经验和投资来评价知识的能力 消化能力： • 基于知识特性 • 基于组织或联盟特性 • 基于技术重叠度 应用能力： • 基于技术机会（外部相关知识数量） • 基于占有能力（保护创新的能力）	Cohen & Levinthal (1990)①
一系列广泛的技术，反映出需要处理转移技术的隐性组成，经常需要对外部来的技术适应内部应用作出修订	人力资本 人员技能水平 训练有素研发人员占总人数比 训练有素的工程专业毕业生 研发费用	Mowery & Oxley (1995)②
吸收能力需要学习能力和开发解决问题的技能。学习能力是消化知识的能力，即模仿能力。解决问题的技能用以创造新知识，即创新能力	之前的知识基础，努力程度	Kim (1998)③
一系列组织惯例和流程，组织借此获取、消化、转化和利用知识来形成动态能力	潜在的吸收能力：获取、消化 实现的吸收能力：转化、利用	Zahra and George (2002)④

资料来源：作者归纳。

既然吸收能力如此重要，那如何培育？归纳起来，有两大类因素影响了吸收能力：一是之前知识结构的丰富性；二是学习对象与现有知识的相关度。综合现有研究，笔者将其划归七个方面：

---

① Cohen, W. M., D. Levinthal. Absorptive capacity: A new perspective on learning and innovation[J]. Admin. Sci. Quart., 1990, 35: 128–152.

② Mowery, D. C., J. E. Oxley, B. S. Silverman. Strategic alliances and interfirm knowledge transfer[J]. Strategic Management Journal, 1996, 17: 77–91.

③ Kim, L.. Crisis construction and organizational learning: Capability building in catching-up at Hyundai Motor[J]. Organization Science, 1998, 9: 506–521.

④ Zahra, S. A., G. George. Absorptive capacity: A review, reconceptualization, and extension[J]. Academy of Management Review, 2002, 27: 185–203.

（1）内部研发强度。Cohen和Levinthal（1989）发现企业的吸收能力是由其之前的相关知识所决定的。[①] 而研发是企业投入于知识和学习的外在表现，它构成企业吸收能力的重要来源。

（2）企业内部人才的多样化程度。归根到底，组织学习还是由个人学习所构成。当企业内部人才呈现出多样化时，则企业知识就会更加多样化，从而吸收能力更强，能更好、更多地吸收外部知识。当然这种多样性也不是越高越好，而更多是看不同员工之间知识相关度和互补性。在对高层团队构成对组织绩效影响方面的研究也印证了这一点。

（3）企业的沟通方式。从企业的沟通结构来看，一个企业负责与外部沟通的人（或称“企业信使”）是多还是少，是集中在高层，还是分散在各个层面都有，沟通的难易程度，是影响企业吸收能力的重要因素。

企业信使作为信息的传递者，其个人的吸收能力只部分地影响企业的吸收能力，更为重要的是在其沟通范围中的团队的知识多元化程度。一条信息或知识在这个团队中传播，只要有一两个人能理解其意义，对于企业来说，就有可能将其化作企业创新的契机。

（4）企业的决策结构。企业仅仅能够从外部获得信息和知识只是一种潜在的“吸收能力”，要实现这些知识的潜力，企业还需要有一个合理的决策程序、一套惯例来加工处理这些知识和信息，将专业语言化为可以让企业决策层能理解的语言，从而能够进一步利用和开发。

（5）与外部知识源关联度。这包括多种方式：第一种是与大学、研究机构实现产研结合。第二种是通过收购创新性企业，获得其所拥有的对企业来说重要的专利和技术诀窍。第三种是通过购买、建立联盟和交叉授权获得其他企业的专利许可等专有知识。

（6）内外部知识的互补性。企业能够接触多个知识源，仅仅是增加企业的增量，但是并不必然提升企业的吸收能力。因此，另一个因素内外部知识的互补性就显得非常重要。只有企业现有知识与新吸收的知识之间能够形成一种互补，才能对企业的吸收能力产生积极的作用。

---

① Cohen, W. M., D. A. Levinthal. Innovation and learning: The two faces of R&D[J]. Economic Journal, 1989, 99: 569–596.

（7）企业经验和组织记忆。企业都会积累其成功经验，形成所谓的“组织记忆”，在此基础上作进一步的搜索。因此，过去的经验很大程度上决定了企业的搜索方向，从而影响其吸收能力。而经验是企业与环境、用户、竞争对手和其他企业之间互动的结果，它们主要体现在企业的惯例之中。

第三节　企业的知识管理

知识管理是指组织从内外部获取并储存知识，实现知识共享，并应用知识创造价值的过程（Alavi and Leidner, 2001）[①]。这其中，知识共享问题是知识能否实现价值的关键环节，也是当前知识管理研究者最关注的问题之一。共享的重要性无疑是由知识的特性所决定的，因为知识不会重复使用而贬值，它传播得越广泛，可以让更多的人掌握这一知识和技能，其价值越高，具有边际收益递增的特点。[②]对企业来说，知识如果仅仅由员工个人所拥有，其价值必然有限。只有通过共享，将个人知识转化为集体知识，进而升华为组织知识的一部分，才能为企业带来更大的价值。因此认识知识共享的动机，理解促进和阻碍知识共享的主要因素，具有较强的理论和现实指导意义。

事实上，自20世纪90年代以来，围绕如何实现组织知识共享，尤其是共享中存在哪些促进和阻碍因素等问题，在国外信息管理、战略管理、社会学、经济学等多个领域已经有了比较多的研究，有必要对此作出一个总结。本节主要选择从战略管理的视角，通过对知识共享中几个最关键问题，包括共享的动机、策略和影响因素方面的现有研究成果的评述，将各领域的研究作一个有机的关联。

---

① Alavi, M., D. E. Leidner. Review: Knowledge Management and Knowledge Management Systems: Conceptual Foundations and Research Issues[J]. MIS Quarterly, 2001, 25(1): 107–136.

② 当然，有学者（如Kogut和Zander, 1992）也提出这其中存在的一个悖论，即知识在高度共享的同时也加大了被竞争对手模仿的风险。

一、知识的基本分类和知识共享的含义[①]

现有研究对知识存在多种分类，本节主要选择两个维度：一是知识的内容；二是组织的层次。

从知识内容看，最常为人们所引用的分类来自波兰尼（Polanyi, 1962）所提出的显性和隐性知识分类。而这一分类之所以流行，很大程度上得益于野中郁次郎（Nonaka）1991年发表在《哈佛商业评论》上的一篇很有影响的论文《知识创新型企业》。[②]此文的主要贡献之一在于运用显性和隐性知识这一区分，建立了一个知识创造的SECI循环模型。而根据组织的不同层面，可以区分出个人、团队、组织和组织间四个层面的知识。将上述两个维度相结合，形成如表5–4所示的分类框架。

表5–4　从知识内容和层次两维度对知识的分类[③]

	个　人	团　队	组　织	组织间网络
显性	可以描述的个人知识	质量圈对绩效的文本化分析	企业组织架构	合作伙伴的产品专利
隐性	跨文化谈判技能	复杂工作的团队协作	企业文化	客户对产品的态度和期望

资料来源：黑德兰德（Hedlund, 1994）。[④]

根据此种分类，知识共享包括了不同的层面的共享，既有个人之间的知识共享，又有跨越团队或部门的共享，还有组织之间的，甚至可以扩充到不同行业层面的知识共享。既有显性的，又包括隐性的知识共享。每一个层面的知识共享，都应该以下一个层面的共享为基础（Nonaka, 1994）[⑤]。

根据哈佛学者汉森（Hansen, 1999）的定义，所谓知识共享，应该包括知识

① 本节内容主要引自：赵付春. 国外知识共享管理研究述评［J］. 国外社会科学前沿，2011.1: 517–527.

② Nonaka, I.. The Knowledge-Creating Company[J]. Harvard Business Review, November-December 1991, 96–104.

③ 表中内容有些仅为举例，而非概括。如组织层面的显性知识显然并不仅仅包括组织架构。

④ Hedlund, G.. A Model of Knowledge Management and the N-Form Corporation[J]. Strategic Management Journal, 1994, 15(Special Issue): 73–90.

⑤ Nonaka, I.. A dynamic theory of organizational knowledge creation[J]. Organ. Sci., 1994, 5(3): 14–37.

搜索和转移两个步骤，人们首先要到组织内外去寻找和识别所需要的知识，进而将此知识进行跨部门、跨组织的迁移和吸收。[①]这一定义表明，首先，知识共享是一个主动搜索的过程，是从知识需求方发起的，而非被动的吸收。知识需求方会主动寻找所需要的知识，对于自己暂时不需要的、摆在面前的所谓的"知识"，严格意义上只能叫"信息"或"数据"。其次，对于知识搜寻者来说，只是找到了知识，还不能算是共享。知识共享同时包含了知识的转移和吸收，是一个组织学习和知识增长的过程，从而也是一个增值的过程。这一界定与野中（1994）对知识创造的过程定义有不谋而合之处。[②]

基于这一定义，以下将主要从组织（间）层面来探讨知识共享，对现有推进组织内外部各类知识的共享的相关文献进行综述。

二、组织知识共享的动机

组织员工是知识承载的基本单位，在知识共享这个问题上，员工拥有较大的自主权。组织必须要明白，现代社会已经进入知识社会，不能仅仅雇用员工的"一双手"，而应该鼓励知识型员工自觉自愿地进行知识创造和共享。但在此之前，组织必须要理解员工进行知识共享的动机，从而制定相应的奖励制度，营造良好氛围，使员工能为企业创造更大的价值。

（一）员工知识共享的个人动机

当前研究提出，员工知识共享的个人动机主要包括以下两个方面：

（1）个人基于成本—收益两个方面的计算。研究者发现，员工之所以愿意共享知识，主要是出于对未来的成本—收益的计算。当然这种计算所依据主要是社会交换，而非经济交换的原理（Kankanhalli et al., 2005）[③]。根据这一原理，个人成本包括个人编码所费精力、知识权力的丧失等，而收益来自两方面：一种是外在的，如组织的奖励、个人形象和声誉的提升，以及与其他人的

---

① Hansen, M. T.. The search-transferproblem: The role of weak ties in sharing knowledge across organization subunits[J]. Admin. Sci. Quart., 1999, 44(1) : 82−111.

② Nonaka, I.. A Dynamic Theory of Organizatiojial Knowledge Creation[J]. Organization Science. 1994, 5 (1): 14−37.

③ Kankanhalli, A., B. C. Y. Tan, K.-K. Wei. Contributing Knowledge to Electronic Knowledge Repositories: An Empirical Investigation[J]. MIS Quarterly, 2005, 29(1): 113−143.

互惠互利；另一种是内在的，如通过知识共享能增强对自身能力的信心、从帮助他人中获得快乐等（Wasko & Faraj，2005）①。

（2）员工所处社会网络和组织氛围的影响。员工的共享行为不仅受内心动机所支配，同时还会受到其所处的社会网络的影响，根据集体行动理论，当员工之间网络关系较为密切时，集体行动更可能发生（Krackhardt, 1992）②，员工之间也就更可能共享知识。同时，当员工之间相互信任程度较高时，共享行为也更容易发生。坎坎哈里等（Kankanhalli et al., 2005）的研究也表明，员工的共享动机是否会导致共享行为，部分地受到组织内部三种社会情境因素，即信任、规范和认同的调节作用。③

（二）组织开展内部知识共享的动机

组织进行内部知识共享的主要动机，同样存在成本—收益权衡的问题。企业的收益主要包括能力提升和学习成本降低两个方面，而共享的成本主要包括编码、储存的成本等方面。事实上，一旦企业认识到知识共享的收益，与之相比，内部共享的成本常常是微不足道的。

（1）整合内部知识，增强核心能力。

现代企业是按亚当·斯密和泰勒所倡导专业分工的方式进行组织的，这极大程度地提升了工作效率。然而正如德鲁克（1999）所言，旧式的专业化分工方式强调“分”，而知识工作强调“合”，知识的价值正来源于整合。④针对具体的问题，企业需要将散落在内部各个角落中的知识整合起来，从而最大限度地发挥优势。知识共享是整合的前奏，组织如果事先不知道谁拥有什么知识，整合无从谈起。

知识共享可以帮助企业构造一个知识网络（Hansen，2002）⑤，研究发现，在这一网络中，网络成员的互动对知识的共享和转移具有显著的效果（Inkpen

① Wasko, M. M., S. Faraj. Why Should I Share? Examining Knowledge Contribution in Networks of Practice[J]. MIS Quarterly, 2005, 29(1): 35–57.

② Krackhardt, D..The strength of strong ties[C]// Nohria & R. G. Eccles (Eds.), Networks and organizations: Structure, form and action. Boston: Harvard Business School Press, 1992: 216–239.

③ Kankanhalli, A., B. C. Y. Tan, K.-K. Wei. Contributing Knowledge to Electronic Knowledge Repositories: An Empirical Investigation[J]. MIS Quarterly, 2005, 29(1): 113–143.

④ Drucker, P.F.. Knowledge-worker productivity: the biggest challenge[J]. California Management Review. 1999, 41(2): 79–94.

⑤ Hansen, M.T. Knowledge Networks: Explaining Effective Knowledge Sharing in Multiunit Companies[J]. Organization Science, 2002, 13(3): 232–248.

and Tsang, 2005)。企业通过整合不同的知识来完成任务，同时也可以使员工个人的知识嵌入整个企业的知识网络中，产生“1+1 > 2”的效果，使得知识具有因果模糊性(Szulanski et al., 2004)。同时，由于员工个人的知识依存于其他人知识的共同协作，这种嵌入在集体中的隐性知识降低了企业知识外溢的风险，使企业的能力更加难以为竞争对手所复制，成为企业的核心能力。

(2)积累经验教训，降低学习成本。

知识共享可以使企业更好从经验中学习，加快学习经验曲线的下降速度。根据经验曲线理论，企业的单位生产成本受到随着生产产品数量的增加呈现递减的趋势，但这一学习能力受到组织遗忘、员工跳槽、生产率收益的转移等因素的影响(Argote and Epple, 1990)[①]。而知识共享是一种很好的加强组织学习和记忆的方式，能有效地减少组织遗忘、员工跳槽等不利影响。更为关键的是，无论是对于多业务单元的企业还是一般企业而言，通过内外部知识共享，可以总结他人的经验，在更高层次上进行学习。现有的经验研究也充分证明了知识共享在降低学习成本方面的好处。阿哥特等(Argote et al., 1990)研究发现，无论企业主自己是否以前有过此方面的生产经验，其后开工的造船厂的生产率比先开工的要高得多，这得益于造船主从先开工的船厂积累的经验。[②]达尔等(Darr et al., 1995)发现多家比萨饼加盟企业之间通过知识共享降低了单位成本，尽管在同一加盟商不同的店面的知识转移效果更为显著。[③]

知识共享还有助于新人快速融入团队和组织之中，通过学习前人总结的“最佳实践”，新人能很快地提升个人技能(Szulanski, 1996)[④]，这一特点对于个人和组织，尤其是对一些知识密集型的专业公司来说，意义重大。

(三)组织间开展知识共享的动机

与劳动分工相对应的是知识分工，正如单个企业不可能经济地完成整个供应链上所有工作，企业也不可能拥有其所需要的一切知识(Takeishi,

---

① Argote, L., D. Epple. Learning Curves in Manufacturing[J]. Science, New Series, Feb. 23, 1990, 247(4945): 920–924.

② Argote, L., S. L. Beckman, D. Epple. The persistence and transfer of learning in industrial settings[J]. Management Sci., 1990, 36(2): 140–154.

③ Darr, E., L. Argote, D. Epple. The acquisition, transfer and depreciation of knowledge in service organizations: Productivity in franchises[J]. Management Sci., 1995, 41: 1750–1762.

④ Szulanski, G. Exploring internal stickiness: Impediments to the transfer of best practice within the firm[J]. Strategic Management J. 1996, 17: 27–43.

2002）[①]，这是企业之间需要共享知识的最根本原因。企业之间通过各种市场关系和社会关系连接在一起，存在不同程度的相互依存。因此组织间开展知识共享的动机不同于组织内，还包括更多更为复杂的因素，企业要付出的成本相应也会更高，比如说技术诀窍泄密的可能性。

（1）在与供应链上下游知识共享的动机方面，企业一方面可以通过帮助别人来成就自己（客户培训），通过与客户的知识共享，可以使客户更好地懂得自己产品的价值所在，从而保持客户的忠诚度，这在消费者行为学中有着广泛的研究；另一方面，企业可以以知识共享为条件，吸引更加优质的配套供应商，通过知识溢出，鼓励供应商参与到企业的生产实践中，同时也帮助供应商提升，这一点在丰田生产网络中表现最为明显（Takeishi, 2002）[②]。

（2）在经济全球化的环境中，企业还可以通过知识转移和共享培育和进入一个新市场。很多国际企业在进入一个新的市场时，为了减少风险，他们很多会谨慎地采取特许加盟、合资或其他联盟方式。通过这些合作方式，促进与东道国的企业之间的知识共享，成功进入一个新的市场。研究表明，从联盟中学习知识是合作双方最主要的动机之一（Inkpen and Tsang, 2005）[③]。

（3）企业通过共享知识来建立标准，提升竞争力。在很多新的产业中，标准尚未完全建立，往往是那些最愿意共享知识的企业占领先机，成为行业的标准。最典型的案例就是微软公司的崛起，通过开放软件平台，使得其操作系统达到几乎垄断的地位。

三、知识共享的一般策略

显性知识是容易表述的，多数可记录于书面的知识，可以通过查看资料的方法进行共享，无需知识供给者与知识接收者之间直接接触，因此共享相对容易。但隐性知识的共享，情况完全不同。波兰尼（1962）认为学习隐性知识的唯一方法就是通过学徒方式进行体验。野中和绀野（Nonaka和Konno, 1998）

---

① Takeishi, A. Knowledge Partitioning in the Interfirm Division of Labor: The Case of Automotive Product Development[J]. Organization Science, 2002, 13(3): 321–338.

②③ Inkpen A.C., E.W.K. Tsang. Social capital, networks, and knowledge transfer[J]. Academy of Management Review. 2005, 30(1): 146–165.

提出隐性知识是纯个人的、情境化的，且难以形式化和沟通的，它无法用言语表达，只能体验。

汉森等（1999）以咨询公司为例，提出了两种知识管理策略，实际上也是两种知识共享的方法：一种称作为“编码化”（codification）；另一种称为“个人化”（personalization）[①]。两者对应于不同的竞争战略，其背后的经济模型、所使用的信息技术、招聘的人力资源种类均有所差异，具体如表5–5所示。

表5–5 两种知识共享管理策略的对比

项 目	编 码 化	个 人 化
竞争战略	通过重用经编码的知识提供高质量、迅速可靠的信息系统实施	通过建立个人的专业技能渠道，为高层战略问题提供创造性、高度严谨分析的建议
经济模型	重用性经济理论 知识资产一次性投资，多次重用 使用大型团队，与合作方保持高频率的联系和合作 关注于规模效应，提升总收入	专业化经济理论 为独特问题提供高度定制化解决方案，收取高昂费用 使用小型团队，与合作方保持低频率的联系 关注于保持高的毛利润
知识管理策略	人对文本（person to document） 开发电子文本系统，编码、储存、传播，允许知识的重用	人对人（person to person） 开发人际网络，以便分享隐性知识
信息技术	大量投资于IT，目标是将人与可重用的编码知识相连接	一般性投资于IT，目标是促进隐性知识的对话和交换
人力资源	雇用新的大学生，他们很适合于知识重用和解决方案的实施 团体培训，通过计算机远程学习 为使用和贡献文本数据库的行为支付报酬	雇用MBA，他们喜欢解决问题、容忍模糊性 一对一的师徒制（mentor）培训人员 为直接与他人分享知识的行为支付报酬
典型公司	安达信、安永	麦卡锡、贝恩
产品标准化	标准化	定制化
产品成熟度	成熟型	创新型
依赖的知识	显性	隐性

资料来源：汉森等（1999）。

① Hansen, M.T., N. Nohria, T. Tierney. What’s your strategy for managing knowledge[J]? Harvard Business Review, 1999, 77(2): 106–116.

汉森等（1999）建议，选择哪种策略需要依据三个方面因素：一是产品的标准化程度；二是产品的成熟度；三是员工依赖于显性还是隐性知识来解决问题（见表5-5中最后三行）。他们进而提出，正因为这两种知识管理背后所依据的理念不同，所以企业不能指望在两方面都做得很出色，必须以其中一种策略为主，另一种为补充（建议按20%—80%原则）。

尽管如此，后来的学者还是对两种方式是否存在互补性进行了实证研究，发现两者的整合是有可能的，但需要具备一定的条件。当知识共享的潜在可能较高时，两者的组合比单独采用某一种策略要好。因为编码的工作很烦琐，一旦编好码，最好能在未来反复使用。而当这种可能性较低时，单独采用其中一种策略更好（Liu et al., 2010）①。

另一些学者提出组织需要营造知识共享的氛围，如可以鼓励在正式组织架构之外，组建"实践团体"（community of practices），将有利于将个人知识融入团队的实践之中（Alavi & Leidner, 2001）②。同时随着项目制的推行，一些项目经理能够方便地在不同团队之间调配员工，来应对处于动态变化中的、经常是难以预测的工作任务变动性，员工也越来越需要适应在多个团队里工作。人员的流动可能导致工作中断，给组织管理带来一些挑战，但也同时促进了知识在内部的转移和共享：员工可以将前一个团队中所学到的知识引入新团队中（Kane, 2010）③，因此促进内部人员的流动是组织进行知识共享的另一种重要方式。

四、影响知识共享的因素研究

当前对知识共享的影响因素方面的研究可能是最丰富的。阿哥特等（2003）提出知识管理中的单位（个人、团队和组织）、他们之间的关系和知识自身三个方面的性质影响知识管理过程的成效（包括知识共享）。④古普塔和哥

---

① Liu, D., G. Ray, Andrew B. Whinston.The Interaction Between Knowledge Codification and Knowledge-Sharing Networks[J]. Information Systems Research, 2010, 21(4): 892–906.

② Alavi, M., D.E. Leidner. Review: Knowledge Management and Knowledge Management Systems[J]. MIS Quarterly, 2001, 25(1): 107–136.

③ Kane, A.A. Unlocking Knowledge Transfer Potential: Knowledge Demonstrability and Superordinate Social Identity[J]. Organization Science, 2010, 21(3): 643–660.

④ Argote, L., B.. McEvily, R. Reagans. Managing Knowledge in Organizations: An Integrative Framework and Review of Emerging Themes[J]. Management Science, 2003, 49(4): 571–582.

威达兰（Gupta and Govindarajan, 2000）提炼出知识共享成功的五要素：① 对来源部门知识的感知价值；② 知识源共享知识的动力；③ 传输渠道的存在和丰富性；④ 知识接收方的接受动力；⑤ 接收方的吸收能力。这一概括强调的内容与前者大体相近。[①]借鉴他们的框架，笔者主要选择三个方面，即知识的特性、与知识供给者和接受者相关的因素，以及知识共享者所处的情境因素，分别予以评述：

（一）知识的特性和呈现形式对知识共享的影响

知识的多种性质影响到它能否方便地进行共享。首先，知识的"可编码性"或反过来称"默会性"（tacitness）的影响。沿着从隐性到显性这一数轴，知识的编码变得更容易，从抽象变为具体，其共享逐渐变得容易。其次，知识本身的质量——这种质量很大程度上是由接收者所感知的——会影响知识的共享。很多组织或个人一般只接受他认为比他更权威、更专业的知识来源，因为这让他们感觉更有质量保证。再次，知识的因果模糊性和不确定性也会影响其共享程度，事实上，中医就可以看作是一种因果模糊性的知识，因而很难共享。

凯恩（Kane, 2010）提出很多有用的知识之所以没有为人们所接收，原因在于有些知识的价值很难得到论证。[②]因此在上述知识特性的基础上，进一步引入知识的"论证可能性"（demonstrability）这一特性。他发现当人们对知识提供者的身份有认同感时，知识的论证可能性将使得知识共享更容易进行。

除了知识的特性，知识的呈现方式也会对知识共享产生影响，基于认知理论和学习理论，Boland等（2001）区分了知识的认知功能和语言体系两个维度，提出了三种知识表达方式（如图5–3所示），他们的研究发现不同呈现方式对管理者的感知，进而对其决策产生了不同的影响。[③]

① Gupta, A., and V. Govindarajan. Knowledge Flows within Multinational Corporations[J]. Strategic Management Journal, 2000, 21: 473–496.

② Kane, A.A. Unlocking Knowledge Transfer Potential: Knowledge Demonstrability and Superordinate Social Identity[J]. Organization Science, 2010, 21(3): 643–660.

③ Boland Jr., R. J., J. Singh, P. Salipante, J. D. Aram, S. Y. Fay, P. Kanawattanachai. Knowledge Representations and Knowledge Transfer[J]. Academy of Management Journal, 2001, 44 (2): 393–417.

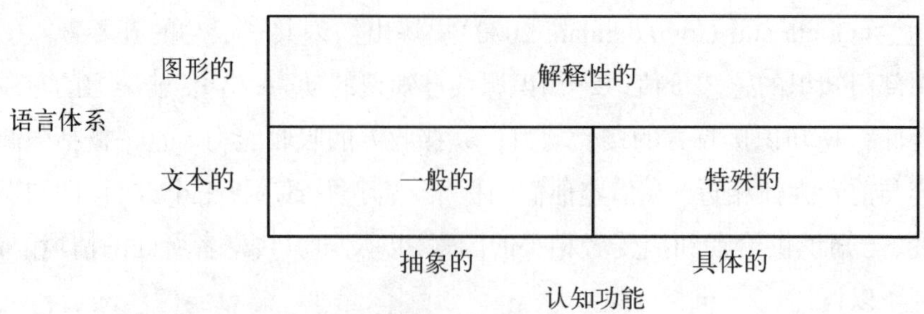

图5-3 基于学习和认知理论的知识呈现的分类

资料来源：波兰德等（Boland et al., 2001）。

（二）与知识供给方和接受者相关的因素

知识的供给方和接受方都会影响知识共享。就单方面的特性来看，当前研究认为，对于知识供给方，关键因素在于其所拥有的专家和社会地位。对于知识接受方来说，主要是其吸收能力方面的特性。

波伽梯和克罗斯（Borgatti and Cross, 2003）的研究发现，知识供给者的专家地位在个人与团体共享信息，以及促进知识转移时具有重要影响。①赛恩等（Sine et al., 2003）则强调社会地位的重要性，他们发现享有高社会地位的知识更容易为低社会地位的所共享和模仿。②麦农和费弗（Menon and Pfeffer, 2003）发现知识是来自内部还是外部对于组织成员对知识的接受有着重要的影响。③企业员工往往对外部知识评估更高，借用中国一句俗话，正是“外来的和尚好念经”。另一方面，也有研究发现，当知识接受者对知识供给者有身份认同感时，他的知识才可能被认真对待，知识也就更容易得到转移和共享（Darr et al., 1995）④。

一定意义上说，接受知识的企业是知识实现价值的决定因素，因为只有当知识被接受，才可能投入使用，从而产生价值。基于此，科恩和勒威特尔（Cohen and Levinthal, 1990）提出了吸收能力理论（absorption capacity theory），

① Borgatti, S. P., R. Cross. A relational view of information seeking and learning in social networks[J]. Management Sci., 2003, 49(4): 432–445.

② Sine, W. D., S. Shane, D. Di Gregorio. The halo effect and technology licensing: The influence of institutional prestige on the licensing of university inventions[J]. Management Sci., 2003, 49(4): 478–496.

③ Menon, T., J. Pfeffer. Valuing internal versus external knowledge. Management Sci., 2003, 49(4): 497–513.

④ Darr, E., L. Argote, D. Epple. The acquisition, transfer and depreciation of knowledge in service organizations: Productivity in franchises[J]. Management Sci., 1995, 41: 1750–1762.

认为企业学习知识的能力受到其吸收能力影响，而这一能力由其之前的相关知识所决定，且具有路径依赖性。[①]他们进一步演绎指出，一个企业只有前期有专业领域的研发投入，才有可能在这个领域吸收更多的知识，从而提升其竞争力。反之，当缺乏研发投入，企业就无法在这一领域吸收更新的知识和技术。这一理论既深刻地揭示了企业研发投入的重要性，又指出了企业之间知识共享的可能性。

由于知识共享是一个双方乃于多方互动的过程，因此，与关注单方面特性相比，学者更为关注各方的互动网络关系特性。对这种网络关系的研究主要从两个视角来看：一是关注于成对企业之间的知识共享，如供应链上供给与需求关系、组织联盟、合资企业等；二是关注于整个网络结构对其中企业知识共享的影响。

在第一类成对企业的关系研究中，无论企业之间是供应链关系，还是以联盟的合作形式，开展知识共享都是其合作的主要目标之一（Inkpen and Tsang, 2005）[②]。研究表明，影响其知识共享的关键因素包括：关联的紧密度、地理距离、关系建立的时长和历史、沟通和联络的频率、知识的继承性和社会地位相似性（Argote et al., 2003）[③]。

在第二类社会网络研究中，当前文献主要集中在社会网络的结构、嵌入性、社会资本对知识共享的影响。在网络的连接数和网络位置的中心度被认为有利于促进与其他组织进行共享。Inkpen and Tsang（2005）在综述以往社会网络和知识转移的关系研究基础上，针对社会资本的不同维度，提出在三种典型网络结构（组织内网络、战略联盟、产业区域）中，影响知识转移和共享的条件（见表5–6）。[④]这一理论框架揭示出影响组织间知识共享的复杂性，对此的实证研究还远未成熟，有待于进一步深入。

---

① Cohen, W. M., D. Levinthal. Absorptive capacity: A new perspective on learning and innovation[J]. Admin. Sci. Quart., 1990, 35: 128–152.

② Inkpen A.C., Tsang, E.W.K. Social capital, networks, and knowledge transfer[J]. Academy of Management Review, 2005, 30(1): 146–165.

③ Argote, L., B. McEvily, R. Reagans. Managing Knowledge in Organizations: An Integrative Framework and Review of Emerging Themes[J]. Management Science, 2003, 49(4): 571–582.

④ Inkpen A.C., Tsang, E.W.K. Social capital, networks, and knowledge transfer[J]. Academy of Management Review, 2005, 30(1): 146–165.

表5-6 促进知识转移和共享的条件

社会资本维度 \ 典型社会网络		组织内网络（不同业务单元间）	战略联盟	产业区域
结构型	网络关联	人员在网络中调动	通过重复交易建立强联系	与其他成员的邻近性
	网络配置	总部实施分权	成员间建立多个知识关联点	保持与多个团体的弱联系
	网络稳定性	低人员流动性	知识转型的非竞争方式	稳定的人际关系
认知型	共享目标	共享愿景和集体目标	目标清晰	来自合作的互动逻辑
	共享文化	包容当地或东道国的文化	文化多样性	管理非正式知识交易的规范和规则
关系型	信　任	清晰透明的报酬准则，减少网络成员间的不信任	放眼于未来的共识	嵌入在社会关系中商业交易

资料来源：Inkpen and Tsang (2005)。

（三）知识共享所处的环境因素

组织之间的知识共享行为都处于一定的环境之中，因此，环境中的因素对共享行为有着重要的影响。前述的社会网络结构一定意义上也可以归结到环境因素之中。除此之外，信息技术因素、组织所处的行业、地区、文化也是影响知识共享的重要因素。

先进的信息技术（如互联网、内联网、数据仓库、数据挖掘等）对组织内外知识管理的意义重大。知识管理系统（Knowledge Management Systems, KMS）正是一种运用信息技术来进行知识管理的工具，它可以支持和增强组织知识创造、储存/提取、转移和应用全过程（Alavi & Leidner, 2001）[①]。李和凡·登·斯定（Lee & Van den Steen, 2010）的研究发现规模更大、有更高人员流动率，经常面临同一事宜的组织更应该采用知识管理系统。[②]一些小型企

① Alavi, M., D.E. Leidner. Review: Knowledge Management and Knowledge Management Systems[J]. MIS Quarterly, 2001, 25(1): 107-136.

② Lee, D., Eric Van den Steen. Managing Know-How[J]. Management Science, 2010, 56(2): 270-285.

业更可能经常性开展一些非正式的、个人之间的沟通，但是这种知识共享方式限制了知识的广泛传播（Holtham and Courtney, 1998）①。因此，利用信息技术来对现有知识进行编码成为很多大中型企业的选择，信息技术不仅降低了知识共享的成本，使员工随时随地地共享企业的知识，同时促进了知识的标准化，拓宽了知识共享的渠道，加强了知识的积累，使企业的知识吸收能力得以提升。

经验研究表明，不同行业和地区对知识共享的态度可能是截然不同的。有些知识密集型的行业如医药行业，甚至忌讳对“知识共享”的讨论。它们的技术要诀被认为是顶级的商业秘密。而另外一些行业如一般消费品行业，则积极向消费者灌输它们的基本专业知识，通过知识共享来推销其产品。另外，在不同的国家制度和文化环境中，组织对知识转移的态度和效果是很不相同的。如斯宾斯（Spencer, 2001）对美国和日本在校企合作方面作了一个比较，发现美国企业受大学研究影响显著地高于日本。事实上，美国汽车业对丰田生产方式中的很多做法总是不太理解。②

---

① Holtham, C., and Courtney, N. The Executive Learning Ladder: A Knowledge Creation Process Grounded in the Strategic Information Systems Domain[C] // Proceedings of the Fourth Americas Conference on Information Systems, E. Hoadley and I. Benbasat (eds.), Baltimore, MD, August 1998: 594–597.

② Spencer, J. W. How Relevant Is University-Based Scientific Research to Private High-Technology Firms? A United States-Japan Comparison[J]. Academy of Management Journal, 2001, 44(2): 432–440.

第六章　企业创新的组织实施

创新需要组织，重在执行。现实中企业都是在一定的市场环境中生存，处在特定行业之中，其各类创新行为都深深地烙上了行业特征和本企业历史痕迹，因此，企业创新行为不可能是盲目的，而只是有限的方向上进行探索，这种情况下，创新的组织变得特别重要。

第一节　创新的内部组织

创新需要有组织地进行。企业的组织工作是复杂的，管理学家孔茨将其分为四个方面：① 明确所需要的活动并加以分类；② 对为实现目标必要的活动进行分组；③ 把各个组分派给有必要权力的管理人员来领导（授权）；④ 为组织结构中的横向协调（按组织的同级或类似级）以及纵向协调制定有关的规定。[①]核心在于责权的明确。

一、创新的责、权划分

本书提出的创新原理5指出："创新是所有人的职责"，而由于人的禀赋有别、所处地位和环境不同，其创新有层次、程度上的差别，对整体创新贡献度也不一样。

---

① ［美］哈罗德·孔茨，海因茨·韦里克. 管理学（第十版）［M］. 张晓君等，译. 北京：经济科学出版社，1998: 158.

对于“谁应当负责创新?”这一问题似乎是不言自明的。但实际上在不同的年代,对于不同的组织来说,有着不同的回答。即便到今天,仍有不少人崇尚泰勒制工厂的“科学”管理,并不鼓励一线工人开展创新。他们倾向于认为所谓的“人工”与流水线一道均要求严格的标准化,以达到效率最高。事实上,20世纪60—70年代日本的崛起,尤其是丰田模式的推出,已经让美国见识了一线工作主动创新的力量。日本汽车以更低的价格和百公里耗油量,产品设计创新层出不穷,质量持续改进,最终打败了三大汽车公司,迅速占领美国市场。最明显的一个例子,通用汽车在加州的一个亏损工厂,在与丰田合资之后,借鉴丰田管理模式,让员工参与到生产过程管理中来,极大地激发了其改进流程和质量的积极性,迅速扭亏为盈,成为通用最成功的子公司。

在知识经济年代,体力劳动逐渐被机器所替代,其价值已经呈现下降趋势。知识工作者逐渐占到公司员工人数的多数。越来越多的人认识到,公司不应只雇用员工的一双手,员工作为人力资源,最有价值的是其掌握的专业知识。公司为不同人的知识的汇集地,应该有效地组织、鼓励所有的知识工作者创新,并为此提供良好的环境。

根据权责对等原则,公司要鼓励员工创新,让员工承担更多的责任,必然要求有足够的授权。这对于公司原有的管理控制模式提出了挑战。一个过于集权和强调等级的公司,是很难让员工相信自己有多少自由创新的空间的。一些创新能力强的公司,如Google、Facebook、阿里巴巴等,内部组织相对松散,通常不太强调等级,员工之间相互直呼其名,享有相对高的自由度。这一点已经成为很多新的创业型互联网公司的共识。

公司要想让员工有更多的创新,必须重视非正式组织的作用。管理者应该认识到非正式组织的存在对公司的社会资本积累有着巨大的价值。员工在公司不仅仅是谋得一份工作,更多的还会建立一种社会网络关系,相互之间建立信任,这满足了人更高层次的需求。在此基础上的跨部门、跨机构的沟通,能够相互启发,激发出全新的解决方案,对公司创新起到正面的激励作用。

二、创新的纵向协调

组织形成一定的规模后,需要横向和纵向两方面的协调。根据科斯定理，这构成企业内部的交易成本。如果这种协调不经济，组织规模越大，效率肯定越低。对于创新而言，企业高层需要将自己需要创新的方向和意图贯彻到整个公司，以及鼓励员工参与到创新活动中来，最好是让一线员工也能领会，这类似于战略与运营之间的协调。这种情况下，纵向协调就显得尤其重要。

具体地说，企业对于创新的纵向协调包括了三项任务：明确创新的方向和框架、在此基础上的充分授权、对自下而上创新的激励和包容。

企业作为一个有使命和愿景的组织，其创新的方向不是随意的。很多企业的实践也证明，过于随意的、盲目的创新对企业来说弊大于利。创新的方向应该与战略目标基本统一。另一方面，企业又不能对创新的范围限制得过死，必须赋予其足够的权力，让各个下属机构缺乏足够的创新空间。这种情况下，企业高层只能是在全公司明确创新的方向和大体框架，也即设置目的地，在明确几条底线，比如说不能出卖公司的利益的基础上，路径允许自由探索。对于有些过于激进又可能很有前景的创新，公司应该采取特别的措施，如后文要论述的双元性组织来应对。

纵向协调的第三项重要任务是公司必须对自下而上的创新有足够的激励和包容。这种自下而上的创新往往是员工自发的、根据现场情况应急式决策所产生的创新。有些是在不得已的情况下，需要对原有授权有突破。举例来说，当用户提出一项不合乎公司原有流程规定的要求，员工在现场认为公司有必要对此作出调整，在来不及汇报的情况下，直接作出决定。这种情况下，需要公司对创新有足够的包容性，同时也是对员工的授权和信任。不仅如此，如果公司足够敏感，这种偶然的事件甚至可能成为公司全面创新的契机。德鲁克在《卓有成效的管理者》一书中举了军队的例子，用以说明这一授权和随机应变的问题：

> 当有记者问道："在那种混乱的局面下，你是怎么行使职权的？"这位年轻的上尉回答道："在我们那里，我只是个负责人。假如他们在丛林里遭遇敌人却又不知道该怎么办，而那时我离他们太远，没法告诉他们该怎么行动。我的职责是要让他们知道该怎么行动，他们怎么行动将取决于当时的情况，只能由他们自己来判断。责任虽然在我，但决定怎么做却取

决于在场的个人。”①

三、创新的横向协调

对于很多组织来说，创新的横向协调问题常常更为突出。例如在产品和服务创新方面，前台与后台之间，不同资源掌控部门之间会出现不协调的情况。这种不协调是很多创新最后失败的原因。

企业创新的横向协调同样需要在明确创新的方向和框架的基础上的充分授权。但更为重要的是克服本位主义。这种本位主义是一种“大企业病”。很多曾经以创新著称的企业在规模扩大之后都未能幸免。例如20世纪80年代末的IBM，2001年兼并康柏（Compaq）之后的惠普（HP）公司，都陷入这一泥淖难以自拔。

美国两位管理学家哈默和钱皮在列举了很多此类横向协调失败的案例之后，对按斯密《国富论》劳动分工原理所建立起来的金字塔式组织提出批评，认为这一思想割裂了流程。他们强烈主张在3C（顾客、竞争和变化）为时代特征的环境下，组织需要一场“流程革命”，以流程为中心重新组织，通过建立端到端的完整的业务流程，每个流程都要有“负责人”，进而提升自身的灵活应变和快速响应能力。他们将“流程再造”（re-engineering）定义如下：“针对企业业务流程的基本问题进行反思，并对它进行彻底的重新设计，以便在成本、质量、服务和速度等当前衡量企业业绩的这些重要的尺度上取得显著的进展。”②

流程再造从20世纪90年代以来盛行一时，尽管很多企业在实施流程再造以后并没有取得如两位学者所宣称的“显著的”（dramatic）进展，但是流程的理念已经深入人心。比如中国的华为公司在IBM的指导下，于1998年8月就曾全面地开展了一场轰轰烈烈的集成产品开发流程变革运动，为未来的持续发展夯实了基础。

华为公司的任正非2009年1月在销售服务体系奋斗颁奖大会上在发表了

---

① ［美］彼得·德鲁克. 卓有成效的管理者［M］. 孙康琦，译. 上海译文出版社，1999: 6.
② ［美］迈克尔·哈默，詹姆斯·钱皮. 改革公司：企业革命的宣言书［M］. 胡毓源，徐获洲，周敦仁，译. 上海译文出版社，1998.

一篇题为《让听得见炮声的人决策》的讲话。与创新的纵向协调中德鲁克所举的例子异曲同工，军人出身的任正非同样形象地借用军队的例子表达了部门之间横向协调的重要性，为上述三项工作提供良好的范例。他提到：

> 以美军在阿富汗的特种部队来举例。以前前线的连长指挥不了炮兵，要报告师部请求支援，师部下命令炮兵才开炸。现在系统的支持力量超强，前端功能全面，授权明确，特种战士一个通讯呼叫，飞机就开炸，炮兵就开打。前线3人一组，包括一名信息情报专家，一名火力炸弹专家，一名战斗专家。他们互相了解一点对方的领域，紧急救援、包扎等都经过训练。当发现目标后，信息专家利用先进的卫星工具等确定敌人的集群、目标、方向、装备……炸弹专家配置炸弹、火力，计算出必要的作战方式，其按授权许可度，用通信呼唤炮火，完全消减了敌人。美军作战小组的授

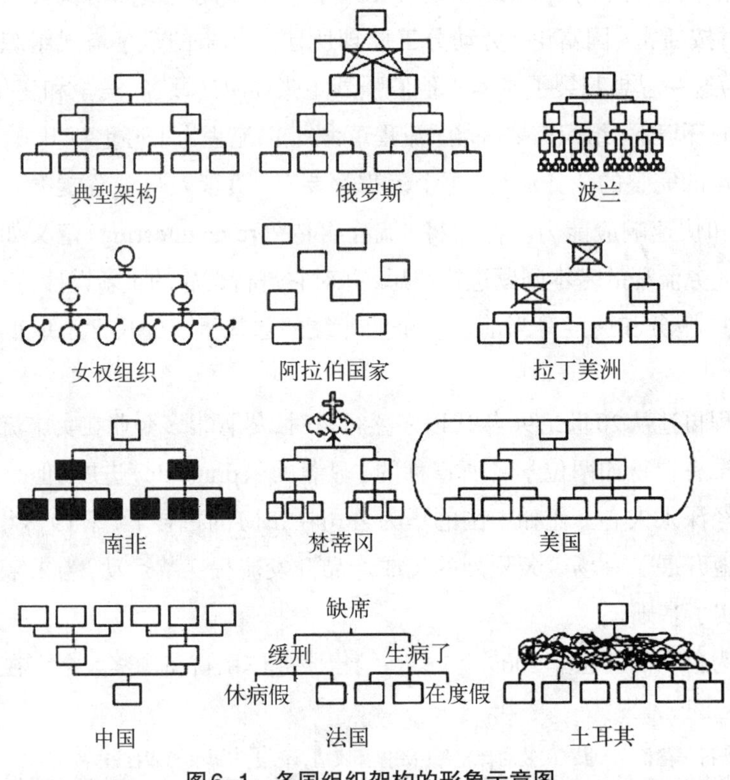

图6-1　各国组织架构的形象示意图

资料来源：网络。

权是以作战规模来定位的，例如：5 000万美元，在授权范围内，后方根据前方命令就及时提供炮火支援。[①]

很显然，流程的理念是以客户为中心，在面对客户时，公司如果固守传统的金字塔的组织方式，必定会反应迟钝。只有各个部门放弃本位主义，真正做到以客户为中心，才能使整个流程得以流畅运作，企业才有可能快速反应，不断创新。

第二节 双元性创新组织

企业的组织结构是组织贯彻战略、保持稳定、政令畅通的工具，因此它一旦确定，不可能常常在变化。从这个意义上，在创新的问题上，企业面临着一种张力：一种要求高效率的机械式的官僚运作机构；一种要求灵活机动的有机式的创新组织。一个组织如果能同时实现这两方面的目标，被称为“双元性组织”（ambidextrous organization）。这一张力在第二章已经有所论及，以下将从这一组织的由来、性质、解决方案及其代价四方面作出分析。

一、双元性组织的由来

双元性组织是随着组织规模不断扩张，环境持续变化而导致的组织系统性的动荡，从而要求组织能包容两个或更多冲突性的目标、身份等。面对相冲突的目标，企业如果延续以往的“非此即彼”的思维，只注重其中一极，势必导致这种冲突加剧，最后甚至导致企业系统的崩溃。这种情况下，管理学家提出“双元性组织”，作为解决这一冲突或悖论的全新机制。

这里需要强调双元性组织产生所需要的两个要点，或者说两种适用情况：

---

① 任正非. 让听得见炮声的人决策[EB/OL].[2018-4-27] http: //money.163.com/09/0318/ 11/54MENIJ2002524TH.html.

一是组织达到一定的规模，内部关系变得复杂和多元。单独看一方面，其合乎逻辑的，但是如果两方面并立，则产生一种不一致性。在哲学上称之为"二律背反"。

从本质上看，双元性组织是一种冗余结构。这种冗余结构建立组织存在一定程度的冗余资源（slack）的前提下。而从传统的科学管理思想看，冗余意味着资源的闲置和浪费，企业作为一个组织运行没有达到最优状态。然而这一结构的形成是由于组织自身的复杂性和多元性，是组织规模发展中所必须要付出的代价。

对于一家初创型的小公司来说，其目标相对单一，组织内部关系清晰透明，老板一个人就可以做所有的决策，完全可以只顾及一个方面：效率或灵活性。甚至借助于外界力量的联盟型双元也不太可能。这种情况下，公司就只有华山一条路，探索一条培育核心竞争力的道路。走一条路此时反而成为风险最低的道路。因此对于业务线少、结构相对简单的组织来说，双元性组织是不必要的。

二是环境的剧烈变化。很多企业，即便是大企业，如果其环境保持相对稳定，就可以保持稳定的结构高效运作。很多OEM企业事实上结构非常清晰，固定一些大企业作配套，提供零配件，提供服务，只要其产品质量合格，其需求非常稳定。对于他们来说，双元性组织同样是不必要的。

二、双元性组织的性质

组织结构类型有不同分类方法，如按职能、地域、业务、设备等进行分类，可以分为直线制、职能制、事业部制或网络化组织。从创新的角度看，可以分为两类：一种是机械式组织；另一种是有机式组织（Burns and Stalker, 1961）[①]。

机械式组织是指在严格的制度框架下，组织处于一种相对稳定的高效运作状态，类似于一个运行良好的复杂机械系统，按指令传递着能量、信息，最终形成输出。它是如马克斯・韦伯所界定的理性化官僚制（或科层制）组织，其

---

① Burns, T., and G. M, Stalker. The Management of Innovation[M]. London: Tavistock, 1961.

权威由法定。机械式组织的制度规定了组织层级、部门划分、职位设置、成员资格等，形成了一套非人格化的层级管理体系，其优点包括：一是组织成员是否胜任仅仅取决于他的能力，而不是取决于他对组织领袖的个人忠诚和个人依赖；二是能够满足工业化大生产的生产模式和管理复杂化的需要。其在精确性、快捷性、可预期性等方面是其他社会组织形式所无法比拟的；三是它以非人格化、制度化的特征而得到科学理性时代的文化认同。

有机式组织则不同，它是指组织处于一种相对流动的状态，组织成员可以更加自由地组合，形成不同的团队。显然它更加强调灵活性和适应性，而非效率。其权威来源不是法定，而是自组织自发产生。有机式组织的规则和程序不再具有强大的约束力，劳动分工也不是非常清晰，决策趋于分散，企业有更多的非常规性的任务，因此更擅长于应对环境变动较大，不确定性较大，组织常规性的反应失效的情况下。

对两类组织可以比较如表6-1所示。

表6-1 机械式和有机式组织比较

	机械式组织	有机式组织
隐 喻	组织像一台精密运作的机器	组织像一个有机体
关注点	效率	灵活性
权威来源	法定、自上而下、直线经理	自发产生、参谋、特定问题专家
集权度	集权	分权
结构稳定性	高	低
信息流动	固定渠道	开放渠道
规则和程序	较多较严	较少较松
任务常规性	较多	较少
劳动分工	细致、职责明确	粗略、根据人员能力和环境确定职责
成员资格	专业性能力	通用性能力、学习能力
员工信任度	低	高
内部多样性	低	高

（续表）

	机械式组织	有机式组织
创新度要求	低	高
适用环境	变动小、不确定性小 规模化大生产 制造业	变动大、不确定性大 定制化生产 服务业

资料来源：参考McDonough III & Leifer(1983)；Covin et al.(1990)。①

双元性组织试图结合两类组织的优点，既能保持机械式组织的高效运作度，又具有有机式组织的灵活度。这一词汇（ambidexterity）最初由Duncan于1976年引入管理学界，之后逐渐为学界所采纳，到今天已经发展成为一个新的研究范式（凌鸿等，2010）。② 下一小节对此进行具体探讨。

三、双元性创新的解决方案

为了调和这一矛盾，学者们从经验和理论上进行了探索，发现能做到基业长青的企业往往是双元性的（Ambidexterous）：他们在相对稳定的环境中能够在开展渐进式的改良和创新；在环境中出现突变如技术革命时，也能相应地开展突破式的革命和创新，实现对原有惯例的完全替代，从而总是能够保持对环境的适应性（Tushman and O'Reilly, 1996）。一些实证结果也表明，双元性创新的企业绩效往往高于非双元性企业（Gibson & Birkinshaw, 2004; Lubatkin, Simsek, Ling, & Veiga, 2006）。

创新面临着内在的悖论，与以往的理论有所不同的是，双元性理论提出一种可能，一种新的视角，即上述矛盾可能并不存在，关键在于企业内部的组织安排，由此将以往"非此即彼"的问题转化为"两全其美""鱼与熊掌可以兼

① McDonough III, E. F., R. Leifer. Using Simultaneous Structures to Cope with Uncertainty[J]. Academy of Management Journal, 1983, 26(4): 727–735; Covin, J. G., J. E. Prescott, D. P. Slevin. The Effects of Technological Sophistication on Strategic Profiles, Structure and Firm Performance[J]. Journal of Management Studies, 1990, 27(5): 485–510.

② 凌鸿，赵付春，邓少军. 双元性理论和概念批判性回顾与未来研究展望［J］. 外国经济与管理，2010，32(1): 25–33.

得”。双元性创新提出以下四种调解办法：

第一种称为“结构型双元”，是通过组织内部结构式分割实现双元性，其中一个业务单元注重开发性问题的解决，另一个业务单元注重探索性问题的解决（Tushman和O’Reilly, 1996）[①]。这种结构型双元适合于一些大型集团公司，它们的结构复杂，实际是一种分而治之的方式，避免“大公司病”和僵化。

第二种称为“情境型双元”（Contextual Ambidexterity），是从行为角度出发，提出企业应该建立一种管理绩效和关系支持的组织情境，通过系统、流程的设计和信念影响员工，让员工自行在两者之间作出选择，同时实现匹配性和适应性（Gibson和Birkinshaw, 2004）[②]。从理念上区分何时需要探索，何时需要开发，仅适用于创新性要求比较高的知识型员工的工作，比如企业高管、偏研发型岗位。对于很多传统的流水线式、行政办公事务的工作，乃至一般的运营部门来说，并不需要探索式创新。

上述两种类型为企业内部所作出的安排，但是对于不同的业务团队来说，虽然都强调一定程度的平衡，但是对其探索或开发的导向要求是不同的。戴尔等（2013）通过调研，对他们的平衡差异直观地绘成如图6–2所示：[③]

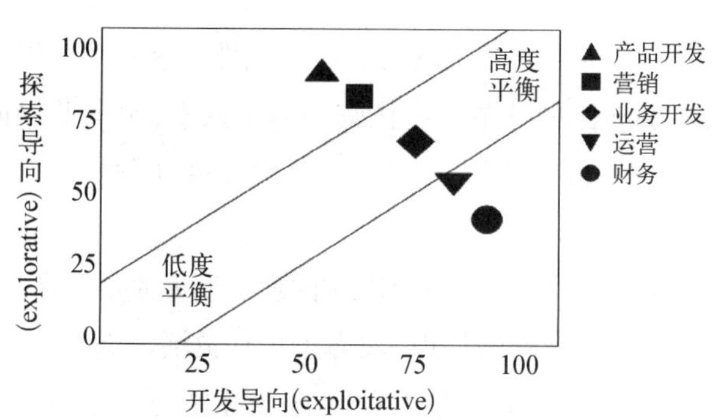

图6–2　不同类型团队理想的技能构成

资料来源：戴尔等（2013，p. 163）。

① Tushman, M. L. C. A. O’Reilly. The ambidextrous organization: managing evolutionary and revolutionary change[J]. California Management Review, 1996, 38: 1–23.

② Gibson, C. B., J. Birkenshaw. The antecedents, consequences, and mediating role of organizational ambidexterity[J]. Academy of Management Journal, 2004, 47: 209–226.

③ [美]杰夫·戴尔，赫尔·葛瑞格森，克莱顿·克里斯坦森. 创新者的基因[M]. 曾佳宁，译. 北京：中信出版社，2013.

第三种称为“高层认知型双元”，强调高层团队对双元性的认知和行为整合在建立双元性组织的重要作用（Smith & Tushman, 2005）[①]。高层可以分为以探索为动力和以开发为动力的两类。他们的思维方式存在差异。具体如表6–2所示：

表6–2 两种思维类型的高层行为动因和表现比较

高层类型	以探索为动力	以开发为动力
为何交际	（获得想法） 了解新的、引起惊奇的事物 获得全新的观点 在程序中检验想法	（获得资源） 推销自己的公司 推进职业生涯
交际目标人群	不同于自己的人 背景和观点十分不同的专家和非专家	与自己类似的人 资源充足、有权有地位有影响的人
行为表现	联系、发问、观察、想法交际、实验	分析、计划、针对细节实施、自律

资料来源：戴尔等（2013，p. 100; 162）。[②]

高层认知层面，重要的是团队来源的多元性。这种团队组成最终形成一家公司的决策风格。比如其中一些比较倾向于探索，另一些倾向于开发。而CEO作为最重要的掌舵和决策者，应该清楚地知道，哪些部门、何时需要探索或开发。

有关探索与开发的比重，是一个因时因地有所差别的问题。实践中，一些大型的技术公司对这一问题的处理，实际上更加灵活。例如，它们会将业务类型分为三类：公司会将70%的研发资金、人才和精力投放在深入开发现有业务和市场上，10%会放在完全探索的非常前沿的领域中，另外20%则处于两者之间，就是对现有新兴技术商业化方面。这也对应于基础研究、应用研究和开发实验方面的不同比重。

---

① Smith W.K., M. L. Tushman. Managing strategic contradictions: A top management model for managing innovation streams[J]. Organization Science, 2005, 16: 522–536.

② ［美］杰夫·戴尔，赫尔·葛瑞格森，克莱顿·克里斯坦森. 创新者的基因［M］. 曾佳宁，译. 北京：中信出版社，2013.2.

第四种称为“联盟型双元”，是由国内学者凌鸿等（2010）在综合回顾双元性创新发展的基础上提炼出来的。[①]这一观点认为仅靠单个企业难以彻底解决双元性问题，必须提升到联盟或供应链的层面，多个企业共同来应对。这其中又可分为合资和收购兼并等不同方式。

企业与联盟方可以成立合资公司开展探索式创新，可以降低企业单独开展此类创新的风险，实现风险共担、合作共赢。这时候企业自身就完全成为一个传统型组织，但是它能够源源不断地获得合资公司所提供新产品和服务，使企业得以自我更新。此外，企业向外并购，通常是看重被并购对象的技术或业务上的突破性创新，向其学习，加快学习速度。这与上述成立合资公司的情况类似，也是借助于外力为企业降低创新投资风险。

需要指出的是，这四种解决方案并不是各自独立的，而是相互联系的，其中高层认知型双元可能是最根本的，前面两种强调从企业内部提出解决方案，其中结构型双元强调空间的隔离，情境型双元强调时间的隔离，最后一种则突破了企业边界，从外部来看企业所面临的创新悖论问题。其关系如图6–3所示：

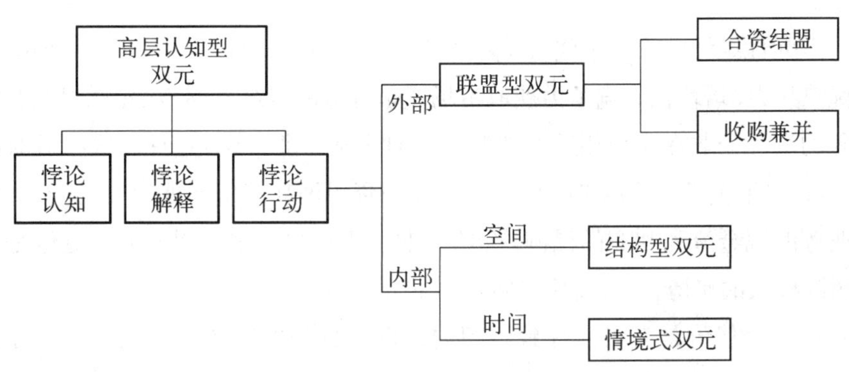

图6–3　不同双元性解决方案关系

资料来源：作者整理。

① 凌鸿，赵付春，邓少军．双元性理论和概念批判性回顾与未来研究展望[J]．外国经济与管理，2010，32（1）：25–33.

四、双元性组织的代价

从机械式和有机式的二元对立，到双元性组织的提出，我们发现创新的组织问题并没有得到最终的解决。双元性组织希望得到前两者所具有的优点，同时开展两方面的创新。但企业常常发现，除了前述实现双元性组织的两个适用条件，它更像是一种理想化的表述，在具体实践中需要付出一些代价，有时这种代价过大，导致得不偿失。因此企业在借鉴双元性组织思维时，不可不有所预防。

双元性组织的第一个代价是战略的模糊性，而这种模糊性是企业高层必须要解决的核心问题。波特教授曾经强烈反对“卡在中间”的战略，即那种既不追求低成本，又不追求差异化的战略。他认为这种“两不靠”的战略最终将会使企业深受其害。尽管高层可以一定程度包容战略的模糊性，但是如果不能让相关利益方、让下属理解，将得不到他们的支持，甚至导致下属无所适从，四处出击。由此看来，双元性组织只能是在相对意义上或过渡阶段的策略。

双元性组织的第二个代价是资源不可避免的分散性。与一般所倡导的集中优势兵力、培育核心竞争力获取市场竞争优势的思维不同，双元性组织要将有限的资源分散在完全相反的战略上。对多数企业来说，这种做法在短时期内不成为问题，但是如果时间过长，新业务资源消耗特别严重，会成为吞噬传统业务的现金流和利润的黑洞，会给企业带来危机。很大程度上它更像是一场风险极大的赌博，常常需要风险资本的介入。

第三个代价是有可能导致组织内部两类部门之间的矛盾和冲突。在开展探索性创新的新部门，由于迟迟产生不了利润，但是人员工资收入和开支方面又不能低于（常常是高于）开展挖掘性创新的传统部门。此外，传统部门强调以客户为中心，探索性创新部门强调超越当下顾客的需求，他们存在价值观和文化的冲突。随着新部门资源耗费不断加大，必然导致传统部门的抵制和抱怨，这种情况下组织高层面临极大的压力，需要他们有坚定的意志和决心。

第三节　开放式创新组织

在经济全球化时代，由于工作方式的社会经济变革、劳动分工深化、外包的兴起、新技术发展促进跨区协作成为可能等因素的影响，传统的封闭式创新已经不合时宜，有价值的创新资源或信息可能来自组织内部或外部（Chesbrough, 2003）[①]。利用外部知识资源来加速内部创新，或为创新应用而开拓新的市场等，都可以被看作是组织开放式创新活动（Chesbrough, 2006）[②]。在互联网背景下，开放式创新从最初关注于产品的创新，逐渐拓展到经营管理、公共服务等方面的创新，涌现出“众包”“众筹”等诸多创新应用模式。

Chesbrough（2003）则将开放式创新模式的特点归纳为：组织不仅关注自身部门的创意，而且同样关注外部优秀创意；既可通过内部途径实现创意商业化，也可将创意输出通过外部途径商业化，或者将内部的研究开发成果在外部进行许可或授权转让等来获取专利费用。

组织开放式创新包括两个基本类别（Gassmann & Enkel, 2010）[③]：一个信息和知识向内流动型（Inbound open innovation），即组织将外部知识内化的过程；另一个是向外流动型（Outbound open innovation），也就是将内部知识向外公开，与外部人员合作开发的过程。而随着网络社区和社交媒体的兴起，众包模式逐渐形成，它构成开放式创新的第三类组织形式，即既不强调企业内部，也不完全是市场化合作的形式，而是两者之间的社区。

从创新的开放度看，三种类型中，向内流动型开放度最低，向外流动型开放度较高，社区型开放度最高。

---

① Chesbrough, H. Open Innovation: The New Imperative for Creating and Profiting from Technology[M]. Cambridge, MA: Harvard Business School Press, 2003.

② Chesbrough, H. Open Business Models: How to Thrive in the New Innovation Landscape[M]. Cambridge, MA: Harvard Business School Press, 2006.

③ Gassmann, O., Ellen Enkel and Henry Chesbrough. The future of open innovation[J]. R&D Management, 2010, 40(3): 213–221.

一、向内流动型的开放式创新组织

此类创新组织延续“以我为主”的创新思维，只是强调其中可以加入外部创意，个别地实施外包策略，是多数传统企业开展开放式创新的组织形式。事实上，从传统内部研发转向此类创新组织的成本最小，组织也不需要作出大的调整。

此类企业一种组织方式是成立一个搜寻外部信息和知识搜索的专门组织，如市场调研机构、技术研发信息机构，并定期对外部的信息知识进行消化，以便于纳入组织正式研发流程之中。另一种方式是聘用外部专家、供应商或顾客代表，为企业专门提供相关信息，参与企业的产品研发。

作为向内流动型的一种特殊形式，是相对封闭的平台。平台企业成为标准的制订者，借助于所有入驻平台的企业集体的力量，建成为一个商业生态，不断创新。最为典型的例子是苹果公司所构建的App store平台。借助于iPhone/iPad所积累的大量客户，App store得以吸引大量的独立软件开发商入驻，苹果公司可以从任何一个开发商的成功中分得一部分利益，这使得这一平台竞争力空前强大。

向内流动型创新组织的优点是组织可以完全主导和管控创新过程，从而能获得创新成果的多数利益。缺点是外部有益的创意经过内部的筛选，很难产生真正有突破性的创新。同时由于外部力量参与有限，参与广度和深度往往不够，如果高层对此重视度不够，使得企业借鉴外部知识和创意流于形式，成为名义上的。

二、向外流动型的开放式创新组织

此类创新组织强调合作研发的创新思维，对于内部不知道如何开发，或为了分散开发风险，而与外部合作的方式。

各类业务和流程外包即属于典型的向外流动型。外包是企业在市场与阶层两种机制之外的选择之一。它既能享受市场化分工的好处，如借助于外包方专业化的优势，获得高质量、低成本、快速响应等指标的改善，又能享受阶层制的好处，如与外包方建立起长期合作、相互信任的伙伴关系，实现风险共担和利益共享。有些大企业的外包方只是名义上的外包，大企业对外包方很多战略性决策都起着决定性的作用。这种利益共同体的组织形式在东亚新兴工业国家非常盛行。

第二种向外流动是建立合作联盟。企业选择与同业、上下游企业或跨行业建立合作研发联盟，共同进行技术攻关。企业虽然有一定的技术预见，但是由于未来的不确定性较高，企业本身并没有太多的把握，因此采取合作开放，将自身所掌握的知识和人才等资源借助合资方式向外适当共享和流动，以此为杠杆撬动外部更多的创新资源，以便在最后创新成果商业化时分得一杯羹。

向外流动型创新组织的优点是企业可以发掘暂时用不上或闲置的创新资源，并为孕育下一场突破式创新提前作好部署。由于外部力量有足够的利益和动力，他们愿意在创新方面下功夫，最终实现共赢。缺点是企业无法掌控创新方向，企业有失去对创新成果控制的风险。

华为公司就是擅长借助于外力来帮助企业实现战略目标的典型。华为将业内的竞争对手如摩托罗拉、北电、爱立信等视为“友商”，“与友商共同发展，既是竞争对手，也是合作伙伴，共同创造良好的生存空间，共享价值链的利益”已经成为华为2005年所明确的战略定位之一。这些年来，华为一直在跟友商在世界范围携手合作，取得共赢。华为先后与德州仪器、IBM、英特尔、朗讯等公司成立联合实验室，在印度、瑞典和俄罗斯等国设立研究所，同时也与客户建立了10多个联合研究所。与西门子、3Com、赛门铁克成立了合资公司，以推进在技术和市场两方面的优势互补。如2003年11月，华为与美国3Com公司合作成立了合资公司，华为以低端数通技术入股（占51%），3Com则出资1.65亿美元入股，将研发中心转到中国，大大降低了成本。华为则利用3Com世界级的网络营销渠道来销售华为的数通产品，同时培育了人才、积累了国际化经验。2006年7月，摩托罗拉与华为在上海共同宣布合资成立上海研发中心。

三、基于网络社区众包的组织

如果说前两类创新组织，企业还在考虑如何管控，基于社区众包的创新组织基本不会考虑这一问题。网络社区完全处于企业之外，或者说企业处于社区之中，网络社区像是一个创新的海洋，每个人完全公开自己的创新，企业只是根据自身的需要，借助于各类手段，例如借助于互联网社区的主题讨论区，定期在社区内激发成员的参与热情，通过广泛的参与从中汲取自己的所需。

众包（crowdsouring）是由连线专栏作家豪（Howe）所提出①，它与传统外包最大的不同，就在于企业可以将核心业务推向外部，每个人既是消费者又是生产者，更是创造者。企业可以由大众所共同拥有，是一种完全共享的思维。

众包理论认为互联网有一种化整为零的能力，社区比公司能更有效地组织劳动力，每个人自愿承担起自己最擅长的工作，自愿加以组合，最后形成一般公司无法想象的创新力量。例如维基百科的产生和发展并迅速超越《大不列颠百科全书》和微软公司的光盘版百科全书Encarta就是典型。

众包并不是新型互联网公司的专利，传统的大公司也在不断尝试。宝洁公司对此提供了一个较好的例证。公司CEO雷富礼（Lafley）上任之时，公司只有15%的新产品和创意来自外部，他立下目标：2007年将此提升为50%。后来的发展显示，宝洁远远超越了这一目标。雷富礼在《游戏规则颠覆者》一书中说："宝洁有8 500个研究员，我们发现了其他150万个类似的研究员。"这多出来的部分是指他所创立的YourEncore网站有宝洁或其他公司退休科学家，还有14万名科学家组成的网络——"创新中心"（innocentive）。宝洁将内部员工解决不了的问题在网站上发布，由这些科学家在业余时间完成项目。如果科学家提出了解决方案，宝洁将付给他报酬（而宝洁拥有知识产权）。自雷富礼接管公司以来，公司的股票价值超过了之前的峰值，净利润在2007年达到了100亿美元，增长了3倍。

有关众包的动力、运作和法则，可以归纳为如图6–4所示：

---

① [美]杰夫·豪. 众包：大众力量缘何推动商业未来[M]. 牛文静，译. 北京：中信出版社，2009.

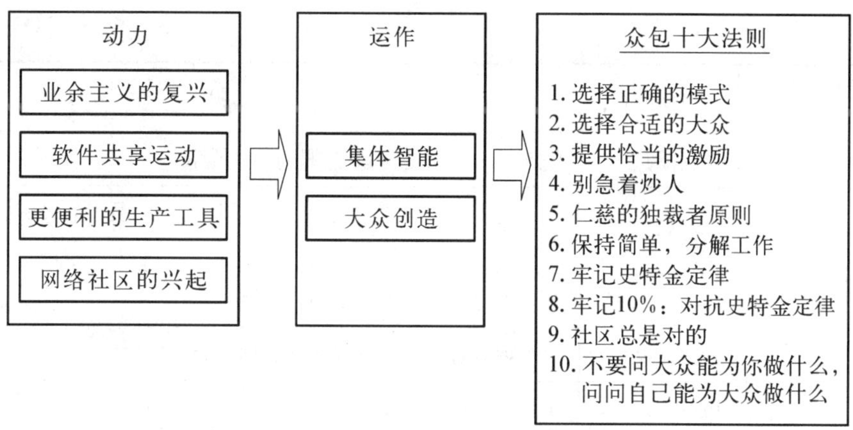

图6-4　众包的动力、运作和法则

注：史特金定律认为任何事90%是垃圾

资料来源：豪（2009）。①

第四节　企业创新的实施

创新的实施是一个过程，对于不同类型的创新，如产品创新、流程创新、组织创新等，实施过程存在较大差别，并不存在一个一般性的实施过程和策略。有些创新是战略层面的，涉及方面很多，需要从上至下全员动员起来，是一个复杂的组织问题。有些仅仅是局部的小改进，更多的是技术问题。

一项创新的实施过程复杂度和难度与以下三个因素相关：创新特性（Innovation）、组织特性（Organization）和环境特性（Environment），本书称之为创新实施的IOE框架。如表6-3所示。

表6-3　创新实施的IOE框架

维　度	子指标	说　　明
创新特性	创新幅度	创新所涉及公司层级，是战略层面还是战术层面
	创新广度	创新所涉及范围，有部门、事业部、企业、跨企业等

① ［美］杰夫·豪. 众包：大众力量缘何推动商业未来［M］. 牛文静，译. 北京：中信出版社，2009.

（续表）

维　度	子指标	说　　明
创新特性	创新激进度	创新是对公司是全新，还是对市场全新
组织特性	资源就绪度	创新所需各项资源，包括人才、资金、设备、员工心理等的准备度
	领导和组织	领导人对创新部署的期望和承诺
	管理成熟度	组织现有管理水平和成熟度和项目管理能力
环境特性	市场反应	用户对于创新的反应和接受度
	投资人反应	投资人对公司采取创新的反应和预期
	其他相关方反应	与政府管制；社区环保主义等；行业和社会规范的要求匹配度

一、创新特性

创新实施首先要看此项创新自身的特性，包括三个方面，即创新幅度、广度和激进度。

创新幅度主要看此项创新需要协调的力度，视其重要程度，有些是“一把手工程”，需要董事长、总裁们亲自操刀的战略性创新，有些可能只需要副职或更低职务的经理来组织，其重要性依次递减。幅度越大、层次越高，实施的复杂程度和所需投入的资源就越多。

创新广度是看此项创新的涉及面，从组织架构看是横向的涉及程度，有些流程比较长，如客户服务流程，不仅涉及组织内部多个部门，还会波及供应商，供应商的供应商。有些仅仅班组的质量改进行为。广度与幅度有一定的交叉，但是并不等同。

创新激进度主要是看创新本身是仅仅从外部引进，还是作出一个全新的发明创造，对市场也是全新的产品，开拓一个全新的市场等。激进度越高，实施风险越大，需要投入的关注度也就需要更高，实施的过程就变得复杂。

二、组织特性

组织特性中与创新实施最为相关的三个因素是资源就绪度、领导和组织、管理成熟度。

资源就绪度是指组织内部资源的丰裕度。如果企业人才济济、资金充裕，实施创新所需要的基础设施也已经到位，实施起来相对变得轻松。如果企业创新所需的资源都不具备，都要诉诸外部解决，相对实施难度就较大。这方面，大型企业与中小企业面临的是不同的问题。前者有形资源充裕，但是创新阻力反而可能较大。后者有形资源欠缺，但是创新决心常常较大。

领导和组织既包括领导和整个组织的创新意愿，也包括他们的创新能力。意愿体现出对创新的迫切度，这需要强大的领导意志和承诺，及其感召力。魅力型领导（Chrisma）感召力强，员工也更容易被动员起来，创新的实施过程变得更加容易。

管理成熟度反映出一家企业原有管理水平高低，尤其是项目管理能力。管理成熟度高的公司实施渐进式创新更加得心应手。但管理较成熟，各项工作步入正轨，要作出大的创新反而是比较难的。这时候，创新往往是作为一个项目单独加以实施的，项目成为一个创新性的“先遣队”，对项目的管理能力就变得非常重要了。

三、环境特性

企业创新都是在特定环境下进行的，环境对创新起着重要的影响，体现在市场、投资人、其他重要相关方的反应方面。

对产品、服务和营销的创新来说，用户和市场反应可能是最重要的。实际上，它是企业创新实施的关键考量项目。近年来，企业在新产品发布方面可谓费尽心计，整个仪式变得越来越炫目，国外有苹果，国内有小米，靠粉丝来推广新产品已经成为越来越多的消费品产业的标准范式。

投资人的反应是创新实施的另一个重要影响因素。上市公司要实施一项战略性创新，股市上通常会作出反应，影响股价，会对公司高管层变革的决心产生影响，从而影响创新的实施。

其他相关方反应，包括对特定产品创新，如药品和食品，存在政府的管制，有些创新会对原有市场竞争者产生较大冲击时，比如余额宝、比特币对银行体系的影响，既得利益会向政府游说，让政府出面干预。还有当企业的创新可能会影响环境、带来外部性时，环保主义者会出面干预。此外，行业规范和社会规范会影响企业创新的方向。如果企业创新对这些规范形成挑战，创新的实施就会变得步履艰难。

从上述三个方面单独分析，仅仅是为了表述上的方便。事实上，一项创新要成功实施，需要多个方面的配合。总体而言，创新如果只涉及企业内部，整个过程相对可控，实施起来难度总是小于那些牵涉面广的创新。创新如果牵涉面广，那就是一个多方协商的过程，它不仅改变创新的实施过程，还会改变创新本身。

第七章　企业创新的价值获取

创新以实现价值为目的，对于企业来说，这里有两个关键问题：一是创新的成本收益分析，创新是否真正创造了价值，创造了哪些价值；二是企业自身能从创新所创造的价值中获取更大份额，最好能形成一种垄断。熊彼特很早就指出，获得垄断租是企业创新的主要动机。研究表明，企业要更好地获得创新价值，核心在于不断自我更新，有时是自我革命。

除此之外，还有一个需要从更广阔视野进行的分析，它超越了企业的层面，探讨创新创造了多少社会价值，这涉及企业开展创新的社会责任问题。本章主要探讨这三个方面的问题。

第一节　创新的成本收益分析

熊彼特在《经济发展理论》中举过一个工程师和业务主管之间冲突的例子：

“例如，工程师可能建议采用一个新的流程，而商业方面的领导则以其不会得利为理由而加以拒绝。工程师和商人都可能这样来表达他们的观点：他们的目的是在恰当地管理企业，他们的判断就是这样来自关于这种恰当性的知识。除了误解和对事实的不了解等之外，判断的不同就只能来自这一事实：对于恰当性每人都有一种不同的看法……在实际生活中我们看到，当技术因素在与经济因素冲突时，它总得屈服。但这并不能否定它的独立存在和意义，以及工程师的观点的健全性。……经济上的最佳的和技术上的完善二者不一定要背道而驰，然而却常常是背道而驰的，这不仅是由于愚昧和懒惰，而且是由于在技术上低劣的方法可能仍然最适合于给定的经济条件。”①

这一例子告诉我们，创新不仅仅是个技术问题，同时更是个经济问题。创新成功的好处自不必言，但创新同时具有巨大的成本和风险。作为企业高层，在开展创新的时候，需要经过明显的或隐含的成本收益分析，对此进行权衡。那么，创新的收益和成本分别有哪些？这个问题当然与创新的类型和企业所采取的创新激进程度密切相关。

以下以企业的新产品/服务的市场开拓为例，对此展开分析。

一、创新的收益分析

创新的收益有些是明显的，比如新产品带来的销售量的增长，这是直接的经济收益，有无形的收益，如企业声誉的提升；还有间接的收益，如形成对竞争对手的威慑等。

（一）内部收益

企业推出新产品或服务之后，一旦取得成功，无疑会提升企业的销售量和营业收入，给企业带来新的增长点和市场份额，改善企业的赢利能力和各项财务状况，同时企业可以回收前期研发投入成本，有更多的资金可以进一步投入研发，形成良性循环。这些都是可以量化的指标。

更为重要的是很多不可量化的指标，例如：

一是品牌价值的提升。企业能够在市场上树立其作为创新者的形象出现，其品牌价值相应得到提升，企业员工的士气、用户忠诚度会相应提高。

二是发现转型的机会。对于那些前期处于销售困境中的企业，创新产品销售的成功会给企业带来新的转机，企业由此可能开辟出一条新发展

① [美]约瑟夫·熊彼特.经济发展理论[M].何畏，易家详等，译.北京：商务印书馆，1990: 16–18.

路径。

三是管理团队的声誉对于管理人员，尤其高层管理来说，创新产品的成功会给他们带来身价的提升，为他们形成个人的口碑。而与此创新产品相关的人员也由于参与其中而得到锻炼，为企业积累了团队知识。

四是吸引外部人才加盟。企业重创新的形象一旦形成，就能够吸引很多优秀人才的向往，企业可以极大地丰富其人才储备库。

（二）外部收益

从企业外部看，企业创新的成功会带来的益处包括：

首先是对竞争对手的威慑。企业创新可以形成对竞争对手产品的竞争优势，从而压迫对手同样需要改进，否则将面临被淘汰的命运。一些潜在竞争对手也同样感到，如果贸然进入这一市场，可能会面临更多的竞争压力，从而有可能打消进入这一市场的想法。

其次是提升企业在整个产业链的影响力和竞争力。企业创新能力强，表明在其所处的产业链环节是增值能力强，在整个产业链中就更难以被替代。上下游环节对企业的讨价还价能力就相应被削弱了。

最后，企业的社会影响力会提升，能够获得更多的外部资源。创新型企业能够吸引更多的投资，企业可以在诸多投资者之中挑战与企业最为志同道合的，提升企业的层次。此外，很多地方政府为了带动就业，也更愿意吸引创新企业入驻，从而获得更多的政策优惠条件，包括政府补贴。

二、创新的成本

以上的表述只是创新这面镜子的正面，从创新的反面看，创新具有巨大的成本，这是作为高层需要清醒地认识到的问题。

企业创新同样有直接成本，如产品研发投入，为配合新产品推出所做出的各种努力，组织、人员、设备、资金等。

新产品创新的成本大体上是把上面的论述从反面再书写一遍。一旦推出失败，会导致巨大的财务损失，员工士气下降，品牌价值损失，等等，这里就不赘述了。

此外，新产品创新可能会对原有产品的销售产生冲击，导致自我吞噬。例如，企业主动开展创新，并不恰当地提前宣布新产品推进的时限，会给现有产品带来滞销的尴尬局面。消费者会产生预期，反正你不久要升级的，从而作出推迟购买的决策。2017年10月苹果公司推出iPhone8、iPhone8 plus的时候，同时公布将推出自成体系的iPhoneX，就产生了这一严重的后果，极大地影响了iPhone8的销售。苹果公司不得不在iPhone8推出不久之后，即前所未有地实施降价策略。

新产品创新还需要考虑的一个重要方面是机会成本。企业在开展创新时，面临的选择不仅有如何创新，开发A产品还是B产品的问题，还有一个结合市场竞争状况和环境的时机选择的问题。

博弈论中有一个著名的"智猪博弈"寓言，形象地说明企业采取创新行动应该要考虑到竞争对手的力量平衡问题，这则寓言如下：

> 猪圈里有两头猪，一头大猪，一头小猪。猪圈的一边有个踏板，每踩一下踏板，在远离踏板的猪圈的另一边的投食口就会落下少量的食物。如果有一只猪去踩踏板，另一只猪就有机会抢先吃到另一边落下的食物。当小猪踩动踏板时，大猪会在小猪跑到食槽之前刚好吃光所有的食物；若是大猪踩动了踏板，则还有机会在小猪吃完落下的食物之前跑到食槽，争吃到另一半残羹。

问题：两只猪各自应该采取何种策略？

对这一博弈进行理性分析的结果是：小猪将选择"搭便车"策略，也就是舒舒服服地等在食槽边；而大猪则为一半残羹不知疲倦地奔忙于踏板和食槽之间。

也就是说，如果企业仅仅是一只小猪，首先开展创新可能会冒最后没有猪食吃、为他人作嫁衣的风险。"搭便车"是其更好的选择。但是现实往往是另一番景象，即大猪另有其他的食物可大快朵颐，而小猪如果一直傻等在食槽旁边，恐怕只有饿死一条路了。小猪完全可以有更好的选择，例如趁大猪在大口吃其他食物或吃饱了睡觉，来不及跑到这个食槽的时候，迅速按下按钮。

第二节　企业创新的占有能力

企业开展研发是希望从中获得回报，进而提升创新能力和竞争优势。但如果研发成果得不到很好的保护，被别的企业窃取或轻易模仿，就会损害企业研发投入的积极性。这对于企业、对于社会都是一个不利的结果。

Teece（1986）提出"占有机制"的概念，将其定义为存在于企业和市场结构以外的环境因素，是鼓励创新者以公开技术秘密换取市场垄断，从其创新中获取收益的制度安排。在影响企业创新价值占有方面，最重要的三个因素是专利等法律机制、产品和流程保密、互补性能力。[①] Rumelt（1987）则提出"隔离机制"（isolating mechanism）的概念，以用来应对竞争对手对企业创新的模仿。

专利是最常见的、历史较为久远的一种占有机制，它是国家通过法律手段保护发明者在一段时期内垄断其发明使用和利益的制度安排。[②] 16世纪末，英国逐步实现法治，替代了皇室的规定。与之相应，专利授予权也从以往的皇室垄断中解放出来，成为鼓励民间发明的一项利器。1615年，在伊普斯威奇的纺织工人案中，法院坚持认为詹姆斯一世授予的专利权是不合法的，因为专利权需要限定时间并且只适用于新发明。美国在建国初期就以宪法形式授权国会授予"作者和发明在有限的时间内享有对其作品和发明的专有权"。

对于一些行业，如制药行业、电子通信等，专利发挥着重要的作用。但是调查表明，随着技术的发展，在不同行业，专利的作用并不像理论上所说的那么大。它所公开的信息可以让竞争对手轻易地合法规避，从法律执行层面看，侵犯专利的举证也是非常困难的，而且此类官司成本昂贵。调查也表明专利在流程工艺创新方面也常常是无效的（Levin et al., 1987）[③]。美国为此还专门于1982年成立了联邦巡回法院上诉法庭处理。中国则于2014年在北京、上海和广州专门成立的知识产权法院，主要也是处理这方面的官司。

---

① Teece, D.J. Profiting from technological innovation[J]. Research Policy, 1986, 15 (6): 285–305.

② 最早有记录的专利源于意大利。佛罗伦萨1421年首次将有记录的专利授予著名的佛罗伦萨大教堂圆顶的设计师菲利浦布鲁涅内斯基（Filippo Brunelleschi）。

③ Levin, R. C., A. K. Klevorick, R. R. Nelson, and S. G. Winter. Appropriating the returns from industrial research and development[J]. Brookings Papers on Economic Activity, 1987, No. 3: 783–820.

表7–1 各国专利保护期限一览表

国家 \ 专利类型	发明专利	实用新型专利	外观设计专利
中国	自申请日起20年	自申请日起10年	自申请日起10年
美国	自申请日起20年	—	自申请日起15年
加拿大	自申请日起20年	—	自申请日起10年，可续期5年
欧洲/欧盟	自申请日起20年	—	自申请日起25年
德国	自申请日起20年	自申请日起10年	自申请日起20年
英国	自申请日起20年	—	自申请日起25年
法国	自申请日起20年	自申请日起6年	自申请日起25年
日本	自申请日起20年	自申请日起10年	自申请日起15年
韩国	自申请日起20年	自申请日起10年	自申请日起15年
意大利	自申请日起20年	自申请日起10年	自申请日起25年

资料来源：根据网络资料整理。

过松和过严的专利保护（保护时限的长短、保护范围、司法判决）有可能产生同样不利的效果。过严的专利保护会导致产品价格长期保持高位，使消费者的利益得不到保障。同样，过宽的专利保护范围会阻碍后续的创新。

Cohen等（2000）对美国1 478家研发实验室的调研表明，专利是他们最少强调的一种机制（在大多数行业，相比于其他机制显著不重要）。他们的调查发现，尽管如此，企业仍然申请专利的原因不仅仅是防止拷贝，而是为了防止竞争对手申请专利相关的发明、预防法律诉讼，增加声誉以及利用专业来开展谈判（以上按次序排列）。从专利创新产品的商业化或许可中获益是其中最不重要的因素。技术创新根据可申请专利的部件数量，可区分为离散式和综合式两类行业。在离散式（简单）技术行业，如化工，企业利用专利来阻挡竞争对手开发出替代品；在综合性（复杂）技术行业，如电信设备和半导体，则用于迫使竞争对手进行谈判。①

① Cohen, W. M., R.R. Nelson, J.P. Walsh. Protecting their Intellectual Assets: Appro-priability Conditions and Why U.S. Manufacturing Firms Patent (or not) [J]. NBER, Working Paper 7552, 2000.

保守商业机密是保持企业占有能力的另一种重要策略。在Cohen等(2000)的调研中,保密在17个行业的产品创新(共34个行业。其次是提前期,有13个行业)中使用最多的机制。如果生产过程和生产配方特别复杂,保持商业秘密可能是更为有效的一种做法。商业秘密与研发成果所产生的知识的默会性相关。如果创新的知识本身很容易通过逆向工程被解码,则这种创新成果就很难保密和独占。相反,如果内部知识非常复杂,竞争对手即便全部进行解构,也难以了解产品的成分和构造原理,从而不易模仿。

互补性资产包括企业在技术创新之外的营销、制造和售后维护服务等能力,以及与外部合作关系的密切度,其本质是创新体系中不同模块知识的互补性。Teece将互补性资产分为通用、专用、共专用三类。营销和制造等能力是企业自身的能力,常常是大企业凭借其规模优势而维持的互补性资产,因此大企业常常占有规模优势。而与外部合作关系来自合作伙伴,它可能与企业所处的产业区域有关系,中小企业更多会凭借这一手段,与大企业开展竞争。企业通过建立合作联盟,共同筑起较高的行业壁垒,避免外部企业的入侵。

提前期优势(lead time)也是互补性资产的一种,实际上是一种先发优势,主要适用于技术和市场变动比较快的行业,如集成电路(IC)行业,企业可以借助于先发优势,快速创新,积累经验曲线,在时间上领先于对手,迅速达到规模效应占领市场,让竞争对手无暇复制或规模不经济,从而能持续占据创新成果,实现竞争优势。

从知识产权保护制度看,则各国呈现出较大的差异,即便在同一国,由于不同行业管制不同,对知识产权的保护也存在差异。目前,世界上很多国家都制定了大体相似的知识产权法或专利保护法,但是在实际执法过程中,鉴于对本土企业的保护,存在较大的差别。

Rumelt(1987)提出的隔离机制更多是从企业自身出发,包括多个方面,例如建立与特定产品相关联的声誉,特定团队相关的学习,多样化的先发优势,信息不对称等,以此对外部形成一种因果模糊性①,这一概念后来为"核心

---

① Rumelt, R. P. Theory, strategy, and entrepreneurship[C] // D. Teece. (ed.) The Competitive Challenge. Cambridge, MA: Ballinger, 1987: 137–158.

竞争力”学者所借用，用来表述企业那些难以模仿的能力优势。

在实践中，企业通常是多种机制混合使用的。例如在创新的不同阶段，倾向于使用不同的机制。如在新产品上市之初可能依靠保密，之后会通过专利，通过强势营销和提前期来保护创新成果。也有的采用对创新的不同组成部分，予以不同的保护措施。比如对于硬件通过专利加以保护，软件通过不断更新，加快开发速度，以提前期策略为主。如果面对竞争对手的专利，也会采取联盟的方式实现交叉授权。总之，学会策略性地使用专利，可以发挥简单的技术垄断所难以达到的效果。

第三节 企业创新的社会效益

企业开展研发，一定程度上是一种公共产品，通过知识的创造，产生了社会效益。这种超出企业自身收益的社会效益，经济学上称之为“正外部性”，是各国政府之所以提供研发补助政策的理论依据。本书将在后一篇的“创新与公共政策”中对此进行深入分析。

除了上述间接地为社会作贡献，企业还可以主动参与到社会创新当中，力所能及地帮助解决很多社会问题，成为一个好的企业公民。这些社会目标包括：① 消除贫困和不平等；② 改善社区服务；③ 健康与福利；④ 环境与可持续发展；⑤ 艺术与文化；⑥ 教育与就业。

企业的本质是一个营利性社会组织。作为社会的一个器官，企业通过满足社会的需求而作出贡献，换句话说，承担社会责任是企业应尽的一项义务，这似乎已为大众广为接受。企业参与到社会创新之中，不以盈利为目标，但并不排除企业发现新商机和新市场的可能。

有大量企业关注可持续发展从而建立新的商业模式的案例。例如，快递业巨头UPS一位经理提出了一个非常规的问题：“我们能否通过限制左转弯来达到降低油耗？”如今，UPS 和其他大型物流公司都在使用路线规划技术，包括避免左转弯，来减少行驶里程和弯路损失，一年节省燃油3 200万升。又如布料印染是一个十分耗水的工序，在阿迪达斯和耐克两家公司，有创新者提出是否能够实现无水印染，后来两家公司都找到了解决之道。在金伯利公司，有人提出“纸巾和厕纸必须带卷筒芯吗？”之后，公司旗下价值1亿美元的品牌Scott Naturals在这一问题的启发下生产出了无芯卷纸。①

中国企业家也同样积极地参与到社会创新之中。最典型的例子是阿拉善SEE生态协会的成立。

阿拉善位于内蒙古西部、北京以西1 200多公里，是中国最大的沙尘暴来源地之一。生态环境极其脆弱，根据阿拉善盟环保局2002年度卫星遥感数据，全盟面积27万平方公里，沙漠占30.23%；戈壁占57.54%；其余山地、滩地、绿洲面积仅占12.23%，荒漠化率超过90%。②

阿拉善SEE生态协会是目前中国规模和影响力最大的企业家环保组织，成立于2004年6月5日，并于2008年底发起成立SEE基金会，试图以社会企业方式，改善阿拉善的农业结构。根据其官网消息，截至2015年12月，SEE公益机构已累计投入环保公益资金2.7亿元，直接或间接支持了400多家中国民间环保组织和个人的工作，推动了中国荒漠化防治及民间环保行业发展，企业家在捐赠资金之外还投入志愿服务时间超过10万小时。SEE基金会于2013年获得“中国社会组织评估等级5A级证书”。③

SEE会员由发起时的80人发展至2016年8月的579人，至2017年共成立13个会员地区项目中心，是企业家参与环保公益、践行环境和社会责任的首选平台。会员在SEE这个平台上可以“深度体验”形式多样的环保行动，“知行合一”加入可持续经营哲学互动式学习，“身体力行”推动企业绿色经济转型以及企业家的“自我更新”。

2015年1月13日，由时任阿拉善协会会长任志强代言的“任小米”在北京发布，其销售模式是：花上400元钱，购买人可以在阿拉善认领一分小米地，“我们一起撸起袖子加油干，先种上100亩‘任小米’！防止荒漠化蔓延”。沙漠小米是来自内蒙古阿拉善左旗的新型节水型小米，采用以色列的滴灌技术。该种小米全程生态种植，采购加工过程也完全绿色清洁生产，安心可溯源，同时耗水量只有当地主导作物玉米的1/3到1/2。据SEE测算，如果节水小米种

---

① 安德鲁·温斯顿. 环保战略致胜未来［J］. 牛文静，译. 哈佛商业评论（中文版），2014.4.
② 黄姝伦，汪苏. “任小米”治沙［EB/OL］. 财新周刊，2017.24.
③ http: //www.see.org.cn/Conservation/Article/Detail/7［2017-11-22访问］.

植比例达到一半，阿拉善腰坝绿洲地区将可以实现地下水采补平衡。这一小米品种推出后，得到了市场的广泛一致好评，从前两年的两三百亩到2017年的上万亩，未来准备扩大到15万亩。这也是生态与商业成功结合的案例。

第八章　互联网创新的兴起

如笔者在绪论中所界定的，互联网创新是指全部或部分地利用互联网来创造价值的创新过程。互联网的出现，最大的优点是信息和知识获取的便捷性和可获得性，它极大地丰富了人们的生活，拓宽了人们的视野，完全是一个很多前辈梦想中开放社会的景象。对于企业来说，更意味着无限广阔的商机和市场。这一变革带有不可逆性，随着互联网和移动互联网的快速普及，各类创新都不可避免地具有这一特征。以下围绕互联网创新的特点、分类和模式分别加以分析，以期更好地理解这一全新的创新范式。

第一节　互联网创新的基础

互联网创新的兴起是信息技术发展的必然。作为人类历史上一次新的技术革命，互联网根本性地颠覆了原有的经济社会基础，极大地刺激了全民的创新创业热潮，这可以从技术、经济、社会三个方面加以理解。

一、技术基础

互联网是信息技术发展到一定阶段的产物，是信息流动的内在要求。从20世纪90年代中期开始，互联网经历了从Web 1.0到Web 2.0的发展，近年来进入移动互联网，真正实现了每个人的互联网化。网民数量实现指数增长，互联网得以快速普及。根据ITU的统计，移动电话普及率达到96.8%。

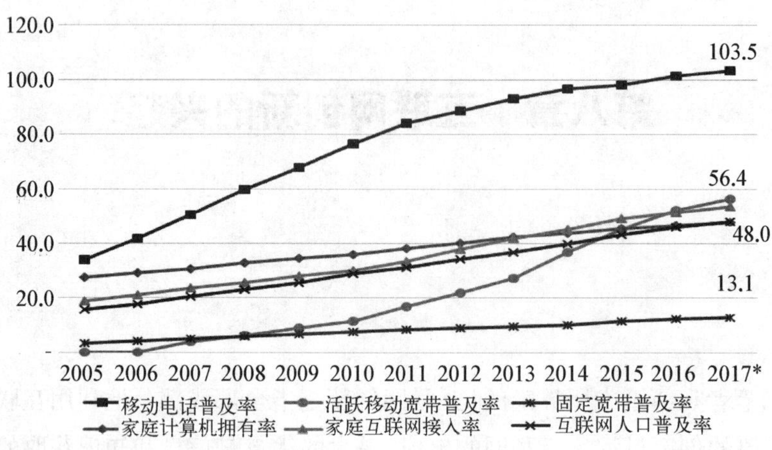

图8-1 世界ICT主要指标发展（2005—2017）

注：2017年为估计数。
资料来源：ITU（2017）。[①]

Web 1.0时代的互联网创新，是互联网从无到有、从美国向全球开疆拓土的野蛮生长年代，是美国作家弗里德曼（Thomas L. Friedman，2005）宣称将世界变平的推土机。[②]此时，信息化的软、硬件基础设施建设仍在进行中，包括个人电脑（PC，含笔记本电脑）、路由器、浏览器和门户网站的快速普及。

此时，网上信息处于原始积累阶段，虽然量很少，但是增长速度惊人，这主要得益于各类信息，尤其是图像、声音等快速实现数字化。2002年，数字化存储的信息第一次与模拟化存储容量持平，被认为是数字化时代的元年（见图8–2）。

Web 1.0形成了互联网产生后第一次投资热，到2000年3月美国纳斯达克（Nasdaq）综合指数达到5048的高点，之后互联网泡沫迅速破裂，市场信心尽失，至2002年10月，纳斯达克综指大跌至1273点。

此时，尽管比尔·盖茨凭借其在PC时代的风头仍然一时无两，但是民众心目中所认同的商界英雄正在悄悄转变。雅虎（Yahoo!）的杨致远、网景公司的马克·安德森（Marc Andreessen）和吉姆·克拉克（Jim Clark）、美国在线的

---

① ITU官网数据。
② ［美］托马斯·弗里德曼. 世界是平的：21世纪简史［M］. 何帆，肖莹莹，郝正非，译. 长沙：湖南科学技术出版社，2006.

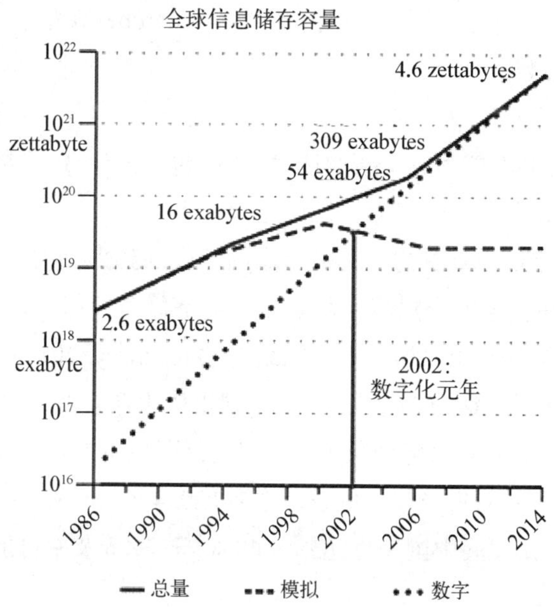

图8–2 世界信息储存容量

资料来源：Hilbert 2015. Data at http: //bit.do/WDR2016-FigS5_1。

史蒂夫·凯斯、思科的钱伯斯、谷歌的布林和佩奇、亚马逊的贝佐斯等，成为一代代创业者心目中新的偶像。国内则以搜狐、新浪、网易等门户网站的兴起为标志。各类网上布告栏（BBS）、论坛的服务也让很多网民趋之若鹜。

2001年互联网泡沫破灭之后，人们开始反思原有Web 1.0环境下的商业模式和弊病。其中很重要的一点是：Web 1.0是以网站和信息发布者为主导，有强烈的技术导向和产品导向，商业系统相对封闭，用户只是被动的接收者，从而导致参与度不高。很多应用难以深入人心，迟迟没有形成自生的赢利模式。一旦投资人停止输血，立即难以维持。这种情况下，Web 2.0技术应运而生，它以用户的崛起为标志，以去中心化、开放、共享为显著特征。

Web 2.0技术最为典型的技术包括博客、聚合RSS、维基，以及在此基础上形成的社交互动技术，这些技术对Web 1.0技术的超越体现在用户广泛参与、主动选择和生成内容方面，所有的权力都交给用户。作为网站的经营者只是提供平台，很显然，它才是符合互联网开放、平等精神的，这种商业逻辑与传统环境下生产者主导有着本质的不同。

Web 2.0时代的典型应用包括维基百科、社交媒体（Facebook、twitter、人人网、博客、微博、微信等）、用户生成内容网站（Youtube、优酷、土豆），其共同的特点是平台的崛起。

当前仍处于Web 2.0时代，但是由于用户的广泛参与，围绕各类数据的收集、存贮、加工、共享能力有了新的技术突破，包括云计算、大数据和物联网的出现和发展，各国都认识到了互联网的强大威力。

3G移动网络的发展标志着移动互联网年代的到来，它让互联网的触角最大程度地延伸到全球各个角落。移动互联网是移动计算设备（智能手机或平板电脑）、高速无线连接和移动应用的组合（McKinsey, 2013）①。智能手机的销售在近年来增长迅猛，成就了一大批中国手机生产企业，如华为、OPPO等，人们花在手机上的时间每年增长25%。移动互联网的基础设施是全光纤高速互联网的引入。从3G服务接入的普及率看，2014年，3G在发达国家的覆盖率已经达到98%；在发展中国家也达到了69%。这种普及率可能仅次于电视和广播。

表8–1 2015—2016年全球智能手机出货量和市场份额

排名	供货商	2016年		2015年	
		出货量（百万台）	市场份额	出货量（百万台）	市场份额
1	三星	311.4	21.2%	320.9	22.3%
2	Apple	215.4	14.6%	231.5	16.1%
3	华为	139.3	9.5%	107	7.4%
4	OPPO	99.4	6.8%	42.7	3.0%
5	vivo	77.3	5.3%	38	2.6%
	其他	627.4	42.7%	697.1	48.5%
	总量	1 470.2	100%	1 437.2	100%

资料来源：IDC worldwide quarterly mobile phone tracker, Feb 1, 2017。②

① McKinsey Global Institute. Disruptive technologies: Advances that will transform life, business, and the global economy[R]. May 2013.

② http: //36kr.com/p/5062964.html [2018–4–27].

每个人都上网的结果，就是大数据的爆发式增长。《经济学人》2010年2月刊发特刊《数据无处不在》，声称信息已经成短缺走向过度丰富，它正在改变商业、社会运行规则和个人，而为了应对认知赤字的问题，人必须要借助于机器的力量。麦肯锡全球研究院则于2011年6月发布《大数据：下一个创新、竞争和生产率的前沿》，对大数据的发展、在公共和私人部门的商业价值及其所面临的重大问题进行了深入的分析，提出对于大数据的挖掘和利用将成为企业竞争的关键。[①]

在大数据的支持下，下一个热点领域，即人工智能得到突破性进展，科技对人的贴身服务变得更加智慧，我们明显感到各类网站和应用明显变得更加聪明了，它们有些对人类的了解甚至已经超过了人类自身。各种迹象表明，互联网已经进化到一个新的阶段，即机器与人类的智力逐渐接近，有人称之为"Web 3.0"年代。但是这一称谓似乎并未得到广泛采纳。

2016年3月，谷歌阿尔法狗以4∶1让韩国围棋天才李世石俯首称臣，相比于1997年IBM深蓝对卡斯帕罗夫的国际象棋之战，这次让人印象更加鲜明，也更让人震撼。人们普遍倾向于相信，机器智力超越人类已经是指日可待的事情。《奇点临近》的作者雷·库兹韦尔（Ray Kurzweil）将这一天称为互联网进化的"奇点"，他认为可能在2040年。[②]物理学家霍金在2015年曾作出预言，人工智能科技如果不加控制地发展，将超越人类智能，并控制或灭绝人类。[③]

二、经济基础

互联网的发展和演化不仅仅是技术的演化，而是技术与经济社会的共演。从国际电信联盟所公布的统计数据中，除了反映出各国GDP与ICT普及之间存在正向关系，另一项值得关注的重要指标是互联网接入费率的倒挂现象：

---

① James Manyika, Michael Chui, Brad Brown, Jacques Bughin, Richard Dobbs, Charles Roxburgh, Angela Hung Byers. Big data: The next frontier for innovation, competition, and productivity[R]. McKinsey Global Institute, May 2011.

② [美]雷·库兹韦尔. 奇点临近：当计算机智能超越人类[M]. 李庆诚，董振华，田源，译. 北京：机械工业出版社，2011.

③ BBC报道：霍金"Stephen Hawking warns artificial intelligence could end mankind". 2 Dec., 2014. http: //www.bbc.com/news/technology-30290540 [2018-4-27].

发达国家接入费率反而远低于发展中国家。

互联网全球化与经济全球化的步伐并肩而行。从经济视角看，互联网得以不断扩张和创新存在四大动力：

首先，数字化信息资源的内在驱动力。信息和知识作为企业重要的、无形的战略性资源越来越被企业所认可。从企业内部看，管理成功的重要因素是信息沟通，管理问题的根源多数来源于沟通不畅，而信息系统和互联网的引入，可以将信息资源与其他互补性资源进行重新组合，产生巨大的价值。从外部看，市场信息、国家政策信息对企业经营决策至关重要，企业有动力需要借助于互联网建立信息网络，为企业营销和商业往来提供便利。

其次，技术和网络规则的驱动力。摩尔定律支配下的微电子技术进步，加上"安迪–比尔"定律[①]和网络效应，导致企业在信息化方面必须持续投入。一方面，计算机性能的不断升级，成本不断下降，诱使企业持续投入；另一方面，企业也发现，单个计算机、单套系统对企业来说，其价值之和远小于互联网和全套系统带来的价值，在信息化初期出现生产率悖论的问题，很大程度上是使用程度太低，使用面不广，网络效应难以发挥作用，价值得不到体现。

再次，是市场力量的驱动力。行业内少数企业不断提升信息化水平，利用电子商务和互联网创新获得更广阔的市场，逼迫其他竞争对手不得不跟进投入，信息系统和互联网逐渐成为竞争的必需品。如很多企业率先开展电商，就取得了相对的竞争优势。那些拒绝转型的企业，最终会面临被淘汰的困境。

最后，各国政府的重视和推动。对新兴国家来说，互联网技术革命意味着一次千载难逢的赶超机遇。一些发展中国家的政府在此方面也非常重视，将互联网作为电力、公路、铁路同等重要的公共基础设施，不断加大投入力度。典型的国家有韩国、新加坡，以及我国的港台地区，其中韩国的信息化基础设施水平持续排名全球第一。中国政府在信息化基础设施的投入也非常之大，北京和上海等城市的信息化水平近年来有了长足的进步，接入速度和普及率与发达国家越来越接近，费率则相应呈现降低的趋势。

---

① 即比尔要拿走安迪所给的（What Andy gives, Bill takes away）。安迪是原英特尔公司CEO安迪·格鲁夫（Andy Grove），比尔就是微软的创始人比尔·盖茨。一直以来，英特尔处理器的速度每十八个月翻一番，计算机内存和硬盘的容量以更快的速度在增长。但是，微软的操作系统等应用软件越来越慢，也越做越大。所以，现在的计算机虽然比十年前快了一百倍，运行软件感觉上还是和以前差不多。—转引自吴军. 浪潮之巅［M］. 北京：电子工业出版社，2011：58.

不仅如此，很多政府已经认识数据在推动创新方面的巨大潜力，在数据公开方面走得非常快。如美国、英国、加拿大等发达国家都建立了政府数据开放门户网站，要求各部门将多数数据全面开放，并且要以可机读的方式。联合国电子政务评估中也将数据开放度列为对各国电子政务发展的重要指标。

借助于以上四方面力量，互联网迅速成为经济领域的基础平台，各种智能化应用日益繁荣。到今天，几乎所有新的商业模式都是基于互联网，信息技术仍在向不同传统行业渗透的进程中，改变了很多传统行业竞争的规则，引起了这些行业或大或小的变革。可以预期，这一渗透和融合仍将持续。

事实上，资本市场很大程度上对互联网创新起着指引性的作用。从2000年互联网泡沫的出现和破灭，到近年来硅谷和我国各类互联网创新企业的市值评估来看，确实是一轮高过一轮。例如谷歌2004年上市时，估值为246亿美元；Facebook于2012年5月18日上市，按每股38美元的IPO（首次公开招股）发行价计算，Facebook估值为1 040亿美元。与之相比，全球最大的PC厂商之一惠普市值仅为440亿美元，不足其身价的一半。当然此后还有阿里巴巴于2014年9月19日纽交所上市首日报收于93.89美元，较发行价上涨38.07%，以收盘价计算，其市值竟达2 314亿美元。

在2011年供投资者评估公司的审计账目中，Facebook公布的资产为66亿美元，包括计算机硬件、专利和其他实物价值（舍恩伯格，2013）[①]。账面价值和市场价值之间的悬殊如此之大，是以往经济闻所未闻的。这多出的近980亿美元是该公司的无形资产，它意味着什么呢？笔者认为，它至少代表着以下两个方面的含义：一是作为Facebook公司最重要的资产：全球10多亿用户存储的数据，包括用户个人资料、浏览、偏好和互动等数据资料的价值。二是作为一个全球最大的社交网络所内涵的价值，其内在包容着各类商业机会。

根据陈志武教授的观点，股市的功能不仅在于为公司融资，更在于通过公司背后的创业故事带动社会的创新和创业精神。国企上市虽然规模宏大，但由于背后缺乏相应的创业故事，与创新创业精神基本不相关[②]。对于互联网创新创业来说，需要牢记这一教训。

---

① ［英］维克托·迈尔-舍恩伯格，肯尼斯·库克耶．大数据时代：生活、工作与思维的大变革［M］．盛杨燕，周涛，译．杭州：浙江人民出版社，2013.

② 陈志武．金融的逻辑［M］．北京：国际文化出版公司，2009：163-167.

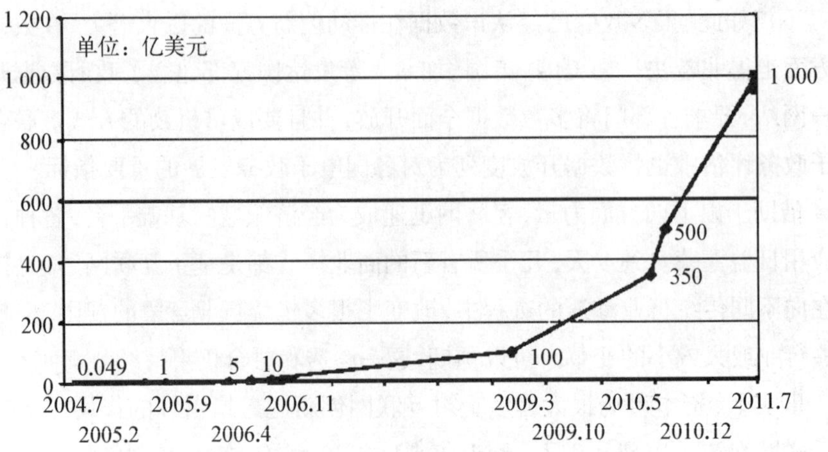

图8–3 Facebook公司估值飙升历史数据（上市前）

三、社会基础

如弗里德曼所言，柏林墙的倒塌是推平地球的第一大力量，新一轮的经济全球化以前所未有的速度发展起来，发展中国家几十亿人同时登录互联网平台参与全球新的分工①，不仅带来像维基百科这样新的大规模协作，更为重要的是借助社交媒体深刻地改变了人与人之间的联系方式。整个社会从来没有像接受互联网一样如此快速地拥抱一项创新事物。

今天意识形态的分隔尽管不同程度地仍然存在，个别国家还使用技术手段对一些信息进行过滤，但全球化之势已经形成，使互联网得以无障碍地向全球发展，网民基数不断扩大，构成一个全球化的、“无摩擦的”信息流动网络。

社会包括不同人群的分工和协作。从这个角度，经济上的分工协作只是社会的一个构成部分。人们除了经济活动，还有社交、文化、娱乐、政治等活动。不同活动之间并非泾渭分明，而是相互嵌入。

互联网创新兴起的社会基础包括五个方面：

① ［美］托马斯·弗里德曼．世界是平的：21世纪简史［M］．何帆，肖莹莹，郝正非，译．长沙：湖南科学技术出版社，2006.

一是社交的需求。社交需求是人类的基本需求，人们生活在社会之中，渴望感情交流，包括友情、亲情和爱情。互联网的出现，让人们以前所未有的广度和紧密度建立起联系，借助于社交媒体，将现实中的社会关系网络迁移到网上，形成各种各样的圈子，牢牢地吸引和加强人们对互联网的黏性。以微信用户数发展为例：自2011年1月21日诞生之后，从0到1亿，14个月；用1亿到2亿用了半年；2亿到3亿，约4个月；此后每5个月增长1亿。截至2017年6月底，微信和WeChat的合并月活跃账户数达到9.63亿。

二是满足了社会多元化的追求。随着社会开放度的提升，文化、种群呈现出越来越多元化的趋势，人们不仅可以了解本国不同地域的文化，还能接触到异域文化，满足人们对异域风情的向往和好奇心。互联网提供了不同文化的展示空间，相互之间虽不乏冲突，但基本保持包容共处。还有部分人群借助于互联网找到了摆脱现实社会规范的方式。

三是寻求认同和信任。社会运行的基本规律是物以类聚，兴趣爱好相同的人希望建立起广泛的联系。网络提供了一个巨大的展示平台，有表现欲的人大胆地将自己的生活秀出来。即便是非常生僻的、古怪的爱好，能找到同好者，建立起广泛的网络联系。很多人可以在虚拟空间寻找到认同感，甚至组建网络婚姻和家庭。

四是快速积聚社会资本，影响商业、政治和文化娱乐等。互联网可以帮助商人和创业者通过社交网络、信任关系等社会资本，开创事业，发掘其中的经济价值。还可以帮助政治人物进行动员，拉选票等；明星则借助于社交媒体与粉丝建立更加紧密的联系，形成今日的"网红经济"。

五是互联网满足了人们渴望平等、去权威化的愿望。互联网提供一个对等网络，人与人之间的等级似乎也变得不重要了，每个人在一个全球化平台上开展协作，普通人的聚集产生巨大的、任何权威也无法抗拒的大众力量。以前很多看似不可战胜的力量在网络面前也变得不堪一击。

当然互联网并不是一个理想社会，它仅仅是现实社会的一面镜子，其中包含了一些幻想的乌托邦成分。而且在互联网上，由于信息泛滥，相互的信任远未建立起来，网络恐怖主义、信用卡窃取、各类针对个人隐私的犯罪行为等，为互联网的未来发展蒙上一层阴影。这是各国需要共同面对的问题。

专栏8-1 互联网经济未来宣言[①]

2008年，OECD国家在韩国首尔召开了一个部长级会议，就互联网经济的未来发布了一个宣言，也称《首尔宣言》。各国旨在通过支持信息和通信技术（ICT）领域的创新、投资和竞争的政策和监管环境，表达对推动互联网经济并促进可持续经济增长和繁荣的共同愿望。同时各国政府将与私营部门、民间社会和互联网社区合作，确保支撑互联网经济的ICT网络，并采取措施保护互联网经济用户，开展必要的跨境合作。

宣言认为，互联网经济涵盖了互联网和相关信息和通信技术（ICT）支持的所有经济、社会和文化活动，必将加强各国改善全体公民生活质量的能力。

在互联网经济发展方面，各国共同面临的挑战包括：

（1）扩大互联网接入和全球使用；

（2）促进基于互联网的创新、竞争和用户选择；

（3）保护关键信息基础设施，应对新的威胁；

（4）确保在线环境中个人信息安全；

（5）确保尊重知识产权；

（6）确保一个值得信赖的互联网环境，为个人，特别是未成年人和其他弱势群体提供保护；

（7）促进安全和负责任地使用互联网，尊重国际社会和道德准则，提高透明度和问责制；

（8）为融合创造有利于市场的环境，鼓励基础设施投资，更高层次的连通性以及创新的服务和应用。

为此，各国政府将在以下四个方面作出努力：一是促进数字网络、设备、应用和服务的融合；二是培养互联网的开发、使用和应用方面的创造力；三是增强互信与安全；四是推动全球化的互联网。

① OECD. The Internet Economy on the Rise: Progress since the Seoul Declaration [R]. Paris: OECD Publishing, 2013.

《首尔宣言》对互联网经济的分析框架分为三个部分：首先，互联网经济的基石，包括高速通信基础设施、数字内容和智慧互联网应用。其次，框架式条件包括竞争性市场环境、知识产权保护、安全与隐私、消费者保护和开放性。最终达成创新、可持续经济增长和发展的目标。

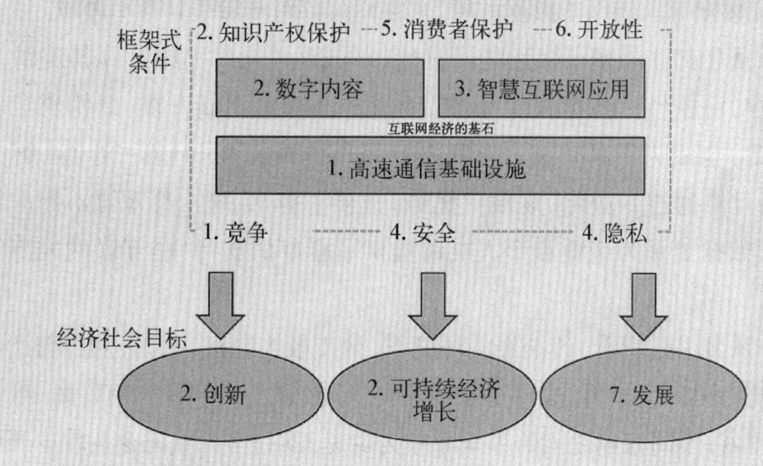

第二节　互联网创新的特点

讨论互联网创新的特点，需要将互联网经济与传统经济两种经济形态进行对比，尤其是需要两者主导逻辑的差异比较。这里所说“传统经济”也是相对互联网经济而言，主要指工业经济以及前互联网时代的信息经济，要理解其主导逻辑，需要从基础设施、核心资源、生产工具、分工逻辑、组织隐喻五个方面进行分析。

（1）互联网经济的基础设施是以互联网为主的各类软硬件基础设施。传统的基础设施如能源、交通、电信等仍然重要，但是它们的重要性已经降至互联网之下，必须适应互联网的需要加以改造。当前的智能电网、智能交通以及电信业互联网化均是互联网占据主导地位的表现。

(2)从核心资源看，传统经济的核心资源是资本，其他一切资源围绕资本、按照资本的逻辑进行配置。进入互联网经济，数据成为核心资源。Google、Facebook、阿里巴巴成为全球最有价值的公司，在短短时期迅速超越通用汽车、各大石油公司、沃尔玛等传统五百强企业就是因为他们掌握互联网经济环境的更为核心的资源：数据，包括消费者数据、社交网络关系数据、商业数据、地理位置数据等。借助于数据的威力，它们可以跨界渗透到各个领域。

(3)从生产工具看，前互联网时代，体现为“硬件+软件”，其逻辑主要为独占性、分割性。各类软硬件都需要用户不断的更新升级，既构成竞争优势的基础，也成为一种负担。互联网环境下体现为“云计算+管道+智能终端”。云计算通过专业化、规模化优势，提供了像水、电一样源源不断的计算能力，大数据更是为企业和个人决策提供了良好的支持，是互联网经济的新工具。

(4)从分工逻辑看，传统经济环境下，分工较为严密，首先，用户与产品服务供应商之间角色分明，边界清晰。其次，产品研发、生产者、销售商、渠道商等分工清晰，不同行业之间跨界现象较为少见，实行多元化的企业较少开展非相关多元化。在互联网经济环境下，由于广泛的连接，开放共享、互动式参与、跨界融合成为主要特征。不仅产业边界变得模糊，跨界成为一种常态，消费者与生产者两种角色也常常合为一体。企业与用户之间的合作和互动的密切程度是以往难以想象的，这导致传统意义上的分工、产业结构得以重构，合作而非分工成为新的经济常态。

(5)组织隐喻。在传统经济环境中，对于组织有两种典型的隐喻，即机器和有机体。这两种隐喻在第六章“双元性创新组织”已经有详细的论述。进入互联网经济环境下，形成了组织一种新的隐喻：社区。

根据网络逻辑，组织存在一个自发形成的中枢，这种中枢可能位于网络的任何一处。组织的生存和发展不仅依赖于单个节点的强大，还有赖于节点之间的关联度和不同关系的强度。关系的重要性超过单个节点。

在网络逻辑下，组织的边界已经变得不重要，组织可以获取和借助的资源在于组织自身形成的吸引力。这使得组织的存在随时处于一种流变状态，同时导致组织战略和学习探索方向的多元化和身份模糊化。这种流变性、多元化、模糊化对原有组织形成理念上的冲击，组织内部的各种悖论由此出现。

以上比较归纳为表8–2。

表8–2 互联网经济与传统经济的比较

	互联网经济	传统工业经济
基础设施	以互联网为主的各类软硬件基础设施。传统基础设施如能源、交通等重要度下降，需要改造	传统的基础设施
核心资源	信息与知识等构成的数据成为核心资源。其他一切资源围绕数据进行配置	资本。其他资源围绕它，按照资本逻辑进行配置
生产工具	“云计算+管道+智能终端”通过专业化、规模化优势，提供了计算能力，与大数据的结合，为企业和个人决策提供支持	体现为“硬件+软件”，其逻辑主要为独占性、分割性
分工逻辑	由于广泛的连接，开放共享、互动式参与、跨界融合成为主要特征。产消者、创客的产生	分工较为严密，不同行业之间跨界现象较为少见
组织隐喻	社区	机器或有机体

而从创新的产生、扩散和价值占有过程看，企业互联网创新呈现出以下特点：

第一，用户大规模参与创新。相比于前互联网时代，企业互联网创新变得更加开放，用户得以大规模参与，成为创新不可或缺的一个环节。而用户要参与创新，首先要成为产品或企业的拥趸或粉丝，从而才有参与的意愿。《连线》前主编凯文·凯利提出“1 000个铁杆粉丝”的理论，即企业或个人要树立品牌，只要拥有1 000个铁杆粉丝就可以维持生存。[①] 这一点在当前微信平台的个人微信公众号上就表现得特别明显，如罗辑思维、吴晓波频道等。因此互联网平台的生存不但依赖于交易的活跃度，还依赖于消费者、生产者及其相互之间形成广泛的社交网络互动紧密度，由此形成黏性。互联网平台不仅是交易

① ［美］凯文·凯利. 技术元素［M］. 张行舟，余倩等，译. 北京：电子工业出版社，2012: 86.

平台，同时是社交平台和知识平台。

用户参与创新的方式有多种，除了通过虚拟社区、各类平台对企业创新提供试用反馈，通过参与完成创新的任意一环，还可以借助众筹成为企业的主人，加入众包帮助企业完成一项创新使命。用户可以贡献和共享的有形的资源（如汽车、暂时不用的物品等），更有无形的（如时间、知识、经验等）。不仅如此，用户还可以共同创立一个不隶属任何企业的由爱好者共同拥有的品牌，类似维基、知乎这样的互联网企业品牌本质是属于用户的。用户的参与同时也提升了创新的接受度，降低了创新风险。

第二，正反馈的特性成百倍地扩大创新的成果。网络基本的规律是正反馈（夏皮罗和瓦里安，2000）[①]。这导致“赢家通吃”或寡头垄断。少数企业的创新由于技术、传播等优势借助于网络迅速得以推广，占领市场的绝大部分，成为整个市场和行业的标准和主导设计。与之相对应，这也意味着绝大多数企业创新的失败，这些企业要么依附在这少数企业的创新平台之上，与之形成互补来保持存活，要么完全退出市场。

第三，互联网极大降低了创新传播和交易成本。在互联网以前的年代，一项创新（如汽车、收音机、电话等）的扩散常常需要数十年甚至上百年，才能得以普及，但是互联网上的应用，如社交媒体、打车软件等，往往是短短数年就在全球得以普及，而且普及成本非常低。互联网创新在全球的地理疆域上得以开展。在研发方面，互联网时代最大的变化就是整合全球资源，实现全球合作。不同文化的杂糅极大地激发了多元化的创新创意，也加快了创新成果在全球的共享。尽管这种共享和扩散对于有些具有科技的国家来说，可能并非它们所期望。

第四，互联网便利了跨界、融合的颠覆创新力。迄今为止，互联网创新上最大的成功几乎都是通过跨界而实现的。例如，苹果公司借助建立新的商业生态，影响和颠覆了PC、出版、音乐、娱乐、消费电子、通信、手表等多个行业。余额宝以个人理财功能从低端切入金融领域，迅速吸纳了天量的小额资金，与之相关联的天弘基金迅速成为业界领头羊。小米通过整合产业链，横空出世，打入智能手机这一领域，成为行业翘楚。而之所以出现这种情况，常常是由于

---

① [美]卡尔·夏皮罗（Carl Shapiro），[美]哈尔·瓦里安（Hal Varian）.信息规则：网络经济的策略指导[M].张帆，译.北京：中国人民大学出版社，2000.

各大产业经过长期的发展，业内占主导的大企业通常通过制定游戏规则和认知模式，构建出一个产业平台，或称“商业生态圈”，对于用户形成一种锁定效应，从而形成一种业内企业难以撼动的势力。这种情况下，互联网平台以其无边界性、交叉补贴等特性，让新进入的企业以非常规的手段挑战现有竞争者。跨界者借助于免费的、全新的游戏规则，让用户毫无困难地接受新的思维和认知模式，迅速覆盖（envelopment）产业原有主导者所精心构筑的平台，从而起到颠覆的效果。

第五，互联网环境微创新得以大行其道。所谓微创新是基于主导创新平台或设计，以员工的自发创新为基础，以流程、产品和服务等局部改善为手段，强调相关方（用户或供方等）的参与和反馈而展开的渐进式创新方式（赵付春，2012）[①]。以往企业推出产品创新往往不能及时从用户获得反馈，导致很多新产品存在缺陷也得不到及时的纠正。互联网作为一个革命式创新和主导的创新平台，为企业微创新提供了一个功能良好的社会实验室，企业可以借助用户实时的反馈，小幅、快速改进，不断迭代，从而使产品创新更加贴近用户的需求，实现个性化服务。

本质上，微创新依赖的是数据，从而数据成为平台最重要的资产，交易数据、主体互动内容都汇集在平台上，而传统集市明显不具备这一点。

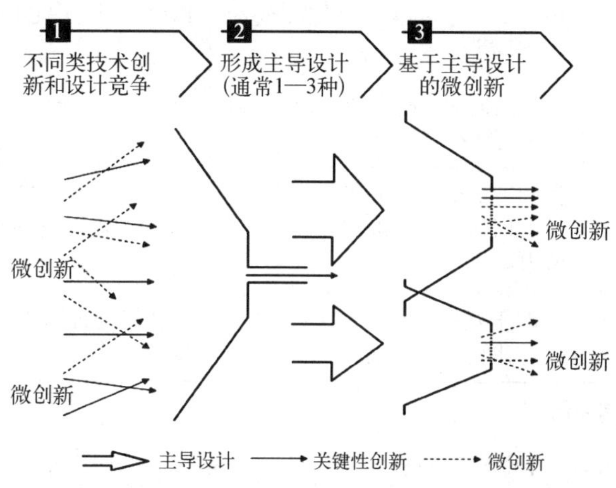

图8-4　微创新在技术创新过程中的作用和地位

资料来源：赵付春（2012）。

① 赵付春．企业微创新特性和能力提升策略研究［J］．科学学研究，2012，10：1579-1583.

第六，互联网创新的价值耗散非常快，对价值占有提出新挑战。大量互联网创新所创造的价值之中，创新者所能占有的不过其中一小部分（据McKinsey的测量，仅有1/3），其余大部分都转化为消费者剩余。原因当然是来自企业吸引了用户的大量参与、竞争对手的快速模仿与微创新。最典型的例子，如小米手机的在线成功模式，很快便被其他国产智能手机制造企业模仿，并在短期内被超越。对于开展互联网创新的企业来说，仍然不得不面对的一个经典问题是：如何打造核心竞争力？

总之，互联网改变了人们的时空观，这一平台等于"传统集市+产业集群+平台上所有企业电子交易数据+所有主体的互动内容"。这是它与传统平台的根本区别所在。

对互联网创新与一般创新之间的区别总结如表8–3所示：

表8–3　两类创新的比较

项　目	互联网创新	非互联网创新
正反馈性质	供给端和需求端正反馈，超大规模经济 全球范围扩大创新的成果	供给端正反馈，规模经济，但是很快达到极限
用户参与度	用户大规模参与的创新，成为"产消者"	以生产者为中心的创新
跨行业边界现象	互联网模糊了行业边界，产生跨界、融合的颠覆创新力	行业边界清晰，较少跨行业延伸
微创新实施	借助于精细的用户行为分析，通过微创新持续改进，产生极大的威力	用户数据很难获得，微创新存在但是有限，反应速度慢
研发全球合作	借助于互联网的全球化研发合作，借助于全球人才的力量	合作参与范围限于局部，合作深度也不够

资料来源：作者编制。

值得注意的是，尽管互联网给创新带来了很多优势，让创新得以前所未有的爆发式增长，很大程度上实现了大众化、民主化。但与此同时，一些国家的政府对创新大力鼓吹，却重在资金等要素投入，而轻于各类软性制度环境的建设，导致各种所谓的"创新"一时间泥沙俱下。从需求端看，互联网创新名目繁多,各类名词“你方唱罢我登场”,令用户目不暇接,注意力成为稀缺资源,出现了用户的“创新疲劳”问题。而且很多创新由后来的事实证明只是昙花一现,是纯粹的浪费资源,真正有价值的创新如凤毛麟角。正因为如此,迫切需要一个基于良性市场竞争的淘汰机制,创新是否能真正起到推动经济发展的作用,需要有相应的条件,其中制度条件可能是最重要的因素。

第三节 不同新型信息技术所驱动的创新

互联网平台所涌现出来的多种新型技术,包括大数据、云计算、物联网,以及最新的人工智能、区块链,每一项都有其自身的特点,以不同的方式驱动行业创新。近年来由新型技术所驱动的创新呈现指数增长的态势,从图8–5美国专利局的统计数据可窥其一斑。

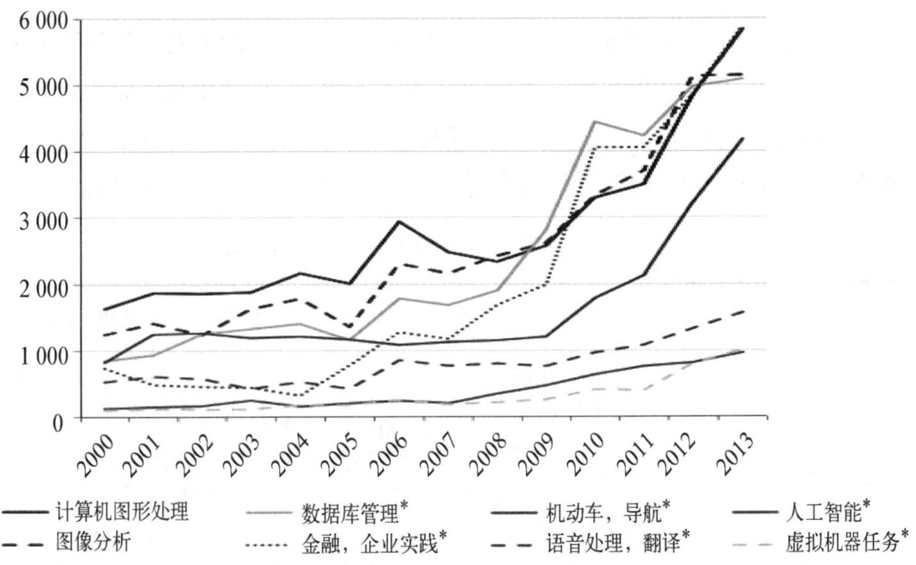

图8–5 各类新型信息技术相关的专利数量

注:所有*表示与数据处理有关的类别。“金融,企业实践”包括性价比的因素

数据来源:USPTO。

以下以大数据、人工智能和区块链三类新型技术为例分别加以说明。

一、大数据驱动的创新

随着万物互联进程的推进，数据产生、存储、处理能力的飞速增强，大数据的涌现就是一种不可避免的现象了。数据来源于多个方面，例如传统的信息系统、传感器、社交媒体、数字化制造、搜索引擎数据等。

大数据对企业创新的影响，不同学者有自己的看法。例如作为世界知名的咨询公司，麦肯锡（2011）①认为大数据可以从五个方面改善组织运作：① 提升了透明度。仅仅让利益相关方更容易地、及时地获取大数据就可以创造巨大的价值。② 通过实验发现需求，暴露偏差并提高性能。企业可以利用大数据设置受控的实验，分析绩效的偏差，并了解其根本原因从而发现可以创新之处，从而提升绩效管理水平。③ 通过细分人群来实现更加精准的定制服务。④ 用自动算法替代/支持人类决策。精密的分析可以大大改善决策制定，最大限度地降低风险，挖掘隐藏的有价值的见解。⑤ 创造新的商业模式、产品和服务。

在信息管理研究领域，学者们从学术研究的角度分析了大数据创新的方式。Chen等（2012）将大数据视为商业分析的新阶段，与以往的商业智能并无本质不同。他们列出大数据将在五个领域能够发挥的重大影响，即电子商务、电子政务、科学技术、智慧医疗、公共安全。②对其主要影响如表8–4所示：

表8–4　大数据研究框架：应用、数据、分析和影响

	电子商务	电子政务	科学技术	智慧医疗	公共安全
应用	• 推荐系统 • 社交媒体监督与分析 • 众包系统 • 社交与虚拟游戏	• 无所不在的政务服务 • 均等接入与公众服务 • 公民参与 • 政治运动	• 科技创新 • 假设检验 • 知识发现	• 人类与生物基因 • 医疗保健 • 病人社区分析	• 犯罪分析 • 计算犯罪学 • 恐怖活动信息学 • 开源情报 • 网络安全

① McKinsey Global Institute, Big data: The next frontier for innovation, competition, and productivity[R]. June 2011.

② Chen, H., R. H. L. Chiang, V. C. Storey. Business Intelligence and Analytics: From Big Data to Big Impact[J]. MIS Quarterly, 2012, 36(4): 1165–1188.

（续表）

	电子商务	电子政务	科学技术	智慧医疗	公共安全
数据	• 搜索与用户日志 • 顾客交易记录 • 顾客产生的数据	• 政府信息与服务 • 规则和管制 • 市民反馈与评论	• 科技仪器与系统产生的数据 • 传感器与网络内容	• 基因与测序数据 • 电子医疗记录 • 健康和病人社交媒体	• 犯罪记录 • 犯罪地图 • 犯罪网络 • 网络新闻 • 恐怖事件数据库 • 病毒、网络攻击、僵尸网
分析	• 联系规则挖掘 • 数据库分区和聚类分析	• 信息整合 • 内容和文本分析 • 政府信息语义服务和网络 • 社交媒体监控和分析 • 情感和情绪分析	• 科技领域的数学和分析模式	• 基因序列分析,可视化 • 电子医疗档案关系挖掘 • 医疗社交媒体监控分析 • 医疗文本分析 • 医疗网络分析 • 抗药副作用分析 • 隐私保护数据挖掘	• 犯罪联系规则挖掘和聚类分析 • 犯罪网络分析 • 时空分析和可视化 • 多语言文本分析 • 语义和情感分析 • 网络攻击分析与归因
影响	长尾营销、定向和个性化推荐、增加销售和用户满意度	变革政府、赋权民众、改进透明度、参与和平等	科技进步 科技影响	改进健康护理质量、改进长期护理、病人赋权	改进公共安全

《大数据时代》的作者舍恩伯格认为大数据是一个金矿，要释放其能量，可以有六种创新方式：数据的再利用、重组数据、可扩展数据、数据的折旧值、数据废气、开放数据[①]。这一思路主要是从数据作为一种基础资源出发，比较符合创新是资源的重新组合这一定义。

综合来看，大数据对于创新的影响的基础是透明性提升，让原来无从理解

① [英]维克托·迈尔-舍恩伯格，肯尼斯·库克耶. 大数据时代：生活、工作与思维的大变革[M]. 盛杨燕，周涛，译. 杭州：浙江人民出版社，2013.

或未予关注的交易、言行等有了更加翔实的记录，从而可以作为进一步决策的依据。而组织管理中决策的问题无处不在，从战略到运营，从财务、人事、营销到生产、研发等，从企业到政府，都面临不确定性环境下的决策。大数据的功用在于帮助人们更好、更快捷地利用这些记录，创新性地提出解决方案，来辅助和替代原有决策，提升决策质量。

对大数据创新的应用可以列出大量范例。例如在公共部门，不同部门间更容易地访问对方的相关数据可以大大缩短搜索和处理时间。它可以改变传统上公共部门以同样的方式对待所有公民的做法，实现个性化、精准化服务。

当组织以数字形式创建和存储更多的交易数据时，就可以收集产品库存、人员病假时间、用户偏好更精确和详细的实时数据。大数据使组织能够对流程进行检测、对用户进行高度细分并精确定制，自动调整库存和定价，商店和网上销售，并创造出全新的售后服务。利用数据来分析绩效的偏差，并了解其根本原因可以使企业发现可以创新之处，从而提升绩效管理水平。

随着大数据的发展，很多流程和工作就逐步实现智能化。一旦与物联网、云计算、算法进一步结合，就构成为人工智能/机器学习的一部分。正是这一意义上，大数据成为新一代人工智能发展的基础性技术。

特别需要指出的是，在大数据产业链上，现有研究都一致提出政府是其重要组成部分，将在促进产业发展上扮演更加重要的角色，主要体现在海量公共数据的开放上。2009年，美国总统奥巴马签署了首份总统备忘录《透明和开放的政治》，成立了统一的政府数据开放门户网站：Data.Gov，全面开放政府拥有的公共数据，提供多种应用程序接口，供开发者创建特色应用。这一开放式平台极大地刺激了数据驱动型创新，截至2017年12月4日，该网站开放了15类组织的数据集已经超过了203 031项。其中包括各个联邦机构和25个州政府、8个县、27个城市政府都开放了其数据。从全球看，发达国家都纷纷行动起来，期望通过数据开放获得更好的公私合作，推动创新和社会进步。我国部分地方政府近年也建设开通了本地的开放数据平台。但是政务服务水平最终能否受益于大数据，显然并不仅仅是一个技术问题，而在于政府自身的变革意愿和承诺。

二、人工智能驱动的创新

人工智能(AI)自1956年产生以来,中间经历两次“冬天”,到今天已经变得无所不在。只要打开任何一部智能手机,看看其中的各类应用就可以了解这一点。如搜索引擎、机器翻译、语音助手、滴滴出行、头条新闻、美图秀秀等,都利用了机器深度学习来改进其服务。人工智能试图赋予机器推理能力,终有一天可能会超越人类这方面的能力。目前尽管难以评估其影响,但可以肯定,那就是智能系统会带来相当大的知识生产力提高,并导致我们社会发生不可逆转的变化。

AI被定义为机器和系统获取和应用知识以及执行智能行为的能力(OECD,2016)[①]。一般地理解,可以认为“深度学习+大数据=人工智能”[②]。这意味着智能机器能执行各种各样的认知任务,例如感知、处理口头语言、推理、学习、作决策,并相应展现出移动和操作对象的能力。智能系统结合使用大数据分析、云计算、机器对机器通信和物联网(IoT)来操作和学习。人工智能正在增强新型软件和机器人的能力,这些软件和机器人越来越多地作为自治的代理人,独立于人类创造者和操作者的决定,而不像以前的机器那样依赖于人类。

早期开发人工智能的工作主要集中在定义软件可用于执行任务的规则纲要。这样的系统可以处理狭义的问题,但在面对翻译和语音识别等更复杂的任务时无能为力。近二十年来统计方法的兴起以及数据量的爆发,把AI的重点放在数据分析上,这使人工智能领域取得重大突破。通过机器学习,软件应用程序可以执行某些任务,同时学习如何提高性能,即通过收集和分析其经验数据,并提出对其自身功能的调整,从而逐步改进任务的执行方式。因此,机器会进一步发展、调整和修正自己的规则,指导其运作。物联网和数据分析方面的进步使这一分支的算法更加丰富,用于决策的数据来源越来越多。通过计算能力和机器学习技术的进步,机器的认知能力预计将超越人类(Helbing,

---

① OECD . OECD Science, Technology and Innovation Outlook 2016[R]. OECD Publishing, Paris, 2016.

② 李开复,王咏刚. 人工智能:李开复谈AI如何重塑个人、商业与社会的未来图谱[M]. 北京:文化发展出版社,2017.

2015）[①]。

在各类工厂，AI与机电工程的进步相结合，扩大了机器人在物理世界中执行认知任务的能力，将使机器人无需重新编程即可适应新的工作环境（OECD，2015）。先进的机器人能够适应不断变化的工作环境并自主学习，可以大大节省劳动力成本和提高生产率。例如，人工智能可以带来更好的库存管理和资源优化。此外，人工智能通过在现场替代人类，减少工作事故，加强危险和危险情况下的决策，对安全作出巨大的贡献。

人工智能机器人将越来越成为物流和制造的核心，在生产过程中取代人力劳动。AI正在扩展机器人的角色，传统上其角色仅限于需要速度、精度和灵活性的单调任务。传感器越来越多地嵌入到生产线中，通过适应不断变化的生产要求和工作条件，使传感器更加智能和高效。在AI的影响下，几乎所有行业将会经历一次新的生产革命和激进式的变革，包括农业、化学、石油和煤炭、橡胶和塑料、鞋类和纺织品、运输、建筑、国防、监视和安全（MGI，2013）[②]。

人工智能技术能够通过客户所接触的数据和内容属性去预测用户对新商品新风格的需求（高盛人工智能报告，2015）[③]。对诸如服装这种流行时尚类行业可以通过利用人工智能进行模式识别，更好地理解促销和价格弹性的本地影响，并将其纳入到营销和生产过程中。亚马逊公司也正在朝这个方向前进，并在2013年末获得了一个叫作“预期包装运输”的专利。虽然在原始专利申请文中没有提到机器学习，但是这种类型的系统很明显地最终会通过深度学习进行协调。因为其不仅需要考虑季节性需求，还需要考虑天气、人口统计和独特的用户购物模式所带来的影响。

不仅如此，人工智能还将越来越多地应用于娱乐、医药、营销和金融等广泛的服务行业。大数据分析和人工智能已经使金融业发生了革命性的变化，因为算法在美国已经超越人类，开始自主进行交易（见图8–6）。这一趋势在

---

① Helbing, D. Societal, economic, ethical and legal challenges of the digital revolution: From big data to deep learning, artificial intelligence, and manipulative technologies[J]. SSRN, 2015.

② McKinsey Global Institute. Disruptive Technologies: Advances That Will Transform Life, Business and the Global Economy[R]. McKinsey & Company, 2013, www.mckinsey.com/business-functions/businesstechnology/our-insights/disruptive-technologies.

③ 高盛公司. The real consequences of artificial intelligence[R]. 人工智能发展报告2015.

证券交易所尤其强劲，在期货、期权和外汇等其他类型资产的交易中也很明显。机器学习有潜力提升算法在交易中的作用，让他们随着时间的推移调整策略。许多基于人工智能的产品正在采取基于网络的服务形式。例如，推荐引擎支持了亚马逊、Netflix和Spotify的运营，就是基于机器学习技术。在卫生部门，通过对医疗数据库进行基于人工智能的分析，诊断有可能变得更加精准和可访问（OECD，2016）。手术机器人已经投入使用，进一步的健康相关任务自动化已经成为可能。随着性能的提高，尤其是它的拟人化能力，人工智能可能会越来越多地执行社交任务。“社交机器人”可以帮助满足老年社会的需要，通过人身和心理辅助，人为地扮演同伴，减少老年人的社会孤立（IERC，2015）[①]。

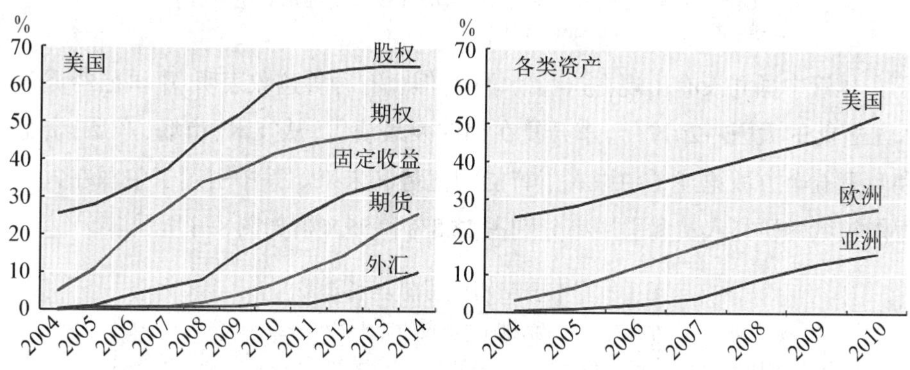

图8–6　算法自动执行越来越多的交易（分种类和地区）

资料来源：OECD (2015), *Data-Driven Innovation: Big Data for Growth and Well-Being*。

根据Appcessories高级编辑马克斯（MAX）2016年6月的统计，美国拥有499家人工智能公司，获得风险投资42亿美元，遥遥领先于各国，英国数量60家，居其次，瑞士在风险投资方面居第二，为2.34亿美元。

从人工智能专利分布看，根据美国专利局（USPTO）的数据，排在前列的公司包括IBM、微软、谷歌、SAP、索尼、三星等。美国、日本和德国公司处于技术前沿。

---

① IERC (European Research Cluster on the Internet of Things). Internet of Things: IoT governance, privacy and security issues. IERC Position Paper, European Communities, 2015. www.internet-of-thingsresearch.eu/pdf/IERC_Position_Paper_IoT_Governance_Privacy_Security_Final.pdf. [2018–3–27]

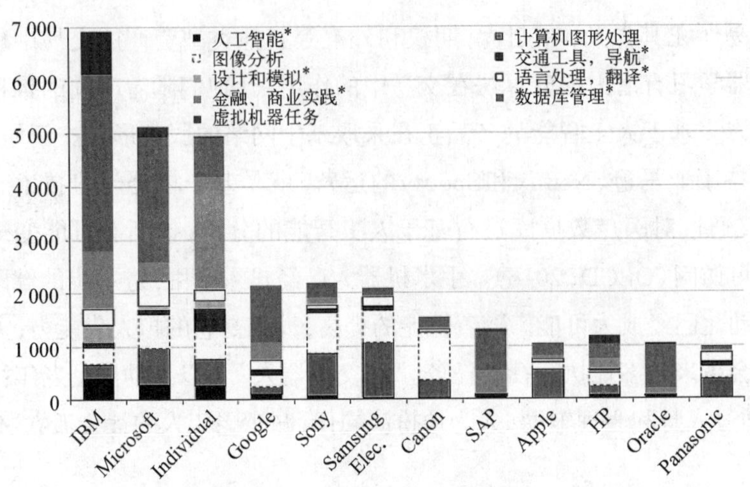

图8-7　美国专利局专利授予情况（按技术类别和所有者）

资料来源：Goldman Sachs(2015)。

尽管中国并没有出现在这些榜单中，但也有种种迹象表明，中国已经成为人工智能的大国。2017年，李开复在MIT发表演讲，从技术、市场、产品、资金和政策五个方面论述了中国人工智能的优势和未来。其中引用了中国在人工智能领域的研究人员和引用率分别占42.8%和55.8%，如图8-8所示。

	2006	2007	2008	2009	2010	2011	2012	2013	2014	2015
% 总论文数	23.2%	22.9%	24.9%	25.6%	26.7%	28.4%	30.6%	33.0%	35.6%	42.8%
% 被引论文	25.5%	27.4%	27.4%	29.7%	32.2%	32.5%	36.7%	42.8%	48.5%	55.8%

图8-8　中国AI研究人员数量在前100期刊/会议中占比

资料来源：李开复（2017）。①

① 李开复博客 http://blog.sina.com.cn/s/blog_475b3d560102xige.html.［2018-4-27］。

李开复提出:“中国的整体思路是大胆尝试,快速迭代,出现问题不会全盘否定,找到解决方法正面解决。我们会获得越来越多的数据,AI表现会越来越好,最终将会推动中国的技术发展进步,成为人工智能强国。”他大胆预测,美、中在人工智能方面的两强局面必将形成。

从国内情况看,根据人才市场的2017年分析报告,目前,北京对人工智能人才需求最旺,超过一半的人工智能岗位招聘都在北京,比例高达54%,其他城市分别是上海(15%)、深圳(12%)、杭州(7%)和广州(6%)。[①]

三、区块链驱动的创新

区块链是一个允许在计算机网络内传递价值的数据库。这项技术有望通过绕开第三方,直接确保值得信赖的交易来颠覆现有市场。

诸如网络浏览器和电子邮件程序之类的互联网应用利用协议来定义互相连接的设备上的软件如何能够彼此通信。尽管大多数传统协议的目的是信息交换,但是区块链可以实现价值交换协议。这项新技术有助于对特定数据附加价值的共同理解,从而可以进行交易。区块链本身就是一个分布式数据库,它是一个开放的、共享的、可信的公共账本,没有人可以篡改,而且每个人都可以监视。基于区块链(例如比特币)的协议明确了网络中的参与者如何使用密码术和普遍的共识来维护和更新分类账。透明而严格的规则和持续的监督相结合,可以区分基于区块链的网络,为用户提供了充足的条件来信任其上进行的交易,而无需一个中央机构。因此,通过消除某个值得信赖的中介机构来保障价值转移的安全,该技术具有降低交易成本的巨大潜力。它可能会颠覆各大市场和公共机构,其商业模式或存在理由在于提供交易背后的信任。

区块链技术最初是为比特币而设计的,比特币是一种不受任何中央银行监管或支持的数字货币。相反,该技术旨在通过防止双重支出并持续追踪货币所有权和交易,从而使其自身可信(即使得中央银行这样可信的第三方不必要)。比特币的供应是有限的,并通过一个数学算法来规定货币的创建速度。

---

① 2017年人工智能行业人才需求数据[EB/OL].[2018-4-27]http: //www.199it.com/archives/627244.html.

更新分类账的过程奖励投入计算资源的用户使用新的比特币加密交易（称为"矿工"），这些新的比特币将进入网络的货币基础。一旦一组交易被加密，整个网络（包括非矿工）就以51%的多数人共识来验证其有效性。与常规货币交易一样，通过双重拍卖系统确定比特币汇率。这种设置激励了审查，从而保证了网络的安全：如果比特币越来越多地被采用，并且其价值相对于其他货币增加，那么将会有额外的激励来为计算奖励提供计算能力。虽然比特币的经验已经迫使人们重新思考货币，但底层区块链技术的预期影响超越了数字货币。这项技术可能会破坏资产管理业务中的老牌企业，也可能会颠覆政府主管部门，并可能会改变许多服务的提供方式。潜在的应用程序可以分为三类：

（一）金融交易

区块链技术的金融应用超越了比特币和数字货币。例如，该技术为跨境汇款支付提供了机会，这通常意味着与汇款额成比例的高交易成本。股权众筹提供了另一个机会，因为它往往涉及与个人投资规模相关的大量行政工作。区块链可能像比特币一样是"未经许可的"，即向所有人开放贡献数据并共同拥有分类账；它也可以是"许可"的，以便网络中只有一个或多个用户可以添加记录并验证分类账的内容。经许可的分类账在私营部门提供广泛的应用。美国已经有很多金融机构，如纽约证券交易所和纳斯达克等清算所、投资银行、信用卡公司和保险公司已经向创业公司投资了约10亿美元使用区块链技术。通过取代跨境支付，证券交易和监管合规所必需的银行基础设施，分布式账本技术每年能削减全球银行服务200亿美元的成本。

（二）记录和验证系统

区块链技术也可用于创建和维护值得信赖的注册管理机构。分布式账本提供了一个健壮、透明和方便的历史记录。它可以用于存储任何类型的数据，包括资产所有权。可能的用途包括土地所有权和养老金的登记和所有权证明，以及艺术品、奢侈品（如钻石）和昂贵药品的真实性和来源的核实。而传统钻石产业链是分散而基于纸质的，这可能导致遗失或篡改。

共享区块链分类账也可以通过加强会计作业，提高透明度和促进审计，防止腐败和提高效率，为公共部门的资源分配带来显著改善。这项技术可以进一步确保其他政府记录和服务的完整性，包括税收、福利的提供和护照的签发。不同级别政府内的共享分类账可以确保交易的一致性和无误性。另外，鉴于新兴国家的主要公共和私营机构不发达，金融市场信任度不高以及公共服务的低效率，区块链可以为金融服务和公共注册管理机构的发展提供“快车道”。

（三）智能合约

智能合约是一个经各方签订后，重要条款可以自动执行的合约。举例来说，如果买方同意在某个物品的市场价格高于100元时，就从卖方购买100件（以100元的价格）。而当市场价格低于100元时，就不从卖方进货。这些条款都是自动执行，就是一个智能合约。通过这种方式，交易本身可以充当收据，在满足特定条件时自动清算。基于区块链的这种“智能合约”也被称为可编程货币（Bheemaiah，2015）[①]。在转移中作为编程代码指定的条件可以用来提供服务，诸如数据的云存储（例如Dropbox）、市场（例如eBay）以及用于共享经济的平台（例如Uber和AirBnB）。微软正在这个领域建立一个合资企业，为租用计算机服务器提供服务。智能合约还可以为媒体传送平台提供支持，防止盗版，并确保音乐人和电影制作者获得数字内容传播版税（Nash，2016）[②]。

当然，区块链还存在一些技术上的不确定性，这限制了其推广。此外，确保反篡改账本（目前由比特币使用）的标准数学算法随着网络变得更加细致化而变得更加计算密集化。图8–9显示了自2010年以来，比特币网络的总计算能力如何以指数速度增长。随着越来越多的矿工进入网络，数学算法使得加密过程更难以保持比特币的创建速度。这意味着处理和验证在网络内进行的交易所需的大量电力，估计该电量与爱尔兰全国用电量相当。目前正在开发和测试更少的用于达成安全共识的计算密集型替代方案。

达沃斯论坛创始人克劳斯·施瓦布（Klaus Schwab）认为，区块链作为继蒸汽机、电气化、计算机之后的第四次工业革命的重要成果，预计到2025年之前，全球 GDP 总量的 10%将利用区块链技术储存。市场研究机构Gartner预测，2020年，基于区块链的业务将达到1 000亿美元，除金融业外，制造业和供

---

① Bheemaiah, K. Block Chain 2.0: The renaissance of money［EB/OL］. *Wired*, 17 February, 2015. www.wired.com/insights/2015/01/block–chain–2–0/［2018–4–27］.

② Nash, K.S. Blockchain: Catalyst for massive change across industries［EB/OL］.［2018–4–27］*The Wall Street Journal*, 2 February, 2016. http: //blogs.wsj.com/cio/2016/02/02/blockchain-catalyst-for-massive-change-acrossindustries/.

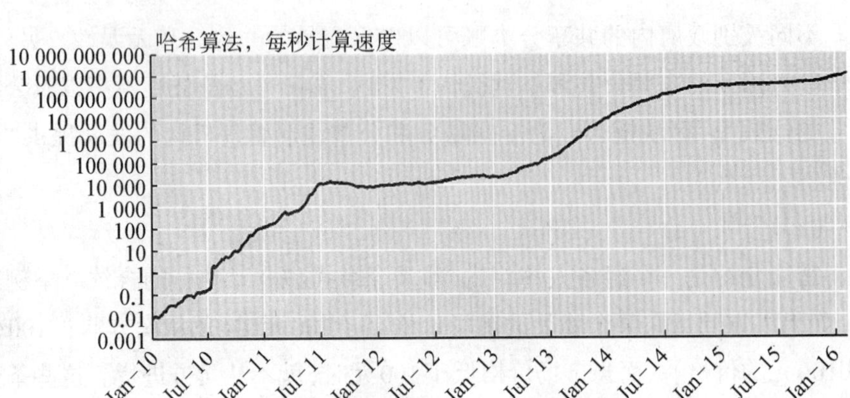

图8-9　比特币网络总计算能力

资料来源：OECD（2016）。①

应链管理行业将为区块链带来万亿美元级别的潜在市场。

我国工信部于2016年出台《中国区块链技术和应用发展白皮书》②对区块链生态系统如图8-10所示，其中提及区块链的应用场景包括金融、供应链、文化娱乐、智能制造、社会公益和教育就业等。

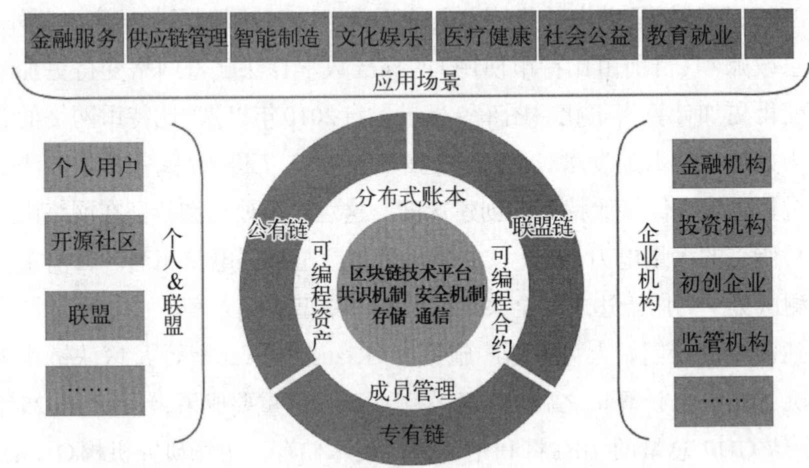

图8-10　区块链生态系统

资料来源：中国区块链技术和产业发展论坛《中国区块链技术和应用发展白皮书（2016）》。③

① OECD. OECD Science, Technology and Innovation Outlook 2016[R]. Paris: OECD Publishing, 2016.

②③ 中国区块链技术和产业发展论坛. 中国区块链技术和应用发展白皮书（2016）[R]. 工业和信息化部信息化和软件服务业司，2016.10.

腾讯研究院（2017）[①]提出区块链经济的发展，可分为三个阶段：第一阶段是酝酿期，时期为2009—2012年，经济形态以比特币及其产业生态为主。第二阶段是萌芽期，时期为2012—2015年，区块链随着比特币进入公众视野，新生的钱包支付和汇款公司出现，区块链经济扩散到金融领域。区块链底层技术创新不断。区块链技术从比特币系统中剥离出来。第三阶段是发展期，2016年开始探索行业应用，出现了大量区块链创业公司。预计2017年将进入到行业应用的爆发期。

据Blockchain Angeles不完全统计，全球共有1 175家区块链创业公司先后设立，主要集中在美国、欧洲及东亚等少数国家地区。根据研究机构CBInsights 2017年数据显示，从2012年到2017年2月14日，全球43个国家的比特币和区块链企业已经获得15.5亿美元股权投资。美英的区块链交易额全球领先，其中美国占55%。前10家获得投资最多的区块链企业有7家在美国。

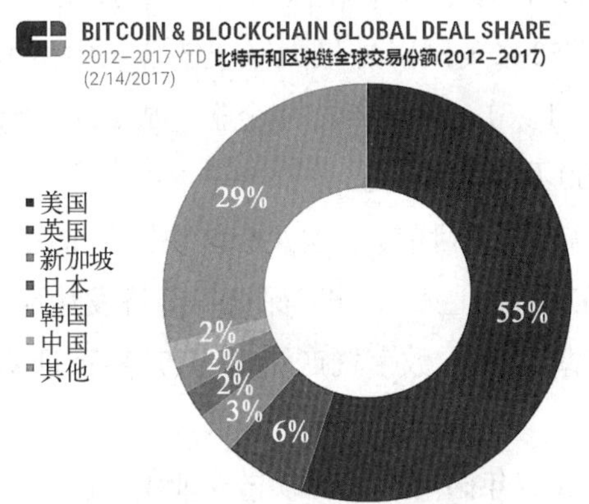

图8–11　区块链全球交易份额（2012—2017）

资料来源：CBInsights。

2017年美国以外的主要国家区块链融资情况如下：

英国：2017年英国比特币和区块链领域已经完成4宗投资交易。目前，获得投资最多的英国初创企业是Blockchain，获得3 050万美元A轮投资；德勤宣布收购SETL少数股权后，这家公司获得了媒体关注。

新加坡：自2012年新加坡初创企业已经完成16宗投资交易。2015年

① 腾讯研究院．腾讯区块链方案白皮书：打造数字经济时代信任基石［R］．2017.4.

Luno获得400万美元A轮投资，成为新加坡比特币行业投资额最大的交易。

荷兰：Bitfury Group是荷兰获得投资最多的比特币初创企业。

日本：2016年日本初创企业完成3宗投资交易，投资额接近5 400万美元。bitFlyer获得2 700万美元C轮投资。

国际上区块链联盟最著名的有设在美国的R3区块链联盟，成立于2015年9月，目前已经有40多家国际银行组织加入，成员几乎遍布全球。2016年，该联盟将寻求与非银行金融机构和团体合作。R3使用以太坊和微软Azure技术，将11家银行连接至分布式账本。其次是设在欧洲的“超级账本”（Hyperledger），是Linux基金会于2015年发起的推进区块链数字技术和交易验证的开源项目，成员包括：荷兰银行（ABN AMRO）、埃森哲（Accenture）等十几个不同利益体，目标是让成员共同合作，共建开放平台，满足来自多个不同行业各种用户案例，并简化业务流程。

从国内情况看，中国比特币和区块链领域投资有很大发展空间。在CBInsights所列举的50家美国以外最大区块链公司中，中国大陆共有5家（北京、上海各2家，深圳1家）。2016年矩阵金融完成2 300万美元A轮投资，其次是OKCoin获得1 000万美元投资。

根据腾讯研究院统计，目前，中国共有区块链创业公司及研究机构近 100家，其中主要分布在北京、上海、杭州、深圳等经济发达地区，创业企业主要集中在区块链的底层基础架构、数字资产流通、资产鉴证证明、物流、供应链等领域应用。

据不完全统计，2017年国内52家区块链企业中，北京有22家，占42.3%，上海和广东各11家，杭州6家，成都2家。这大体能反映出国内区块链产业发展现状。

从目前所成立的区块链联盟看，主要以北京、上海和深圳为主，部分列举如表8–5所示：

表8–5　国内主要区块链联盟一览

联　盟	成立时间	城市	使　命	参与公司
中国分布式总账基础协议联盟	2016.4.19	北京	将致力于开发研究分布式总账系统及其衍生技术，其基础代码将用于开源共享，知识产权成果共享	大连飞创、矩阵金融、通联支付、机构间市场、中国印钞造币、上海股权托管等9家机构

（续表）

联　盟	成立时间	城市	使　　命	参与公司
中国互联网金融协会区块链研究工作组	2016.6.15	北京	区块链在金融领域应用的技术难点、业务场景、风险管理、行业标准等方面开展研究，跟进国内外区块链技术发展及在金融领域应用创新，密切关注金融风险和监管问题	各大传统金融机构、新兴互联网金融企业、金融基础设施机构、科研院所
银行间市场区块链技术研究组	2016.8.12	上海	银行间市场区块链技术、监管及法律框架的前瞻性研究以及与R3等国际区块链联盟的联系	中国外汇交易中心、上海黄金交易所、上海清算所、中国国债登记公司、中国银行间市场交易商协会、中国银联、四大国有银行、复旦大学等19家机构
陆家嘴区块链金融发展联盟	2016.10.9	上海	聚焦区块链技术在银行、证券、保险、互联网金融等金融服务领域的应用延伸	上海市互联网金融行业协会、上海金融业联合会和中国金融信息中心等13家机构
金融区块链合作联盟（深圳）	2016.5.31	深圳	将利用区块链技术在信息安全及身份识别领域的应用机会来提高公司产品的安全和效率	微众银行、平安银行、招银网络、京东金融、腾讯、华为、银链科技、深圳市金融信息服务协会等31家企业
前海国际区块链联盟	2016.8.3	深圳	建立区块链技术及其应用推广的集约高效生态环境，加快区块链技术成果产业化进程，促进区块链技术在中国社会经济建设各个领域的推广应用	微软、IBM和香港应用科技研究院（ASTRI）

专栏8–1 区块链在公共医疗部门的应用①

美国波士顿有26个不同的电子病历系统，每个系统都有自己的语言来表示和共享数据。关键信息通常分散在多个设施中，有时甚至在最

① Mike Orcutt. Who Will Build the Health-Care Blockchain? [J]. MIT Technology Review, September 15, 2017. https: //www.technologyreview.com/s/608821/who-will-build-the-health-care-blockchain/.

需要的时候无法访问——这种情况每天在美国各地发生，耗费大量金钱甚至生命。

想象一下，当医生看病或写新的处方时，患者同意在区块链中加入一个参考或“指针”——一个像比特币一样的分散数字总账。这种区块链不是通过支付，而是将重要的医疗信息记录在由计算机网络维护的几乎不可破坏的加密数据库中，任何运行该软件的人都可以访问。不管医生使用哪种电子系统，他登录区块链的每一个指针都将成为病人记录的一部分，所以任何看护者都可以使用它，而不用担心不兼容问题。

全球的技术专家和医疗保健专业人员将区块链技术视为一种以安全的方式简化医疗记录共享的方式，保护敏感数据免受黑客攻击，并让病人更好地掌握信息。但是，在全行业医疗记录革命之前，必须建立一个新的技术基础设施定制的“医疗区块链”。

Gem是一家帮助企业采用区块链技术的创业公司，其账户负责人Emily Vaughn说，这只是刚刚起步。她说：“可能有一些特定的规则，我们希望引入协议之中，使其有助于卫生保健。这一系统必须促进病人和提供者之间复杂的健康信息交换，例如提供者之间以及提供者和付款者之间的交换——同时保障安全，免受恶意攻击和遵守隐私条例。”

波士顿Beth Israel Deaconess医疗中心和麻省理工学院媒体实验室的研究人员合作利用基于以太坊（Ethereum）的私有区块链，开发了一个名为MedRec的原型系统。它会自动跟踪谁有权查看和更改某人正在服用的药物记录。MedRec也解决了任何人想要在区块外进行数字货币交易的关键问题：矿工。通过比特币和其他加密货币，矿工们使用计算机执行计算，验证区块链上的数据，这是保持系统正常运行的关键服务。反过来，他们会得到一些货币的奖励。

MedRec激励矿工通常是医学研究人员和卫生保健专业人员，通过奖励他们访问可用于流行病学研究（只要患者同意）的患者记录中汇总的匿名数据来执行相同的工作。但是这样的挖掘是计算密集型的，执行这项工作的计算机会消耗大量的能源，从而降低系统速度。但这个过程在医疗应用中可能不是必须的。相关人员说，MedRec的后续版本可能会尝试摆脱比特币风格的挖掘。例如，医疗区块链可以依靠一些医院可用的丰富的计算资源来验证信息的交换。

无论哪种方式，区块链对医疗行业的潜力取决于医院、诊所和其他组织是否愿意帮助创建所需的技术基础设施。虽然公共卫生网络中的各个组织共享相同的总体使命，但数据使用协议和政府隐私规则的复杂混杂规定了哪些成员可以访问信息，哪些成员可以修改信息。为确保正确的组织或人员发送或接收正确的数据，并确保使用正确，需要多个额外的流程。

区块链系统可能造成巨大差异的一个例子是在像流行病这样的公共卫生危机期间。疾病预防控制中心有一个现有的移动应用程序，当地的卫生工作者可以用来记录患者的信息，并帮助确定哪些药物应该分配给谁。区块链可以让疾病控制中心以更快的速度存储和共享数据，同时遵守安全和隐私法律。

专栏8–2　互联网创新故事新编：和尚和木梳[1]

创新有不同的境界。高超的创新策略总让人眼前一亮，有柳暗花明又一村之感。有一则流传甚广的故事是这样的：

流丝公司生产各类梳子，为了扩大经营招销售主管，考题是“如何把木梳卖给和尚？”以10天为限，卖得多者胜出。绝大多数应聘者知难而退，最后只有三个人应试。

10天后，经理问第一个回来的应试者：“卖出多少把？”回答：“只卖出1把。”并且历数辛苦，直到找到一个有头癣的小和尚才卖出一把。

① 笔者的专栏文章，2016年8月刊发在公众号“复旦商业知识”。

第二个应试者回来，经理问："卖出多少把？"回答："10把。"并说是跑到一座著名寺院，找到主持说山风吹乱了香客头发对佛不敬，主持才买了10把放在香案上，以备不时之需。

第三名应试者是位女士，回来后兴冲冲地走进总经理室。没待总经理提问，她就说："老总，我卖了1 000把，不够用还要增加。"总经理惊问："是怎么卖的？"

女士说："我到一个香火很盛的深山宝刹，香客络绎不绝。我找到主持说，来进香的善男信女都有一颗虔诚的心，宝刹应该有回赠作为纪念，我有一批木梳，主持书法超群，可以刻上'积善梳'三个字做赠品。主持大喜，我带的1 000把全部要了。得到梳子的香客也很高兴，香火更加兴旺，主持还要我再卖给他梳子。"

很自然地，流丝公司优先录用了第三名应试者。这位女士果然不负众望，不仅与国内的大寺庙建立了长期的合作关系，还针对不同的寺庙设计和销售出不同种类的梳子，开辟了寺庙这一巨大的新市场。随着各大寺庙香火的蒸蒸日上，梳子公司也逐渐成长为业界翘楚。而她本人由于业绩突出，几年后就晋升为公司的营销总监。

就这样过了十多年。有一天，一位业务人员回来反映说有寺庙业务出现了下滑。问其原因，说是另有一家不知从哪儿来的虔道公司提供免费的梳子。

营销总监一笑置之，说现在一些小梳子公司为了打入市场搞恶性竞争，但不可能长久。因此她号召要稳住阵脚，不要盲目跟进，要进一步加强市场调研，跟踪竞争对手，同时希望产品生产部门加强研发设计，提供材料更加多样化、更加精巧、更加个性化的梳子。

但是到了次年，越来越多的寺庙开始转向这家免费的虔道梳子公司。为了清库存，流丝公司也不得不跟进，实施降价策略。但是免费的冲击实在太大，只两年不到的时间，几乎所有的寺庙，就连最初的那家宝刹都开始转向了，流丝公司的寺庙业务全面下滑，公司出现了重大危机。

总监决定去拜访一下当初那家宝刹的长老，了解究竟。

老朋友相见，长老备了清茶，双方蒲团就座。

“女施主好久不见，听闻事业发达。此次远道而来，不知有何贵干？”

总监感叹：“人生难免有波折，我听说长老您这边不用我的梳子了，因此我这次来，一是为了静静心，二是还想请长老帮我解解谜：我们双方长期的合作关系，却被一家不知名的梳子公司轻松地破坏了。与免费的公司竞争，是我出道以来从未经历过的，我觉得不公平。”

长老说：“出家人不懂你们商家的竞争，也解不了你的谜团。从佛家看，这也算是缘分吧。我庙与贵公司因缘而聚，缘尽而散。我们非常感谢施主赠送梳子的金点子，帮助我佛光大事业。只是这次取代你们的却不是一家梳子公司。”

总监十分吃惊：“不是梳子公司？！”

长老说：“出家人不打诳语。这家虔道公司确实有些特别。公司牛总不但是个成功商人，也是我佛中人，一位在家修行的居士。他发现我们的梳子需要采购，就说愿意捐助梳子，我们合作做了一个佛学推广微信公众号，香客拿到梳子，只要用手机扫描二维码关注一下就行了。我想，对于寺庙来说，只要梳子质量有保证，其他如款式设计倒不是最重要的。再说他们提供的梳子与你们的差异也不大。虽然梳子采购不是很大的一笔费用，但本寺庙近年来维护扩建确实都需要增加善款。能省下一笔费用，也是极好的。在香客方面，赠送梳子关注微信号，只要自愿，也是能接受的。你觉得他是用免费跟你们竞争，在我们看来，却是一件虔诚信徒所做的善事。”

总监越听越纳闷，接着问：“那这家公司是做什么的呢？”

长老抿了一口茶，说：“他们只是一家互联网公司，据说是提供旅游出行服务的。每次牛总来，总是喝茶谈经，绝不提业务。所以其他的，我也不知道。女施主如果多来小庙喝喝茶，或许能了解得更多。阿弥陀佛……”说到此处，长老开始闭目养神。

总监知道自己该告辞了。

老把式遇到了新问题。在互联网年代，平台企业不经意就跨越传统的行业界限，而且常常是以免费的方式，无疑给这一行业带来巨大的冲击。传统企业如何与免费的闯入者开展竞争？这显然超越了传统营销的范畴，著名的“4P”理论，其中一条就是价格。各种营销策略在免费的冲击下全部失效。

确实，传统微观经济学又称为“价格理论”，认为价格携带有供需双方的全部信息，消费者和企业通过价格作出反应。但它没有讨论的是：当价格为零时，它传导出何种信息，对企业来说意味着什么？从传统经济环境过来的人们一下子很难理解和接受免费的观念，很多人拒绝承认现实，认为应该用法律来禁止此类“不正当竞争”的行为。

随着互联网在不同行业的渗透，其商业模式呈现出一定的规律性，就是大打“免费”牌，直接颠覆行业原有的规则。这表明商业竞争的根本逻辑已经发生了变化。

《连线》杂志前主编克里斯·安德森为此专门写了一本书《免费：商业的未来》，对免费现象作了深入的剖析。他提出三大免费模式（直接交叉补贴、三方市场、免费加收费），列举了50个免费的商业模式。从流丝公司的案例看，它不小心进入了互联网平台公司交叉补贴的范围。但是作者似乎没有回答这样一个问题：对于传统经济环境下成长起来的企业，如何应对免费的挑战？

流丝公司面临的基本选择可以有两条：竞争或合作。一是迅速与虔道公司取得联系，以公司在木梳方面的生产优势和规模，与之讨论结盟事宜。争取虔道公司能从本公司进货，进而持续分享这一寺庙梳子市场。

二是自己成立互联网公司或与虔道公司的竞争对手合作，与虔道的跨界“打劫”行为进行对抗，通过商业模式的创新，对公司进行全面的变革。

但是，对传统企业来说，无论哪种策略，都需要从根本上作出变革。因为企业的整个生产营销体系是围绕着传统工业社会组织起来的，对互联网经济所要求的扁平化、民主化、开放式的组织有着不小的距离。

当然，这听上去已经不是一个营销创新故事了，而将是一个公司战略转型的故事。

第九章　互联网创新的分类考察

互联网对不同类别的创新的影响有较大差别。本章借鉴OECD奥斯陆手册(2005)的分类方法和定义,将创新分为产品、流程、组织和营销四类,尝试从另一个侧面分析互联网各类技术对其的影响。除此之外,还有相对比较复杂的商业模式创新,这可能是当前最为引人瞩目的方面,本章将作重点分析。

第一节　互联网对传统创新的影响

一、互联网对产品创新的影响

产品创新是指引进一个在特征或预期用途上有新的、显著改进的商品或服务,包括技术规范、部件和材料、嵌入式软件、用户友好性或其他功能特征方面的改进(OECD, 2005)①。互联网对产品创新的影响表现在:

(1)用户贡献知识成为产品创新源。企业可以借助网络虚拟社区、社交媒体平台等吸收网民的意见,让用户贡献力量,激发更多的产品创意,缩短创意商业化过程。企业也有更多试错机会,降低产品创新风险,互联网成为产品创新之源。

(2)用户情感和行为分析成为产品创新源。企业借助于互联网上大数据挖掘,对用户偏好进行分析,实时调整,不断推出创新产品。例如,网飞(Netflix)公司在推出《纸牌屋》时,就借助于它所掌握的每天用户在 Netflix 上

---

① OECD. Oslo Manual: Guidelines for Collecting and Interpreting Innovation Data (Third edition) [J]. Paris: OECD Publishing, 2005.

产生3 000万多个行为，比如暂停、回放或者快进时都会产生一个行为，Netflix的订阅用户每天还会给出400万个评分，还会有300万次搜索请求，询问剧集播放时间和设备等，据此安排剧目和演员等。

（3）互联网创意集市为企业产品创新提供源头。比如著名的创意集市网站InnoCentive.com在2014年初已经汇集35.5万多名来自200个国家的用户。除了各专业的科学家，还包括技术专家、工程师、学生等，65.8%的人拥有博士学位，成为全球首屈一指的网络创意社区。很多大公司如宝洁越来越多地利用这样的网站，将自己的创意进行外包。中国和俄罗斯国家科学院还与InnoCentive签订了合作协议。

（4）利用互联网精准满足用户的个性化需求。借助于3D打印技术，创造独一无二的定制产品。例如用户自己设计的T恤、马克杯、小铜像等个性化商品。

（5）互联网可以加快企业创新产品的扩散速度和范围。借助于互联网无远弗届的威力，尤其是大的平台，企业创新产品可以让更多人接触和了解。

（6）企业可以互联网借鉴和开展跨界的创新行为，将一个领域或行业的产品引入另一个领域或行业。例如阿里巴巴公司所推出的余额宝个人理财服务。

二、互联网对流程创新的影响

流程创新是指实施新的、有显著改进的生产和交付方法，包括技术、设备和软件的显著性改进。企业有不同的流程创新，包括研发、生产、采购、物流、资金等，对流程的创新目的在于降低单位生产和交付成本，提升质量或加快响应速度。早在20世纪90年代，Hammer（1990）就提出企业可以利用信息技术开展一次流程再造革命。[①]互联网出现之后，这种影响又被扩大了许多倍。相比于制造业的流程作为一种生产工艺，服务业的流程创新本质上就是其产品创新。而随着制造业服务化，流程创新的重要性无疑越来越重要。

---

① Michael Hammer. Reengineering Work: Don't Automate, Obliterate[J]. Hardvard Business Review, July, 1990.

企业内部流程较多，以下只尝试列举互联网对其中一部分重要流程创新的影响：

（1）客户服务流程。互联网的出现根本性地改变了客户服务流程，很多原来由企业完成的工作，现在可以完全外包给用户完成，用户成为创新的一环。比如通信运营商、银行的业务办理和变更等。

（2）研发流程。在互联网环境下，除了影响研发产品的创新，研发流程的创新的影响也是很显著的。互联网不仅扩大了研发的合作范围，更替代了传统的线性研发思维，还将各类实验在同一平台并行操作，提升了研发质量和速度。

（3）生产和质量监控流程。除了很多制造型企业将互联网应用于生产过程的远程监控，实现无人的自动化工厂。一些企业如农、牧、渔产品生产企业为了获得用户的信任，也逐渐将畜牧、屠宰、加工处理过程完全透明化，利用互联网进行实时监控和跟踪，确保产品质量。

（4）采购和库存管理流程。互联网让企业可以实现全球采购，通过价格的比较，实施全透明的采购。同时借助于物联网技术，库存面向供应商开放，可以实现自动的实时补货，甚至可以将库存直接放在供应商处，实现零库存。

（5）内外部物流流程的改进。借助于互联网监控产品在运输中的状态，尤其是一些易腐烂、变质的生鲜商品。对于此类物流公司来说，监控其状态至关重要。物流的透明化，使得企业可以更好地管理交付服务，从而提升用户满意度。

（6）内部协作流程。企业可以利用互联网开展全球研发合作，改变了原有局限于部分领域的协作。通过吸收不同国家的专业人才，加快产品研发速度，降低产品开发周期。

三、互联网对组织创新的影响

组织创新是指在企业经营、车间组织或外部关系中实施新的组织方式。其目标是通过减少行政成本或交易成本、提升一线员工满意度、获得不可交易的资产（如隐性知识）、降低供应成本来提升组织绩效。互联网与传统的官僚式是基于完全不同乃至对立的组织思维。传统组织强调管控和命令（control

& command)，互联网组织则要求扁平化和自组织，强调自由组合和灵活性。因此它必须要求企业开展组织创新，具体体现在：

（1）在互联网的冲击下，组织有呈现社区化的趋势。咨询公司麦肯锡在2010年提出Web 2.0将对商业产业巨大的影响，其中最引人注目的是网络化或社会化企业（social enterprise）的崛起，此类公司广泛地使用协作型Web 2.0（典型的如社交网络和博客）与雇员的努力相结合，并扩展企业和客户、合作伙伴和供应商的关系。

（2）互联网击碎了所谓的"科斯地板"（Coasean Floor）①，即当交易成本突然瓦解时，也即很多人共同工作，完成一项任务，但是不需要任何（或极低的）监管、沟通和协调成本。此时松散的个体比有组织的企业能产生更高效的成果，企业就没有存在的必要或可能了。舍基（2009）认为这是互联网所带来的"藏在科斯地板底下"的情况②。

（3）互联网让企业组织变得松散，挑战传统企业有关"管理和控制"理念。互联网企业上下级之间趋于平等，组织变得透明化，信息沟通畅通无阻，员工更加适应教练式、服务式的领导、管理和考评，传统的管理幅度和跨度的概念变得淡薄。

（4）互联网呈现出对等、开放、共享的特点，是基于广泛的免费分享的思想。凯文·凯利称之为"数字社会主义"③。它必然是一个多元化的协作组织，这与传统组织注重阶层等级、思想统一形成对立。尽管组织并不必然解散，但是在互联网文化的冲击下，新一代员工已经完全不能适应原有管控的思维方式了，组织内部民主会得到更加普遍的实施，组织内部文化也会更加包容多样化。

（5）移动互联网对工作场所带来的影响是众所周知的。它不仅形成了广泛的SOHO一族，让很多大型公司工作场所变得更加空旷，也为公司节约下大笔的场地费。员工可以没有固定的办公桌，只要带上自己的智能终端，在健身房里就可以把工作给做了。通过网络会议，散布全球的员工之间的沟通成本

---

① "科斯地板"（Coasean Floor）是相对"科斯天花板"（Coasean Ceiling）而言的。科斯发现由于巨大的交易成本使得企业在某些情况下与市场比较具备相对的经济优势。天花板是指公司的扩大越过了某个点，就会导致自身的崩溃。地板则是指最小规模的企业存在的理由。

② ［美］克莱·舍基. 未来是湿的［M］. 胡泳，沈满琳，译. 北京：中国人民大学出版社，2009: 21–30.

③ ［美］凯文·凯利. 技术元素［M］. 张行舟，余倩等，译. 北京：电子工业出版社，2012: 242.

和方式也得以大大下降。更为重要的是，借助于虚拟现实技术完全可以实现隐性知识的异地转移。

(6) 专业主义盛行，企业忠诚度成为挑战。在互联网环境下，自由的人们将更加忠诚于专业，而非特定的公司，他们将逐渐不再固定服务于特定组织，而是可能作为自由职业者和专业服务者，利用自己的专业为多个组织服务。这本身是共享思想的一种应用，但与此同时，也给企业带来了如何激发员工忠诚度的挑战。

四、互联网对营销创新的影响

营销创新是指新营销方法的实施，包括产品设计、包装、位置、促销或定价方面的显著改变。其目的在于更好地满足用户需求，打开新的市场，或对产品作全新的市场定位。

互联网的基本特征是平台效应显著。行业的正循环和负循环非常显著，企业面临着要么成为行业数一数二，要么沦为被淘汰的选择。很多传统环境下特定事件的影响，在网络可能得以成千上万倍的放大。这使得企业营销有了更好的机会，但由于信息过载，同样也面临更巨大的挑战。

互联网对营销创新的影响包括：

(1) 互联网直接影响企业与用户的互动方式和频次。企业与用户之间不再受地理和营业时间的限制，沟通渠道变得无限宽，实现每周7/24小时的沟通。

(2) 口碑变得空前重要，病毒式营销大行其道。用户之间因为互联网实现了广泛的相互沟通，降低了用户与企业之间的信息不对称。这既给企业营销带来了挑战，企业变得很难按传统市场细分方法区隔用户，但也让企业获得通过口碑营销实现产品和品牌的广泛传播的机会。

(3) 粉丝经济的崛起。粉丝的力量强大，他们不但可以进行口碑的传播，还能为企业提供多方面的支持，是企业借助于互联网开展营销推广的新方式。“1 000个铁杆粉丝”定律的提出，成为企业营销推广的重点。

(4) 用户定价成为可能。在互联网环境下，产品的交付流程完全透明化，从而可以通过竞价的方式，让用户定价。比如专车服务，一定程度上就是通过用户竞价来获得不同的服务。用户可以通过在一定底价基础上，在交通繁忙时获得优质的专车服务。

（5）精准广告和大数据营销。互联网让企业实时监测的网上用户的行为，从中分析其消费心理，提供基于位置的服务，对用户市场进行无限细分，实现完全的个性化，从而实现精准的广告和营销服务。

（6）营销推广和分销方式的创新。互联网出现之后，除了一些完全可以通过网上交易实现的数字产品，一些产品还需要网下的配合，包括体验门店的设置。这需要网上网下的互动配合，也即O2O新的推广方式和营销模式。

（7）公关策略的创新。在网络上，对品牌的负面新闻总是传播得比较快，范围更加广，这导致企业面临危机。这种情况下，企业必须创新自身的品牌公关策略，在第一时间快速作出反应，将负面影响降到最低程度。

（8）发现用户潜在需求。互联网可以帮助企业发现用户潜在需求。

（9）社交媒体营销。社交媒体营销的本质是借助于用户的网络关系开展营销，通过同一族类人群扩散产品或品牌。社交媒体最主要的人群聚合方式是圈子，人们以相同的志趣结成不同的圈子，如旅游、读书、聚餐等。从而可以通过圈子开展营销，包括意见领袖、网下活动的推广等。

第二节 互联网与商业模式创新

有关“商业模式”最早可追溯到原始人类社会物物交换过程中商人最初出现之时，但真正引起人们广泛关注只是近二十几年来伴随着互联网的出现和快速普及之后的事。

“商业模式”一词第一次出现在Bellman et al.（1957）①一文中，第一次作为标题则出现在Jones（1960）②中，但是其含义与现在的理解有所不同。此后

① Bellman, R., C. Clark, et al. On the Construction of a Multi-Stage, Multi-Person Business Game[J]. Operations Research, 1957, 5(4): 469–503.

② Jones, G. M. Educators, Electrons, and Business Models: A Problem in Synthesis[J]. Accounting Review, 1960, 35(4): 619–626.

文献对此有过少量的讨论，直到20世纪90年代后期才开始再次出现爆发式增长，受到广泛关注。由图9–1可以看出，从1995年到2009年，这一主题的各类相关文献经历了一个指数式的增长（Zott et al., 2011）[①]。这与互联网开始商用，很多信息技术公司开始快速崛起的潮流正好合拍。美国学者们发现2000年左右一段时间内，"商业模式"（business model）在媒体中出现的词频与Nasdaq指数趋势呈现高度一致性，这反映出商业模式与信息通信技术之间存在内在的联系（Ostenwalder et al., 2005）。[②] 当然"商业模式"一词并没有随着网络泡沫破灭而消失，而是进一步受到关注。

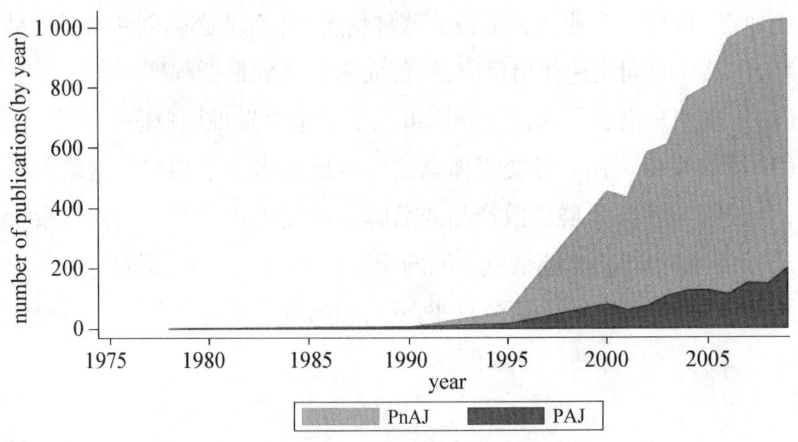

图9–1　商业模式在文献中的词频

说明：PnAJ = 非学术期刊中出版的文章；PAJ = 学术期刊中出版的文章

资料来源：Zott et al.(2011), Business Source Complete, EBSCOhost database, January 1975–December 2009。

从图9–1也可以看出，学术界对商业模式的兴趣和认同度远不及实业界。很多顶级管理学期刊中甚至没有刊登与商业模式直接相关的文章。已有的文献主要关注于澄清商业模式的本质，及其与公司业务产品战略、运营流程、技术创新等之间的关系。大量的文献是关于商业模式概念的诠释、案例分析和不同商业模式之间的比较，通过对商业模式创新的总结，为实践提供指导。从

① Zott, C., R. Amit, L. Massa. The business model: recent developments and future research[J]. Journal of Management, 2011, 37(4): 1019–1042.

② Osterwalder, A., Y. Pigneur, C. L. Tucci. Clarifying business models: Origins, present and future of the concept[J]. Communications of the Association for Information Science (CAIS), 2005, 16: 1–25.

实践界看，据IBM商业价值研究院2006年以来所开展的全球CEO系列研究报告显示，各行业高层经理都将商业模式创新作为重要优先事项。其2009年跟踪研究显示有70%以上的公司正在开展商业模式创新，高达98%的公司正在不同程度变革其商业模式（Casadesus-Masanell and Ricart, 2011）。[①]

对于现有成熟企业来说，需要时刻对新涌现的商业模式保持警觉，从中学习和借鉴，保持内部的创业精神，实现商业模式创新。相反，对于创业者来说，需要向投资者及相关方说明自己的商业模式是什么，以及未来如何能够借助于这一新颖的商业模式撬动和颠覆现有市场。

当前对于商业模式的研究正处于如火如荼的发展之中。一个显著的特点是，对于商业模式存在战略、技术创新和创业等多种视角，没有一个普遍接受的定义，对商业模式创新的分类和影响呈现多样性，尚未形成一个统一的研究范式（Spieth et al., 2016）。[②]有鉴于此，本章通过对近年来国外的相关研究，拟对何谓商业模式、商业模式不同模型，以及商业模式与技术创新的关系作一个相对系统的梳理和回顾，探索这一范式形成的理论基础。

一、商业模式概念的源起和发展

如前所述，商业模式的最新发展是源于互联网电子商务的快速崛起，人们对于在互联网这一全新环境下如何做生意感到好奇，最初称为“电子商业模式”（e-business model）。随着这一概念的发展，人们渐渐才发现，其实不仅仅在电子商务范畴，传统商务同样存在商业模式的问题，从而使得这一概念具有更大的包容性。

对于何谓商业模式，不同学者从不同的理论视角作出了定义，如果仅从表现形式看，有不下30种（Morris et al., 2005）。[③]通过归纳，发现多数文献直接或间接采用以下七种典型的定义：

---

① Casadesus-Masanell, R., J. E. Ricart. How to design a winning business model[J]. Harvard Business Review, 2011, 89(1/2): 100–107.

② Spieth, P., D. Schneckenberg, J. E. Ricart. Exploring the linkage between business model (&) innovation and the strategy of the firm[J]. R&D Management, 2016, 46(3): 403–413.

③ Morris, M., M. Schindehutte, J. Allen. The entrepreneur's business model: Toward a unified perspective[J]. Journal of Business Research, 2005, 58: 726–35.

（一）商业模式是一种架构

欧洲委员会的Timmers（1998）较早提出一种定义，认为商业模式是产品、服务和信息流一种架构，需要表述有各种企业行动者的参与和充当角色，各自的潜在利益，以及收入来源等。[①]值得注意的是，作者认为营销战略的作用可能更加重要。因为商业模式本身并不会讲述这一模式中任何一家企业如何实现其使命，要评估其商业可行性，还需要了解企业的营销战略，并回答以下问题：竞争优势如何构建，产品市场战略所遵循的定位和营销组合是什么？

很显然，这一早期的定义是从商业生态和价值链的角度来看的。它把握住了互联网环境下，价值创造开放式、架构化的趋势，但是对于商业模式的理解无疑仍然非常初步。

（二）商业模式是一种交易安排和活动体系

Raphael Amit 和Christoph Zott两位学者分别来自美国沃顿商学院和法国英士国际商学院（INSEAD），在这一领域享有广泛的声誉。他们于2001年发表在《战略管理期刊》的文章最初是讨论电子商务的价值创造问题，提出了电子商务四种创造价值方式，并认为"商业模式"可作为一种新的分析单元，是未来价值创造和创新的关键。他们将商业模式定义为："为了利用商业机会来创造价值所设计的交易内容、结构和治理安排。"[②]基于互联网环境下交易联系活动所发生的变化，两位作者作了进一步补充，认为企业商业模式是"超越单个企业和边界的相互依赖的活动体系"（Zott & Amit，2010: 216）[③]。整合内容、结构和治理三要素，他们提出一个完整的商业模式六个关键问题：① 新商业模式的目标是什么？换句话说，通过新活动系统的设计，必须要满足哪些需要和条件？② 需要采取哪种创新活动来满足感知到的需要？（Business model content）③ 这些活动如何能以新的方式相互关联？（Business model structure）④ 谁来实施商业模式的各项活动（如企业或合作方），以及哪种新的治理安排能够驱动这一结构？（Business model governance）⑤ 对每个合作方来说，是如何通过这一商业模式创造价值的？⑥ 什么样的企业收入模型将允许它占有

① Timmers, P. Business models for electronic markets[J]. Electronic Markets, 1998, 8(2): 3–8.
② Amit, R., & C. Zott. Value creation in e-business[J]. Strategic Management Journal, 2001, 22: 493–520.
③ Zott, C., R. Amit. Designing your future business model: An activity system perspective[J]. Long Range Planning, 2010, 43: 216–226.

新商业模式所创造价值的一部分的？

这一定义从交易成本理论出发，聚焦于企业与相关方的交易和治理机制，主张商业模式中的交易可以为各相关方提供价值。

（三）商业模式是一套技术商业化的启发性理念

加州伯克利大学的Chesbrough教授是“开放式创新”概念的倡导人，他对开放式商业模式开展了广泛的研究。Chesbrough & Rosenbloom（2002）将商业模式定义为将技术潜力与经济价值实现相关联的一整套启发性理念（p. 529）。①Chesbrough对很多技术创新企业的发展进行了研究，发现很多技术领先的企业最终未能实现竞争优势，如施乐、IBM等，关键在于错误的商业模式。一个企业要想实现从技术领先到市场领先的转变，必须能将技术与市场价值相互关联，在互联网时代，企业需要开放式的商业模式（Kortmann, Piller, 2016）。②

在Chesbrough（2010）看来，商业模式的关键问题包括以下方面：阐明企业的价值主张，识别细分市场、明确收入产生机制；定义价值链结构，以创造和分配所需的互补性资产和交付产品；详述收入机制，企业交付产品所应得；估计成本结构和潜在利润；描述企业在价值网络中相对于相关方的定位；形成竞争战略，通过它创新型企业将获得和保留竞争优势。③

互联网开放共享的特性决定了当代商业模式的开放性，因此，Chesbrough所倡导的开放式商业模式与时代非常合拍。但是选择开放使得企业管理难度加大，从而对企业商业模式的可行性提出了更大的挑战。

（四）商业模式是有关企业运作的叙事

Magretta（2002）更多从实务出发，认为商业模式不是复杂难懂的数学公式，而应当是一种简单的、通俗易懂的叙事。④对于企业，尤其对于创业者来说，需要回答管理学大师德鲁克提出的老问题：顾客是谁？顾客最看重什么

---

① Chesbrough, H. W., R. S. Rosenbloom. The role of the business model in capturing value from innovation: Evidence from Xerox Corporation's technology spinoff companies[J]. Industrial and Corporate Change, 2002, 11: 533–534.

② Kortmann, S., F. Piller. Open Business Models and Closed-Loop Value Chains: Redefining the Firm-Consumer Relationship[J]. California Management Review, 2016, 58(3): 88–108.

③ Chesbrough, H. W. Business model innovation: Opportunities and barriers[J]. Long Range Planning, 2010, 43: 354–363.

④ Magretta, J. Why business models matter[J]. Harvard Business Review, 2002, 80(5): 86–92.

价值？还有每个经理需要回答的基本问题：我们如何赢利？企业以适当的成本为顾客提供价值背后的经济逻辑是什么？因此，她将商业模式定义为“解释企业如何运作的故事”。同时作者认为商业模式不同于战略之处在于其没有论及市场竞争。

认为商业模式是一种陈述的主张得到诠释派学者的响应。他们多倾向于主观性的解释，提出商业模式是对现实的再描述和再建构的文本，以一种常常带有偏颇的、有趣的和试图说服式的方式，同时是对现实行为的意义制造（sensemaking）。这体现在三种方式：

① 商业模式是新技术风险投资者的推动者用来吸引关键机构的论述。商业模式描述企业配置与各类相关方交易，包括顾客、供应商和外包商（Zott and Amit, 2008）。①

② 争取合法性的论述。对新技术来说，未来不确定性较大，回报值得怀疑，这种情况下，无论在企业内部还是外部，获得合法性变得特别重要。

③ 作为一种指引组织行动的秘诀。经理决策受到自身的认知框架指引，企业倾向于接受行业秘诀作为开展业务和理解环境的简化方式。

事实上，商业模式不仅仅是企业简化的认知地图，而且常常使用一种精巧构建的模型。类似于建筑模型，虽然不是现实，但是可以指引实践（Baden-Fuller & Morgan, 2010）。②

（五）商业模式是一组关键决策变量的简要呈现

Morris et al.（2005）对以往文献给出的30种定义进行关键词分析，区分为经济、运营和战略三类视角。③他们将商业模式定义为创业企业战略、架构和经济领域一组相互关联的决策变量的简要呈现，用于在特定市场中实现可持续的竞争优势。提出了一个统一的商业模式框架，从基础、专有和规则三个决策层面，各有六个基本组成：价值主张、市场要素、内部能力要素，竞争战略要素，经济要素，人员/投资者要素。

---

① Zott, C., R. Amit. The fit between product market strategy and business model: Implications for firm performance[J]. Strategic Management Journal, 2008, 29(1): 1–26.

② Baden-Fuller, C., and M. S. Morgan. Business Models as Models[J]. Long Range Planning, 2010, 43: 156–171.

③ Morris, M., M. Schindehutte, J. Allen. The entrepreneur's business model: Toward a unified perspective[J]. Journal of Business Research, 2005, 58: 726–735.

通过对关键词的分析，探讨商业模式构成的方法，在后来很多学者商业模式的研究也很常见，他们对商业模式的构成虽有细微的差异，但也有趋同的态势，这也表明商业模式的范式正在形成。如Johnson, Christensen, & Kagermann（2008）归纳出商业模式包括共同创造和交付价值的四个相互联系的要素，即客户价值主张、利润方程式、关键资源和关键流程。[①]Al-Debei and David Avison（2010）归纳出价值主张、价值架构、价值网络和价值金融四个维度。[②]

（六）商业模式是一种价值主张、创造和获取的过程

另一位加州伯克利大学教授，动态能力理论创始人Teece（2010）认为商业模式是一种顾客价值主张的明文表述，以及交付这一价值的可行的收入成本结构的逻辑、数据和其他证据。[③]商业模式更多是一个概念而非财务的模型。由于环境变化和技术创新，商业模式本身也可能为竞争对手所模仿，因此需要不断创新。

相比于其他学者强调价值主张和创造，Teece教授特别分析了价值获取的问题。他早在1986年就发表了一篇非常有影响力的文章《从创新中获益》，提出了互补性资产和占有机制等重要概念。从这一理论出发，存在两个极端的商业模式，即完全开放与完全封闭型。完全开放的模式下，创新企业放弃对技术创新的主导权，联合尽可能多的合作方一起创新，建立一个商业生态圈，如维基百科、谷歌的Android模式。完全封闭的模式下，创新企业主导技术创新的全过程，以此来获取价值，例如很多传统大型工业企业。在这两个极端之间存在多种可能，比如苹果的iOS模式偏向于封闭式，宝洁公司利用众包平台的局部开放式创新模式。

作为创造与获取价值的机制，商业模式的核心为企业从给定技术中创造和获取价值的流程和结构。商业模式是一种操作工具，介于技术与经济价值创造之间，可以帮助高层经理决定如何利用特定技术的全部功能。

---

① Johnson, M. W., C. C. Christensen, H. Kagermann. Reinventing your business model[J]. Harvard Business Review, 2008, 86(12): 50–59.

② Al-Debei, M.M., R. El–Haddadeh, D. Avison. Defining the business model in the new world of digital business. [C] // Proceedings of the 14th Americas Conference on Information Systems AMCIS'08, Toronto, Canada, 2008: 1–11.

③ Teece, D. J. Business models, business strategy and innovation[J]. Long Range Planning, 2010, 43: 172–194.

（七）商业模式作为业务战略的补充和战术的指引

商业模式作为一个新概念，它与传统业务战略和流程之间的关系一直颇为让人关注。正因如此，很多学者通过不同概念之间的对比来界定商业模式，但是存在多种意见。Yip（2004）将战略变革分为惯例式变革和激进式变革，后者才涉及商业模式变革，战略成为商业模式变革的工具。[①]Ostenwalder et al.（2005）对信息系统领域专家和从业者作了一个调查，从62份问卷得到了54个定义。其中55%为企业外部导向（强调价值、客户），45%为企业内部导向（强调行动、角色）。他们对商业模式的定义是企业如何经营的蓝图，是战略问题的转化，事实上与战略规划类似。[②]

对商业模式与战略之间的关系存在多种观点，当前多数学者认同商业模式是一个独立于战略的概念，与战略之间存在互补的关系（Zott & Amit, 2008）。[③]业务战略指企业如何比竞争对手做得更好；商业模式指企业的不同组成部分如何动态匹配达到最优。商业模式实施包括将战略转化为具体的运作，如商业结构、流程、基础设施和系统，同时更具外部导向，关注各相关方的联系和利益均衡。

Casadesus-Masanell & Ricart（2010）通过对商业模式、战略和战术三个概念进行深入比较，提出商业模式是对企业已实现战略的反思，是企业运行的逻辑，包括运营和创造价值的方式。战略是在多个商业模式进行选择，战术则是根据战略所选择的商业模式，企业可以有作为的选择空间。[④]Al-Debei and David Avison（2010）则提出由于数字经济所带来的不确定性，商业模式是弥合业务战略与业务流程之间存在的鸿沟，建立两者的关联。[⑤]

综合以上定义，本书归纳出关于商业模式概念的四点共识，这可能形成未来商业模式研究范式的基础。首先，商业模式的关键词是“价值主张”，而价

---

① Yip, G. S. Using strategy to change your business model[J]. Business Strategy Review, 2004, 15(2): 17–24.

② Osterwalder, A., Y. Pigneur, C. L. Tucci. Clarifying business models: Origins, present and future of the concept[J]. Communications of the Association for Information Science (CAIS), 2005, 16: 1–25.

③ Zott, C., R. Amit. The fit between product market strategy and business model: Implications for firm performance[J]. Strategic Management Journal, 2008, 29(1): 1–26.

④ Casadesus-Masanell, R., J. E. Ricart. From strategy to business models and to tactics[J]. Long Range Planning, 2010, 43: 195–215.

⑤ Al-Debei, M. M. and D. Avison. Developing a unified framework of the business model concept[J]. European Journal of Information Systems, 2010, 19: 359–376.

值是由买卖各方通过互动创造的。其次，商业模式一个部分或全部开放式综合技术和商业的价值提供架构，是技术与商业之间的桥梁。再次，商业模式不仅要为各相关方创造价值，而且在价值获取上要达成一定的均衡，否则便不可行。最后，一家企业的商业模式要有竞争力，必须与其战略保持动态一致性和互补性。

二、商业模式的模型表达

目前已经形成很多商业模式模型。本书选择其中较有影响力的几个分别予以简要介绍。

（一）Hamel的桥接模型

战略管理学家、"核心竞争力"的提出者Hamel（2000）较早对商业模式进行了分析，提出一个包括四个主要概念的桥接模型。[①] 这四个概念是核心战略、战略资源、客户界面、价值网络。其中核心战略包括企业使命、产品/市场范围、差异化的基础；战略资源包括核心竞争力、战略资产和核心流程；客户界面包括成就和支持、信息和洞察、关系动态性和定价结构；价值网络包括供应商、合作伙伴和联盟方。它们之间通过几段桥接建立关系如下：

核心战略 → 活动配置 → 战略资源

核心战略 → 客户利益 → 客户界面

战略资源 → 公司边界 → 价值网络

Hamel在战略管理方面影响较大，他对商业模式极为重视，其概念框架对后续的研究起了较大的推动和影响。但从他的描述看，商业模式成了一个非常大的框架，把战略甚至使命完全囊括在其中，也没有明确提及"客户价值主张"这一重要概念。他对商业模式的这一理解没有成为后来学者的主流思想。

---

① Hamel, G. Leading the revolution[M]. Boston: Harvard Business School Press, 2000.

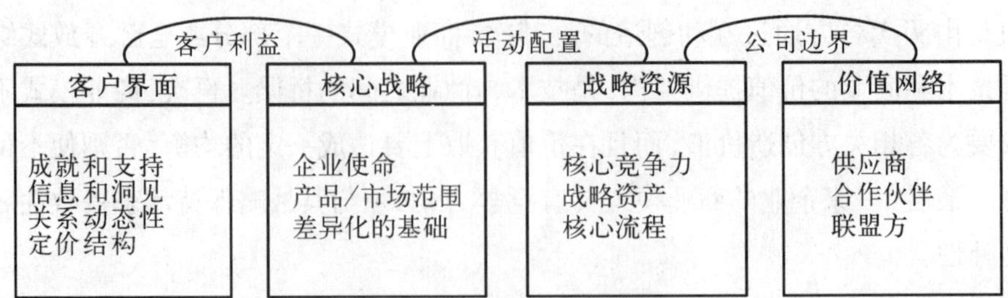

图9-2 Hamel的桥接模型

资料来源：Hamel(2000)。

（二）价值创造设计模型

Amit和Zott（2001）提出企业商业模式的设计应该从三方面着手，即内容、结构和治理。[①]他们以交易为分析单元，提出：① 交易内容是指企业交易的对象，包括商品与信息，以及能够促进交易的能力和资源。② 交易结构是指交易参与方及其关联方式，包括交易发生的订单、促进交易的交流沟通机制。交易结构的选择影响实际交易的柔性、适应性、可扩展性，结构变化可以是对运营活动的重新排列或者是将重点从产品转向服务。③ 交易治理则是指信息、资源和商业为各相关方所控制的流动方式，也指组织的法定形式，对交易参与方的激励。

与此同时，基于商业模式创造价值的四种方式：效率、互补、创新、锁定。企业可以设计不同的内容、结构和治理。当两者形成匹配，就可以设计出相应可行的商业模式。具体如表9-1所示。如果把此四者作为战略，则存在不同的匹配方法，这是Zott and Amit（2008）所要表达的：企业商业模式选择与业务战略的互补性将能提升组织绩效。[②]

① Amit, R., & C. Zott. Value creation in e-business[J]. Strategic Management Journal, 2001, 22: 493–520.

② Zott, C., R. Amit. The fit between product market strategy and business model: Implications for firm performance[J]. Strategic Management Journal, 2008, 29(1): 1–26.

表9–1　价值创造之源与商业模式维度

维　度	效　　率	互　　补	锁　　定	创　　新
商业模式结构	交换机制；交易速度；竞价成本、营销、销售、交易处理、沟通成本；接入大量产品、服务、信息；参与企业的库存成本；交易简化；需求集中化；供应集中化；交易数量规模化	交易销售；供应链整合；线上与线下交易组合	交易可靠性；附属项目；直接和间接网络外部性；交易案例机制；参与的学习性投资	新参与方；意外的参与者和商品数量；参与者建立新连接；意外的连接丰富度；业务方法应用的专利；依赖于商业机密的商业模式结构；首次引入的商业模式
商业模式内容	作为决策基础可获得的信息：减少商品和参与者信息不对称；交易的透明化	在线和线下资源和能力的组合；互补性产品、服务、信息的接入；纵向和横向的产品或服务；参与方的技术能力	通过第三方促进信任；参与方部署专有资产；主导设计；定制化和个性化的产品和特征	新产品或服务及其组合
商业模式治理		开发共有性资源的激励；合作方的联盟能力	忠诚度项目；信息流安全和控制流程；顾客控制个人信息利用；社区概念的重要性	新的激励（如顾客能生成内容）

（三）商业模式画布模型

Osterwalder和Pigneur 于2004年提出了商业模式画布模型，在其畅销书《商业模式新生代》（2010）中归纳出四大维度九个构成要素（见图9–3）。从构成上看，这一模型很大程度上借鉴了平衡记分卡的思想。①

其中，客户维度主要包括客户细分、渠道通路、客户关系三个要素；提供物维度主要包括价值主张要素；财务维度包括成本结构、收入来源两个要

① Osterwalder, A., Y. Pigneur. Business Model Generation: A Handbook for Visionaries, Game Changers, and Challengers[M]. John Wiley & Sons, 2010.

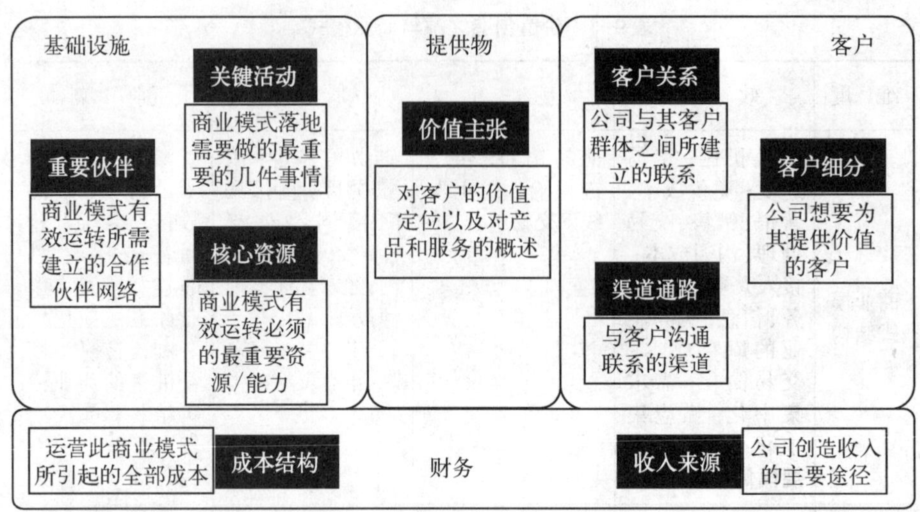

图9-3　商业模式画布

资料来源：Osterwalder和Pigneur (2010)。

素；而基础设施维度则包括核心资源、关键活动和重要伙伴三个要素。他们把商业模式理解为"企业如何组织和创造价值、传递价值及获取价值的基本原理"。

基于这一画布模型，作者归纳了五类模式（pattern）：分解、长尾、多边平台、免费、开放式商业模式，以及设计商业模式的六种工具，形成了一整套商业模式的方法论，受到实业界的广泛好评。

（四）客户价值主张引领的四要素颠覆式模型

Johnson等（2008）在《哈佛商业评论》上撰文，认为商业模式包括四个相互关联的要素，分别是顾客价值主张、利润方程式、关键资源、关键流程，共同创造和交付价值。①

顾客价值主张是这一商业模式中起着核心和引领的作用的变量。它是指帮助顾客完成一项重要的工作，企业需要理解顾客工作的痛点所在，进而提供更好的解决方案。

① Johnson, M. W., C. C. Christensen, H. Kagermann. Reinventing your business model[J]. Harvard Business Review, 2008, 86(12): 50–59.

后面三个变量形成一个相互作用和促进的循环体系，支撑客户价值主张。其中，利润方程式是定义企业如何在为客户创造价值的同时，为自身创造价值的蓝图。它包括收入模型、成本结构、利润模型和资源利用速度。关键资源包括人员、技术、产品、设备、装备、渠道和品牌等，通过一定的组合，向目标用户和企业创造价值。关键流程包括运营流程和管理流程，让公司可以通过惯例和扩张规模来提供价值。既包括培训、开发、制造、预算、规划、销售和服务，也包括公司的规则、评估指标和规范等。四个因素之间复杂的互动关系如图9–4所示。

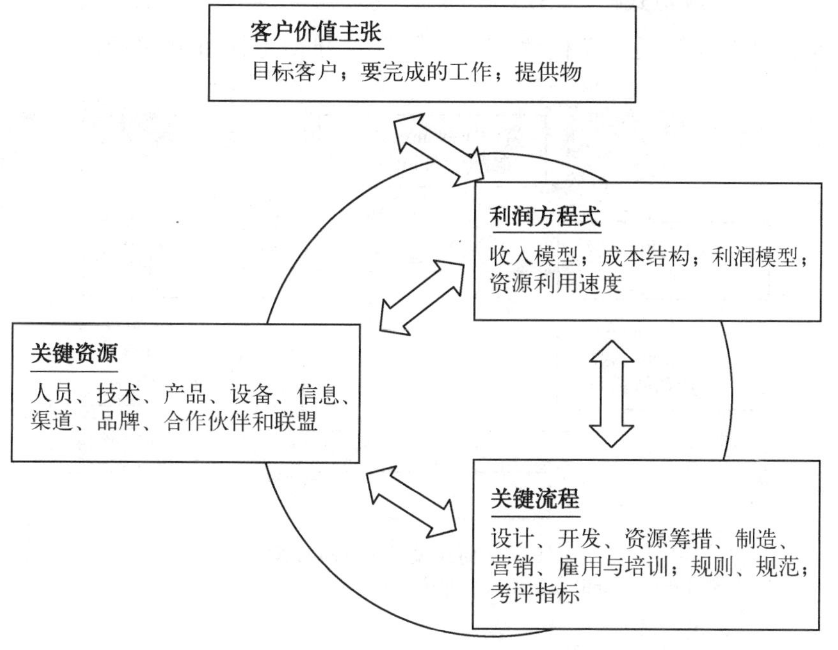

图9–4　商业模式四要素颠覆式模型

资料来源：Johnson et al. (2008)。

这一模型的提出者之一，哈佛教授Christensen是"颠覆式创新"的提出者，因此作者在描述这一模型时，主要关注于何时需要建立新的商业模式、如何构建新的颠覆式商业模式，以及地域来自低端的颠覆。

（五）RCOV模型

Demil and Lecocq（2010）认为商业模式存在静态和动态两种描述。静态的方法描述导致高绩效的要素配置；动态的方法描述商业模式的演变和竞争态势的变化。[①]基于彭罗斯的企业增长观，他们尝试整合这两种方法。结合英国阿森纳足球队的发展，他们发现商业模式演化是一个不同构成部件的自愿和突发式变化相结合的适应和调整的过程。这一模型包括三个核心要素：资源能力、组织结构、价值交付主张。其中价值主张是唯一给企业带来收入流的。内部的组织会给企业带来成本，两者之差形成企业的利润，也即企业所获得的价值表现。经理应当密切关注内外部环境变化，不断对商业模式作出调整，从而保持持续的竞争力。好的商业模式可形成良性循环，进而形成竞争优势（Casadesus-Masanell and Ricart, 2011）。[②]

与前一个颠覆式模型相比，本模型所提出的要素十分类似。只是更加看重利润，用“利润方程式”代替了前一模型中“价值主张”的引领角色。

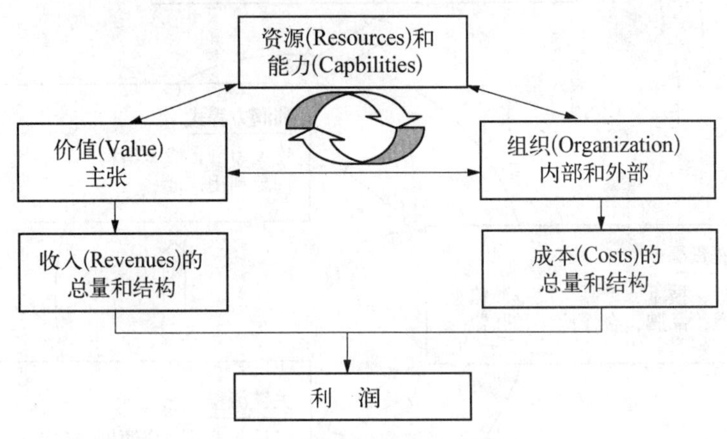

图9–5 商业模式RCOV模型

资料来源：Demil and Lecocq (2010)。

（六）V4模型

Al-Debei and David Avison（2008）提出了一个V4模型，即价值主张、价值架构、价值网络和价值金融四个方面。[③]在此基础上，他们进一步开发了一个

① Demil, B., X. Lecocq. Business model evolution: in search of dynamic consistency[J]. Long Range Planning, 2010, 43(2): 227–246.

② Casadesus-Masanell, R., J. E. Ricart. How to design a winning business model[J]. Harvard Business Review, 2011, 89(1/2): 100–107.

③ Al-Debei, M.M., R. El-Haddadeh, D. Avison. Defining the business model in the new world of digital business[C] // Proceedings of the 14th Americas Conference on Information Systems AMCIS’08, Toronto, Canada, 2008: 1–11.

商业模式的统一概念框架（Al-Debei and Avison, 2010）。[①]

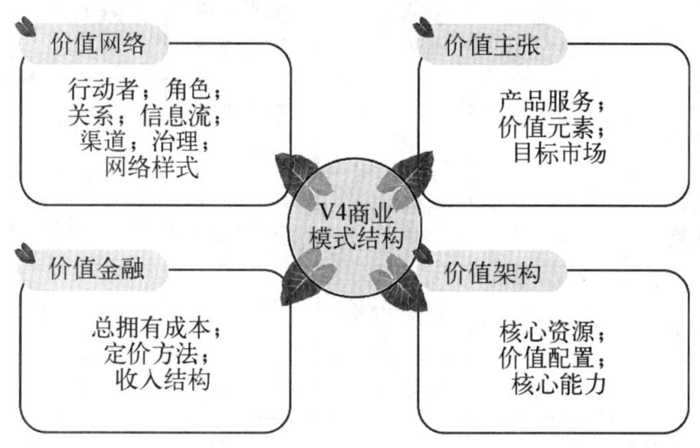

图9-6 商业模式V4模型

资料来源：Al-Debei and David Avison(2008)。

价值主张与其他作者所提出的意义相同，价值架构是指组织的整体结构设计，包括技术架构、组织基础设施及其配置，包括了组织有形和无形的资源和能力。价值网络则是从外部视角看，从组织间的视角考察商业模式，通过相关方的协作和协调，共同创造价值，形成一个价值系统。它类似于Amit & Zott（2001）提出的治理模式。价值金融描述组织如何获得收入和成本结构、定价方法。

综合上述模型可知，不同学者对于商业模式构成有不同的着重点，非严格意义上，各模型的基本要素存在一定的对应性。表9-2对此予以总结：

表9-2 不同商业模式构成要素对比

模型	桥接模型	价值创造设计模型*	商业模式画布模型	四要素颠覆式模型	RCOV模型	V4模型
来源	Hamel (2000)	Zott & Ami (2001)	Osterwalder & Pigneur (2004)	Johnson, et al. (2008)	Demil & Lecocq (2010)	Al-Debei & Avison (2008)

① Al-Debei, M. M. and D. Avison. Developing a unified framework of the business model concept[J]. European Journal of Information Systems, 2010, 19: 359–376.

（续表）

模型	桥接模型	价值创造设计模型*	商业模式画布模型	四要素颠覆式模型	RCOV模型	V4模型
构成要素	客户界面/核心战略	内容	提供物/客户	顾客价值主张	价值主张	价值主张
	战略资源/核心战略	结构/治理	基础设施/客户	关键流程	组织结构	价值网络
	战略资源/价值网络	内容/结构	基础设施	关键资源	资源能力	价值架构
	客户界面*	治理*	财务	利润方程式	利润	价值金融

说明：* 近似对应

由此说明，在商业模式基本要素的组成方面，已经有了一定的共识。但是由于理论视角不同，在构成要素的相对重要性方面，不同学者存在差异。

三、技术创新、商业模式创新和企业竞争优势

2003年以来，苹果公司以其炫目的成功让世人疯狂。从“iPod+iTunes”模式，再到iPhone和iPad的推出，先后颠覆了音乐、娱乐、游戏等多个行业，其品牌价值迅速登顶。这一光环下，很多人误以为苹果公司是技术创新的领先者。但事实是数字音乐播放器并非苹果所发明，其核心技术发明来自两个名为钻石多媒体（Diamond Multimdedia）和最佳数据（Best Data）的企业。苹果只是借用和组合了别人的技术，其成功显然不能用技术创新来解释。

苹果iPod与iTune的结合所建立的新商业模式组合了硬件、软件和服务，类似于曾经吉列的“刀片+刀架”模型。但是方法恰恰相反：苹果放弃“刀片”（廉价和免费音乐）来锁定用户，通过出售“刀架”，即iPod来赢利。正是这一商业模式创新而非技术创新导致了苹果的成功。

商业模式与技术创新两者之间相互联系、相互影响。从技术创新的角度看商业模式，商业模式与创新技术商业化有着近似的含义。这一表述中，商业模式成为技术创新与市场的桥梁，它将各类资源，包括企业内外部资源加以整

合，释放出技术的价值潜力。事实上，很多商业模式提出者自身并没有丰富的资源，但是出于对商业模式前景的看好，巨量的资本投入被吸引进来，最后真正实现了市场的成功，它成为一个“自我实现的预言”。当然不可避免地，由于创新也蕴含着巨大的风险，失败的例子更多。

从商业模式的视角看，商业模式创新是超越于技术创新、产品创新之上的一种架构式、组合式创新，往往需要企业的体系层面的变革和试验，其复杂性远远超过后者。甚至可以说，商业模式创新并不以技术和产品创新为前提，著名的例子有星巴克、太阳马戏团。很多成功的商业模式创新只是现有成熟技术换一个环境的应用，或者不同技术创新的组合。不仅如此，商业模式还超越了单个企业创新层面，而更强调商业生态或平台的创新。学者和业界都越来越认同，仅有技术创新，或者为了技术而技术的创新，是企业失败之源。换言之，企业的成功是商业模式的成功（Johnson et al., 2008）。①

从企业层面看，企业可以将技术创新整合到原有的产品和服务之中，为自身和各相关方创造价值，这可能会改变原有的商业模式，也可能不改变。但是技术潜能的释放，并不必然给技术创新者带来最大的利益，还取决于商业模式的设计和竞争的结果。因此，企业的商业模式设计中除了价值的创造，还需要考虑价值的占有。好的商业模式必然兼顾两者。

从整个行业看，新技术引入的影响究竟能产生多大的影响也取决于商业模式的可行性。尽管在现实中，商业模式创新很多时候是一个创造性破坏的过程，常常会颠覆一些企业，导致传统行业的消亡，使得整个经济受到冲击，但是伴随着新的巨人崛起，会产生一个更为先进、市场更大的行业，比如汽车取代马车，移动电话取代固定电话。所以商业模式创新通常是一个正和游戏，会提升行业整体的利益和生产率。

当前有关商业模式的研究可谓车载斗量，但是对于何谓商业模式，商业模式有哪些核心要素，它与战略、技术创新之间的关系，仍然缺乏必要的共识。换句话说，有关商业模式的研究范式仍处于形成之中。有鉴于此，本节在此方面作出了一个阶段性的总结，尝试对这一范式从概念、构成方面作出探索。本

① Johnson, M. W., C. C. Christensen, H. Kagermann. Reinventing your business model[J]. Harvard Business Review, 2008, 86(12): 50–59.

书提出了有关概念的四点共识和逐渐成型的构成四要素。

有关商业模式及其创新的讨论将是一个永恒的话题，对商业模式的讨论不应也不可能局限于企业层面。对于产业和整个经济社会的发展，商业模式创新有着同样重要的意义。以近年来兴起的共享经济为例，Uber、Airbnb等为代表的企业不仅改变了人们的出行、旅游、生活方式，还推动了很多垄断行业，如银行、出租、电信等的开放和变革，改变了各国政府的监管思维和政策。此外，商业模式创新与我国政府大力倡导的"大众创业，万众创新"遥相呼应，形成一种自下而上的力量，激发了经济的活力。

专栏9-1 互联网创新案例评论：一分钱中标是不正当竞争吗？①

近日，厦门政务外网云服务招标项目揭晓。中标公司：腾讯云计算公司，中标价：0.01元。

据媒体报道，此次招标有5家企业参与，包括移动、联通、电信三大基础运营商的相关下属公司，投标报价在170万—309万元不等。而腾讯报价一出，满座皆惊。

尽管此次招投标采取的是综合评标法，需要考察供应商的技术能力、公司信誉和投标价格三方面，对应权重分别为55分、15分和30分，但是在其他方面差不多的情况下，价格一项相差如此悬殊，只要评标专家没把它当成不正当竞争，结果自然没有悬念。

对于如何看待这次政务系统招标事件，笔者特地请教了一些业内人士。一种回答是：运营商是从下往上看，看到自己投入多少设备；而互联网企业是从上往下看，看到了网络运行中有多少数据资源，以及未来更大的公共采购市场。

有人不服气，认为政务云系统建设和维护工作量巨大，虽说可以基于现有IT作架构调整，但公司还是需要投入大量设备和技术维护人员，这难道不要成本吗？这种明显低于成本的报价，根据《反不正当竞争

① 笔者的专栏文章，2017年3月刊发在公众号"复旦商业知识"。

法》第十一条:“经营者不得以排挤对手为目的,以低于成本的价格销售商品”,应属不正当竞争。

更有人提出,这种以破坏市场规则为代价的行为实在不可取。地球人都知道,真正的免费是不存在的。腾讯以免费方式强势打入这一市场,但是后面对公共数据的商业化,不管以何种方式,将可能产生间接的成本,最终必须得由其他企业或组织来买单。其模式一时看不清,但背后一定隐藏着什么。相对而言,如果由电信运营商来负责,就不存在此类后患。

众说纷纭。事实上,很多认为免费有问题的人忘了,随着互联网的兴起,借助免费的方式吸引用户,进而开展各项营销吸引对用户感兴趣的供应商,属于网络双边市场的交叉补贴行为。这已经是惯例而非例外,只不过这一次补贴方变成政府方。

对很多业内人士的疑虑也是可以理解的。在当今数字经济年代,如果仍然抱持传统的“一手交钱一手交货”的交易思维,根本无法理解很多网络公司的商业模式。而当大数据逐渐成为企业最核心的资源,有些公司最初确实也没有完全想好未来的盈利模式,只是认为某个据点在获取数据方面超级重要,那就占了再说,它就变成为一种长期投资。

政务云市场显然就是这样一个重要据点。因为中国大量的优质数据掌握在政府手上(据称占总量的80%),而政府数据开放已经是大势所趋。对于这类数据的应用,包括市场化和科研方面,在美英等发达国家已经有了很多成功案例,内在价值想象空间非常大。

表面看来,如果成为政务云数据的主要管道商,大体相当于传统自来水公司或供电局的角色。但是考虑到数据内含的价值以及不同数据平台融合的价值,腾讯可以做的将远不是水电供应那么简单。

从这个案例中可以发现在今天的中国,一种新的经济形态——数字经济已经逐渐浮现并占据主导,正在对传统行业形成颠覆性影响。这一方面直接体现在企业的市场竞争上。很多传统经济环境下成长起来的企业,其商业模式逐渐变得不再适用,需要经过全面的战略转型。

另一方面，它使得很多传统的法规条款变得陈旧，政府的管制模式需要相应变革。如果硬套法律条文，腾讯的做法确实与《反不正当竞争法》相关条款有所抵牾。但是相比于现实的发展，这一法律条文无疑是滞后了，亟须修正。我们也发现，作为当事人，当地政府拥抱了这一变革。

由此可见，数字经济形态与传统工业经济的思维方式存在巨大的差别，具体表现在基础设施、基本要素、发展动力、产业组织和发展趋势五个方面。

从基础设施看，数字经济需要借助于移动互联网、大数据、物联网、云计算等智能化基础设施的泛在性，而工业经济的基础设施是铁路、电网、管道等非智能设施。虽然两者都强调大投入，但相对而言，后者缺乏灵活的应变能力。进入新时代，需要对它进行全面的智能化改造。

数字经济把数据作为核心生产要素，高质量数据是最稀缺的资源，其他资产应该围绕数据进行配置。而在工业经济中，由于资本的稀缺性，其核心是资本，“股东价值最大化”是它的标志性口号。而数据是虚的，没有地位，它只认有形的人财物资源。

就发展动力而言，数字经济以大数据创新为基础，可以同时实现经济绩效和社会绩效，这在传统工业经济中是一个难题。哈佛教授波特近年的研究发现，企业同时实现这种“共享价值”是完全可能的。借助于大数据，企业可以一方面降低消耗，包括对传统资源的消耗，以及环境资源消耗；另一方面可以大大释放出员工的创意创新，通过更加个性化的服务，满足用户多样化需求，改善生产率。对于中国这样大量消耗资源的发展中大国而言，这无疑是一个利好。

在产业组织方面，从大数据的角度看，传统的产业边界逐渐变得模糊，产业组织可以变得更加灵活，基于平台的跨界融合已经成为数字经济中的常见现象。企业逐渐从强调管控的阶层式直线职能制组织中解放出来，变成网状化、相对自由的组织，更加强调生态系统的多样化和包容性。海尔公司从传统的阶层组织，转变为一个个“小微”组织的联合

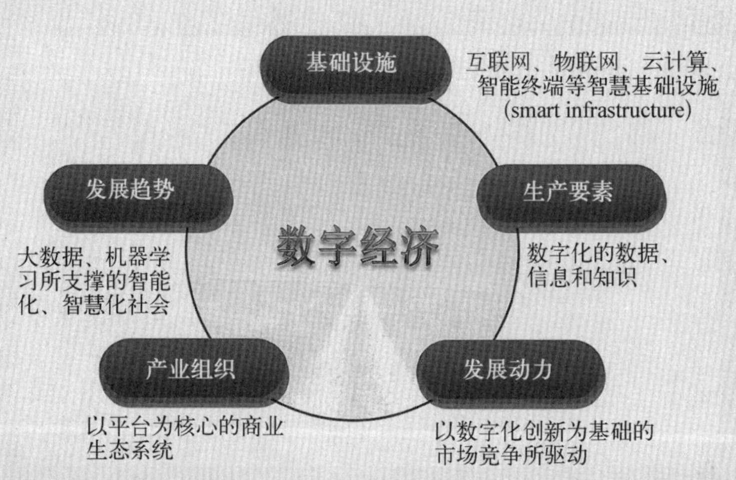

体平台，就是这方面的成功典范。

从发展趋势看，数字经济代表着人类的未来发展方向，它让社会运行变得更加高效、智能、人性化，最大程度消除马克思所批判的工业组织让人异化的现象，让科技更好地实现以人为本，为人类服务。

由此，我们大体可以明白所谓实体与虚拟经济之争的根源：视角不同；社会在变化，很多人的思维一时间没跟上。在双边或多边市场，交叉补贴策略正像是一手实，一手虚。市场竞争如同排兵布阵，实者虚之，虚者实之，虚实结合，才是数字经济生存之道。只要不是坑蒙拐骗，成功了就是实的，反之为虚。对此需要在市场上经过一段时间来检验。多数情况下，只能事后判断。试图事前判断虚与实，最后往往被证明是徒劳。

腾讯一分钱中标的做法既不空前也不绝后。遥想当年铁路部门花了几十个亿建设的购票系统12306，动辄宕机。但在免费使用阿里云服务，进行架构调整之后，小伙伴们再也不用担心宕机现象了。也很容易预见未来政务云项目免费会成为惯例。这种免费遵循新的规则，最终给普通民众和社会带来福利。

如果说社会是一所大学，市场就是最好的老师。她正采用案例教学方法，一次次给我们生动地讲述：什么叫数字经济？

第三篇

创新公共政策篇

政府在促进创新的良好环境方面发挥了关键作用，这包括投资于创新的基础，帮助克服创新的障碍，确保创新服务于公共政策的关键目标。

——OECD《创新战略2015：政策行动议程》

本篇关注创新政策方面的问题，共分为以下五章：

（1）创新与公共政策；

（2）美国的科创政策；

（3）欧盟的科创政策；

（4）亚洲国家的科创政策；

（5）中国的科创政策。

第十章分析创新政策的理论基础和政府应发挥的作用。第十一、十二、十三章对世界主要国家的科创政策进行总结，提出可供借鉴的经验。第十四章考察我国的科创建设情况。

第十章　创新与公共政策

政府对创新的支持肇始于德国历史学派的主张，德国政府借助于国民工业体系的构建，成功赶超英国是19世纪的成功案例。在两次世界大战之后，为了尽快从战争的废墟中走出来，在OECD等组织的积极推动下，各国都逐渐把科技创新政策作为国家的关键战略加以贯彻落实，美国是其中最大的赢家，其优势一直延续至今。在我国，总设计师邓小平提出了“科学技术是第一生产力”的主张，到1995年确立“科教兴国”战略，2005年制定科技政策远景战略规划（2006—2020）等一系列重大科技体制改革措施，在科技研发投入上可谓不遗余力，为实现创新型国家作出了大量的努力。当前我国在科技创新领域，尽管总体上仍然处于追赶的阶段，但在一些领域，已经取得了令世人瞩目的成就。

需要说明的是，公共政策领域常常将科学、研究、开发与创新归为一类，认为它们是具有内在密切关联的活动。但严格地说，公共政策所重点投向的高等教育机构的基础科学、对企业的各类研究开发本身并非创新，科技政策、科创政策仅仅是创新政策的一个子集。本章中仍依照实践惯例，将科技（S&T）政策、研发（R&D）政策和创新政策作为一组近义词加以使用。

本章首先对创新公共政策的理论演化作一个梳理，概述当前五种不同的政策导向，最后讨论政策工具和效果评估这两个重要问题。

第一节 创新公共政策的理论基础

“创新政策”这一概念得到广泛应用始自20世纪90年代(Edler and Fagerberg, 2017)①，是指政策制定者旨在影响创新过程的公共行动，包括创新的开发和扩散，以提升生产率、经济增长、增加就业和竞争力或其他非经济的政策目标，如可持续发展等。它不仅是公共部门单方面的行动，也是公私互动的结果，是创新实践者、学术界和政策制定者之间的互动(Chaminade and Edquist, 2010)②。

创新政策一般由主管科技、创新或经济的部门拟定。其他很多职能部门出台的政策常常会通过促进创新，以便实现其他的目标，虽然在名称上未必都冠以“创新”之名。

创新公共政策理论存在两个富有争议性的问题：一是政府应不应该提出科技创新政策，即为何干预(why)；二是应该制定何种创新政策，即如何干预(how)。前一问题经历近160多年来的理论和实践发展，已经基本解决。引用著名学者Lundvall(2006)的话：“在国家成功转型方面，罕见公共部门没有积极参与制度建设和政策制定的案例。公共干预是建立和变革创新体系的必要因素”，但他接着说，“这当然不意味着国家干预一定是最好的，本书中有几个例子清楚地表明，政府已经放慢或者推迟了必要的改革……因此，需要知道如何让政府做正确的事情。”③

因此，今天有关创新政策的讨论更多聚焦于后一个问题。以下先从创新政策理论演化入手，探讨其争议焦点所在，然后探讨第二个问题。

---

① Edler, J., J. Fagerberg. Innovation policy: what, why, and how[J]. Oxford Review of Economic Policy, 2017, 33(1): 2−23.

② Chaminade, C., C. Edquist. Rationales for public policy intervention in the innovation process: A systems of innovation approach[C] // Kuhlman, S., Shapira, P., Smits, R. (Eds.), Innovation policy-theory and practice. An international handbook. London, UK: Edward Elgar Publishers, 2010 (published in paperback in 2012).

③ Lundvall, B-Å., Patarapong Intarakumnerd, Jan Vang. Asia’s innovation systems in transition[C]. Edward Elgar Publishing, Inc., 2006.

一、创新政策的必要性

尽管对科技创新政策的争议始终没有停止，但是从历史发展看，政府普遍采纳科技创新政策已经成为一个现实。到今天，世界主要大国都有自己的科创政策。

政策干预基于三个方面的理论基础：一个是在第二章“创新的理论发展”中所述的“市场失灵”主张。阿罗（Arrow，1962）对信息和知识的开创性研究，成为政府科技政策的理论依据。[①]这一理论提出研发投资的主要成果是有关如何制造新产品和服务的知识，这种知识是非排他性的，即一家公司的使用不能排除另一家公司的使用，对知识的私人投资回报低于社会回报，导致了市场失灵：整个社会的研发投入不足，从而需要政府等公共部门来干预和提供。另一方面，在一些具有发展前景的高新技术萌芽期，风险较大，在前期存在资金缺口，而由于信息不完全性和不对称，仅靠市场难以获得必要的资金，也需要政府加以适当干预。

建立在Arrow提出的知识投资收益递增原则的基础上，新增长理论倡导者罗默（1986）建构了内生经济增长的模型，新增长理论挑战了新古典理论关于技术变革对经济发展贡献的一些主要假设。[②]它强调通过投资新技术和人力资本增加知识积累的回报的重要性，被政策制定者广泛应用于知识产权体系、政府支持研发、研发税收激励和鼓励各种研发合作的干预行为。

另一个理论视角就是国家创新体系理论。根据英国学者Freeman的回顾，政府推动创新的理论源头，可以追溯到德国历史学派创始人，经济学家李斯特（Friedrich List）的思想。[③]李斯特提出“国家政治经济体系”的概念，强调国家在协调和执行工业和经济的长期政策方面的作用。他认为遵循完全自由的市场经济，将对后发国家不利。除了一些幼稚工业需要保护，政府还应该

① Nelson, R. R. The Simple Economics of Basic Scientific Research[J]. Journal of Political Economy, 1959, 49: 297–306; Arrow, Kenneth J. Economic Welfare and the Allocation of Resources for Invention[C]// Richard Nelson (ed.), The Rate and Direction of Inventive Activity. Princeton, N. J.: Princeton University Press, 1962.

② Romer, P.M. Increasing returns and long-run growth[J]. Journal of Political Economy, 1986, 94(5): 1002–1037.

③ Freeman, C. The “National System of Innovation” in historical perspective[J]. Cambridge Journal of Economics, 1995, 19(1): 5–24.

建立有助于推动技术学习和模仿的国民生产体系，促进经济增长。他较早预见了国家创新体系的发展。[①]

基于这一视角，Freeman（1997）[②]比较了英国和德国在两次工业革命期间的表现，发现在第一次工业革命时期，英国在创新体系方面表现更好，保持全面领先，而到了第二次工业革命时期，英国的社会体系与技术、政治和文化体系之间产生裂痕，而德国在统一后，政府大力支持产业研发，建立了世界上最好的技术、教育培训体系，政治、经济、文化和社会体系关联度良好，从而逐渐超越了英国。

经济学家熊彼特提出国家发展差异的根本在于生产率，而生产率的提升靠的是创新和企业家。企业家可以对各类生产资源的重新组合和优化，实现创造性的破坏。熊彼特进而认为创新是导致经济周期产生，推动资本主义发展的源动力。[③]他虽然不太认同历史学派政府过于有为的主张，但还是强调政府可以为国内企业家营造一个有利于工商业发展的良好氛围，这包括保护财产所有权、稳定价格、自由贸易、合理的税收以及前后连贯一致的法律法规。熊彼特的这一观点在战后的美国显然更受欢迎，并在其经济发展中得到很好的佐证。

创新体系观念的引入为政府干预提供了进一步的理论依据。创新本身具有社会、技术、政治和文化等特征，受到一个社会中不同子系统的影响，与各项制度的关系密不可分。当考虑到任何一项创新都可能与原有惯例相对抗和冲突时，从而受到既得利益的抵制时，就不难得出研究和创新体系从来不是自发形成，而是一个受控的过程这一结论（Kuhlmann et al.，2010）[④]。

新熊彼特主义者，演化经济学派的代表人物Nelson和Winter强调技术及其相关制度因素在推动经济演化中的作用，对主流的新古典经济学提出挑战。[⑤]他们以生物进化作为譬喻，提出了路径依赖、技术惯例、选择、变异等概

---

① List, F. The National System of Political Economy(English Edition, 1904) [M]. London, Longman, 1841.

② Freeman, C. The diversity of national research systems[C]// R. Barre, M. Gibbons, J. Maddox, B. Martin and P. Papon. Science in Tomorrows Europe, Paris: Economica International, 1997: 183–194.

③ [美]约瑟夫·熊彼特. 经济发展理论[M]. 何畏，易家详等，译. 北京：商务印书馆，1990.

④ Kuhlmann, S., P. Shapira, and R. Smits. Introduction. A Systemic Perspective: The Innovation Policy Dance[C] // Ruud E. Smits, Stefan Kuhlmann and Philip Shapira. The Theory and Practice of Innovation Policy: An International Research Handbook. Edward Elgar Pub, 2010.

⑤ Nelson, R. and S. Winter. An Evolutionary Theory of Economic Change[M], Cambridge: Harvard University Press, 1982.

念,成为国家创新体系理论的重要源头之一。技术积累过程是依赖于路径的(遵循"技术轨迹",显示一些惯性),非线性(涉及研究与创新的不同阶段之间的相互作用)、市场和非市场组织之间的相互作用(社会规范、法规等),Nelson(1993)认为企业的创新能力很大程度由政策所决定,但政府的直接干预是最不明智的做法,其作用应体现在基础研发资助、教育培训体系和鼓励竞争等方面。[①]

国家创新体系理论的创始人之一Lundvall特别强调制度的重要作用,他认为"在社会的进化中,人类正在以一种与生物进化相类似,但未必能一一对应的方式创造、塑造着他们自身的环境"[②]。这种情况下,新制度的设计和推动是有现实意义的。此外,人们会组织起来进行集体合作创新,人类社会的人际交流它可以引发形成新制度的具体行为,因而对于创新是极其重要的。新的制度既影响着多样性的产生,也影响着知识和技术的再生产及选择。

从实践来看,20世纪30年代在战争动员的刺激下,美国、英国和日本的总研发投入保持在国民生产总值的0.25%—0.66%之间(David et al., 2000)[③]。到"二战"后,国家对创新体系的干预日益加深,范围也越来越广。对于有组织的研发可以刺激经济增长,提升经济福利的普遍信念促成了新的公共机构的成立,越来越多的国家不断加大民用研发投入,达到GDP的1%以上。各国政府陆续出台了一系列税收和补贴措施鼓励私人部门投资于研发项目。

第三个理论基础是社会创新理论。这一理论的倡导者为英国SPRU主席Schot等人。他们提出科技和技术是产业和政府的重要资源,既可以用于商业创新和经济增长,同样可以用于社会福利的增加,应对社会重大挑战,如可持续发展、健康等问题,从而提出创新政策3.0的范式。[④]

随着经济全球化的推进,人们越来越相信创新是解决人类共同面临的重

---

① Nelson, R. National Innovation Systems[M]. New York: Oxford Uni. Press, 1993.

② Lundvall, B.−A. (Ed.). National Systems of Innovation: Towards a Theory of Innovation and Interactive Learning[M]. Pinter Publishers, London, 1992.

③ David, P. A., B. H. Hall, A. A. Toole. Is public R&D a complement or substitute for private R&D? A review of the econometric evidence[J]. Research Policy, 2000, 29: 497−529.

④ Schot J, Steinmueller E. Framing Innovation Policy for ransformative Change: Innovation Policy 3. 0[J]. SPRU working paper series. Sussex University, 2016.9.

大挑战的根本武器。世界经济论坛2017年《全球创新指数报告》明确提出创新驱动整体增长，尤其是可以用于解决对先进农业及食品价值链日益增长的需求，创新将供养全世界。[①]

社会创新的思想强调要对创新本身进行反思。创新会导致破坏性创造，让一部分人受益的时候，导致很多人的损失，如失业和不平等问题。至少从短期看，它产生的问题多于它所能带来的好处，显然不是一种帕累托改进，这必然带来严重的社会问题。

这一新的理论范式从正反两方面强调政府干预和全球政府合作的重要性与必要性，目前仍然在形成过程中。

总之，理论和实践均表明，政府科创管理制度是科创体系健康运作的重要推动力之一。政府的作用是否恰当，与其是否符合创新规律相关联。创新所要解决的问题不仅是经济效益的提升，还包括实现一定的社会效益，如公共事业、食品安全、环境和生态的改善、老龄化问题、贫富分化和数字鸿沟等，都构成创新体系的一部分，这些都是政府的重要职责。

从科技创新生态体系角度看，政府和市场之间应该形成一种互补关系，共同推进科创体系的良性运行，不断提升生产率，改善经济和社会两方面效益，最终提升国家和区域竞争力。

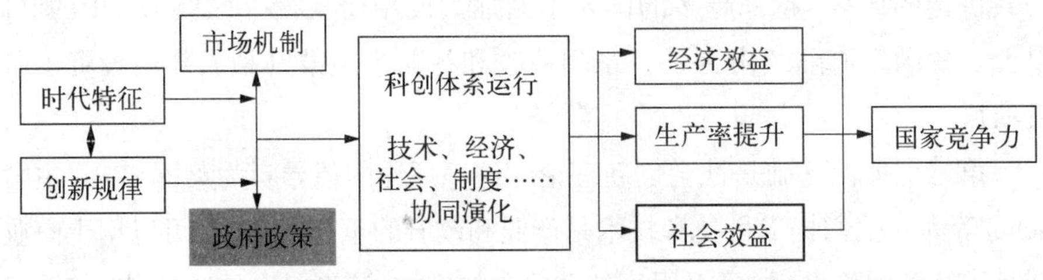

图10–1 政府与市场对科创体系运行的互补性

随着这些年来的实践，世界各国推出创新公共政策已成通例，对于政府是否应出台创新政策方面的争议基本已经平息，问题只在于创新政策的范围、内容和方式。

① Soumitra Dutta, Bruno Lanvin, Sacha Wunsch-Vincent. The Global Innovation Index 2017：Innovation Feeding the World[R]. WEF, 2017.

二、创新政策的方式

尽管政府干预创新的理论主张基本是成立的，无论是自由主义、新古典综合还是制度学派，都同样坚持政府不应干预微观企业经营的主张，认为政府不应替代市场“挑选赢家”，而应当是一种互补关系。因此在具体的干预领域，应该对谁进行补贴、补贴力度等方面，仍然存在争议。一些学者对所谓的“产业政策”持保留和批判态度，认为政府替代了市场。这方面波特教授的观点具有代表性。

波特提出经济发展一般需要经历四个阶段：资源驱动型、投资驱动型、创新驱动型和财富驱动型。在其著名的国家竞争力“钻石模型”中将政府作为两个重要外生变量之一，对钻石体系四大要素都能产生重大影响。[①]但是他一再强调自己所说的集群政策是创新政策而非“划定重点产业”的产业政策，“即使在有强势政府的日本和韩国，干预成效也不是很好”，“环视各国，若是政府强力介入的产业，绝大多数无法在国际竞争上立足。在产业的国际竞争中，政府固然有它的影响力，但决非主角”（p.4）。“政府并不能控制国家竞争优势，它所能做的就是通过微妙的、观念性的政策影响竞争优势”（p.602），其最有影响力的部分往往是间接而非直接的。

OECD将政府的作用归纳为国家创新体系的整体绩效的提升提供“框架式条件”（Framework conditions），这是一个相当具有弹性的概念。从相关报告看，它包括了对创新有利的多个方面：宏观营商环境、增加创新驱动的竞争、促进合作研究、教育和培训政策、管制变革政策，减少行政负担和制度刚性、金融和财政政策使资本流向小企业。此外，劳动力市场政策应便利人员的流动，增强隐性知识流动，信息通信政策有利于信息传播，加快电子化网络发展，通过国外投资和贸易政策促进技术在全球范围扩散，通过区域政策改进不同层面政府计划的互补性。[②]

从世界各国经验看，政府创新政策的手段通常包括以下几个方面：

---

① Porter, M.E. The Competitive Advantage of Nations[M]. New York: The Free Press, 1990.
② OECD. Managing National Innovation Systems[R]. Paris: OECD, 1999.

第一，反垄断，鼓励竞争。竞争性市场是刺激创新和从公司和个人层面的知识积累中获益的必要条件。市场在创新驱动型经济中起着双重作用：一方面，它们在创造激励措施方面发挥了至关重要的作用；另一方面，它们为知识流动的知识和有效渠道提供估值机制。政府需要制定和实施《反垄断法》，鼓励竞争。

第二，资助研究机构。直接成立国立研究所或资助研究型大学的科研工作，为创新注入原动力。间接的资助是通过政府机构如国防部等机构通过项目招标的方式。国家科学基金不仅资助基础科学，也开始资助应用科学。

第三，提供产权保护。知识产权保护是对创新者的最大激励，使之可以在一定时期内享有创新所带来的好处。美国1980年通过的《"拜杜"大学和小企业专利法案》(*Bayh-Dole University and Small Business Patent Act*)，明确科研人员而不是所在机构，享有发明创造的知识产权，鼓励他们将自身的发明商业化。这一法案已为世界各国所仿效。

第四，提供企业所需信息。企业可以从更丰富的信息环境中受益，因而政府可以通过预见性技术项目、情景研究和其他举措来改善这种环境，以减少不确定性并为创新型企业创造学习平台。

第五，推动产学研合作。推动创新成果产业化，政府鼓励公办研究机构与企业成立合作研究机构，对企业之间成立合作研究机构放宽反垄断法的管制条件，对研发投入予以税收减免等。

第六，通过公私合作(Public-Private Partnership,PPP)直接资助高科技项目。美国先进技术计划是这方面的典型，其定位为推动"从发明到创新"，直接介入高科技项目的资助(以中小企业为主)，帮助企业尽快将发明商业化。美国联邦政府对此阶段高科技企业的资助资金占总量的20%—25%。政府还通过有针对性的支持计划提升公司在战略背景下进行创新决策的能力。但是在很多国家，政府还通过成立风险投资公司直接开展风险投资。

上述方面，最具争议性的可能是最后一个，即政府对企业直接资助。以下对此作进一步的讨论。

第二节　五种不同的创新政策导向

从各国实践看，政府支持技术创新实际上是从军事和国防领域开始的。根据Rosenberg的观点，早在19世纪，美国政府就有支持军事研究的惯例，这些领域更容易获得预算。到两次世界大战期间，美、德更是大量投入军事研发费用，包括直接对原子弹武器的研发（曼哈顿计划）和间接的后勤物资采购，极大地推动了技术进步。1945年，MIT教授凡尼瓦·布什向国会提交了《无止境的前沿》这一影响力巨大的报告，阐明科学与政治之间的互动关系，主张政府在战后需要强化对基础研究的重视。进入和平年代，这些资助为美国在科技上持续领先奠定了基础。

笔者将各国创新政策归结为以下五种典型导向。值得注意的是，随着全球化的推进，各国不断加强交流和制度学习，虽然规模和力度上存在差异，但是科创政策工具呈现出越来越多的趋同性，很多国家实际上是多种方式并用：

（1）使命导向。以使命为导向的政策旨在为政治议程上所明确的各类挑战提供新的实践可行解决方案。由于要求建议的解决方案的实践可操作性，政策制定者需要在设计和实施政策时考虑到创新从形成到扩散的全过程。这一导向的根源可以追溯到政府早期参与国防、公共卫生，以及部分农业研究项目。美国此类政策，带来了许多重大创新，对经济有很大的影响（例如互联网）（Mazzucato & Semieniuk，2017）①。随着世界人口面临来自全球变暖的威胁，这些政策仍然重要（Fagerberg，2016）②。

（2）发明导向。此类政策重点相对狭窄，就是聚焦于研发/发明阶段，把发明的可能开发和推广交给市场。这一政策在第二次世界大战后的许多国家开始流行，当时的政策制定者相信，科学和技术的进步可能对整个社会有潜在的

① Mazzucato, M. and Semieniuk, G. Public financing of innovation: new questions[J]. Oxford Review of Economic Policy, 2017, 33 (1): 24–48.

② Fagerberg, J., S. Laestadius, B. R. Martin. The Triple Challenge for Europe: The Economy, Climate Change, and Governance[J]. Challenge, 2016, 59(3): 178–204.

益处（Bush，1945）[①]。这也导致了20世纪60年代以后（科技）研究委员会等新的公共组织的建立，将这类支持引向了各类企业和公共研究机构。这种支持以往被认为是研发、科研或科学政策的一部分，但今天被归为创新政策。

（3）扩散导向。认为创新并不仅仅是科学研究和发明的过程，也是一个社会化互动和扩散过程。科学技术及其随之产生的经济发展影响是建立在市场接受的前提基础上的，而众所周知，市场是商品和服务的最有效的分配者。一个更少受约束的市场竞争将导致最佳技术的出现，促进经济增长。典型的如美国大多数科技政策，都受到市场范式的强烈影响。

（4）合作技术导向。从20世纪80年代末以来，很多创新政策背后的假设受到了挑战，包括对私营部门作为所有创新的源泉的基本信念。随着区域竞争优势、集群概念的流行，一些国家开始重视不同创新主体之间的关系，即合作技术导向。它是一组价值观的总称，它强调各部门之间的合作：大学、政府、工业界以及竞争对手公司之间在发展前技术方面的合作。很多国家开始采取不同的策略，以实现良好的协作和互动。

（5）制度设计导向。这一导向以国家创新体系或创新生态理论为指导，强调有利于技术和信息在人、企业、研究机构之间的流动的制度性框架的创造。这一导向认为各国历史文化条件不同，不存在一个统一的、放之四海而皆准的最佳范例。除了技术本身，非技术性因素（主要是制度因素）极大地制约着创新的发展，其中最关键的在于学习及最重要创新资源——知识的流动，以知识的应用产生创新，进而推动生产率的增长。

科技政策的制度设计方法是近年最广为接受的导向，根据OECD，政府科技政策最主要体现在四个方面：① 资助企业创新和创业，特别是通过重组政策组合，加大对中小企业及其国际化的支持；② 理性化公共研究开支，改进公私合作研究，鼓励跨学科研究和开放式科学；③ 确保未来人才的供应，建立创新文化；④ 改进科技创新政策治理，密切关注于政策评估和负责任的研究和创新政策设计。[②]

---

① Bush, Vannevar. Science: The Endless Frontier[R]. U.S. Office of Scientific Research and Development, Report to the President on a Program for Postwar Scientific Research, Government Printing Office, Washington, D.C., 1945.

② OECD. Science, Technology and Innovation Prospective[R]. Paris: OECD, 2016: 162.

第三节　科技创新的政策工具

近年来，各国政府对企业研发创新资助力度有逐渐增长的趋势（见图10–2），对研发行为有着不同层面的资助。政策工具是指当局为实现其政策目标而采用的治理技术（Martin, 2016）[①]。一种政策工具既有其明确的对象，但是也会带来一些负面作用。因此，一些研究提出科创政策应当是一个组合，政策之间常常存在着某种互动（促进或抵消），需要在决策时纳入考虑（Dumont, 2017）[②]。

Rothwell和Zegveld（1981）根据不同创新政策工具对创新产生影响的方式不同，将创新政策工具分为三类[③]：① 供给类创新政策工具（如资金支持、人力资源培养、技术支持、信息支持等）；② 需求类创新政策工具（如政府采购、公共服务、贸易管制、海外机构等）；③ 环境类创新政策工具（如金融政策、税收政策、法规管制等）。

Steinmueller（2010）将政策分为4个模块、12种工具。[④]分别是：① 供方政策：横向措施、主题资助、信号战略、保护主义措施、财政措施；② 互补性要素供给：劳动力、技术收购；③ 需方政策：采纳补贴、信息扩散政策；④ 制度变革：公共机构的新使命、互补性制度、准公共产品设计。

Edler and Georghiou（2007）将政策分为供给端和需求端两大类共11个工具。[⑤]Borrás and Edquist（2013）将政策工具分为三大类：管制工具（大棒）、经济和金融工具（胡萝卜）、软性工具（布道）。[⑥]Edler and Fagerberg（2016）则按

---

① Martin, B. R. R&D Policy Instruments–A Critical Review of What We Do and Don't Know[J]. Industry and Innovation, 2016, 23: 157–76.

② Dumont, M. Assessing the policy mix of public support to business R & D[J]. Research Policy, 2017, 46: 1851–1862.

③ Rothwell, R., W. Zegveld. Industrial Innovation and Public Policy: Preparing for the 1980s and the 1990s[M].London: Frances Printer, 1981.

④ Steinmueller, W. E. Economics of Technology Policy[C] // Kenneth J. Arrow, Michael D. Intriligator. Handbooks in Economics of Innovation (vol. 2). Elsevier B.V, 2010.

⑤ Edler, J., L. Georghiou. Public Procurement and Innovation: Resurrecting the Demand Side[J]. Research Policy, 2007, 36(7): 949–63.

⑥ Borrás, S., Edquist, C. The Choice of Innovation Policy Instruments[J]. Technological Forecasting and Social Change, 2013, 80: 1513–22.

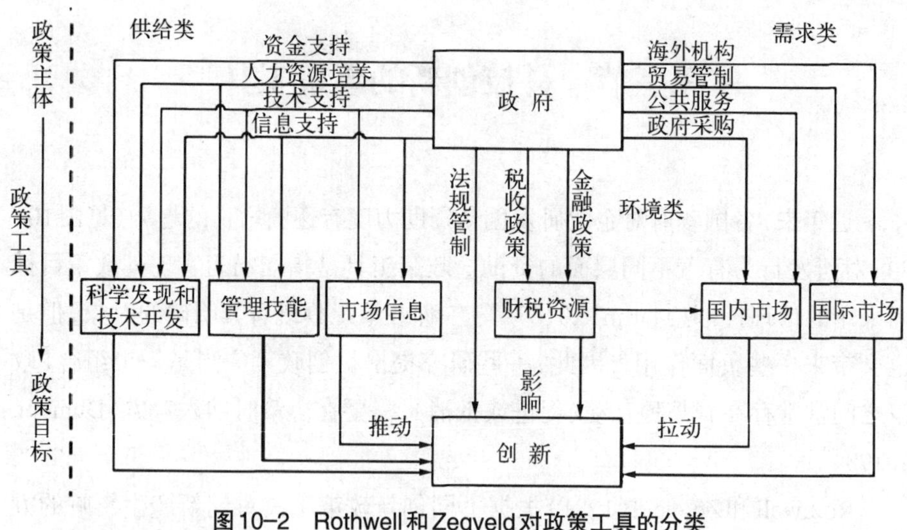

图10–2 Rothwell和Zegveld对政策工具的分类

资料来源：蔺洁等（2015）。①

供给端和需求端进一步将其分为15类。②具体如表10–1所示：

表10–1 创新政策工具的分类

创新政策工具	总体导向		目标						
	供给	需求	增加研发	技能	获得专业技能	改进系统能力互补性	增强创新需求	改进框架	改进话语
1. 研发财政激励	●●●		●●●	●○○					
2. 直接支持企业研发创新	●●●		●●●						
3. 技能培训	●●●			●●●					
4. 创业鼓励	●●●				●●●				

① 蔺洁，陈凯华，秦海波，侯沁江．中美地方政府创新政策比较研究：以中国江苏省和美国加州为例［J］．科学学研究，2015，33（7）：999–1007.

② Edler, J., J. Fagerberg. Innovation policy: what, why, and how[J]. Oxford Review of Economic Policy, 2017, 33(1): 2–23.

（续表）

创新政策工具	总体导向		目　　标						
	供给	需求	增加研发	技能	获得专业技能	改进系统能力互补性	增强创新需求	改进框架	改进话语
5. 技术服务和咨询	●●●				●●●				
6. 集群政策	●●●					●●●			
7. 支持合作	●●●		●○○		●○○	●●●			
8. 创新网络	●●●					●●●			
9. 私人创新需求		●●●					●●●		
10. 公共采购		●●●	●●○				●●●		
11. 前商业化采购	●○○	●●●	●●○				●●●		
12. 创新引导奖章	●●○	●●○	●●○				●●○		
13. 标准	●●○	●●○					●○○	●●●	
14. 管制	●●○	●●○					●○○	●●●	
15. 技术预见	●●○	●●○							●●●

说明：●●● 最相关；●●○中等相关；●○○弱相关（创新政策工具与其目标之间）。
资料来源：Edler and Fagerberg(2016)。

上述枚举法的优点是比较全面，但是略显累赘。本书按政策导向不同：目标群体、预期成果、资助机制，产生六种类别，如表10–2所示。

表10–2　政策工具的导向与分类

导　向	分　类	说　　明
目标群体	1. 人群定向	是否面向明确的群体
	2. 技术定向	是否面向明确的技术

（续表）

导　向	分　类	说　　明
预期成果	3. 供给/需求	刺激研发创新的供给方还是需求方
	4. 主体/合作	是鼓励主体自身还是推动合作
资助机制	5. 竞争/非竞争	是否有特定绩效准则
	6. 财政/非财政	是否动用财政资金

第一种分类是根据目标人群是否具体可以分为人群定向政策（population-targeted）和通用政策。前者是专门针对特定人群，如某种类型的企业，一般为中小企业或基于某种新技术的企业，特定行业等。后者是指面向所有企业。

第二种分类是根据目标技术是否具体可以分为技术定向政策和通用技术政策。技术定向是指专门针对某个研发和创新的技术领域，如生物技术、纳米技术或信息技术等。后者则是针对所有科学技术。

上述两类均属于目标群体导向。

第三种分类为供给端和需求端两个方面。供给端政策工具旨在刺激知识生产和供应，以加速知识溢出和外部性。供给方面是当前主流政策工具，可以区分三个小类：① 研发补贴。通过直接补贴、低息或免息贷款、设立政府风投基金、有条件偿还贷款、股权融资等，都属于此类。② 设备和服务等相关的补助，属于非现金补助，如创新券，包括人才公寓、科学仪器设施等的各类基础设施免费和优惠使用，免费的科技人员培训、法律、财务、创业、信息等专业咨询辅导等。③ 税收优惠，包括对研发投入税收减免、高科技产品出口退免税等激励，属于间接补助。需求端则关注于刺激创新的市场机会和需求，鼓励供应商去满足用户需求，主要是通过公共采购，拉动和激发企业的创新热情。如对企业采购首台（套）设备的补贴，将政府采购的一定额度留给中小企业等。公共部门作为一类用户，本身可以作为创新的重要来源。

第四种分类是区分对象。一类是针对特定主体的政策工具，支持他们开展研发活动，如对大学、企业或科研机构本身的资助；另一类是针对合作的政策，鼓励知识在主体之间流动，如产学研合作、企业研发联盟等；还有一类是针对创新网络构建的整体性政策，如推动创新文化方面的政策。

以上两类属于关注成果导向型。

第五种分类是按是否需要竞争区分为竞争性政策工具和非竞争性政策工具。前者需要基于某种绩效标准的甄选流程；后者主要基于公平的普遍分配原则。

第六种分类是按财政或非财政性划分。财政工具直接的有：信用贷款和担保、需偿还的垫支、竞争性补贴、技术咨询服务、创新券、股权融资和风险资本投资。间接的财政资助又可分为基于费用的，如研发创新税收激励、研发税收津贴、研发人员工资预扣税抵免；和基于收入的，如版税和其他知识资本获得的收入优惠税率。非财政工具包括各类专业服务的提供、活动组织、信息交流等。

以上两类属于资助机制导向。

在以上政策工具使用方面，当前各国存在不同的倾向。Borrás and Edquist（2013）提出政策工具的选择存在三个维度：首先，需要从各种不同的可能手段中选择最适合的具体手段；其次，对于它们应该在何种背景下运作的具体设计和/或“定制”；再次，设计一个工具组合，或一组不同的和互补的政策工具，以解决所发现的问题。①

一些政策工具可以单独使用，但更多是通过一种组合，借助于其互补性共同发挥作用。这需要识别当前妨碍创新的瓶颈，例如政府通常会关注一些共性的问题。这使得很多政策工具用于支持共性技术的合作开发，鼓励将政府资助的研究成果和发明商业化，鼓励企业之间、产业与研究的合作。这些常常作为一种附加条件出现，比如我国的“863”计划，就要求有产业成果转化的证明。

OECD对主要国家的政策情况进行了调研，发现过去十多年来多数国家越来越多地使用人群定向和技术定向政策，如中小企业、特定新兴产业、特定技术等。

在供给与需求两端的政策上，供给政策是传统各国主要采纳的工具，近年

---

① Borrás, S., Edquist, C. The Choice of Innovation Policy Instruments[J]. Technological Forecasting and Social Change, 2013, 80: 1513–22.

来有重视需求端政策的趋势。特别是在有紧迫社会需求的区域，政府期待可以用最少的财政支出来补充市场机制。经合组织地区的公共采购平均占GDP的12%，一直是各部门政策关注的焦点。在科技创新政策领域，过去十年来，对供应方工具的长期关注有了显著的变化。许多国家在2014年表示，未来五年将更加重视需求方面的工具，尽管供应方面的工具仍然占据主导地位。政府通过公共采购来刺激业务创新的举措成倍增加，这使得科技创新政策领域成为这一时期最活跃的领域之一。公共采购已经成为各国在创新议程、创业计划、智能专业化战略、产业计划和公共部门创新政策等方面的重要内容。很多国家特别为小型企业和初创企业简化了进入采购市场的法律框架和程序。

更多的国家倾向于支持不同主体之间的合作和整体网络创新氛围形成的政策，而且更多采用竞争性政策工具。多数国家都以财政工具为主、以非财政工具为辅。在直接和间接财政工具方面，越来越多的国家使用间接的工具。

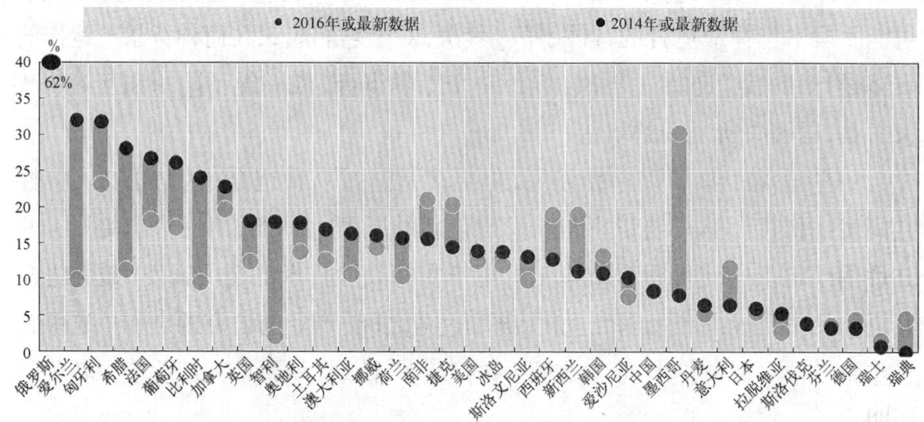

图10–3 主要国家政府直接和间接财政支持占企业研发总投入比重

资料来源：OECD(2016)。①

根据OECD2016年的调查，当前政府最常用的研发政策工具是补贴、股权融资和债务融资。但是这些政策常常是以组合的方式或带一定的附加条件出现，比如竞争性补贴与间接的政策如税收优惠或技术咨询相关联。如何选择

---

① OECD. OECD Science, Technology and Innovation Outlook 2016[R]. OECD Publishing, Paris, 2016.

一个良好的政策工具组合已经成为各国政府的重要任务。

除了上述创新政策，当前还有一种趋势是关注于更加宽泛的创新相关的政策。这体现在：

首先是扩大科学、技术、工程和数学教育（STEM）基础。这几类专业是科技创新的基础，一直受到各国的重视。各国通过提高STEM教育水平的公共预算，吸引更多的年轻人来从事STEM科目，并为教师提供新的培训计划、明确新的招聘标准、新的教学方法和基于信息技术的教学工具。

除了科技能力，教育政策也日益反映创新所需的更广泛的非科学技术技能。通过对课程进行修订，以发展通用技能、解决问题的能力和创业行为。在部分国家，企业家精神与公民参与相结合，构成基础教育和高中教育的重要主题。

加强公众参与和支持科学和创业是各国创新政策的另一个重要组成部分。其中科技文化宣传和科普有着重要的作用，政府常常与民间机构合作，通过大型公共活动、推广活动、公众竞赛和奖项对此加以广泛宣传。

第四节　科技创新政策的效果评估

如前所述，政府开展科创资助的逻辑是：单个企业开展研发的经济收益小于社会收益，存在不经济性，导致市场失灵。此外，在发展中国家资本市场不成熟，（中小）企业融资难、融资成本高，政府可以一定程度上承担起风险资本提供者和引领者的作用，通过财政手段，可以帮助企业提升技术水平和竞争力。同时政府科技资助因其选择性（本身意味着对受资助企业的肯定）而具有导向基金的功能，有利于吸引更多的外部私人投资。

相反的意见认为，由于以下原因，可能导致公共财政资助不能达到预期的效果：一是由于选择性偏见导致的不公平和资源错配，即政府常常会挑选那些商业前景好的，看上去更容易成功的项目，而不是那些最具社会效应，最需要资本的企业进行资助。对于一个正常运作的市场的国家，前者常常并不缺资金，即使没有政府的资助，也能容易地获得民间资本的投入。因此，政府的投资实际上挤出了民间资本。[①]从供求角度来看，政府资助一定程度上增加了全社会对R&D所需的资源需求，相应抬高了R&D资源的价格，进而抬高了全社会企业的研发成本（郭兵，罗守贵，2015）[②]。政府不仅不能解决市场失灵，而是会出现政府失灵的问题。这种情况同样存在于美国中小企业资助活动之中。以色列学者Trajtenberg对该国政策中立性原则的分析也发现，在资助对象、方式和结果方面很难达到中立性的要求。[③]二是更慷慨的税收优惠只会导致研发投入报告水平上升，而未必是实际的研发效果。也就是说，当企业意识到政府要大力补贴研发创新的时候，他们会主动迎合，装作在创新。根据Hall & van Reenen的观点，每增加1美元的税收优惠导致公司在报告的研发支出中同等增加了1美元。[④]然而，没有多少证据表明，报告的研发支出增长在多大程度上反映了在没有信贷的情况下支出的实际增长。其中一些支出来自本就会发生的开支，很有可能只是换个科目而已。据统计，在美国每年有20%和30%的公司研发开支被税务部门查出不符合报销规则。三是政府投资基金的管理常常成为寻租腐败的场所。当政府提出创新资助时，很多不创新但与官员关系好的企业常常最能从中获益，而不是那些真正需要资金的企业和企业家，因此并不能真正促进创新。

Romer认为科技补贴的目标应该包括吸引更多的人才参与到研发中来。但是由于人才供给方面存在一定的刚性，科技补贴政策常常会有较长的时滞性。短期内人才供给不会增加，因此，研发补贴只会推动相关人员的工资上涨。同时经验数据表明，在政府加强财政补贴后很长时间内，美国科研人才的数量并没有出现增长。[⑤]因此，即使是一个设计良好、认真实施的补贴计划，最终可能于事无补。

问题的关键看来在于公私资本之间的关系。现有研究发现，它们存在

---

① Hall, B., J. Lerner. The financing of R&D and innovation[C] // In: Hall, B.H., Rosenberg, N. (Eds.), The Handbook of the Economics of Innovation, vol. I. Elsevier, Amsterdam, NL, 2010: 609–639.

② 郭兵，罗守贵. 地方政府财政科技资助是否激励了企业的科技创新？—来自上海企业数据的经验研究[J]. 上海经济研究，2015，4: 70–79.

③ Trajtenberg. M. R&D Policy in Israel: An overview and Reassessment[J]. NBER working paper 7930. 2000.

④ Hall, B., J. Van Reenen. How effective are fiscal incentives for R&D? A review of the evidence[J]. Research Policy, 2000, 29 (4): 449–469.

⑤ Romer, P. M., Endogenous Technological Change[J]. Journal of Political Economy, 1990, 98: S71–S102.

替代（挤出）、互补和叠加（一种投资引发后续更多的另一种投资）三种关系。González and Pazó研究表明，在西班牙制造公司的样本中，不存在挤出效应，公私资本存在互补性。[①]利用相同的数据集，González et al.认为，缺乏研发补贴可能抑制了西班牙企业投资研发。[②]Czarnitzki et al.的结论是，研发税收抵免增加了加拿大公司的总体研发投入。[③]Goerg 和 Strobl发现，研发补助的规模和来源国因素影响了二者之间的关系：在爱尔兰公司的研发补贴中，额外的资金用于小额补贴，而大额赠款可能排挤私人投资。[④]但这一结果只适用于爱尔兰公司，而不适用于其他来源国。Czarnitzki et al.展示了一些芬兰和德国公司的例子，这些企业的研发补贴影响了更具创新性的产出措施，例如专利的数量，而不是研发支出。[⑤]Aerts and Schmidt用德国和佛兰德斯的公司进行了比较，拒绝了挤出效应的假说。[⑥]白俊红等（2009）以行业中的国有产值占比衡量产权类型，发现政府科技资助对国有企业R&D支出产生了挤出效应。[⑦]

从经验研究来看，根据OECD成员国数据所做的研究发现，政府科技资助效果随资助强度的增加而呈现倒U形变化，当资助强度达到某一极值后（19%左右），资助的效果开始下降，超过25.4%才会产生替代效应。

从实证研究看，结果存在相当的混淆。如Garcia-Quevedo的回顾文章发现有37篇文章显示公私投资之间存在互补性；24篇存在替代性，另外15篇显示没有显著的影响。[⑧]Capron 和 De La Potterie的研究表明，这种影响与各种补贴方案的特征有关，如政府科技管理部门的资质和经验、企业和市场规模以

---

① González, X., Pazó, C. Do public subsidies stimulate private R&D spending?[J]. Research Policy, 2008, 37 (3): 371–389.

② González, X., J. Jaumandreu, C. Pazó. Barriers to innovation and subsidy effectiveness[J]. The RAND Journal of Economics, 2005, 36 (4): 930–950.

③ Czarnitzki, D., G. Licht. Additionality of public R&D grants in a transition economy[J]. Economics of Transition, 2006, 14 (1): 101–131.

④ Goerg, H., E. Strobl. The effect of R&D subsidies on private R&D[J]. Economica, 2007, 74 (294): 215–234.

⑤ Czarnitzki, D., B. Ebersberger, A. Fier. The relationship between R&D collaboration, subsidies and R&D performance: empirical evidence from Finland and Germany[J]. Journal of Applied Econometrics, 2007, 22 (7): 1347–1366.

⑥ Aerts, K., T. Schmidt. Two for the price of one?: Additionality effects of R&D subsidies: a comparison between Flanders and Germany[J]. Research Policy, 2008, 37 (5): 806–822.

⑦ 白俊红，江可申，李婧.应用随机前沿模型评测中国区域研发创新效率［J］.管理世界，2009（10）：51–61.

⑧ Garcia-Quevedo, J. Do public subsidies complement business R&D? A metaanalysis of the econometric evidence[J]. Kyklos, 2004, 57 (1): 87–102.

及补贴的强度等。[1]因此结论看来是：如果政策运用得当，政府的资助确实能与私人投资形成互补，取得良好的效果，如美国的小企业创新研究项目，德国、中国科技部的中小企业技术创新基金，韩国的知识经济技术创新项目，土耳其和波兰等，都取得了不错的效果。公共研发补助的问题更多是一个管理和资助方式的问题。

专栏10-1 创新政策的三种范式

英国苏塞克斯大学（University of Sussex）科学政策研究部（SPRU）是创新研究的重镇。其主席Schott归纳出三种创新政策框架，即研发、创新体系和转型变革（transformational change）政策框架（Schot & Steinmueller, 2016）[2]。

一、政策框架1.0：研发政策

政策框架1.0侧重于通过研发实现的创新，不断挖掘科技潜力，促进以大规模生产和消费为基础的社会技术体系的繁荣和发展，并通过规范来控制创新的不利影响。它起源于现代经济增长的社会—技术系统复合体。这种框架在第二次世界大战之后的主导地位才得以明确，体现在凡尼瓦·布什（1945）等人的著作中，从而创造了国家在科学研究中的新角色。

这一框架中，创新就是发明和技术的商业化应用，遵循的模型是创新的线性模型。其政策干预的基本理由是市场失灵，经济学家认为，发现和发明具有公共物品的特征，类似于道路或下水道，属于市场激励不足的领域。在这一框架指导下，研发投入水平就成为关键性指标。例如欧盟于2010年定下目标，要于2020年将其平均研发投入占GDP比率提升到3%。

---

① Capron, H., De La Potterie, B. Public Support to Business R&D: A Survey and Some New Quantitative Evidence[J]. OCDE: Policy Evaluation in Innovation and Technology. Towards Best Practices. OCDE, Paris, 1997.

② Schot, J., W. E. Steinmueller. Framing Innovation Policy for Transformative Change: Innovation Policy 3.0[J]. Science Policy Research Unit (SPRU), University of Sussex, 2016.9.

政策干预的另一个理由是基于科学应用所带来的负面的社会影响，如《寂静的春天》(*Carson, 1962*)所描述的滥用农药对环境的影响。[①]美国食品和药品监督局的成立原来主要为行业设定准入门槛和标准，后来逐渐扩大其管制范围，包括药物的不良后果和安全性。

二、政策框架2.0：创新体系政策

政策框架2.0“国家创新体系”出现于20世纪80年代，随着全球化进程的推进，在激烈的国际竞争中，国家之间的差距进一步拉大，一些国家顺利地实现赶超，实现经济的快速增长，而另一些则陷入停滞，学者们尝试找到经济发展背后的驱动力量。政策框架2.0早期重在实务，并没有一个明确的理论。

这一框架下，创新不再是一个线性过程，而是一个互动式学习过程。影响创新的因素除了经济因素，还有非经济因素，如社会、政治和文化等。政策干预的理由除了市场失灵，还是体系失灵，包括创新主体之间的关联性、知识可转移性等。

从全球视角，框架2.0对框架1.0作出四项重要修正：首先，科学和技术知识通常包含重要的默示因素。这些知识并没有随着地理和文化的距离自由传播，而是变得黏滞。也即创新具有明显的地区性和局部性。其次，从全球研究网络和研究人员那里吸收知识的能力取决于自身的“吸收能力”(absorptive capabilities)，创新主体开展研究需要具备相关研究和应用的先前经验。再次，“吸收能力”仅仅是一系列社会能力之一，它不仅受教育程度的影响，还受其创业精神和社会能力的影响。最后，技术变革具有累积的和路径依赖的特征。在改变搜索和改进轨迹的颠覆性创新与加强和加强现有方法的渐进性创新之间存在一种权衡。

政策框架2.0建议各国应该在建立科学城、高新技术产业集聚区等，将技术预见作为工具，向技术前沿挺进，同时大量资助产学研之间的合作、员工培训项目，形成创新网络，增强吸收能力，促进知识转移、技术

① Carson, R. Silent Spring [M]. New York: Houghton Mifflin, 1962.

扩散。

三、政策框架3.0：转型变革政策

政策框架3.0目前仍处在形成过程中。其历史背景是联合国2015年提出17项可持续发展目标，包括消除贫困、减少各种形式的不平等、促进包容性和可持续的消费和生产体系、充分的生产性就业和人人享有体面劳动等。它涉及如何利用科学和技术政策来满足社会需求，并在更为基础的层面上处理可持续和包容性社会问题。

转型变革框架对创新本身进行反思，认为技术本身并非中性的，一项技术创新由强势群体所构建和推动。创新在给经济社会中一部分人带来促进的同时，给另一部分人造成负面影响如公平性、可持续性等，尤其是颠覆性创新。很多技术创新帮助形成了当前的基于化石的资源密集型大投入、高消费的产业发展模式，对可持续形成了威胁。因此，学者提出要解决这些挑战，仅仅是对现有体系进行优化是不够的，创新政策应当更少关注于产品、流程、企业和研发，而应该关注更广范围的体系变革。为了促进这一变革的顺利进行，它必须具有适应性、开放性、可逆性、学习性等特征，需要有利益相关方的广泛参与。

科技创新政策面临的社会和环境双重挑战正得到越来越多的政府和各类组织的认可。通过《地平线2020》等倡议，欧盟期望创新能够解决一系列精心挑选的社会挑战，并且也接受了负责任研究和创新(RRI)的概念。

当然，这三种政策框架之间并非完全是替代关系。各国采用哪一种框架，当视其所面临最紧迫的任务而定。在相当长的时期内，在全球范围内，它们仍然会共存。

第十一章　美国的科创政策

美国是世界上科技最为发达的国家。有关美国科技政策存在的一个明显的悖论是：美国似乎并没有统一的科技政策，但从“二战”以来，它无疑又是科技政策的最大受益者。在建国之初，美国就依照英国建立了稳健的专利体系，为发明创新创造了良好的外部条件。1860年通过《土地赠予法》，支持各州将土地赠予研究型大学。1890年和1914年的《反垄断法》有效地促进了竞争。“一战”时，美国国防部出于军事需要加大对军工产业的资助与合作，刺激了金属制品的技术进步和部件标准化。但真正使美国在技术上接近和超越欧洲列强的力量来自民间企业的蓬勃发展，如福特、杜邦、GE等大型企业的出现。

“二战”和随后的冷战重绘了美国经济的蓝图，由于避免了本土战争，让美国吸引了大量世界级人才。战争本身更刺激了技术的重大突破，包括电子、太空、合成材料、医疗保健用品和核能等，联邦政府通过20世纪40年代的“曼哈顿计划”、60年代的“阿波罗计划”等引导资源流向大学实验室。庞大的国防预算为核心科技研究提供了充足的经费，为高科技产品如飞机、电子产品的需求市场，使美国科技产业突飞猛进。

第一节　美国科创政策沿革

以下分为三个阶段对“二战”后美国科创政策发展进行一个简要梳理。以20世纪80年代为界有一定的主观性，因为这一时期美国的科创政策出现了较多的变革，尤其在鼓励企业开展研发方面出台了很多影响巨大的科创政策，对于后来美国的发展影响深远。

一、20世纪80年代前的美国科创体系发展

1980年前，美国研发投入的主力是政府，其占比超过50%，最高峰的20世纪60年代达到近70%。当然联邦政府的科研投入是以国防、军事为主，投入对象主要是联邦实验室和主要的研究型大学的基础研究（经费的80%以上）。这为美国科技发展奠定了坚实的基础，一项显著的指标是：1943—1980年美国获得诺贝尔三项科学奖的人数（108人）占总数的50.7%。

Mowery and Rosenberg（1993）认为相比于其他工业国家，美国最明显的特征是规模宏大性。[①] 战后美国政府的科研投入呈几何级数增长，远远超过其他经受战争摧残的工业化国家，到20世纪60年代中期达到峰值，占GDP的3%，总量超出日、德、英等国的总和。在科创体系中，产业、大学和联邦政府的相对重要性也不同于其他国家，最初联邦政府在资金来源方面起到了绝对的主导作用，产业部门在研发投资方面的作用到20世纪60年代中期才逐渐显现。另一个重要差异在于美国创业型中小企业在将新兴技术，如微电子、计算机、生物技术等商业化中作用非常显著。在科创体系建设方面有两个具有重要影响的公共政策：一是反托拉斯法，影响了很多企业的发展方向和轨迹；二是军事研发和采购政策，这一政策在战后很多年成为高新技术商业化优势的重要来源。

《反托拉斯法》（1890/1914）直接影响到了美国企业的创新行为，它禁止美国企业独自或合谋影响市场，控制价格，深刻地改变了企业竞争的方式。从此企业不得不在规模上有所控制，减少兼并和收购，转而追求以科技创新寻求垄断利润，以避免这一法律的追究。1911年洛克菲勒的标准石油公司被拆分是这一时期的大事。企业的材料研究、质量控制实验室、中央研究所成了科研人员最早的雇主，典型的企业是GE和杜邦。事实上，美国早期研究实验室部分关注于内部研究所产生的发明，也在监控环境中的技术威胁和机会，新技术收购的机会，有时通过专利或企业购买。这是早期的开放式创新，并不像有些学

① Nelson, R. National Innovation Systems[M]. Oxford Uni. Press, New York, 1993.

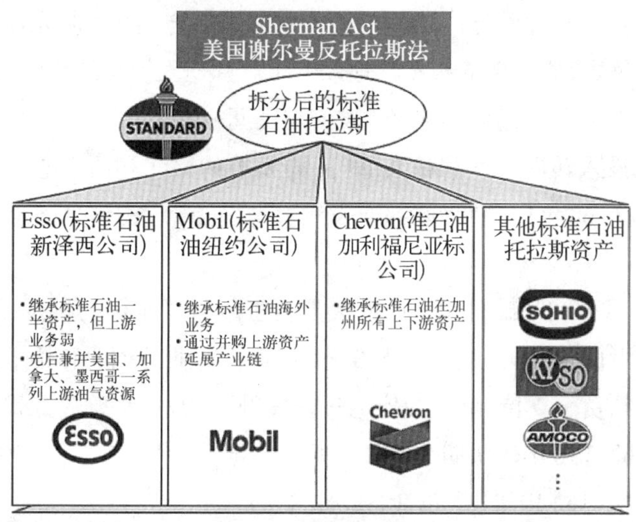

图11-1　1911年标准石油被联邦政府分拆

者所认为的，以前都是封闭式创新。

在美国，至少在罗斯福新政出台前，政府对任何竞争性产业部门进行资助的行为都属于越权的。事实上，政府从未明确地将创新和生产力提升作为国家的经济目标，在战后很长时间里也一直为国会所抵制。如1963年肯尼迪政府通过民用产业技术项目（CITP），旨在为大学提供资金，帮助诸如煤炭生产，住房和纺织品等领域企业研究创新，但由于既得利益的阻挠，在国会未获得通过。1970年尼克松政府提出“技术机会计划”，想支持那些应对紧迫的社会问题的技术研究，包括高速铁路和特定疾病的治疗等，同样未获得通过。因此当时在联邦层面，并不存在一个统一的研发创新政策。这一导向一直到1976年卡特政府才开始有所转变，而这主要是由于日本和德国等从外部形成的挑战。

正由于美国的研发投资没有建立在任何国家层面的经济战略上，这些投资相当多元化和多样化，多数不属于经济领域（除了农业）。也很少有人对战后研发投资的经济回报作出评估。联邦政府的科技资助是从军事和航空领域开始的，较早成立的研究部门是1915年成立的国家航空咨询委员会（NACA，NASA的前身）。数据显示，1940年，农业部（39%）和国防部（36%）两大部门占国防研发经费的大部分。

“二战”期间，联邦政府成立了科学研发办公室（OSRD），由来自MIT的科学家凡尼瓦·布什领导。这一机构不隶属于军方，而是直接对总统和国会拨款委员会负责，它的成立根本性地改变了联邦研发资金的流向，此前联邦研发预算只是在公共部门体内循环，很少与民间机构签订合同。科学研发办公室则将研发投入转向大学和私人部门，典型的如MIT和西方电气公司。此后一直到20世纪60年代中期，联邦研发预算节节上升，占到全国总研发投入的2/3强。

美国在军事和基础科学方面的大量投资取得了丰硕的科技成果，直接促成了硅谷的形成。美国微电子、无线电、计算机行业的创业和技术进步的过程最初都有联邦资金支持，联邦政府通过研发补贴、政府采购等方式对企业予以支持，到20世纪70年代初期企业才开始自我维持（萨克森宁，1999）①，可以说美国政府间接引领了微电子革命。

另一个影响深远的法案是《美国退伍军人权利法案》。"二战" 结束后，数百万的士兵即将退役，国会出台这一法案，给予每一名退伍军人接受大学教育的补贴。德鲁克认为此事具有划时代的意义，表明美国正在向知识社会转变。②它是美国在教育方面作出的重大投资，整体提升了美国就业人口素质。在20世纪60年代和70年代，许多社会学家和观察家们，如德鲁克、丹尼尔·贝尔已经认识到，科学知识越来越成为经济活动的核心，经济对高度专业化的科学技术培训的依赖将进一步加强。如大型电脑在美国经济中的应用越来越广，成为技术专长的重要性的典型代表。分子生物学的一系列突破有助于推动制药和农业技术行业的创新。材料科学的后续进展往往依赖于在分子水平上化合物的操控，开始重塑产业如何制造人们所熟悉的产品，如飞机、汽车、建筑材料和纺织品。半导体的发展和一系列相关信息技术开始推动后来演变为20世纪90年代到今天的信息技术革命。

20世纪70年代初期，美国经济开始出现 "滞胀" 现象（高失业和高通胀并存），美国作为西方国家领头羊地位开始有所动摇，凯恩斯主义遭到全面质疑，布雷顿森林体系解体。尼克松于1974年被迫辞职时，被媒体称为 "最后一任自由主义政府"（奉行罗斯福新政）。与此同时，日本、西欧经济的快速崛起形

---

① ［美］安纳利·萨克森宁. 地区优势：硅谷和128公路地区的文化与竞争［M］. 曹蓬等，译. 上海远东出版社，1999.

② ［美］彼得·德鲁克. 后资本主义社会［M］. 张星岩，译. 上海译文出版社，1998: 3.

成力量的消长，使美国大型企业明显感受到国际竞争的压力，这在日本与美国汽车业的竞争中得到了充分的体现，日本汽车以其省油、高性能在美国大受欢迎，将三大汽车之一的克莱斯勒逼到破产的边缘。

技术的影响非常显著，信息革命为新创企业提供了全新的机会。随着时间的推移，越来越多的企业受到来自意想不到的方面的竞争。当IBM与比尔·盖茨（Bill Gates）签署首份合同，为其第一台个人电脑开发操作系统时，其高管们肯定未曾预见到，微软将成为IBM最危险的竞争对手。

市场的变化，消费者品味趋于多样化，产品生命周期变得越来越短，也给福特式生产模式的大企业带来了负面冲击。如通用汽车开始按人群分类，而不是福特式标准化汽车来细分市场，从而成功超越福特。而日本价廉质优产品的进入，使这一挑战变得更加严峻。

这一新的环境下，美国大型企业不得不出于压缩成本的考虑，在研发费用上做出一些削减。例如一些公司关闭了实验室，减少对基础研究的资助，同时显著缩减了其内部研发的规模。对技术专家进行了更严格的控制，更加关注研发的开发阶段，例如设计出旨在提高现有产品的可销售性或有利可图的小型改进。许多大型美国企业通过将研发业务更多地外包给国内外实验室，与大学和政府实验室等其他组织合作，或依靠小型企业收购等方式，维持新产品的不断推出。

在这些因素的综合影响下，美国人开始重新思考技术、创新和竞争力的政策。

专栏11-1　美国政府引领科技创新：联邦资助研究和计算机产业的诞生

世界上第一台计算机电子数值积分器和计算机（ENIAC）的开发，是为了解决与火炮准确射击有关的计算信息的具体问题。ENIAC是20世纪50年代初美国陆军资助的项目，由埃克特（J. Presper Eckert）和莫齐利（John W. Mauchly）在宾夕法尼亚大学开发完成。

从1945年到 1955年，美国军方、大学和私营部门之间的合作导致了至少19项与计算机开发相关的项目。这种协作环境推动了创新的爆发，但这项研究的大部分资金来自联邦政府。从1949年到1959年，通用电气、IBM、Sperry Rand、AT&T、Raytheon、RCA和计算机控制公司的计算机相关研发支出中，联邦基金占了59%。

虽然这些计算机的资金主要来自联邦政府，但公司能够迅速将技术进步转化为商业应用。例如，IBM将这一联邦研发的优势与自身的市场敏锐性结合，作为一个现有的办公设备生产商，发明了IBM 650。在20世纪50年代销售达1 800台，成为该时期商业化最为成功的计算机。

这些早期的联邦投资是在没有考虑商业应用的情况下进行的，但它们为计算机产业的发展提供了基础。70年后，美国仍在收获这些早期投资的回报。今天，几乎每个美国人的生活都受到计算机技术进步的影响和好处。导致早期计算机发明的基础研究投资正是美国今天需要进行的投资类型，这样，未来几代人能够在未来几十年中收获今天投资的回报。

资料来源：U.S. Department of Commerce(2012)。①

二、20世纪80—90年代

20世纪80年代，政府监管政策发生了明显转变。政府开始重视消除了对竞争的各种障碍。典型的案例是AT & T电话垄断的分拆，航空运输、电视、卡车运输和金融等行业也发生了类似的变化。一系列政策的结果是产业研发投入在总研究投入占比迅速上升到70%以上。

首先是1982年成立了联邦巡回上诉法院，加强对知识产权的保护，这被认为是美国推动科技发展的根本优势。同时，美国政府在双边和多边国际贸易谈判中也对知识产权进行了更强有力的国际保护。

---

① U.S. Department of Commerce. The Competitiveness and Innovative Capacity of the United States[R]. January 2012: 2–5.

其次，联邦政府努力增加已经资助的研究成果（“搁置”技术）的商业影响，特别是在大学和政府实验室的科技成果，这体现在1980年通过的《史蒂文生–威德勒技术创新法案》（*the Stevenson-Wydler Act*）上，根据这一法案，政府实验室制定了《合作研究和开发协议》（*CRADA*），作为法律工具，使国家实验室的政府研究人员能够与工业部门进行联合项目。同时联邦还为科学家和机构创造了激励措施，通过创建新的创业公司，向私营企业颁发许可技术，或与企业合作项目，将他们的研究发现推向商业领域。1980年通过的另一个重要法案《拜杜专利和商标法修正案》（*Bayh-Dole Patent and Trademark Law Amendments Act*）鼓励大学将其研究事业视为潜在的收入来源，并在20年内共同努力将联邦实验室的资源从武器生产转移到商业应用。

联邦政府同时加大了对民用科技研发的支持力度。无论承认与否，美国在这方面确实是在向日本学习。以前的战后联邦计划支持在诸如能源、核能，甚至房屋建筑等领域的民用科技发展，通常是针对政策制定者认为市场激励不足的技术，导致社会回报大幅超过私人回报创新者。但是旨在帮助发展科学发现的商业应用的联邦计划，例如高温超导（HTS）商业应用，却是私人和社会对创新的回报可能非常高的技术。还新设立了一些联邦项目，以帮助为个别公司，无论初创还是现存公司提供竞争力前的研发资助。这些计划中最突出的有：

（1）小型企业创新研究（SBIR）计划。联邦政府机构通过该计划，为小企业划提出的项目研发预算的部分比例，其中许多是大学或联邦实验室新创建的分支机构。

（2）国家标准和技术研究所（NIST）的先进技术计划（ATP）以及能源部的一系列举措提供了配套资金，支持新兴和成熟的公司特别有前景的新技术，例如通用性技术。事实上，ATP是基于1988年所出台的综合贸易和竞争力法案（Omnibus Trade and Competitiveness Act）而提出的，于1990年起开始运作，致力于推动公私合作伙伴计划，其作用不仅包括为产业的早期技术项目提供关键资助，还鼓励企业和其他组织之间的协作，促进信息交流和便利技术创业活动等方面。

（3）对企业尝试技术攻关的支持。例如，制造业推广计划（The Manufacturing Extension Program）帮助了数以万计的小企业适应电算化，以及即时生产（JIT）

要求更高的排程。国家纳米技术倡议（The National Nanotechnology Initiative）为企业提供了一系列联邦资助的大学实验室公共服务，帮助那些希望避免开发自己的实验室基础设施的成本的企业。类似地，联邦实验室与企业建立合作伙伴关系的努力为他们提供了重要的技术支持，通过订立合作研发和为他人工作（Work For Others）的协议。

（4）旨在促进和支持研究联盟的倡议，使同一行业的多个公司结成联盟，来解决共同面对的技术问题。这包括1984年通过的《国家合作研究法》（*NCRA*），减少了商业前研究中企业之间合作的反垄断处罚。NCRA方便了微型电子计算机技术公司的成立，它是美国计算机和电子产业公司的早期研究联盟。自从NCRA通过以来，美国行业的研究联盟数量保持增长，从1984年至1988年6月，共有111家合作企业根据该法案成功注册。

这一产业联盟的标准范式是20世纪80年代联邦大量投资的SEMATECH项目。在联邦政府的支持下，美国的半导体行业使自己的供应商进行了现代化改革，并开展了一项精致的研究议程，帮助该行业保持领先于外国竞争对手。多个政府机构，包括能源部、国家标准和技术研究所（NIST）的先进技术研究所、军队各部门都以此为榜样，召集并支持大型工业联盟，克服技术障碍。同时，美国国家科学基金会和军方也支持美国更加分散的大学实验室系统，建立更多本地化的工业合作伙伴组织网络。例如，国家科学基金的工程研究中心是一组位于大学的17个跨学科中心，与行业密切合作。

（5）国家科学基金资助对象不再严格区分基础科研和应用研究与开发。1984年，基金开始资助一系列工程研究中心，以共同投资的方式，促进大学科研人员与产业的合作。

20世纪90年代，随着东欧剧变、冷战结束，美国成为单一的超级大国，其在国防方面的投入进一步减少，整个研发增长率出现了显著的下降（Mowery，1996）[①]。这一时期美国经济开始进入“二战”后最为辉煌的黄金增长期，以硅谷为引擎的信息技术革命所带来的“新经济”的爆发，尤其是互联网推动了全球化得以大步迈进，推动着人类进入“全球化3.0”时代，即个人的全球化（弗

① Mowery, D. C. The U.S. National Innovation System: Recent Developments in Structure and Knowledge Flows[J]. the OECD meeting on “National Innovation Systems,” October 3, 1996.

里德曼，2006）[①]。相比之下，日本则陷入经济泡沫破裂后的低谷，欧洲则忙于欧盟的内部整合。

克林顿政府对20世纪80年代的科创政策未作出大的调整，更加强调军民两用技术（Dual-Use）的发展——互联网正是这一政策的结果。首先是对国防采购政策作出调整，要求采购更多采用商业化原则，减少军事专用规格的条款。其次是增加对“两用”技术的支持力度，这其中国防部的高级研究计划项目（ARPA）发挥了主要作用。

由于对民用技术和官产学研合作的重视，商务部的作用开始突显：这一方面是通过先进技术计划（ATP）来得以实现的。有数据为证：1992年的预算是4 700万美元，上升到1996年4.91亿美元，增加了10倍。另一方面是推动技术的广泛采纳，例如，区域技术推广项目支持企业采纳先进技术，商务部下属国家标准和技术研究所（NIST）支持的制造业推广合作项目经费大幅增长。

从科创体系看，随着联邦政府在体系中作用的逐步削弱和全球化浪潮的兴起，20世纪90年代美国发生了以下三个方面重要的结构性变化：

（1）研发合作的趋势明显。美国公司通过财团、与美国大学和联邦实验室的合作以及与其他国内外公司的战略联盟等机制，越来越多地依赖于其组织边界之外的研发来源。

（2）越来越广泛的海外研发外包和国际研发合作。美国公司广泛实施海外研发外包，并努力提升美国境内非美国企业研发的业绩。这不仅包括美国公司在海外建设研发中心，也包括在美国的境外公司支持大学的研发。

（3）大学在科技成果转化上的积极性被调动。由于联邦经费的相对下降，美国大学在研究经费支持方面，越来越寻求对国内外产业的支持，例如成立技术转移办公室、联合实验室等。受拜杜法案之赐，美国大学不断加强通过许可和其他可以从研究结果获得商业回报的努力。这从美国大学专利数量的增长可见一斑，1975年美国大学专利数量占比仅为1%，而到1992年达到2.5%（Trajtenberg, Henderson, and Jaffe, 1994）。美国审计部署1995年的调研表明，大学的版权和许可收入从1991年到1994年有了明显的增长。

---

① ［美］托马斯·弗里德曼．世界是平的：21世纪简史［M］．何帆，肖莹莹，郝正非，译．长沙：湖南科学技术出版社，2006.

三、21世纪的美国科创战略

面对全球化的挑战，美国对自身科技竞争力逐渐销蚀深感忧虑，并且意识到要维持自身在世界上的领导地位，保持就业水平，保障经济增长成果共享，必须依靠创新。2004年，美国竞争力委员会（Council on Competitiveness）出台政策报告《创新美国：国家创新倡议》，提出创新将是决定美国在21世纪获得成功的最重要的单一因素，这需要从人才、投资和基础设施三方面努力。具体内容如表11–1所示：

表11–1 美国创新议程

人才	投资	基础设施
• 创建国家创新教育战略，培育多元化、创新的、技术训练有素的劳动力 • 催化下一代美国创新者 • 赋权工人，提升全球经济竞争力	• 复兴前沿和多学科研究 • 激活创业型经济 • 增强风险承担和长期投资	• 创造对国家创新增长战略的共识 • 创造21世纪的知识产权体制 • 加强美国制造能力 • 建立21世纪创新基础设施：健康护理试验台

资料来源：Council on Competitiveness(2004)。

2005年，国会委托科学院对如何增强美国科技事业进行研究。经过科学、产业、政府等方面广泛的研讨，美国科学院、工程院和卫生研究院共同起草了《风暴前崛起：赋能和雇用美国实现更加光明的经济前景》这一具有影响力的报告，就K12教育、研究、高等教育、经济政策四个方面提出了20项非常具有可操作性的行动计划。①

2007年，乔治·布什总统签署COMPETES法案（美国创造有意义地促进卓越的美国技术、教育和科学机会），其内容包括物理科学基础资金、国家科学基金会资金在4年内翻倍以及数学和科学教育改进计划。

① Committee on Prospering in the Global Economy of the 21st Century : an agenda for American science and technology; Committee on Science, Engineering, and Public Policy. Rising above the gathering storm : energizing and employing America for a brighter economic future[R]. National Academies Press, 2007.

知识产权政策也在不断演变中，主要趋势是放松。实践表明，过于强大和广泛的专利权保护会减缓技术进步，特别是当大量专利许可必须与许多不同的公司进行谈判，而且法院支持大制造商对违反专利权的行为进行起诉，但这些专利对其自身来说仅仅是无关紧要或显而易见的。美国最高法院在2006年和2007年作出了若干决定，减轻了专利权的过于广泛、专利权的显而易见性和强度方面的一些问题，扭转了1982年设立联邦巡回上诉专利法院之后过度保护知识产权的趋势。这些决定加强了非显而易见的标准（专利对于本领域的技术人员而言是不明显的），更难获得法院的禁令，以阻止公司涉及侵权专利的活动，并允许侵犯专利的软件成为在专利不生效的国家转载和出售，无需支付特许权使用费。

2014年，奥巴马政府提出建立一个国家制造创新网络（NNMI），部分是模仿德国Fraunhofer中心的运作。建立的第一个NNMI是国防部的增材制造中心（名为"美国制造"），将公司、大学和几个政府机构集中在一个独特的公私合作伙伴关系中。其他中心还包括数字制造轻质材料、新一代能源电子学等。这些中心在着力推动商业创新和制造业竞争力的同时，也着重于实现政府使命型机构的关键目标。国会同意更广泛的NNMI立法，扩大中心数量，重要的是由行业来决定中心和技术的选择。产业必须承诺向中心提供资金，并担任领导职位，以获得匹配的联邦资金。但与其他国家相比，拟议的资助水平相对有限。例如，按人均GDP计算，韩国在产业研究方面的投资比美国高89倍，德国高出43倍，日本高出15倍多。

奥巴马总统2009年上任以来，便着手制定了相应的国家创新战略，为未来的创新经济奠定基础。这一创新战略建立在超过1 000亿美元的"恢复法案"（Recovery Act）基金上，这些基金支持创新、教育、基础设施和其他方面的支持以及新的监管和行政命令计划。它旨在利用美国人民和一个充满活力的私营部门具有的聪明才智，确保下一次扩张超越以往，更加坚固和广泛。它侧重于关键领域，明智而平衡的政府政策可以为导致优质就业和共同繁荣的创新打下基础，包括三个部分：① 投资于美国创新的基石；② 推动市场竞争，激发高效率的创业；③ 催化国家重大战略突破。2011年的创新战略对此进行了更新，内容有所调整，但是基本框架相同。

到2015年，白宫再次更新其创新战略，包括了六个关键要素：① 创新的五大基石；② 点燃私人部门创新的引擎；③ 为全员创新赋权；④ 创造高品质工作和持续的经济增长；⑤ 催化国家重大战略突破；⑥ 与人民一起、为人民提供创新的公共服务。

从2007年科学院报告以及2009年以来的三个创新战略文本看，虽然在表述上存在一定的区别，日趋具体和完善，但是促进创新的内在精神却是一致的，体现在：

(1) 21世纪的创新需要具备的基石有：人才（基础教育和移民）、研究、物理和下一代基础设施，这一观点从2007年科学院报告中已经得到体现。

(2) 私人部门的创新活力是根本，包括为创业、创新营造良好的税收、产研合作、区域创新、出口等方面。利用数据开放促进创新是大数据时代的鲜明特色。

(3) 全员参与创新。借助于新的技术优势，发动全员通过众创、众包、众筹等方式进行创新。

(4) 尖端技术的突破是关键。美国创新战略所涉及的技术包括：能源、无人驾驶汽车、医疗信息技术、神经技术、教育技术等。

(5) 政府公共部门的创新。政府可以创造良好的创新制度环境，持续投入创新资源，学会利用新技术不断变革。

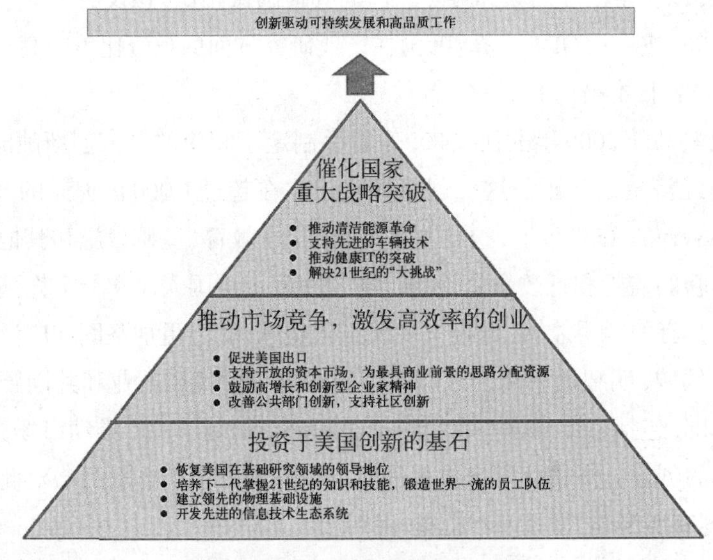

图11-2 美国创新战略（2009）

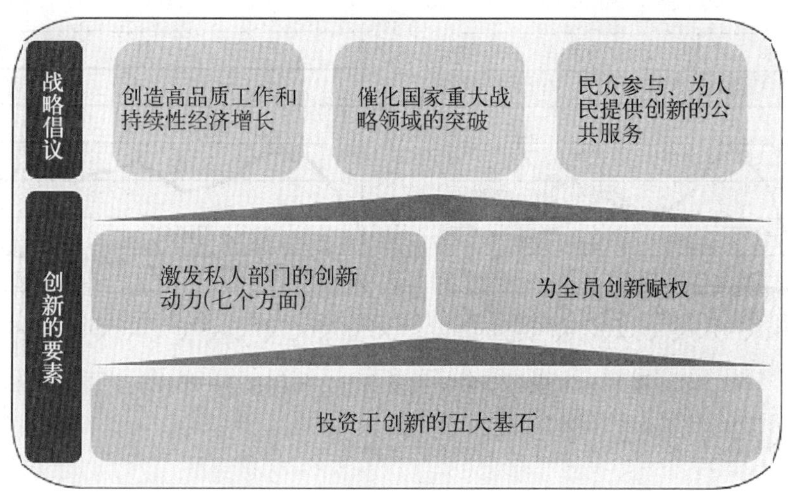

图11-3　美国创新战略（2015）

第二节　美国研发投入水平和科创体系[①]

从战后美国研发投入总量占比情况看，呈现出波浪式前进的特征，其周期大约为24年，其中前12年增长，后12年下滑。1953—1965年呈现出快速上升的趋势，此后一直下滑，直到1978年达到低谷之后反弹，整个20世纪80年代持续上升，从1994年以后占比又呈现增长趋势，一直至今。2013年总研发投入为4 325亿美元，占GDP比重为2.74%。从最新趋势看，2007年金融危机似乎并未阻止其增长的势头。

从结构上看，1965年以后，美国研发投入强度主要是产业所驱动。1980年美国产业研发投入超过联邦政府，此后产业占比一路领先，至今占比超过65%，联邦投入仅占28.5%。

从美国研发支出方向看，近年来基础研究、应用研究和开发占比保持相对稳定，大体为18%：18%: 64%。可以看出美国在基础研究方面的强度是非常

① Charles W. Wessner and Alan Wm. Wolff, Editors; Rising to the Challenge: U.S. Innovation Policy for the Global Economy[R]. National Research Council, Washington, DC, 2012.

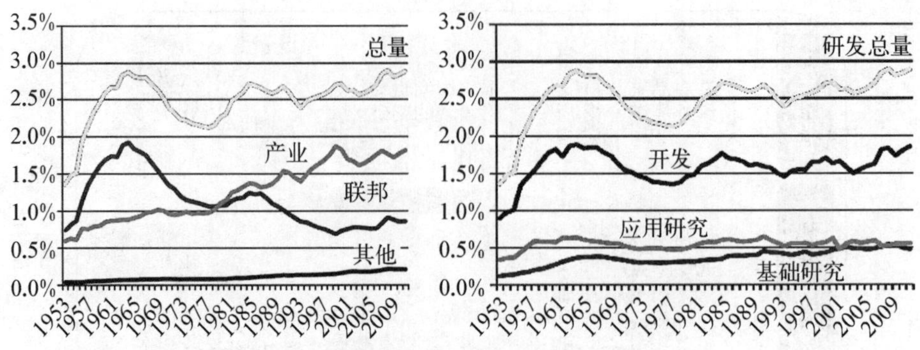

图11-4 美国研发结构及支出方向（1953—2013）

说明：其他包括大学、州政府、基金等。

资料来源：Wessner(2016)。①

高的。如此高的基础研发投入比例，是美国保持科学前沿优势的重要原因。

在讨论美国科创体系时，需要关注其联邦政府的结构。美国联邦制的特点是：未明确分配给联邦政府的政府权力归属于地方和州政府。州政府同样将权力下放给地方政府。因此，美国有一个多层次的区域治理体系，其中包括50个州、5个法定领土、900多个大都市区、3 000多个县、市、教区和25 000多个城镇。每个州对地方实体都有不同的治理结构。一些权力在国家、州和地方政府之间分享，例如征税权。这种权力多样化可使创新举措复杂化。例如，能源部太阳能计划报告说，家庭太阳能安装许可证受到全国约1.6万个不同的市政当局的管辖，增加了加快采用率的努力的复杂性。同时，这种多样化的责任使国家和地区当局能够实施自主创新举措，往往具有相当大的影响力。

正因如此，美国没有一个像其他国家那样的全国范围自上而下完整的创新体系。权力在国家和地方当局高度分散化，公立和私立研究型大学实践的多样性，使命导向的机构至关重要的作用，以及国会对使命优先事项和资源普遍的、常常占主导地位的影响，共同产生了被称为美国管理创新政策和举措方面的“建设性混乱”。尽管面临这种“混乱”，集体努力却为研究、开发、创新和商业化提供了广泛和持续的支持。分权式的当局允许优先事项根据实际进行快速变化。当各方达成一致后，可以大量增加研发资金。此外，为临时性新项目留下了空间，如新“癌症登月计划”和“大脑变革”，这些计划都旨在激励

① Charles W. Wessner. RIO Country Report 2015: United States[R]. EUR 28134 EN; doi: 10.279/089107.

长期目标的资源。广泛的参与和多样性的互动能够提供多个实验和探索新的路径，同时产生冗余和投资差距。这个创新体系得到了世界上最好的大学体系和最广泛的私人天使和风险投资资本的支持。

美国的创新生态系统是多样化的、分散化的、动态的。政策以自上而下和自下而上的方式形成，大型使命驱动机构决定自己的议程，与负责资金提供和监督的国会委员会密切合作。行政部门通过白宫科技政策办公室（OSTP）和管理与预算办公室（OMB）进行额外监督。美国科创体系治理遵循以下过程：

（1）发起：一般由总统科技政策办公室发起，提供科创计划和预算，经由国会批准。

（2）监督：美国创新监督分为两个层面。部门或机构层面，先由执行分部通过自我评估来监测支出和影响，由科学和技术政策办公室（OSTP）和管理与预算办公室（OMB）监督总统的方案组织目标、预算和产出，并监督各机构活动。另一个重要监督方来自国会一级，各部门和机构须向有关的国会监督委员会报告。

（3）评估：由国家审计总署（GAO）、国会研究服务处（CRS）或国家科学院、工程和医学院等私人组织进行的。

（4）协商：协商一直是行政机构活动，与大学、私营部门和其他利益相关方广泛接触的标志，包括STEM教育、频谱无线技术和清洁能源发展等方面的新举措，总统科技顾问委员会（PCAST）、国家科学委员会和国防科学委员会是众多咨询委员会中最知名和最有影响力的。

第三节　美国科创体系的启示

美国的科创体系存在明显的优势，它包括以下几个重要支柱：

（1）强大的框架性条件：美国建立了强大的产权保护制度，适合的企业破产法、用工制度和法律体系、浓厚的企业家文化，以及对外国移民的开放性、鼓励冒险和容忍失败，都是使美国处于创新前沿的框架条件。2011年《美国发明法案》将美国专利制度从“第一个发明”准则转变为2013年3月16日之后

“第一个申报”的专利申请制度。该法还旨在提高专利质量，提升发明者保护国外知识产权的能力。美国专利商标局现在提供了在12个月内处理专利的快速通道，减少专利积压并限制诉讼。

作为世界上最大的移民国家，美国从移民受益最多。“二战”时接收欧洲科学家帮助美国发展了原子能，并造就了在战后的优势。到今天，来自中国、印度、韩国以及其他地区和国家的高层人才涌入美国学习并定居，对于半导体、计算机、软件和生物技术等行业起着尤为重要的作用。外籍人才在美国高科技企业占了极高的份额，一项调查发现：1995—2005年间成立的美国技术公司中，存在两个“四分之一”的现象，即四分之一的公司中有四分之一的外籍人员担任首席执行官或首席技术官。①

（2）联邦的科研资助：美国创新体系的前端是基础研究，主要由联邦政府资助研究型大学进行，国家科技基金赞助了全国各大学55个产业和大学合作研究中心和多个工程研究中心网络。与多数国家不同，联邦政府的民事研究支出不是由单一机构集中协调，而是分配在大量的使命性机构和部门之间。其中国防部占联邦研发预算的一半以上；其他资助机构包括美国国立卫生研究院（NIH）、能源部、农业部、国家航空航天局（NASA）和国家科学基金会，基于同行评审来分配研究资助。

联邦政府2014年为清洁能源技术提供了79亿美元的预算，为能源部（DOE）先进研究项目变革性能源研发提供3.89亿美元，为能源部能源效率和可再生能源办公室提供28亿美元，重点改善清洁车辆和开发先进材料；也为美国全球变化研究计划（USGCRP）提供27亿美元，以更好地了解、预测、减缓和适应全球气候变化。

（3）研究型大学：研究型大学是美国创新体系的引擎。其中，近200家公立研究型大学占了联邦基金研究预算的60%以上，这些机构培育了美国科技领域85%的本科生和70%的研究生，还主持了一系列公私合作研究中心和联盟，将联邦机构、公司和国家实验室联合起来。自1980年《拜杜法案》通过以来，大学更容易出售和授权从联邦资助的研究产生的技术，研究型大学对于开

① Vivek Wadhwa, Ben Rissing, AnnaLee Saxenian, Gary Gereffi. Education, Entrepreneurship and Immigration: America's New Immigrant Entrepreneurs, Part II[R]. Duke University Pratt School of Engineering, U.S. Berkeley School of Information, Ewing Marion Kauffman Foundation, June 11, 2007.

办新高科技公司和推动技术商业化方面的作用大大增加。

美国大学的实力超群，根据偏重于学术研究的ARWU2017排名，前100名中有48所美国大学，并包揽前10位中的8席。根据QS2018排名，前100名中有31所美国大学，包揽了前4位。

（4）国家实验室：除了国防承包商和其他私营公司在应用研发方面获得了联邦研发资金的大部分份额，美国还有37个由联邦资助的研发中心，其中16个是由能源部（DOE）主办的国家实验室。美国能源部的五个最大的国家实验室：洛斯阿拉莫斯、劳伦斯·利弗莫尔、桑迪亚、橡树岭和美国航空航天局的喷气推进实验室共占美国联邦研发资助中心200亿美元资金的55%。其他研究中心由国土安全部、国家科学基金、卫生和人类服务部以及国家税务局等机构赞助。

联邦机构除了根据项目计划书提供研究资助外，还通过与工业界和学术界的公私伙伴关系，开展了一些针对特定使命类项目，加速发展高优先项技术。例如，能源部向公司和大学进行资助，以加速与先进电池、电动车辆和光伏电池相关的技术开发。

由国家标准和技术研究所（NIST）监督的技术创新项目旨在资助解决国家重大需求的高风险研究，例如用于监测民用基础设施的传感器、纳米材料以及电子和基因工程的先进制造工艺。美国国立卫生研究院的国家癌症研究所资助研究治疗膀胱、乳腺癌、结肠癌和肾癌等疾病。

（5）重视研发的私人部门：过去60年来，私营企业在美国研发支出中所占份额的比例越来越大，现在大约占2/3。企业研发资金越来越集中于开发，而不是基础和应用研究。2013年私营部门研发投资额为2 972.79亿美元，其中70%以上用于产品开发，另有20%左右用于应用研究。这一数额相当于欧洲前十大国家研发投入总和，比中国研发投入总量略低（3 364亿美元）。

这意味着私人创新越来越多地受到联邦政府投资的支持，联邦政府承担了约53%基础研究资金。事实上，联邦政府在美国创新体系中发挥的作用比人们假设的要大得多。

（6）密切的公私合作：公私合作是美国经济体系的传统。军事部门早就认识到创新对国防至关重要，在资助和采购平台技术如飞机、发动机、卫星、半导体、计算机、全球定位系统、核能和互联网等方面发挥了重要作用。尽管苹果和Facebook这样的公司在没有直接政府帮助的情况下蓬勃发展，但如果没有联邦政府在互联网、电脑和半导体方面的投资，以及对研究型大学的投资，它们的出现是不可想象的。

除了研发项目的资助，白宫于2013年发布了《开放式政府国家计划》，data.gov提供信息和工具来利用联邦数据集，进一步扩大了公共访问的范围，鼓励各种机构和公民利用数据开展创新。此外国防高级研究计划署（DARPA）数十年来帮助协调研究人员和行业之间的合作和社交网络，洞察新的技术趋势，并开发出跨越行业的广泛技术平台。联邦机构资助在促进美国技术创业也特别重要。

发展经济学家弗农·韦斯利·鲁坦（Vernon Wesley Ruttan）在2001年的《技术、增长与发展：创新视野》一书中得出结论，“政府在几乎所有美国具有国际竞争力的通用技术开发方面发挥了重要作用”。2006年，鲁坦进一步提出，由于私营部门没有动力投资科学研究来生产新技术，大规模、长期的政府投资对于促进经济增长的通用技术的发展是非常必要的。

从美国科创体系的发展历程，可以得到以下五点启示：

一是其目标始终定在经济繁荣和高质量的就业，藏富于民，公民社会发展水平高，社会资本发展良好。

二是良好的治理框架，重视产权（物权和知识产权），促进竞争，为企业家营造了稳定的预期和良好的创业氛围。

三是以尖端基础科研投入和发展，吸引全球高端人才，为我所用。

四是风险资本的发展，金融与科技有了更多的接触机会。

五是政局和经济稳定，尊重司法独立，政府运行相对公开、透明，对政府干预有所控制，监管具有弹性，允许试错。

第十二章　欧盟的科创政策

1991年12月，欧洲共同体马斯特里赫特首脑会议通过《欧洲联盟条约》，通称《马斯特里赫特条约》。1993年11月1日，欧盟正式诞生。其创始成员国有6个，分别为德国、法国、意大利、荷兰、比利时和卢森堡。经过20多年的发展，现拥有28个会员国。

与美国相比，欧盟各国经济基础、所实施的政策和社会文化等存在许多差异，欧盟成立之后一直致力于从宏观层面减少乃至消除差异。在科创体系方面，努力形成一套相对统一的治理体系和创新政策。经过20年来的努力，已经取得了卓有成效的进展。

第一节　欧盟的创新愿景和总体部署：创新联盟战略

欧盟从1995年启动创新政策，从最初的线性创新观念到专注于网络和集群，将创新纳入部门政策的主流，到最新的创新联盟战略（Innovation Union），特别强调公共部门在设定正确的框架条件，并以身作则，作为创新者的角色来推动创新。

第三代（RIS3）创新政策的开始是2000年通过的《里斯本战略》（或称《里斯本议程》）。其主要目标是使欧盟在2010年底前成为世界上最具竞争力和活力的知识型经济体，能够创造新的就业机会和确保社会凝聚力。创新活动、创新创业精神、社会凝聚力和自由化程度，构成了这一战略的基础和手段。

创新、竞争力和创业精神一起创造了一系列有利于欧盟成员国经济增长所必需的经济和社会发展的因素。

欧盟的《里斯本战略》提出创新和科学政策是成功实施知识经济的关键，强调采用政策基准和评估方法实施的控制和监测程序的可行性。这一创新策略分为两个主题板块：欧盟劳动力市场和中小企业（Gajewski, 2017）[①]。

在《里斯本战略》中，劳动力市场政策被认为是宏观经济政策的基本类型之一。因此，在应对高度，特别是长期和结构性失业，防止青年失业，促进高技能劳动力和开放市场的战略中，应该采取措施，灵活应对经济变化。根据这一战略，所有帮助创新型企业的活动都将得到支持。

创新背景下的第二个主题是支持中小企业的政策。这些企业比大型经济实体具有更大的灵活性，能够快速响应和适应市场变化，更好地利用地区和地方资源。他们对客户和当地市场也有较细致的了解。通过更好的内部沟通，高效的信息流通和不同解决方案的交流，将鼓励他们的创新活动。这些因素将有助于创造和传播创新。

在《里斯本战略》框架内刺激行动的尝试并没有带来预期的结果。在知识经济建设、教育培训体制改革、研发领域深度变革、经济创新能力提高等方面没有取得令人满意的成果。此外，该战略的实施机制并不恰当。根据各成员国实施的国家改革计划，实施这一战略的基本方式，即所谓的开放式“协调一致”方法，被证明是落实基本假设的不完美形式。此外，目标和优先事项的分散导致《里斯本战略》的重要性被淡化。

根据2004年中期审查报告，《里斯本战略》雄心勃勃目标的实现因若干因素而减慢。其中有外部因素，如2001年“互联网泡沫”破灭，资源（特别是石油）价格上涨，以及内部因素，主要是欧盟成员国的参与太少，还有无效的战略管理（Kok, 2004）[②]。到2009年，瑞典首相弗里德里克·雷恩费尔德公开承认：尽管还有一年的时间才能进行评估，但即便这一年能取得一些进展，必须指出的是，《里斯本议程》是一个失败。其他成员国也都表达了同样的意见。

---

① Gajewski, M. Policies Supporting Innovation in the European Union in the Context of the Lisbon Strategy and the Europe 2020 Strategy[R]. Comparative Economic Research, 2017, Volume 20, Number 2.

② Kok W. Facing the Challenge. The Lisbon Strategy for Growth and Employment [R]. European Communities, Luxembourg, 2004.

欧盟于2010年推出“欧洲2020战略”，这一战略涵盖2010年至2020年十年中增长和就业问题，强调知识经济是欧洲未来竞争力的基础。由于该战略在很大程度上依赖于国家层面的结构性改革，委员会引入了欧洲学期机制（European Semester mechanism），通过全面监督成员国的改革努力、经济和结构性政策，包括研究创新政策，促进经济政策的治理，并为下一年提供政策建议。

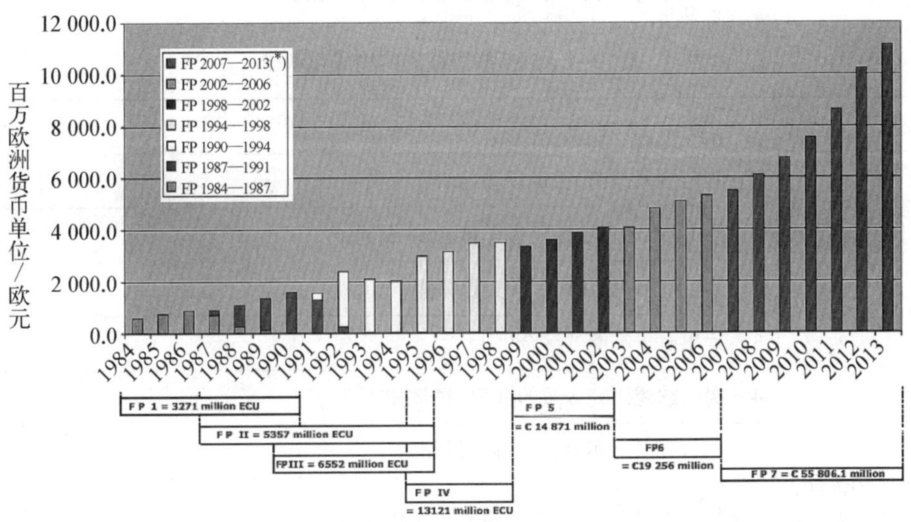

图12-1　欧盟历次框架式项目研发投入情况（1984—2013）

资料来源：欧盟官方网站。

欧盟推进创新一体化的举措体现在历次的框架性项目（Framework Programme）研发资助，2007—2013年为第七次（FP7）。2014年推出“创新联盟”战略计划，成为“欧洲2020战略”所提出的七项倡议和重要支柱之一。这一战略追求广泛、平衡的创新理念，既包括能够带来生产过程效率和产品性能提升的技术创新，也包括通过设计、品牌和服务创新为用户增值的商业模式创新，还包括公共部门和社会创新，旨在让各类行动者和各地区参与到创新生命周期之中，实现智慧的、可持续的和包容性增长目标，使欧洲更具竞争力。

“创新联盟”的三大目标包括：① 使欧洲成为世界级科学高地；② 消除创新的障碍：包括昂贵的专利申请、市场割裂、标准设置缓慢和技能短缺；③ 变革公私部门合作的方式，建立新型合作伙伴关系。具体目标包括到2020

年将实现研发支出占欧盟GDP的3%，这将创造370万个就业机会，到2025年增加年度GDP达到7 950亿欧元等。

根据2015年对创新联盟战略的成就回顾，提出它有六块基石，即强化知识基础，减少碎片化；把好的想法推向市场；最大化社会和地域的凝聚力；汇聚各方力量取得突破，建立欧洲创新伙伴关系；利用对外政策；推动变革实施。为了消除这些障碍，创新联盟包含了34项具体行动承诺（详见表12–1），并构建一个综合创新记分板，每年追踪各国创新进展。

表12–1 创新联盟战略的构成和承诺

基础	承诺
强化知识基础，减少碎片化	1 – 制定国家战略，培训足够的研究人员
	2 – 第1部分：检验独立大学排名的可行性
	第2部分：创建产—学知识联盟
	3 – 提出电子技能的综合框架
	4 – 提出欧盟研究区域的框架和配套措施
	4.1 可比较的研究职业生涯结构
	4.2 创新博士培训
	4.3 为研究人员创建泛欧洲养老基金
	5 – 建立优先的欧洲研究基础设施
	6 – 简化和聚焦未来欧盟创新联盟的研究与创新计划
	7 – 确保中小企业参与未来的欧盟研究和创新计划
	8 – 通过联合研究中心加强决策科学基础，创建欧洲前瞻性行动论坛（EFFLA）
	9 – 列出欧洲创新和技术研究院（EIT）战略创新议程
把好的想法推向市场	10 – 建立欧盟层面的金融工具来吸引民间资本
	11 – 确保风险投资基金的跨境运作
	12 – 加强投资者与创新企业的跨境配对
	13 – 评估国家研发创新援助框架

（续表）

基　础	承　　　　诺
把好的想法推向市场	14－交付欧盟专利
	15－筛选关键领域的监管框架
	16－加快标准制定，使之现代化
	17－为国家创新预留专门的国家采购预算；建立欧盟层面的支持机制，促进联合采购
	18－提出生态创新行动计划
	19－第1部分：建立欧洲创意产业联盟
	第2部分：建立欧洲设计领导委员会
	20－促进数据的开放获取；支持智能的研究信息服务
	21－便利合作研究和知识转移
	22－开发专利和许可的欧洲知识市场
	23－防止将知识产权用于反竞争目的
最大化社会和地域的凝聚力	24和25－改进研究和创新结构性资金的使用
	26－启动社会创新试点；促进欧洲社会基金的社会创新
	27－支持公共部门和社会创新研究计划；试点欧洲公共部门创新记分牌
	28－向社会合作伙伴咨询知识经济和劳动力市场之间的相互作用
建立欧洲创新伙伴关系	29－试点和提出“欧洲创新伙伴关系”的建议
利用对外政策	30－制定综合政策吸引全球人才
	31－提出与第三国科学合作的欧盟/成员国共同的优先事项和方法
	32－推出全球研究基础设施
推动变革实施	33－自我评估国家研究和创新体系，识别挑战和改革机会
	34－开发创新主题指标；使用创新联盟记分牌监控进度

资料来源：European Commission. State of the Innovation Union 2015，2015。

第二节　欧盟国家科创体系的治理和架构

欧盟各国科创体系通常分为四个层面：政治和政策高层、主管和协调部门、研发创新资金分配、研发创新执行机构。

(1)政治和政策高层通常包括国会、政府内阁，及研究与创新政策委员会，负责对国家层面科创战略的制定，政策咨询和总预算划拨。

(2)主管和协调部门层面通常包括科技创新主管部门，在各国由不同的部门负责，这些部门在政府首脑的领导下，负责不同类型的研究和创新事宜。一般分为基础科研、应用和开发。

(3)研发创新资金分配则包括由负责具体基金项目的不同部门组成，通常是主管部门下设的专门事务局组成。

(4)研发创新执行机构则包括各类具体执行研发的机构，一般由公共研究机构、高等教育部门和产业三大部分组成。

图12-2以芬兰的科创治理体系为例，可以对照看出不同机构在体系中所处的位置。

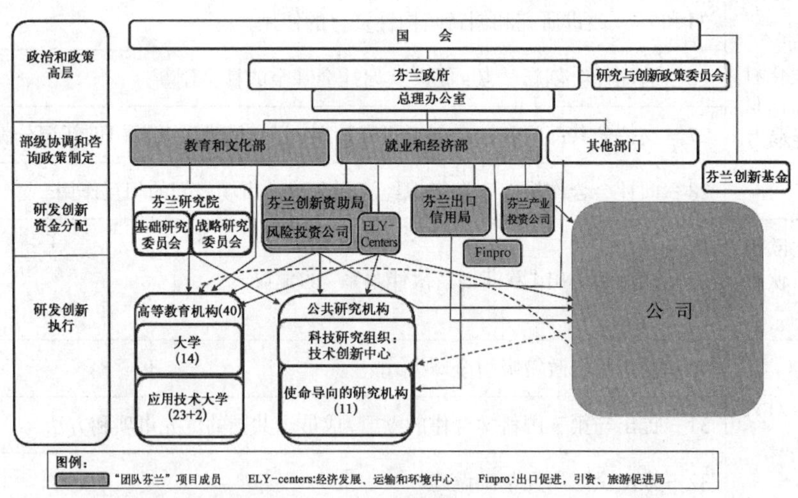

图12-2　芬兰的科创治理体系示意图

资料来源：RIO Country Report 2016: Finland。①

① Kimmo Halme, Veli-Pekka Saarnivaara, and Jessica Mitchell. RIO Country Report 2016: Finland[R]. European Union, 2017.

第三节　欧盟国家研发创新投入水平和能力评估

在欧盟创新联盟战略目标指引下，欧盟委员会于2013年通过“眼界2020”（“Horizon 2020”）资助计划，用于支持其旗舰项目。这一计划通过动态监测和分析欧盟各国的研究与创新发展，以设计、实施和评估其改革，提高各国研究和创新投资、政策和制度的质量。

“眼界2020”是欧盟最大的研究和创新资助计划，拟在7年内（2014—2020）投入近800亿欧元的资金，除了能吸引更多的私人企业研发投资之外，还可以打破欧盟各国在研究和创新边界的壁垒，实现真正的单一市场，确保欧洲产生世界一流的科学，提升整体竞争力。它有三项优先事项和任务：

第一个任务是“卓越科学”，旨在加强和延伸欧盟科学基础的卓越性，巩固欧洲研究领域，使联盟的研究和创新系统更具全球竞争力。它包括四个具体目标：① 欧洲研究理事会（ERC），资助欧洲顶级研究人员进行尖端研究；② 未来和新兴技术（FET），支持合作研究，以扩展欧洲的先进的、具有范式变革的创新的能力；③ 玛丽娅·罗多夫斯卡·居里行动（MSCA），用来支持研究员培训、流动和职业生涯发展；④ 研究基础设施，提供对基础设施的联网和接入，并最大限度地发挥其创新潜力。

第二个重点任务是“产业领导力”，旨在加快技术和创新的开发，为未来的新技术提供基础，帮助欧洲的创新型中小企业成长为世界领先的公司。它包括三个具体目标：① 实现在使能性和产业技术方面的领导力（LEIT），使欧洲成为企业投资研发和创新更具吸引力的地方；② 获得风险融资，加强欧盟对创新型企业的风险投资和贷款支持；③ 创新中小企业行动（包括各项中小企业政策工具），为中小企业提供量身定制的支持，以支持其在整个欧洲单一市场和更大的范围内发展潜力和国际化。

第三个优先事项是“社会挑战”，直接对应于“欧洲2020战略”确定的政策优先事项和社会挑战，其目的是激励为实现欧盟政策目标所需的大量研究和创新工作。侧重于资助以下具体目标：① 卫生，人口变化和福利；② 粮食安全，可持续农业和林业，海洋以及内陆水域研究和生物经济；③ 安全、清洁和高效的能源；④ 智能、绿色和综合运输；⑤ 气候行动、环境、资源效率和原材料；⑥ 不断变化的世界中的欧洲，建设成为包容、创新和反思性的社会；⑦ 安全社会，保护欧洲及其公民的自由和安全。

“地平线2020”的法律基础还确定了两个具体目标：①“传播卓越和扩大参与”（SEWP），旨在解决整个欧洲在研究和创新绩效方面的差距；②“社会参与和服务社会的科学”（SWAFS），加强全体会员国对科学和技术的社会和政治支持。

2015年数据显示，欧盟28国研究支出占GDP比例为2.05%，与其他重要经济体对比如图12–3所示。从图中可以看出，金融危机之后，从2010年到2015年，各国都不同程度加大了研发投入力度，表明各国对创新驱动已经达成高度共识。提升最为显著的几个国家包括：韩国（+0.78%）、中国（+0.36%）、以色列（+0.33%）和挪威（+0.28%）。根据世界银行的数据，欧盟国家中，原来基础相对薄弱的中东欧国家群体，如捷克、斯洛伐克、保加利亚等国研发投入明显提升，而这很大部分来源于欧盟的支持。

从近年来欧盟各国研发投入总体情况看，由于受各国政府财政收紧的影响，与要在2020年实现研发投入占比3%的目标仍然存在较大的差距。

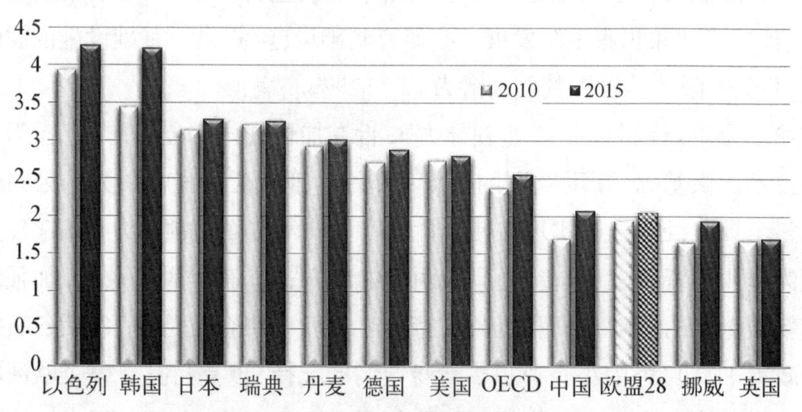

图12–3 世界主要经济体研发投入占GDP比例

资料来源：世界银行公开数据。

欧盟国家创新能力总体上比较高，但是呈现出明显的区域分块特点，大体上可以区分为北欧、中欧、南欧和东欧四大区域。从“欧洲创新计分卡”（European Innovation Scorecard）对各国创新绩效评估看，从北到南，从西往东，呈梯次下降的趋势。如图12–4所示。

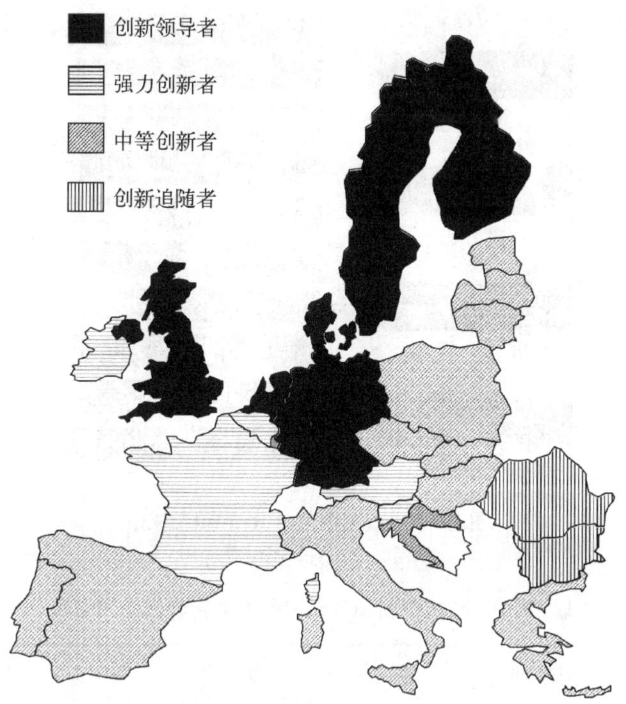

图12–4　欧洲创新地图

资料来源：欧洲创新计分卡2017年报告。

欧盟从2001年就开始启动了对成员国的创新体系评估，推出了“欧洲创新计分卡”（European Innovation Scorecard）。2017年推出第16版，对评分方法作了一次大的修订，修订后的评分体系为分四个维度，即框架式条件、创新投资、创新活动、创新影响四个方面共10项二级指标、27项三级指标。具体地说，框架式条件是从外部考察一国的创新环境（人、体系、数字化基础设施等）。后面三个分别对应创新投入、活动、产出。最后的综合得分为子指标的简单平均。如图12–5所示。

根据这一指标体系，2017年对欧盟28个国家的分类如下：

（1）创新领导者的分数比欧盟平均水平高出20%以上。

（2）强力创新者的分数在欧盟平均水平的90%—120%之间。

（3）中等创新者的分数在欧盟平均水平的50%—90%之间。

（4）创新追随者（Modest Innovators）分数低于欧盟平均水平的50%。

近年来各国在前两组别上变动情况如表12–2所示：

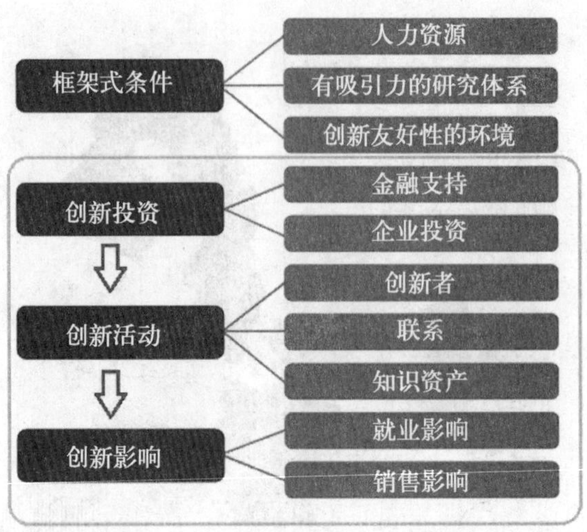

图12–5 欧洲创新计分卡指标体系

表12–2 欧盟创新领导者和强力创新者近年来名单

类　别	2017年	2016年	2015年	2014年	2010年
创新领导者	瑞典、丹麦、芬兰、荷兰、英国、德国	瑞典、丹麦、芬兰、德国、荷兰	瑞典、丹麦、芬兰、德国	瑞典、丹麦、德国、芬兰	瑞典、丹麦、芬兰、德国
强力创新者	奥地利、卢森堡、比利时、爱尔兰、法国、斯洛文尼亚	爱尔兰、比利时、英国、卢森堡、奥地利、法国、斯洛文尼亚	荷兰、卢森堡、英国、爱尔兰、比利时、法国、奥地利、斯洛文尼亚	卢森堡、荷兰、比利时、英国、爱尔兰、奥地利、法国、斯洛文尼亚、爱沙尼亚、塞浦路斯	英国、比利时、奥地利、荷兰、爱尔兰、卢森堡、法国、塞浦路斯、斯洛文尼亚、爱沙尼亚
合　计	12	12	12	14	14

值得注意的是，瑞士在近年来排名始终保持第一，挪威的创新排名也非常靠前。但由于它们不是欧盟国家，所以在表12–2中没有体现。

这一报告还对2010—2016年的欧盟总体的创新绩效指标变动情况作了分析。结果发现，有明显改进的指标包括："国际科学合作发表"指标大幅增加了54.2%，是"有吸引力的研究系统"绩效增长的主要动力。"人力资源"业绩大幅提升了21.0%，特别是“博士生毕业生”和“高等教育”两方面。“宽带渗透”的明显改善提升了“创新友好型环境”的绩效。“企业投资”的三项子指标的表现均有所改善，整体提升了13.6%。

保持稳定的指标有：“销售影响”绩效提升了不到3%，其三项子指标的表现都在不断提升。“知识资产”和“就业影响”的表现几乎没有变化。“就业影响”指标中，“知识密集型活动中的就业”增长被“创新部门快速增长的企业就业”所抵消。知识产权方面，“商标申请”有所增加，但其他两项指标仍保持稳定或下降。

另外三个方面的绩效都有所下降。“财务和支持”方面，“公共研发支出”和“风险投资”的表现都有所下降。对于创新者指标，所有三个指标的表现都有所下降。联系指标上，“公私合作出版”的表现有所下降，其余两个指标保持不变。

第四节 部分欧盟国家的科创体系

为了对欧盟有一个更为全面的了解，本章从欧洲创新计分卡中选择不同类型的国家进行考察，了解不同创新层次的欧盟国家的优势和面临的挑战。在领先国家中选择德国、在强力创新国家中选择爱尔兰、在中等创新国家中选择波兰分别加以分析。

针对不同国家，分别从其科研投入、科研治理、科创政策和面临挑战方面进行分析。

一、德 国

德国是世界上最强大、经济最发达的国家之一，2015年，其GDP总量3 357.6美元，排名世界第四，人均GDP达到40 996.5美元。2015年GDP增长1.7%，低于欧盟平均2.2%，2016年和2017年的增长速度大致相同。其失业率为4.6%，相当于欧盟的一半（9.4%）。德国劳动生产率（人均GDP）自2010年以来增加了4.2%。全要素生产率（技术进步的贡献）从2009年到2014年增加了1.2%，从1995年到2014年增加0.8%。政府和企业在2015年增加了研发投入，接近或达到研发支出占GDP的3%的目标。①

世界经济论坛的国家竞争力排名显示，该国在全球138个经济体中排名第五，其在创新和商业成熟度方面表现尤其突出，属于竞争力超强的国家。在世界银行2016年的"营商环境"报告中，德国在190个国家排名第15位。

（一）研发资金来源和实施

2015年，政府研究预算拨款或开发支出达到259亿欧元，相当于GDP的0.85%（欧盟28国为0.67%）。企业研发费用（BERD）占国内生产总值的2.06%（2013年为1.90%），占研发支出总额的68.7%，明显高于欧盟28国的平均水平（2015年为1.30%）。

商业部门对研发支出总额贡献达到2/3是德国在2016年国家改革计划中所表达的量化目标之一，其中制造业占研发支出的80%以上。而制造业中，中高科技制造业占主导地位。汽车和零部件、电气设备，计算机，电子和光学产品和机械设备三大部门占所有业务研发支出的近60%。2015年，全球50大研发投资者中有8家总部在德国。

外国企业在德国业务研发支出中所占份额近年来略有下降。但德国仍然是继美国之后的外国企业研发第二大目的地国。

德国企业研发创新的框架条件有效地促进了公司的研发活动，并支持了持续多年扩大业务研发投入，增加非研发创新支出。

德国拥有强大的人力资源基础。新增博士研究生数量占人口比是欧盟平均水平的两倍以上，研究人员占总人口比例明显高于欧盟的平均水平。然而，STEM专业的毕业生人数偏少，从中期来看，人口变化预计会对德国经济创新的潜力产生越来越大的不利影响。

（二）科创治理体系

德国的科创体系由联邦和16个州两个层面共同承担。在联邦层面，主要

---

① 德国2015年研发投入比例存在两个值。一个是世界银行的数据为2.87%，一个是Stifterverband的研发统计数据，已经达到2.99%。原因可能是统计口径的问题，世界银行的更适用于国际间比较。本节中采纳后者。

由联邦教育和研究部(BMBF)负责研究政策。联邦经济与能源部(BMWi)也参与一些创新和技术政策领域。各州为其所在州的大学提供资金。

大部分公共资助的研究都是在大学系统和由联邦政府和州共同资助的非大学公共研究机构中进行的。四所主要的非大学研究组织是马克斯–普朗克协会(MPG)、弗劳恩霍夫协会(FhG)、亥姆霍兹协会(HGF)和莱布尼兹协会(WGL)。

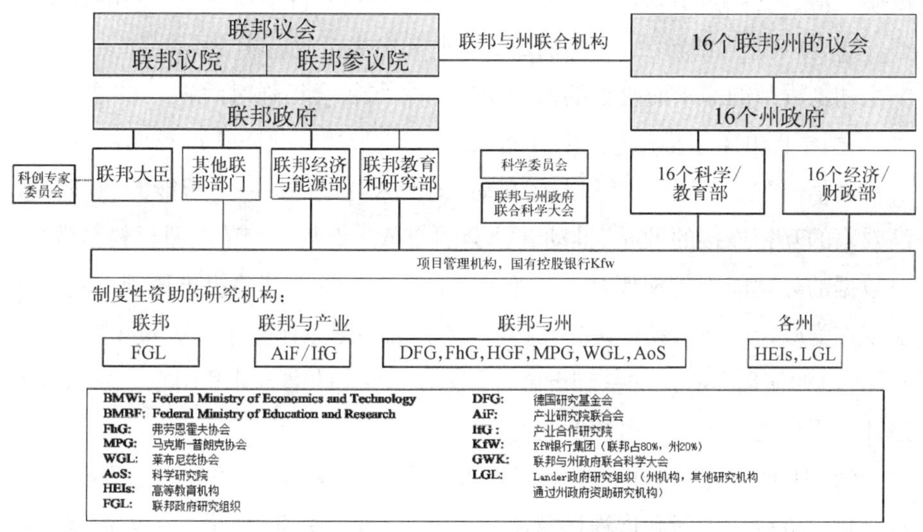

图12–6 德国科创治理体系

德国研究基金(DFG)作为基础研究项目资助补充的机构基金,提供基于竞争的项目,选择了大学和非大学研究机构科学家和学术界最有希望的项目。

2015年,德国高等教育共有约400个研究机构,其中包括110所大学和230多所应用科学大学。德国高新技术企业的研发占国内生产总值的约0.50%,通过研究资金和项目资金(如卓越倡议、BMBF研发专题计划)和行业执行的合同研究等资助方式。

联邦政府和州政府通过联合科学会议(Gemeinsame Wissenschaftskonferenz, GWK)协调联合倡议,这一机构由联邦政府的部长和参议员,以及各州负责科研和财政的官员组成。

(三)科创政策

德国最新最全面的R & I战略文件是联邦政府于2014年9月颁布的新高

科技战略（BMBF，2014）[①]，实施期限到2017年。新高科技战略建立在2006年启动的研究与创新战略基础上。它是一个覆盖德国研究、教育、创新和技术转移等方面的全面战略框架。作为该战略的一部分，联邦政府在2006—2013年间投入了高达270亿欧元的资金。 新的高科技战略将围绕五个中心主题将研究和创新结合起来，这些主题需要跨部委的共同努力，包括：① 面对未来六大挑战，促进经济增长与繁荣：数字经济与社会、可持续经济与能源、创新就业、健康生活、智能移动以及公民安全。② 加强国内外科学与商业之间的知识转移。③ 增加企业创新活力，特别是新企业和中小企业。④ 为满足对熟练的科学家和工程师的需求而改善的框架条件。⑤ 与社会加强对话。

德国于2016年推出《数字战略2025》，认为数字化正在广泛而深远地改变着通信、经济、工作环境和人际互动，前所未有地创造一个智能的、信息化、高效率的互相连接的世界，推动着社会的变革。而数字变革的原材料是数据，对数据的处理能力是现代企业竞争的关键因素。这一战略提出德国要将数字变革作为政治经济行动的优先项，对十个方面的紧急任务作出新的回答：[②]

（1）如何创造必需的基础设施，释放出数字化的潜力并利用之？德国必须迅速着手建立一个广泛可用的光纤网络。

（2）如何持续发展出一个基于竞争、行政和卡特尔法律的管制框架，以便数字化促进企业创新和远程运营流程，同时保证公平竞争，增强个人数据主体的权利？规制必须有助于投资和创新，防止滥用市场支配地位，确保消费者的信息自主权，保证开放的互联网。

（3）如何鼓励和赋能企业家能力和创造性，充分发挥数字技术的潜力，创造新公司和让现有中小企业更加适应？

（4）制造企业如何对生产和价值创造流程重组和改进，以便与来自其他领域的新市场主体，如大型 IT 公司和平台开展竞争？这些公司拥有超强数据技能，具有更强的顾客获取能力。

（5）如何能够直接接触顾客，即使在非常异质性、小企业占主导的服务经济中？必须避免产生对具有巨大网络效果的在线平台的依赖性。

---

① BMBF. Die Neue Hightech-Strategie Innovationen Für Deutschland, 2014［EB/OL］.［2018-4-27］<link: http: //www.bmbf.de/pub_hts/HTS_Broschure_Web.pdf (8/2015)>.

② Federal Ministry for Economic Affairs and Energy. Digital Strategy 2025 for Germany[R]. April 2016.

(6)如何在德国和欧洲创造确保ICT能力和软件开发能力的环境,从而更加独立和具有竞争力。德国需要有自己的数字生态系统,不应当依赖于外部的数字组件,不能将公民的数据交给陌生人。

(7)如何管理人员培训和技能开发,以便数字评估和应用能力达到起码的水平,以满足信息通信技术和经济快速变化的需求?

(8)如何才能为必要的技术创新和新商业模式的开发提供资金?所有政府的研发费用,必须与全球最具创新的区域相媲美。初创企业必须能够调动资源以成功向全球市场引入新产品和服务。

(9)如何创造一个有效的数字化变革的管理体系。这不仅需要基于宽带的战略,也需要一个独立的对所有数字化相关问题的专业中心。需要有一个智库来提供服务和建议,协调各方这一过程的沟通,并为运作良好的市场结构创造专门知识。

(10)在工作结构变得越来越复杂的情况下,如何提供高质量的工作,具有好的工作条件和协同决策?新的工作性质为更多的空间和时间灵活性提供了机会。同时,工作与家庭或个人生活之间的界线也会变得模糊。必须重新制定关于补偿和就业条件以及社会保险制度的规则。

这十个方面都是数字化带来的全新问题,没有现成的答案,它涉及基础设施、制造和服务产业、规制、公共管理体系、培训开发、数据安全等多个方面的创新。

2016年,联邦和州合作达成了卓越战略协议。根据这一协议从2017年起每年由联邦政府(75%)和州(25%)共同资助5.33亿欧元研发经费。与此前政策不同,这一新协议没有时间限定。随着2014年宪法的变革,联邦政府现在可以与个别的州政府协议,在特定情况下持久资助高等教育机构的研发创新。

在推动中小企业发展方面,联邦教育和研究部(BMBF)推出新"十点计划"(Ten Point Programme)宣布,对中小型企业的资助增长30%,到2017年达到3.2亿欧元,以解决公共政策对创新型中小型企业支持不足的问题。最新数据显示,中小企业研发支出有了大幅增加。2015年,少于250名员工的中小企业内部研发项目比2014年多了16%。但是研究和创新专家委员会(EFI)对研发税收抵免的呼吁仍未解决。

(四)主要挑战

根据2017年欧盟研发创新国别报告，德国在研发创新方面面临以下主要挑战：

(1)重振中小企业创新活力。中小企业对整体业务研发支出的贡献多年来一直在下降，2015年一举扭转为同比增长10%。其创新的主要障碍源于财务和人力资源短缺。目前的政策是否能惠及小型中小企业，仍然有待观察。

(2)使数字经济的商机得以与资本结合。德国经济发展受益于数字经济所带来的商机，大量的创业公司正在推出全新的数字商业模式。公众对商业模式创新持积极态度，德国政府在支持技术创新上也推出了许多措施，有大量比较零散的支持计划。挑战在于增加协调性，确定优先项和资源分配，以期在"2014—2017年数字议程"的后续行动中释放潜力。

(3)鼓励创业。上述两个创新挑战都与创业表现的疲弱有关。德国创业趋势总体上是呈下降趋势的，特别是知识密集型行业。这源自多方面因素，包括小规模风险资本市场发育不良、税收和监管障碍、风险资本提供者缺乏退出前景以及人口结构和健康劳动力市场等原因。缺乏风险投资的初次公开发行股票(IPO)的股票市场仍然是德国的劣势，而这在很大程度上并不在政府的管控之下。

二、爱尔兰

爱尔兰属于最发达的国家之一。2016年，其人口仅有460万，人均GDP达到51 350.7美元。[①] 由于对出口的高度依赖，以及跨国公司(主要是美国)在经济中的比重非常大，其中最显著的是软件产业。

这一经济结构导致了2007年金融危机对爱尔兰的影响巨大，公共财政严重恶化，不得不与欧盟、欧洲央行和国际货币基金组织就经济调整计划达成协议。其中包括2010—2013年期间高达850亿欧元的资助方案。该方案的改革主要侧重于金融部门，但也包括结构性和竞争力措施。2013—2014年度爱尔兰全方位成功实现复苏。2015年，由于美国企业的税收逆转(tax inversions)，

---

① Klaus Schwab. The Global Competitiveness Report 2016–2017[R]. World Economic Forum, 2016.

GDP增长率高达26.3%。排除这一因素，欧盟估计其实际GDP增长率在4%—5%。由于英国公投后出现的净出口风险加大，预计到2018年将会逐步放缓至3.5%。由于预期GDP强劲增长，预计政府赤字和债务数据将继续改善。

尽管公共和私人研发资本性支出和研发总量的减少，2008—2014年期间全要素生产率增长率却增长了三倍多。虽然在数量上占主导地位（99.7%的企业），但本地中小企业仅占总增加值的一半以下（2012年为46.7%），表明跨国大公司的生产率极高。有关劳动生产率的数据显示，大公司（大于250人）的生产率比微型公司（小于10人）高三倍左右。

世界经济论坛的国家竞争力排名显示，爱尔兰在全球138个经济体中排名第23位，其在商品和劳动力市场效率方面表现突出。世界知识产权组织对全球创新力排名中，爱尔兰排名第10位，知识产权保护、ICT服务出口等多项指标排名世界第一，创新效率表现突出。在世界银行2016年的“营商环境”报告中，爱尔兰在190个国家排名第18位，在欧盟国家中排名第8位。

（一）研发资金来源和实施

2014年，爱尔兰的研发支出总额（GERD）为29.21亿欧元，总研发强度为GDP的1.51%，低于欧盟平均（欧盟28：2.04%）。研发资金的三个主要来源所占比例：商业部门（15.42亿欧元，占53.5%）、政府（7.97亿欧元，占27.6%）和外国资金（5.44亿欧元，占18.9%）。

金融危机之后，爱尔兰公共研发支出出现大幅度下降，这一趋势在2013年企稳。2015年略回升到了2005年水平。政府直接研发资助情况为：商业企业（1.26亿欧元）、政府（1.23亿欧元）和高等教育部门（5.49亿欧元，占68.8%）。

爱尔兰研发税收抵免计划是将合规研发支出的25%作为企业利润税抵免额。“2013金融法”规定，企业首个20万欧元研发支出可以全额作为信贷额度。2015年财政预算案移除了基准年的限制。以后此信贷优惠条件可应用于全部符合条件的研发支出。

企业研发强度在2009—2014年期间稳定在GDP的1.1%左右。服务和制造业占企业研发支出的95%以上。服务研发强度约占GDP的0.65%，制造业为0.4%—0.5%。

制造业方面，计算机、电子和光学产品以及药品是爱尔兰的三大研发部门。在服务部门，ICT、批发和零售贸易以及技术和科学活动方面是排名前列的研发实施行业。2011—2013年度批发和零售贸易研究的业务支出大幅下降。

爱尔兰本国企业与外资企业之间在研发活动的公司数量、规模和支出水平存在严重的分化：2013年，80%以上的爱尔兰企业在研发方面的投入不到50万欧元，只相当于外资企业的45%。外资企业研发支出约占研发支出总额的65%，约21亿欧元。相比之下，本土企业研发费用仅为7亿欧元。从欧盟产业研发记分牌数据分析来看：有25家爱尔兰注册的公司名列2014年前1 000名欧盟研发投资者中。2014年爱尔兰本国企业研发费用为28.71亿欧元，而在爱尔兰注册的最大的研发执行者的总研发投入达63.98亿欧元。这表明，总部设在爱尔兰的大公司实际上很少在该国进行研发活动。

根据数字经济和社会指数排名（DESI），2016年爱尔兰数字公共服务排名第九，得分为0.64，远高于欧盟平均水平0.55。电子政务的有效使用率为56%（欧盟平均水平为32%）。爱尔兰政府正在推行“国家宽带计划”，预计在2017年底开始面向90多万户农村家庭和企业推出接入速度超过30 Mbs的宽带服务。

根据“2014—2016年度公共服务改革计划”，政府的ICT战略重点是数字政府方面。政策制定部门必须确保所有新的信息和服务“以数字形式出现”，并且必要时采用“默认数字化”方式。政府已经发布两项关于改革进展情况的报告，主要成果包括推出公共服务信息通信技术战略，“通过ICT创新和卓越提供更好的成果和效率”，由政府CIO办公室与各个公共服务部门负责联合实施，发放超过190万份公共服务卡，使持有人能够有效和安全地接入政府服务，包括社会福利服务和乘坐公共交通工具免费旅行。

（二）科创治理体系

爱尔兰科创系统相当集中，大部分科研预算由各部门控制。有两个关键部门参与研发政策制定和实施：就业、企业与创新部（DJEI）和教育与技能部（DES）。它们合计占政府研发投入总额的77%。

中央政府层面将“更好/更智能的管理责任”分为六个方面，分配给三个政府部门：① 减少繁文缛节和行政负担（就业、企业与创新部）；② 竞争事宜（就业、企业与创新部）；③ 在欧盟/经合组织/国际论坛上代表爱尔兰（就业、企业与创新部）；④ 法规影响评估（公共支出与改革部）；⑤ 监管机构的效能

（内阁秘书处）；⑥立法的透明度/质量（内阁秘书处，总检察署）。

高等教育分部（HES）是教育与技能部的一个机构，负责对高等教育的有效治理和监管，也是大学和技术学院的资助机构。其主要参与者是7所大学，占总研究经费的约80%，由爱尔兰大学协会代表。爱尔兰科技研究所代表13所科技机构。都柏林理工学院作为独立代表。爱尔兰知识转移局是促进高等教育分部技术转让的国家结构。高等教育部门是商业部门之后第二大研究执行部门（2014年占总体研究的22%）。

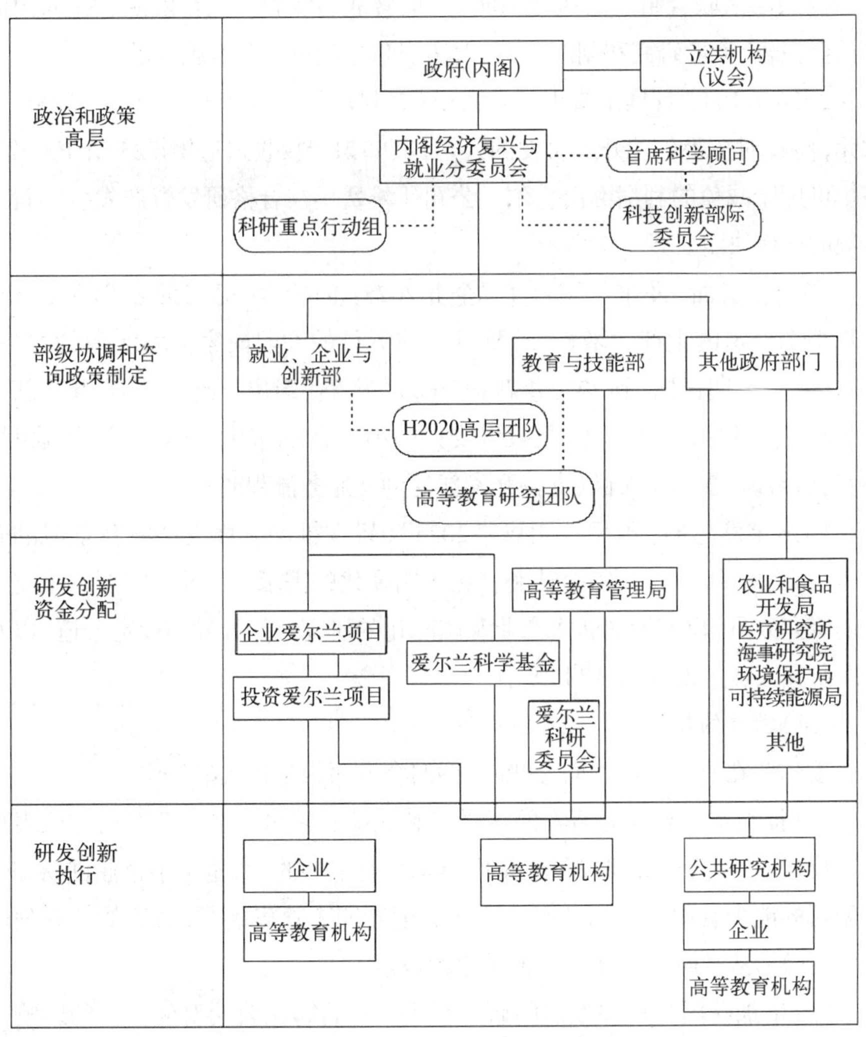

图12–7　爱尔兰科创治理体系

（三）科创政策

2015年12月，爱尔兰政府发布了科技创新战略“创新2020”，其目标是使爱尔兰成为推动可持续经济和社会进步的全球创新领导者，到2020年，将公共和私人研发总投入提高到国民生产总值的2.5%，以及实现私人对公共研究的投资翻倍。重点关注企业创新、创新教育、社会进步创新、知识产权在创新中的作用，以及与欧盟和其他非欧盟国家的合作创新。

为此，爱尔兰成立了由科技创新部际委员会、科创重点行动组、Horizon 2020高层团队联合组成的执行团队，以监督战略实施。执行团队每年向内阁委员会报告，负责研究和创新政策，以实现高层次目标和实施行动。

2016年1月1日推出知识开发盒子（专利盒子），当年预计费用达5 000万欧元，将针对在爱尔兰开展研发的公司，其知识产权收入适用6.25%的优惠税率。可用于减免的利润额由爱尔兰公司研发费用与合格研发资产发生的费用总额的比例决定。

在企业层面，爱尔兰制订了“企业2025：创新、敏捷、连接”计划，旨在实现整个经济的生产力增长，达到排在前五位的欧盟国家平均水平（2.0%—2.5%）这一长期目标，到2020年新增26 000个就业岗位。此外，还发起了新的企业研发创新倡议，包括集群项目（支持中小企业和跨国公司最大限度地发挥协作机会），商业创新项目（支持开发新的创新业务流程）。

2016年发起的“国民技能战略2025”，旨在推动全面支持终身学习的教育体系，更好响应参与者、企业和社区不断变化的需求。它提出需要一个支持早期研究人员、研究人员转入产业和国际化的研究技能开发的稳定渠道，以及高级研究人员的发展、保留和吸引。

（四）面临的挑战

爱尔兰在研发创新方面，面临以下四个方面的主要挑战：

（1）提高本土企业对研发的接受度和业绩。爱尔兰在创新产出方面表现相对较好。但是，企业研发投入是由跨国公司主导的，大量中小企业创新和吸收创新的能力有限。爱尔兰本土企业的创新能力耸肩缩背，最近的一系列政策旨在增加从事研发活动的本土企业的数量。

（2）增加跨国公司在本国的研发投入。尽管跨国公司对爱尔兰的影响巨大，但是它们在爱尔兰的研发参与度明显不足，需要进一步加深这些公司在爱尔兰的研发水平，以便沿价值链向上移动。吸引新的跨国公司研发投资是一个重要的政策目标。开发研究基地和培养更紧密的企业HES联系是关键的政策回应。

（3）增加公共部门研发资金。公共研发预算的压缩将减少研发人员和博士生招生人数，进而对高等教育机构产生了重大影响。为了应对这一问题，政府一直致力于最大限度地发挥公共研究资金的影响力，从欧盟"地平线2020"项目中获得最高回报，并消除研究经费的重复资助。

（4）加强产研合作与知识转移。业界和学术界的合作程度低是当前突出的问题。政府已经提供了一系列针对合作研究的直接资助计划。爱尔兰将从广泛的小规模资助型计划的合理化中受益，此外还需要投资贴近市场的研究中心/产业技术研究组织，以弥补研发创新支持方面的差距。

三、波　　兰

波兰2015年人口为3 800万，人均GDP为12 495.3美元[①]，属于中等收入国家。2004年5月1日正式加入欧盟。

20世纪90年代初实现向市场经济转型之后，波兰的经济增长始终保持较高的速度，2015年增长率为3.6%，2016—2017年也基本保持这一速度，而且增加主要由消费所支持。在投资方面，受欧盟结构性投资基金融资周期影响，企业投资活动下降，2016年公共投资依然疲软。

从经济结构看，波兰仍以制造业和农业为主，高新技术产业仅占总增加值的1.3%，相当于欧盟平均值（2.5%）的一半。整个经济驱动力仍以廉价劳动力为主，而且整体劳动生产率虽然保持提升，但水平不高。

根据世界经济论坛的排名，2017年，波兰的国家竞争力排名第39名，属于中等偏上水平。其优势在于市场规模、效率提升、基础教育等方面。在世界银行的营商环境排名榜上，波兰排在第24名，在跨境贸易方面排名第一，可见其开放度相当高。但在经济数字化方面相对落后。

波兰的目标是2020年其研发支出占GDP的1.7%，从目前进度看，需要企

① Klaus Schwab. The Global Competitiveness Report 2016–2017[R]. World Economic Forum, 2016.

业和政府研发支出预算年均增长8%—10%，这是一个具有挑战性的目标。

（一）研发资金来源和实施

2015年，波兰的研究支出总额（GERD）为43.17亿欧元。研发资金的三个主要来源：企业部门（15.70亿欧元）、公共部门（17.7亿欧元）和外国资源（5.61亿欧元）。波兰GERD在2005—2012年间直线增长，到2013年短暂停滞，到2014—2015年再次上升。出现这一趋势主要是由于公共研发资金的影响。

政府是波兰GERD的主要资助者，但自2010年以来，由于私营部门和欧盟委员会的资金增加，政府资助占GERD份额大幅下滑。

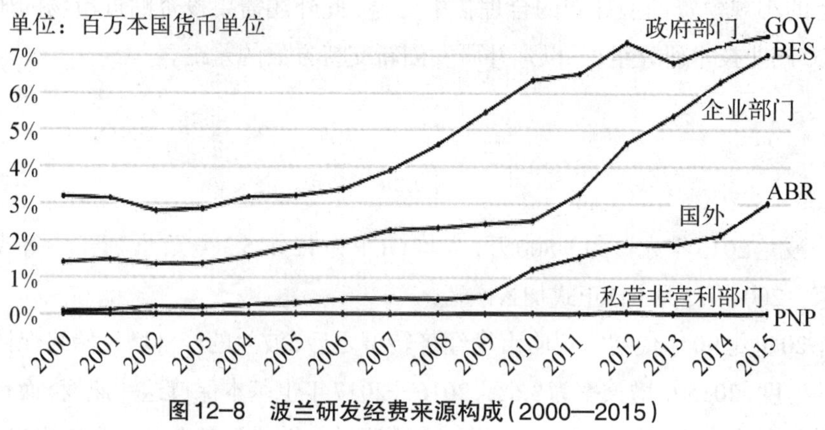

图12-8　波兰研发经费来源构成（2000—2015）

公共部门是政府研发投入的主要接受者，自2005年以来这一部分经费大大增加。政府对企业研发的直接贡献有限，但从2009年开始也在不断增加。当然与GDP增长速度比，政府的研发拨款总额增长速度慢得多。根据2015年拨款预算，政府加大了对科学的预算，同时减少了对企业研究的拨款。

波兰企业研发强度（BERD）相当一般。但值得一提的是，从2010年开始呈现强劲的增长趋势。BERD的增长与企业研发人员雇用人数增加相匹配，这两个指标从2010年开始呈现出积极的增长趋势。

2010—2012年期间，制造业和服务业的BERD强度相近。汽车行业、电气设备制造业和医药行业是波兰BERD中最重要的贡献者。对服务业的分析显示，信息通信服务和专业，科技活动近年来有显著增长，这可归因于波兰在充当本地或外国资本的先进商业服务供应商，逐步实现服务升级，包括软件开发、新药临床研究、商业研究和分析或供应链物流协调中心等方面。近年来，波兰的外包和离岸外包业务增长比印度快了三倍。

波兰政府近年来积极吸引外商对研发直接投资。处理外国投资的政府机构PAIiIZ将研发投资作为优先事项，经济发展部通过"2011—2020年度波兰经济重点投资支持计划"向优先投资项目提供补贴。但与此同时，科创政策目前的重点似乎放在促进本土创新和出口，没有专门针对研发密集型外国投资者的新工具。也就是说，所有企业都可以获得公共科创支持措施。

波兰的数字公共服务在2016年略高于欧盟平均水平，但行政部门的开放数据可用性和使用预填表格都在减少。尽管公共政策数据网站DanePubliczne.gov.pl最近刚刚进行了升级，但由于政府网站只包含有限数量的数据集，其他数据只有响应需要才提供，所以公民仍然面临获取公共信息的困难。使用电子政务服务仍然很低（占互联网用户的22%）。

波兰为引入公共电子服务和2014—2020年运营项目"数字波兰"以提升社会数字化水平，拨出了大量的欧盟结构性投资基金，预算为225万欧元。然而，其改善速度慢于欧盟整体水平。政府还发布了"eGov集成计划"，这是一份描述政府努力提供高质量数字公共服务的战略文件。2016年9月，推出"一站式"政府网站：Obywatel.gov.pl。波兰还推出了一个名为"家庭500+"的政府子女补贴计划，是与开放现有电子渠道提交申请的银行合作准备的，这种创新方法促使政府反思公共服务可以通过合作实现。

（二）科创治理体系

波兰科创系统在资金分配和治理方面采取集中制。然而，从2014—2020财年来看，基于欧盟结构和投资基金（ESIF）的研发预算也在区域一级分配。创新理事会是一个旨在促进波兰创新的跨部门机构，成立于2016年初。新成立的经济发展部（MR）负责制定和实施创新战略，监督与欧盟资金吸收有关的政策法规，协调各资助机构的相关活动，是一个旨在促进波兰创新的跨部门机构。它监督波兰企业发展局（ARP）的工作，支持基于国家资金和ESIF的企业，以及参与包括欧空局（ESA）在内的国际计划。

科学和高等教育部（MNiSW）管理科学预算，监督两个主要资助机构：国家科学中心（NCN），资助基础科学项目；国家研究与发展中心（NCBiR），资助应用研究和创新发展，包括企业研发项目。非政府机构部分由国家科学预算

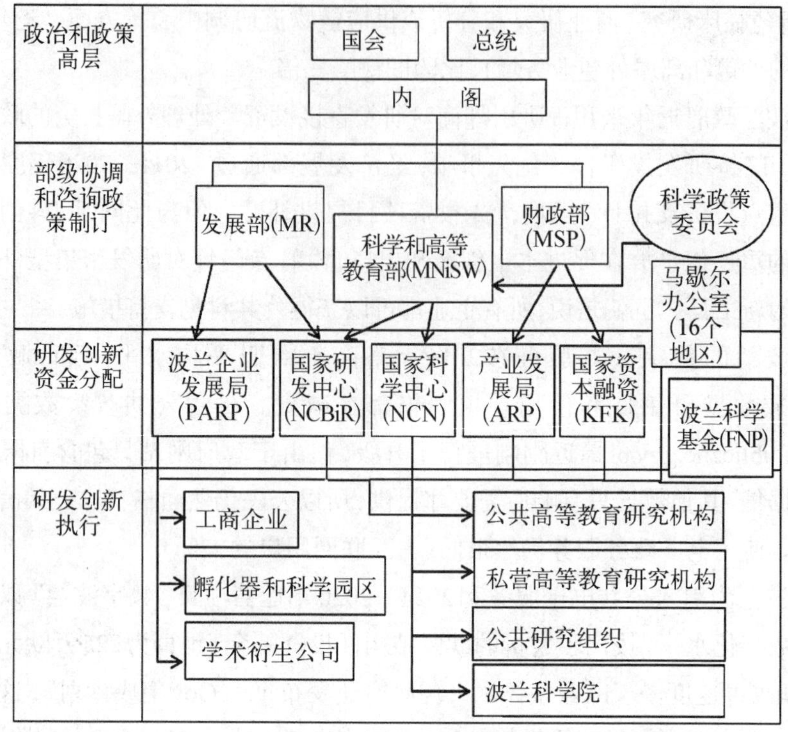

图12-9 波兰科创体系治理结构

和ESIF资助，如波兰科学基金（FNP）授予研究资助和奖学金，并补充NCN和NCBiR的活动。

波兰发展基金（PFR）于2016年4月取代波兰投资促进发展基金，是一项主权基金，计划将公共资金投入重大基础设施和创新项目，包括初创企业融资。有废除财政部，让PFR成为监督政府股权投资关键角色的计划。此外，新成立的Witelo 基金是波兰最大的，部分国有的保险公司PZU和NCBiR的子公司将作为基金的基金，协调基于ESIF的风险投资基金项目。

波兰研发创新的实施者包括：公立高等教育机构（PHEIs）、非公立高等教育机构（主要集中在社会经济科学和人文学科的教学）、公共研究机构（包括专业研究所，重点是具体的应用研究领域）、波兰科学院的各个研究所（主要从事基础研究）和企业。2014年有2 814家企业启用了43 185名研发人员。活跃在研发部门的外资企业所占比例有所下降（2011年为23.2%，2014年为19.1%）。外资企业2014年占BERD的57.3%。波兰有2 432个初创企业，主要分布在华沙、克拉科夫和弗罗茨瓦夫三大城市，且数量不断增长。有两家创业基金会（Startup Hub Poland，Startup Poland），以及位于最大城市的30个众创空间（如华沙的Reaktor，克拉科夫的COLAB）和围绕学术中心的孵化器网络。

波兰商业企业的组织间合作主要是与供应商直接合作。创新集群和正式化的企业网络的重要性仍然有限。尽管许多科技园区、创业孵化器、技术转让办公室和创新经纪人都受到2007—2013年度欧盟结构基金资助，但是它们对知识转移的影响却很小。目前的ESIF融资重点是根据前几年的经验教训，促进联系和知识转移中介机构。

（三）科创政策

近年来重要的举措是2016年1月成立了部际创新委员会，由经济发展部部长领导，科学和高等教育部、文化和国家遗产、数字化、财政部、健康与国民教育部等主要领导参加。这使科创政策在政府议程上占有突出地位，三位副总理都是委员会成员。在创新委员会领导下，出台了一系列新的创新相关的举措。

2016年2月出台“负责任的发展计划”，明确了波兰经济和社会政策的新方向。2017年2月通过的“负责任的发展战略”计划还包括审查智能专业化战略的计划，缩小技术专长数量，并建立专门的专题研发项目。

2016年9月出台“创新白皮书”，从主要行动者的视角列出了波兰经济创新的许多障碍，并提出了详细的政策对策清单。它确定了58项行动，将影响15项现行法律行为的变化，预计将于2017年通过。

通过了第一个创新性法案（在2017年1月1日生效），对研发税收抵免的设计进行重大改变，增加其规模和新的合格成本类别，扩大扣除期限，为初创企业提供额外的激励措施，并持续增加研发支出。

波兰用支持研发的税收优惠政策取代原有促进技术收购的政策，并从2016年1月起实施税收减免。2016年对税务法规进一步修订，增加了税收优惠幅度和新的合格成本类别，延长了扣除期限，为初创企业和不断增加研发支出的公司提供额外奖励。

在科学卓越战略上，建立现代高等教育、企业与负责任的研究伙伴关系，2016年9月宣布新变革计划。它包括“科学宪法”（高校改革）、“经济创新”（支持研发成果商业化）和“科学为你”（促进科学，加强科学社会责任）三大支柱。

针对初创企业，建立了一个“创业在波兰”（#StartInPoland）框架，为处于初创和扩张阶段的公司提供一个支持性的总括方案，由欧盟2014—2020年智能增长计划和私人资助计划提供资助。

（四）主要挑战

波兰在研发创新方面，面临以下主要挑战：

（1）增加私人部门科创的强度。尽管波兰企业研发投入总量每年上涨，但仍不及欧盟28国平均水平的一半。最近的立法措施旨在支持积极的趋势，并调整现有研发工作的会计方法。国有企业越来越多地参与研发活动，是对研发政策的重大改变。

（2）加强科技与产业合作。波兰政府自2010年以来成立了一些有针对性的政策措施。然而，产出指标仍然不能令人满意。

（3）提高公共研究基地的质量。由于目前以绩效为基础的资助制度的激励结构，波兰的科学基础更加关注产出数量而非质量的负面影响，需要进一步监测2016年立法工作和“视野2020”支持的资金计划。

（4）在科创治理体系中设置优先级。2012年之前，波兰没有明确的研发优先事项，但目前它有一个有多项战略主题的科创系统。“负责任的发展战略”有望确定政府科创政策的重点。

第五节　欧盟科创体系政策的启示

从上述三国的科创体系分析可以看出，欧盟作为一整体，其内部各国之间存在较大的差异，这从不同国家所面临的挑战可以看得分明。

德国是一个大国，其科学基础好，大企业非常强势，市场成熟度高，这导致了数字经济来临时，如何把握变革和创新的机会，激发起人们利用数字技术开展创业的激情等总量。同时德国的资本市场仍然不够发达，妨碍了创业氛围的形成和发展。

爱尔兰虽然创新表现相对较好，但是由于对外依存度高，经济贸易环境易受外部影响，与此同时，在本国的跨国公司研发水平也不够高，知识溢出效应不明显。这导致了本国中小企业创新投入不大。

波兰是一个新兴工业化国家，仍处于转型过程中，其经济保持高度开放性，但是技术、技能、资本积累有限，对新兴技术的吸收度不够，企业技术研发水平较低。这是很多转型国家同样面临的问题。此外在公共研发资金投入方面，总量和结构都存在不足。

总体而言，尽管存在种种挑战，欧盟国家的科创体系都已经成形，并且迈上良性发展的轨道。通过实施创新联盟战略和一系列项目资助计划，欧盟必将在科学基础、产业领导和社会挑战三个方面取得更佳的成绩。

对于我国而言，从欧盟科创建设中可以得到以下启示：

一是与欧盟相似，我国幅员辽阔，同样面临区域的差异，包括研发投入水平、制度和能力等方面的差异。为此，可以借鉴欧盟的整体治理模式，通过中央与地方的密切合作，明确中央与地方协作的创新治理框架，明确事权和责任。

二是通过明确战略重点，借鉴"眼界2020"类似的项目，推动战略的实施，持续支持基础科学，产学研合作和创新应用，并定期监测其实施效果。

三是政府重在提供基础设施和框架式条件。减少区域间基础设施的差距，尤其是数字化基础设施。在市场环境上，重要的是保持开放性，消除区域间的物流和贸易障碍，维持公平竞争的环境。

四是重视各级政府的数据开放，以促进创新创业和共同应对社会挑战。欧盟把政府开放度作为各地经济和社会发展一项重要的评估指标，尤其强调公民参与度，推进电子政府的发展。事实已经证明，政府开放度对于数字经济年代的创新有着基础性作用，能够有效推动社会信任、民众满意度和创新涌现。

第十三章　亚洲国家的科创政策

相比于欧盟，亚洲国家发展呈现出更加多样化的态势，本章选择韩国（东亚）、以色列（西亚）和印度（南亚）三国为代表作介绍。韩国和以色列是典型的借助于高研发投入实现赶超的工业国家，其在研发方面的投入和成果在全球相对突出，印度则是与中国发展历程相似的人口大国，是新兴国家的代表。

第一节　韩国科创体系发展

一、发展概况

韩国是“二战”以来，少数从一个落后国家，顺利跨越中等收入陷阱，进阶为发达的数字经济国家的成功案例之一。无论是经济总量，还是人民生活水平，韩国在多项国际排名中表现非常突出。

从GDP总量数据看，韩国经济近年来经历两次大的波动，一次是1997年亚洲金融危机，另一次是2007年经济危机，但是很快地，韩国经济得到恢复。2016年，韩国GDP世界排名第11位。

在人均GDP增长方面，韩国在1994—2003年近十年间一直在人均10 000美元区域徘徊，之后才脱离“中等收入陷阱”，2015年最新数据为人均27 450美元。

特别值得关注的是，韩国在很多创新指标方面成效显著。相关指标列举如表13–1所示。

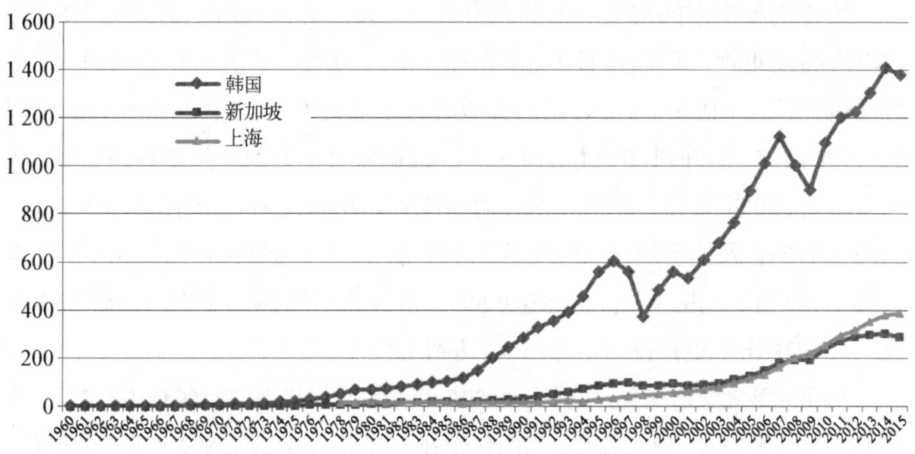

图13-1 韩国GDP增长趋势图（按当前美元计算）
资料来源：World Bank开放数据（最新为2015年数据）；上海统计年鉴（历年）。

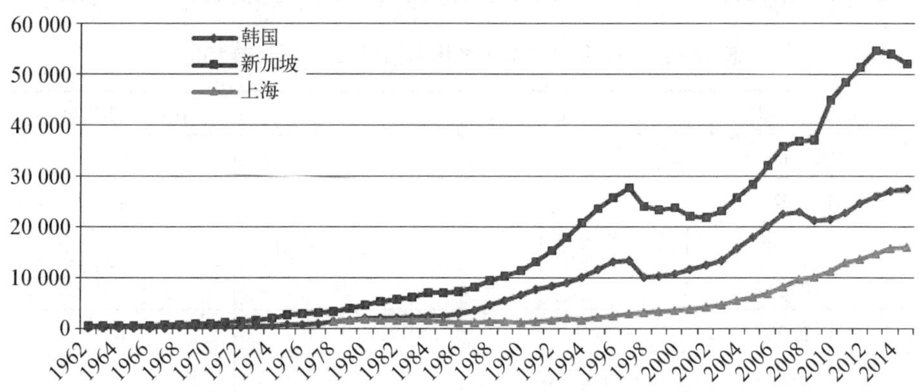

图13-2 韩国人均GDP增长趋势图（按当前美元计算）
资料来源：World Bank开放数据（最新为2015年数据）；上海统计年鉴。

表13-1 韩国部分创新指标（与中美对照）

国　家	每百万人中研究人员数	居民专利申请	非居民专利申请	科技期刊文章数	高科技出口（亿美元）
韩　国	6 899	167 275	46 419	58 844	1 265
中　国	1 113	968 252	133 612	40万	5 542
美　国	4 018*	299 335	301 075	41.3万	1 543

注：* 2012年数据。
资料来源：World Bank开放数据（最新为2015年数据）。

构成创新体系的首先因素是人力资源开发。韩国人深受儒家文化影响，对教育高度重视。但是在日本殖民统治阶段，侵略者实施的是愚民教育，文盲高达78%。韩国独立之后，政府在教育方面加大投资，其占政府预算的比例从最初的2.5%上升到2012年的4.62%。根据联合国教科文组织最新数据，从入学率看，20世纪70年代韩国普及小学教育，20世纪80年代普及高中教育，2000年后期普及高等教育，2013年高等教育入学率达到95.35%。2014年研究人员（全时当量）占总人口比高达0.69%，世界排名第四。而韩国的研发费用投入占GDP比重更是排名全球第一，达到4.29%。

从研究型大学情况看，根据Times 2017年全球大学排名，前100位中有2所：首尔大学位列第72位，亚洲第八；韩国科学技术高等研究院（KAIST）排名第89位。QS全球大学排名，前50中也是这两所：首尔大学位列第35名，亚洲排名第6位；KAIST排名第46位。在软科（ARWU）世界大学学术排名中，前100位韩国告缺。

表13–2　部分亚洲国家大学排名情况（2017年，前100）

国　家	Times	QS	软科（ARWU）
韩　国	2	4	0
日　本	2	5	4
中　国	5（含香港3所）	9（香港4，台湾1）	2
新加坡	2	2	1
以色列	0	0	2
侧重点	综合实力	声誉	学术

资料来源：作者整理。

此外在信息化基础设施、营商环境、电子政务发展、产业集群建设等方面，韩国的表现都可圈可点，发展名列各国前列，如表13–3所示。

表13–3　韩国在国际组织的各项排名

世界银行		世界知识产权组织	世界经济论坛		联合国		国际电信联盟
营商指数2017	税负指数2017	全球创新指数2016	国家竞争力2016	IT就绪度指数2016	人类发展指数2016	电子政务发展2016	信息发展指数2016
5	23	11	26	13	18	3	1

二、经济和创新体系发展的历程

从1961年以来的近六十年中，韩国经济经历了要素驱动（1960—1979年）、投资驱动（1970—1999年）和创新驱动（20世纪90年代以来）三个发展阶段。通过产业与科技政策的密切配合，韩国经济始终保持了快速的增长。

表13–4　韩国产业政策与创新政策发展历程一览表

	1960—1969年	1970—1979年	1980—1989年	1990—1999年	2000—2009年	2010—2019年
发展阶段	要素驱动					
		投资驱动				
					创新驱动	
产业政策	出口导向轻工业	重化工业	技术密集型产业	高新技术创新	数字经济和财团重组	创意经济和产业融合
科技政策重心	科技机构建设	科学基础设施建设	研发和民企研究实验室	战略性新兴产业实现引领	现代化信息基础设施建设	创新、创业生态环境建设
重大创新行动	成立KIST 通过科技促进法	大德科学城成立 研发税收优惠 KAIST成立	国家研发项目启动 科技型中小企业减税	创新五年规划 科技愿景2025	国家技术路线图（第一版） 2008科技部重组	2013科技部再次重组 提出创意经济发展规划

资料来源：OECD韩国创新政策评价（2009）；[①]韩国科技部相关资料。

日本统治朝鲜半岛36年的经营，主要工业遗产基本留在北方（应是对华侵略的需要）。在经历朝鲜战争之后，韩国仅有一点的工业经济基础消失殆尽。但韩国学者金麟洙提出，朝鲜战争也给韩国带来了两个方面的积极影

① OECD. Reviews of Innovation Policy: Korea 2009[R]. OECD Publishing, Paris, 2009.

响：一是人口流动性加强。原有自耕农基础的传统社会得以重构；二是强制兵役制度，部队的交流有助于提升士兵的基本技能。这为后来的工业化、城镇化奠定了基础（Jim, 1993）。[①]

战后，韩国经济在美国的援助下缓慢恢复。经过了8年，直到1960年，美国援助陆续淡出，韩国经济真正实现起飞。技术创新能力的不断提升是其经济持续发展的重要原因，但更为重要的是韩国创新体系逐渐成型。

回顾韩国的发展历程，从技术上遵循着一条从逆向工程到开发，再向基础研究升级之路。其中，政府在不同阶段适时作出政策性调整发挥了积极的作用。

从1960年开始，在政府的大力支持下，韩国各行业都形成多家集中度超高的大财团。1984年，五大财团占国家GDP的比重超过50%。当时面临的压力是：全球经济下滑、劳工工资上涨，韩国在低工资劳动密集型产业方面逐渐失去竞争力、先进国家拒绝对韩技术转移等。

为了保持经济快速发展，推动经济更加自由化，提升自主创新能力，韩国政府开展了一系列市场化改革。例如通过公平贸易法、改变专利和知识产权法、降低关税、改变产业扶持政策转而支持研发活动和人力资本投资、规定银行的强制贷款比率以支持科技型中小企业发展等，政府直接与私营企业合资成立风险投资公司。为了鼓励企业加大研发投资，韩国政府采取了直接研发补贴、定向融资制度和税收刺激等强有力的措施，取得了一定的效果。

但是由于财团既得利益垄断势力过大，与政府官员关系过于密切，一些改革措施最终为财团所利用。举例来说，政府在金融领域的改革，本意是通过将金融机构减少国有比重，推向市场，提升其竞争力，但这些金融中介机构、银行最终均由财团所控制，成为财团进一步扩张垄断势力的工具。

韩国过度依赖于财团主导、投资驱动的经济体系的脆弱性在1997年亚洲金融危机面前暴露无遗。韩国陷入空前的危机，最终只能在国际货币基金（IMF）的帮助下，痛下决心，以大宇、韩宝、起亚等大财团的倒闭为代价，并同

① Kim, L. National System of Industrial Innovation: Dynamics of Capability Building in Korea[C] // National Innovation Systems: A Comparative Analysis. edited by Richard R. Nelson, Oxford University Press, USA, 1993: 357–384.

意在市场监管、金融体系、财团和劳工等进行全面改革，重新界定政府的职能，从过去的过于僵化而具体的干预主义政策，转变为通过建立竞争性的、透明的和公正的市场游戏规则，促进市场更有效的运行。根据韩国政府的要求，世界银行和OECD为韩国制订了一个全面改革计划:《韩国：过渡到知识为基础的经济》。经历了4年，直到2002年才恢复到危机之前的水平。

值得注意的是，经历了这次危机的韩国，其经济结构得到改善，经济韧性明显提升。在2008年全球次贷危机发生后，韩国只用了两年，到2011年就超越了危机前水平。

三、韩国科技创新政策的启示

总体而言，韩国的经济发展与科技进步基本保持了同步，作为一个后发国家，韩国无疑是成功的典范之一。从科技政策方面看，对于我国科创体系建设有以下几点启示：

一是韩国重点发展信息通信技术（ICT）对其成功向数字经济转型起了根本性的推动作用。根据国际电信联盟近年的排名，韩国信息发展水平持续排名全球第一。对于我国来说，应该更加重视信息化建设工作，更多地将互联网思维贯穿到科创体系建设之中，必要时科技部门和信息化部门建立联合工作小组，乃至机构重组，加强协调，形成合力。

二是韩国的研发投入力度大，结构相对合理。韩国的研发投入占GDP比重为4.29%，排名OECD第一，其1999年所制定的《科技愿景2025》战略确立的远景目标为5%，因此，在此方面的力度还会持续加强。在研发投入中，其企业投入占比超过75%，这一指标在OECD国家中仅次于以色列。这种投入比例正是韩国在1997年亚洲金融危机之后，对金融、财团进行全面变革的结果，对于提升整体经济的韧性起了良性的促进作用。我国这一比例虽然也不低，但其中很大比重是国有企业所投入的，非常有必要提升其中民营企业研发投入占比。

三是韩国财团的成功变革对创新驱动作用非常关键。1998年后，韩国政府顺势而为，接受了国际货币基金的建议，对财团的公司治理结构进行全面的改革，如鼓励财团剥离一些非核心业务，培育核心竞争力，极大地释放了大企业中的创新潜力。不仅财团自身的国际竞争力得到提升，剥离出来的个人和中小科技企业对韩国在信息通信、半导体、汽车等领域的科技能力提升也起到了促进作用。这对于我国国企改革无疑具有良好的借鉴意义，如政府应该让市场发挥决定性作用，更加关注于国企核心竞争力的培育，对非核心业务考虑剥离或重组。通过竞争的外部压力，倒逼国企体制机制的变革，释放国企的创新潜力。

四是上海张江科学城建设可以借鉴韩国大德科学城的建设经验。大德科学城自1973年创设以来，随着韩国产业不断升级，科学城定位、政府角色相应发生变化。2000年之后，随着数字经济年代的到来，大德科学城从单纯注重研发能力转向科技产业化和创业生态体系的营造方面，定位为国际化的科技企业带和创意经济动力源。这对张江科学城建设的定位有着重要启示，就是它一定是一个创新、创业生态体系建设，而不单纯是一个科学研究平台，同时需要产业、大型企业、中小企业、各类中介服务等的支撑，同时它还应对长三角、对长江经济带起到源动力的作用，将辐射效应发挥到最大，支持国家“一带一路”倡议。

最后，韩国在营商环境和税负方面的政策有利于促进创新创业。世界银行对韩国营商环境评价排名为第5位，税负排名为第23位。即便在这种情况下，韩国政府仍然非常注重对高科技企业实施税收优惠。在创新人才和企业家成为稀缺资源，同时商业成本高企的城市如上海、北京等，这非常值得借鉴。

第二节　以色列科创体系发展

以色列作为一个1948年才建国的小国，在外部敌人环绕、国内资源不足的恶劣环境下，将一片沙漠地带发展成为《圣经》中所说的“流淌着牛奶和蜂蜜的应许之地”。到今天，以色列已经成为世界上最具创新能力的国家之一，被誉为“创业的国度”。从军事强国到科技强国，铸剑为犁，其发展历程颇具传奇色彩。

一、以色列发展历程概述

以色列目前人口仅有870万，其中75%为犹太人，20%为阿拉伯人，地理面积约为2万平方千米。其建国历程可追溯到犹太复国主义者1882年第一波移民潮（史称“第一次诵经”，The First Aliyah）。此后经历多次移民，尤其“二战”后幸存的犹太人大量涌入，这一区域的种族冲突日益加剧。作为巴勒斯坦地区宗主国的英国已经无法控制形势，决定撤离这一是非之地。1948年5月14日，在英国离开的前夜，以色列正式宣布建国，第一次中东战争同日爆发。之后又发生了多次中东战争，骚乱至今从未真正停止过，但以色列人终于在这一区域站稳了脚跟。

自1960年以来，以色列的人口、国内生产总值、科研能力实现了持续增长，到2000年后进入发达国家行列，以色列人用实力证明了自身，创造了世界经济史上的一个奇迹。

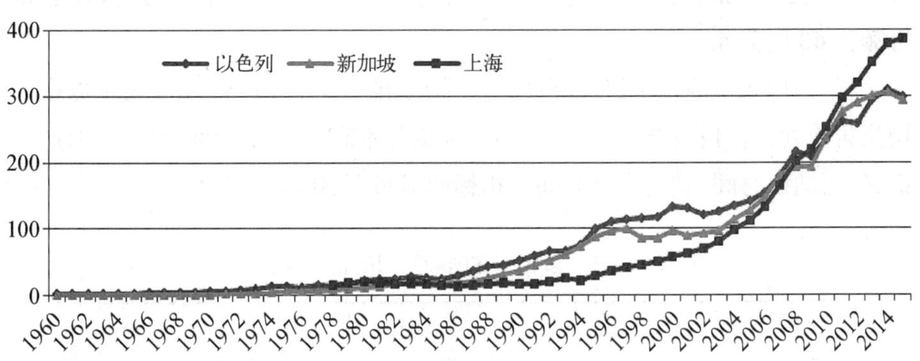

图13–3　以色列GDP发展情况（按当前美元计算）

资料来源：世界银行open data。

以色列于1990年越过人均1万美元的中等收入界线，在2万美元左右徘徊十多年（1995—2006）之后，到2007年一举突破2.5万美元。目前人均GDP为35 730美元。

以色列地处沙漠地带，自然资源贫乏，用一位学者的话说，“日照是其唯一丰富的自然资源”。建国时其支柱产业为农业和钻石切割，之后几十年内虽努力向重工业转型，但似乎并不成功，其中最大的约束还是政局动荡和资本

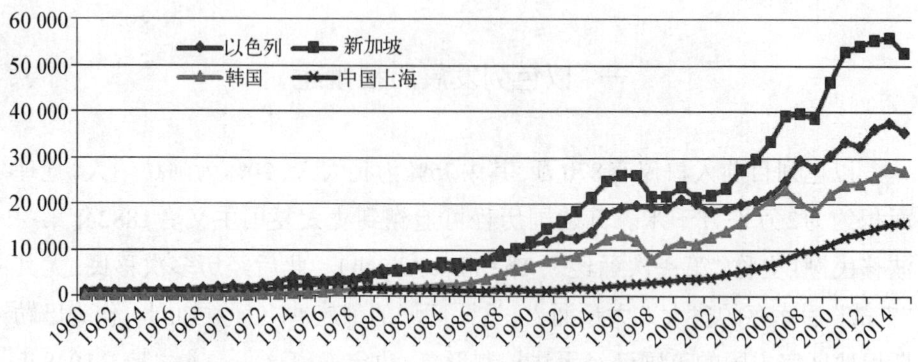

图13-4　以色列人均GDP发展情况（按当前美元计算）

资料来源：世界银行open data。

缺乏。而在长期的战争中，以色列军事尖端科技得以快速发展，成为军事强国。随着中东局势缓和及对外交流的加强，到20世纪90年代，以色列把握住了信息通信技术和产业革命的历史性机遇，充分发挥其科技人才的比较优势，实现了产业转型和飞跃。据统计，1984年ICT软件产业出口不到500万美元，总销售额仅3.7亿美元，但到2004年出口达到30亿美元，总销售额为40亿美元。

横向比较，国际组织对以色列各项指标排名如表13-5所示，大多数指标均位居前列。在税负指数上，以色列总税负并不高，只有28.1%，但由于财产登记、公司纳税时间、契约实施时间等指标明显偏弱，影响了排名。

表13-5　以色列在国际组织的各项排名

世界银行		世界知识产权组织	世界经济论坛		联合国		国际电信联盟
营商指数2017	税负指数2017	全球创新指数2016	国家竞争力2016	IT就绪度指数2016	人类发展指数2016	电子政务发展2016	信息发展指数2016
52	96	21	27	21	19	20	30

资料来源：作者整理。

二、以色列的创新基因和体系发展

创新被认为是以色列的基因，科技人才是其最大的比较优势。这既与犹太教数千年以来对民族性格的影响有关，也基于以色列建国历程的现实选择。

对于教育和科研的重视是以色列创新的人才基础。犹太母亲（Jewish-mother）教育子女：世界上很多东西都可以被抢走，唯独人的智慧不会。这具体表现在以色列在教育方面投入力度较大，尤其重视科学和工程人才的培养。以色列有着中东地区以及西亚最高的平均受教育年数和识字率，与日本并列为整个亚洲平均受教育年数最高的国家。

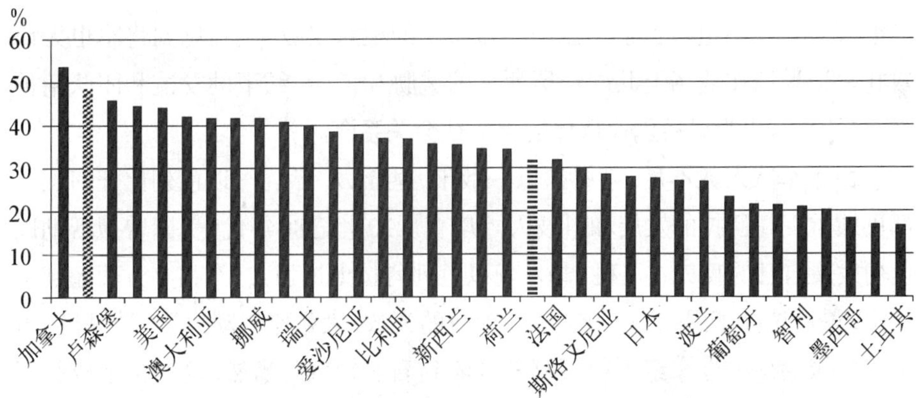

图13–5　OECD国家受过大学教育的成年人比例

资料来源：OECD(2016)。[①]

以色列在研发方面更是不遗余力，其研发投入占GDP比重为4.11%，全球第二；其中企业投入占比达到84.5%，每百万人中科研人员（全时当量）为8 255人，均为全球第一。从国际专利申请量看，以色列每10万人发明专利申请数为30.4件，世界排名第三。

虽然以色列的大学和科研机构在全球大学排名中并不十分突出，但是在理工科方面有着独特优势。自20世纪60年代以来，以色列贡献了12位诺贝尔奖获得者和5位图灵奖获得者，这与其人口总量完全不成比例。

以色列创新体系的建设过程与战争紧密相关，而战争意味着对危机、死

---

① OECD. OECD Science, Technology and Innovation Outlook 2016 [R]. OECD Publishing, Paris, 2016.

亡、对抗、荣誉、高科技等重大问题的决策和思考（Teubal, 1993）。[①]以色列人来自全球各地，甫一建国，在没有常备军的情况下，就开始了与周边国家的战争，需要以弱对强。在这种情况下，传统的、自上而下的军事指挥系统全然无效，因此，以色列采用了一套不同于世界上任何一个国家的军事体制，即将士兵编成小组，类似于突击队，对每个小组充分赋权，组长拥有独立指挥权，允许下级士兵随机应变地采取一些冒险的行动。

这产生的结果是以色列人的个人英雄主义行为，表现为具有想象力、不受约束、非正式、小规模、柔性、富于侵略性、专业化、训练有素、高效、行动导向、精英主义、即兴发挥等与创新相关的特质，类似于美国的黑客文化。

以色列的全员服役制也让原有阶层不复存在。所有人不分背景，一律平等编入一个个小组。由于不强调上级命令的绝对权威，士兵见到将军也无需敬礼。士兵们在战场上共同经历死亡的威胁和考验，结下的友谊和团队精神终生受用，这成为以后创业伙伴的重要社会关系资源。

由于军队人数不足，就必须以一敌十，甚至以一敌百，以色列比任何国家都更加重视高科技的发展和科技人才培育。20世纪80年代，美国曾拟帮助以色列发展自己的喷气式飞机，却发现以色列科技太过强大，在很多方面超越了美国，最后选择了退出，导致了这一项目的失败，大量空气动力学、计算机、电子等领域的顶尖专家组不得不解散分流到商业领域。当然，这间接地成就了以色列在信息通信商业领域的发展。

军事毕竟是军事，与商业有着明显的界限。1967年的“六日战争”奠定了以色列的军事优势之后，加上美国的强力支持，周边形势有所缓和。而1968年法国实施武器禁运，使得以色列政府下定决心要自主发展军事高科技。此时的以色列还只是一个农业国，远未形成民用工业和科技体系。尽管以色列科技实力很强，但由于国内市场偏小，资金缺乏，除了军事，民间对高科技的需求严重不足，而且周边全是敌人，无法正常通商。

为了支持民间企业的发展，1968年政府决定成立首席科学家办公室（OCS），成为以色列创新体系建设的开端。首席科学家办公室的成立起到两

---

① Teubal, M. The Innovation System of Israel: Description, Performance, and Outstanding Issues[C] // Nelson, R.(ed.) National Innovation Systems: A Comparative Analysis-Richard R. Nelson-Oxford University Press, USA Oxford University Press, 1993.

方面作用：一是通过弥补市场失灵，通过补贴推动企业开展研发和产业化服务；二是建立国际联系，打通全球市场。

前者促成了持续至今的附加偿还条件的贷款项目。对任何获得批准的私营公司，对其旨在开发新的以出口为导向的产品项目提供50%的研发补贴，新企业可达到66%。1985年通过《产业研发促进法》之后，这一项目补助力度持续提升，到1994年达到最高点。随后由于以色列企业获得资本的渠道畅通，才基本保持稳定。事实证明，这种补贴体系特别适合不完美资本市场环境下中小企业的发展。在20世纪90年代初，OCS又推出了几个补贴和孵化项目，如Magnet项目专门针对产研合作，开发基础性前竞争技术，获批总研发预算的60%不需要返还。政府还专门成立了YOZMA引导基金，取得了巨大的成功（Trajtenberg, 2000）。①

后者则反映在1975年与美国合作成立美—以两国产业研发基金（BIRD）上。这一基金资助研发在以色列、市场在美国的项目。它不仅能够有助于企业合作研发，也能保障企业进入美国市场，同时还吸引美国跨国公司开设以色列研发中心。这一模式同时降低了双方的风险，实现了共赢。通过双方共同的努力，几乎成为以色列高科技企业获得成功的标准商业模式。在此项目成功的激励下，以色列进一步与欧、亚各国建立联系，大力发展产业集群，所建设的硅峡谷（"Silicon Wadi"）成为仅次于硅谷的创业天堂。2012年，谷内有70多家风险资本企业，其中14个是OCS所资助的国际合作项目（de Fontenay and Carmel, 2004）。②

表13–6　NASDAQ国外公司统计表

国　别	加拿大	中国	以色列	英国	日本	印度
数　量	178	126	95	77	14	12

资料来源：Nasdaq官网（2017.6）。

① Trajtenberg. M. R&D Policy in Israel: An overview and Reassessment[J]. NBER working paper 7930. Oct. 2000.

② Catherine de Fontenay and Erran Carmel. Israel's Silicon Wadi: The forces behind cluster formation[C] // Bresnahan, T. and Gambardella, A.(ed.). Building high-tech clusters: Silicon Valley and Beyond, Cambridge University Press, 2004.

三、以色列科技创新政策的启示

总体而言，以色列科技创新政策无疑成就卓著。这得益于多方面因素：从外部看，1991年苏联解体给以色列送来大量犹太技术移民，为之增添了活力；1993年奥斯陆和平协定的签订减少了政治风险，加上国内风险资本基础设施逐步完善，使以色列对外资更具吸引力。但相比之下，内部因素起着更为关键的作用。

第一，科技立国的政策导向。以色列成立初期缺乏管理能力，但却坚持以科技立国，这一思维由"以少对多"的外部环境所强化。以色列成立后不久，大量电子机械设备的利用推动了信息技术的发展。开发和采纳信息技术是被看成是保持质量优势（数量劣势）的主要方式，这为后来软件产业的繁荣奠定了基础。

第二，成功的商业模式。由于语言、文化的优势，以及犹太人在美国的影响力，以色列企业探索了一条成功的、能够发挥比较优势的商业模式，即"以色列研发，美国营销"，从而得以融入遥远的、有严格产权保护的美国市场，使科技产品商业化获得了巨大的成功。

第三，学习型政府。以色列的特殊地理位置、历史发展进程决定了政府在整个研发创新体系中处于突出位置。政府可以更大范围地动员各类资源，集中力量于部分产业和技术领域，从而为以色列人才培育、科学技术发展夯实了基础。但以色列政府坚持学习，与时俱进，在创新中充当了积极的角色。政府能够不断向其被资助的企业学习，保持制度的柔性和创造力。在高科技的快速发展的环境中，遵循僵化规则的政策都将证明是无效的。

第四，坚持政策的中立性。从政府政策导向看，以色列始终强调政策的中立性。希伯来大学Teubal教授提出"横向产业和技术政策"（Horizontal Industrial and Technological Policy）这一概念，用来指代"旨在促进技术开发本身、相关的研发和搜索管理和组织惯例，而不区分部门和技术领域"的政策。这一政策秉持中立性、公平性原则，区别于日韩等国政府做大做强特定产业的定向政策（targeted program），很好地适应了以色列的现实需要。

值得一提的是，迄今为止，以色列官方并没有形成一个科技方面全面而系统的规划，而只有一些政策引导性框架，比如强调某方面技术需要引起关注，不仅有对高科技产业,如信息、纳米、生物等方面,也关注于低科技企业的创新。

第五,基于民主法治的市场体系是政府持续发挥作用的基础。作为一个更多接受西方传统的移民国家,以色列奉行民主和法治、尊重学术自由、保护知识产权、鼓励挑战权威、拥抱国际合作、倡导多元文化交融等一系列举措,几乎没有出现一般发展中国家的政府失灵问题:如财产侵占和征用、基础设施工程质量、官员腐败等弊病。

一些文章特别强调以色列政府的作用,这容易产生一种误导:似乎以色列的成功主要是政府引导得好,市场全然失灵。但这显然是由于东西方语境不同所造成的误解。西方人,尤其是美国人习惯了市场经济环境,一般不会特别强调"国内市场发挥决定性作用"这个根本前提。

如果仅仅是军事科技实力强大、政府强势就能促进创新,那么苏联等国应该是最具有创新力的。但是事实上,俄罗斯到今天商业仍然落后,也并不被认为是一个创新型国家。原因还是缺乏成熟的、基于法治的市场经济体制。苏联犹太技术移民可以为以色列注入科技力量,但却不能为它带来繁荣的经济。很大程度上,是因为成熟的市场体制,而不是其他,保障了以色列铸剑为犁,实现了经济的持续增长。

第三节　印度科创体系发展

印度作为一个新兴的工业大国,其建国后的经济发展历程与中国有类似性,经历了比中国还要长的计划经济年代,在严重经济危机爆发后于1991年实施全面的开放政策。由于历史、文化、资源禀赋和机会等原因,印度走上了一条有别于其他国家的服务业优先发展之路。其科创体系建设很难称得上完善,但确有其独特之处。

一、发展历程

印度1947年从英国殖民者手中获得独立。建国后主要采纳苏联模式,实施高度集中和封闭的计划经济，其基本国策定为“自给自足”和进口替代，这一状况一直持续到1991年。

在这一政策指引下，印度虽然部分保留了英国殖民者的法律体系，但经济上完全以公有制占主导，其生产体系要满足国内各项需要，导致了生产线拉得很长，却不太关注效率和生产率。

在计划经济环境中，政府部门被视为产业发展的源头，占了工厂部门固定资产投资的2/3。由于关键在于国家控制，所以在技术获得上要加入很多非商业化的考虑。其结果是，除了少数战略部门外（如原子能、国防和空间技术等），计划经济体制未能使工业部门步入增长通道，反而因预算超支、时间延迟、成本高昂和缺乏技术动力而陷入停滞。

在对外政策方面，印度实施高度的本地产业保护和对外资严格限制的政策，包括对资本流入、扩张、多元化和资本品、中间品和技术进口等管制。这种环境下，国内企业也不会积极寻求出口。有限的研发关注于进口替代和创造本地投入资源上。

政府主导了80%以上的研究和发展活动。研发经费由政府资助，并在公立研究实验室内进行。其中很大一部分是在国防研究的战略部门，这些方面印度成为最先进的发展中国家之一。

政府在科学和工业研究委员会的主持下在全国建立了40家实验室网络，从事与产业界有关的工作。然而，这些实验室与工业部门之间的联系仍然有限，所创造的技术能力在很大程度上仅限于实验室内部。1971年科技部成立，曾制订过一项国家科学和技术计划，努力使科技与经济计划进程相结合，帮助政府将技术发展努力与工业发展结合起来，但这只存在了很短的时间。在20世纪80年代中后期，政府进行了有限的经济改革，如放松管制，在个别领域如数字交换机自主技术上取得了一些小的突破。

1991年，由于国际石油价格飙升导致的外汇储备急剧下降，引发印度严重的经济危机。新一届印度政府试图一劳永逸地解决危机背后的结构性问题，接受了国际货币基金组织（IMF）的建议，开始推行自由化政策。印度从此逐渐放弃自给自足和进口替代的国家政策，进入改革开放的新纪元。1995年，印度加入WTO，正式融入全球化进程。

接下来的历届政府都对改革进程进行了稳步推进（相比于巴西，政策保守得多)。到今天,大多数行业不需要产业许可。在许多行业中,外国投资,即使是全外资,都自动获得批准。对物资进口的限制已被取消,关税也大大减少,当然这一税率仍高于其他许多国家。同样,对技术进口的限制也已被取消。

这一背景下,印度经济尤其第三产业取得了辉煌的成绩。到2015年,印度GDP总量按当前美元计算排名世界第七(20 888亿美元),但按购买力平价计算已经达到世界第三(75 168亿美元)。三次产业产值占比为:17%:18%:65%,就业人数占比为:49%:20%:31%,这一结构直观地反映了印度经济的鲜明特点:从第三产业到第一产业,效率递减。2016年GDP增长达到骄人的7.6%。

作为金砖国家之一,印度被认为是新兴工业化强国,也是美国科学院"在风暴中崛起"报告(2007)中所提到的高级研发日益重要的所在地。印度已经成为能够为国际企业研发外包提供有利环境的热点之一:超过300家跨国公司在印度设立了研发中心(45%在班加罗尔);印度公共研发机构,包括科学和产业研究中心(CSIR)、国防研究和发展组织(DRDO)、印度空间研究组织、印度农业研究理事会(ICAR),以及私营企业如塔塔、Nicholas Piramal、Shanta生物科技等,已经具有了世界影响力。

根据《金融时报》"fDi Intelligence"统计,2015年以来,按资本投资计算,印度取代中国成为世界上最大的FDI流入国。

表13-7　世界经济论坛全球竞争力指数金砖五国排名(2013—2018)

国　家	2013年	2014年	2015年	2016年	2017年	2018年
印　度	59	60	71	55	39	40
中　国	29	29	28	28	28	27
俄罗斯	67	64	53	45	43	38
南　非	52	53	56	49	47	61
巴　西	48	56	57	75	81	80

资料来源:WEF全球竞争力指数历年报告。

二、印度科技政策的演化

早在1958年，印度政府就通过了一项“科技政策决议”，提出：“现代国家繁荣的关键，除了人民的精神，还在于技术、原材料和资本三要素的有效结合。最重要的是，由于新的科学技术的创造和采用可以从根本上弥补自然资源的不足，减少对资本的需求。”

在独立之后的一段时间里，印度取得了一些重大的创新成果，如象征农业自主的“绿色革命”，使印度不仅能够养活其民众，而且还能出口其过剩的库存。另一场革命称为“白色革命”，使印度成为世界上最顶尖的牛奶生产国。此外，印度在空间科学和原子能方面实现了突破，具有设计和运载火箭的能力，并成为世界核大国之一。

从20世纪50年代后期开始，联邦政府通过多所印度理工学院（IITs）和区域工程学院（REC）建立了高技术教育机构的强大基础设施。在州层面，政府创建并资助了公办工程学院。私人参与高等技术教育的程度有限，仅限于少数几个州。印度理工学院招募的教员通常是从美国获得博士学位的海归，为学术活动提供了良好的环境。充满激烈竞争的入学考试确保了学院招录最聪明的学生。总体来看，印度理工高等教育的质量是非常优秀的，但其科研人员的研究成果不算突出。存在的问题有：一是学院与印度工业的互动相当有限；二是毕业生倾向于大量移民美国。那些留下来的人或进入工业领域，或到了政府研究机构或私营部门的管理职位，很少有机会利用他们的技术知识，基本与科研脱离（Fromhold-Eisebith, 2006）。①

1983年，印度出台了国家“技术政策宣言”，仍然强调必须实现技术能力的自生创新和进口替代。到20世纪80年代末，印度也许拥有了发展中国家中最强大的科学和技术基础设施，但工业生产系统却从中获益较少。其经济在很大程度上被困在历史上的“印度本地增长率”（Hindu rate of growth）约3.5%。在同一时期内，从人均收入看，印度已经大大落后于“亚洲四小龙”。

1991年实施的自由化改革是科研政策转变的关键转折点。从更广的范围

① Fromhold-Eisebith, M. Effectively linking international, national and regional innovation systems: insights from India and Indonesia[C] // Bengt-Åke Lundvall, Patarapong Intarakumnerd, Jan Vang (eds.) Asia's Innovation Systems in Transition, UK: Edward Elgar Publishing, Inc, 2006.

看，其主要目标是通过吸引外国投资、取消许可证和管制、允许进口和鼓励出口来刺激经济增长，但新政策的一个明确重点是提升经济创新能力。1991年7月24日的“产业政策宣言”提出其目标之一是“在印度工业中注入预期的技术活力水平”和“发展本土能力，以有效吸收外国技术”，并表示“更大的竞争压力也将促使我们的工业投入比以往更多的研究和发展”。此后，研发创新体系发生了以下四点显著的变化（Krishnan, 2003）：[①]

（1）重视和借力全球科研网络。从排斥国际的影响转为选择性、部分有效地接纳国际机构和建立国际联系。

（2）科技与产业结合更加紧密。将主要研发中心、学术组织和技术导向的国营企业分配给那些能够为产业集聚作出贡献的特定区域。

（3）科技发展实现分权。联邦系统在发展创新产业方面为（区域）州当局保留有一定的管辖权，让州政府在科技发展方面拥有一定的自主权。

（4）区域化与国际化的结合。通过区域机构，在区域层面实施和促进某些技术产业国际化导向的中心战略。

2000年，印度提出“新千年印度技术领先倡议”，其目标是“以印度科技团队开发的技术为基础，保障印度安全，确保在利基市场的领导地位”，发起以国家参与、产业原创和公私合作为特征的项目，以便在生物技术、制药、化工、农业等领域的技术创新和产业链取得突破，产生乘数效应。

2003年，印度出台了新版“科学和技术政策”，强调科技和产业的结合，并强化了投资研发的必要性。它呼吁将社会经济部门的方案与国家研发系统结合起来，以解决国家问题，建立一个国家创新系统，以可持续的方式解决国内问题。它不再坚持本土技术发展，其中一个具体的目标是“促进国际科学和技术合作，以实现国家发展和安全的目标，并使之成为我们国际关系的一个关键因素”。

在科技部的推动下，印度政府2008年发布了《国家创新法》草案。该法的主要目的是促进公共或私人首创行动和建立公私伙伴关系，以建立一个创新支持系统；制订国家综合科技计划；编纂和巩固保密法，保护机密信息、商

① Krishnan RT. The evolution of a developing country innovation system during economic liberalization: the case of India[J]. Paper presented at The First Globelics Conference, Rio de Janeiro, 2003.

业秘密和创新。该法案的重点是增加对研发和数据保密条款的投资，使印度成为IT、制药和工程等研究型行业的首选目的地。

2009年6月，印度宣布2010—2020年为“创新的十年”。为了协同科学、技术和创新的政策，专门建立了国家创新委员会（NlnC），其职权范围包括：

（1）制定2010—2020年创新路线图；

（2）促进建立国家和部门创新理事会，帮助执行国家和特定部门的创新战略；

（3）建立一个框架，发展以包容性增长为重点的印度创新模式、发展和倡导创新态度和方法、创造适当的创新生态系统和环境，以促进包容性创新；鼓励联邦和州政府、大学和研发机构开展创新；促进中小企业和其他主体的创新。

2013年，印度政府进一步更新了其科技政策，提出“国内科创企业必须成为国家发展的中心”“科创以人为本”等理念。在研发投资方面，计划在未来五年内将其占GDP比重提升到2%，其中主要靠私营部门的投资增加（从目前来看，很难达到这个目标）。这一政策将科创发展的愿景定为：“志向远大的印度科技企业的指导思想是加快科学解决方案的发现和交付步伐，以实现更快速、可持续和包容性的增长。”其目标是为印度制定一项强有力的、可行的科学、研究和创新系统。

为了使印度成为全球制造业、设计和创新中心，印度2014年以来提出了“印度创造”（Make in India）（2014.8）、数字印度（2015.7）、技能印度（2015）等多项重大战略。其中印度创造包括四大支柱，即新流程、新基础设施、新部门和新思维，其目标是促进企业家精神，不仅包括制造业，也包括相关的基础设施和服务部门，并且提高投资者对投资机会和前景的认识，推动印度成为海外市场的首选投资目的地，增加其在全球外国直接投资中所占的份额。在这一计划促进下，2014、2015年印度FDI分别剧增了70%和40%。2014年12月通过的《国家知识产权政策（草案）》有望对印度未来的创新产生重大影响。这一法案旨在更新、加强目前的知识产权机制，使其更具包容性。

2016年，印度改革研究院拟订了Atal创新使命（AIM），是一个激发大众创业创新的项目（比我国“大众创业，万众创新”战略提出晚一年多），旨在营造创新创业文化，将印度打造成为世界级的创新中心、技术领域的创业企业和为其他自雇用活动打造一个平台。

三、研究型大学

印度的大学发展经历了三个发展阶段：

（1）第一阶段（1940—1980）。1947年印度独立之后，继承了英国殖民者19世纪初所遗留下来的高等教育体系，第一所现代大学是加尔各答附近的塞兰波学院（1817），1857年在孟买、马德拉斯和加尔各答依照英国模式建立了三所大学。

独立之后，尼赫鲁政府将大学建设作为科技发展政策的重要组成，政府成立了科学人才委员会，吸收了印度“原子能之父”巴哈巴哈（Homi Bhabha）等著名科学家。印度还专门成立了全印度技术教育理事会（All India Council for Technical Education）。在它的推动下，此后20年里，以美国MIT为样板，兴办了五所印度理工学院（德里、孟买、马德拉斯、坎普尔、克勒格布尔），为印度高科技教育和发展作出巨大的贡献。印度理工也被认为是世界最为优秀的工程研究机构之一。20世纪60年代，印度又在艾哈迈达巴德（Ahmedabad）和班加罗尔设立了两所一流的管理学院。

印度在1953年成立了“大学资助委员会”以系统地规划和扩展高等教育，成立了六家科研机构，涉及农业、工业研究、医学、原子能、空间、电子等方面。在科研方面，政府的资助占据绝对的主导地位。私人资本参与度较低，如塔塔与政府合作成立的研究院。

（2）第二阶段（1980—1990）。1980年后，印度高等教育有了一个新的发展。由于公共部门资源较为紧张，在政府的相对包容下，私人资本开始进入高等教育领域，其中工程技术、医药、师范教育和医院和酒店管理专业学院发展较快。

（3）第三阶段（1991—　）。1991年自由化改革之后，印度对私人资本有了一个态度的转变，从第八个到第十个五年计划（1992—2003）所通过的一系列法案，实质性地向民间投资全面开放了高等教育领域。国家资助委员会认可并将资助向民营大学开放。民办独立的工程学院从1990年到2007年增加了近十倍，而政府开办的只增加了30%。

表13-8　印度高等教育、学生人数和教育经费

年　份	大　学	学　院	学生人数	总教育经费（千万卢比）	经费占GDP比重
1947	25	500	300 000	N/A	N/A
1960—1961	45	1819	1 000 000	239.56	1.48%
1970—1971	82	3 277	2 000 000	892.36	2.11%
1980—1981	110	6 963	3 000 000	3 884.2	2.98%
1990—1991	184	5 748	5 000 000	19 615.85	3.84%
2000—2001	254	10 152	8 400 000	82 486.48	4.14%
2010—2011	621	32 974	27 500 000	293 478.23	4.05%
2014—2015	760	39 498	34 211 000	465 142.80*	4.13%*

注：* 2013—2014数据。
资料来源：印度教育部统计年报2016。

印度大学的研究投入在总量中占比不高，仅有7%，但是在同行评议的期刊发表方面却占了2/3。按10年时间里每年发表强度（在有同行评议的期刊上发表）超过120篇论文的标准，只有18%—20%的大学可以被归为研究型大学。

作为研究人才输出基地，研究型大学为当地吸引跨国公司设立研发中心，以及通过孵化项目、科学家创业形成知识和创新集群等方面作出了巨大的贡献。最近的一项排名显示，印度理工学院在全球大学中独角兽产出排名第四，达到12家。

但是总体而言，印度大学的研究领域仍然相对狭隘，科研人员追求论文发表和技术本身，对产业和经济的贡献远未得到发挥，距离真正的研究型大学尚有距离。尽管印度在世界科学产出中所占的比重从2010年的3.28% 增加到了2014年的 4.40%，但每千人出版物的统计显示，该国远远落后于欧盟、美国、中国和其他领先国家。

近年来，印度在高等教育领域的改革举措非常大，具体包括：

（1）设立国家知识委员会，拟建立1 500所大学；

（2）国家教育预算在“十五”（2002—2007）和“十一五”计划（2007—

2012）之间增加五倍（目前占GDP比重为4.13%）；

（3）2008年通过《美国拜—杜保护和利用公共基金知识产权法案》的印度版本法案；

（4）国家技能发展理事会（2008—2009）在2022年为印度的5亿人提供了帮助，主要是在技能发展方案中促进私营部门的主动行动；

（5）宣布2010—2020年为创新10年，国家创新委员会（NInC）为创新2010—2020年制定路线图；

（6）推动公私伙伴关系，以促进高等教育研究和技能，促进知识枢纽和创新集群。

四、印度的优势产业

在过去的10年中，印度经济最具活力的方面是软件信息技术、制药、汽车制造和高技术制成品市场的出现，班加罗尔、浦那、钦奈、加尔各答、新德里和海得拉巴等高科技城市是国外研发中心的主要目的地。这些城市已经成为全球重要的研发和创新中心，与全球创新和制造价值链结成横向和纵向一体化的网络。

印度一直是研发方面外国直接投资的主要目的地和大型跨国公司的研发基地，如甲骨文、通用电气、思科等。在2000—2013年之间，这些中心年均增长率为13.8%，2014年的就业人数增加到244 000名。2015年，共有1 070家跨国企业在印度各城市建立了研发中心或实验室。这些中心主要涉及ICT、生物技术、制药、电信和汽车等行业。

表13–9 跨国公司印度研发中心获得的美国专利在其全球总贡献中所占的份额

公　　司	印度研发中心获得的美国专利在其全球总贡献中所占的份额	
	2003年	2013年
Novell	4%	28%
Symantec	可忽略	24%
Adobe	可忽略	15%

（续表）

公　司	印度研发中心获得的美国专利在其全球总贡献中所占的份额	
	2003年	2013年
GE（通用电气）	1%	12%
Honeywell（霍尼韦尔）	可忽略	11%
Oracle（甲骨文）	可忽略	10%
TI（德州仪器）	3%	9%
Cisco（思科）	可忽略	5%

资料来源：R. A. Mashelkar（2017）。①

服务业是印度最强大的部门，吸引超过半数的外国直接投资。根据2015—2016年的经济数据，印度服务业在世界总GDP中排名第九，在2014年的世界总价值中位列第十。服务业的FDI在2014年增长了70%，工业FDI增长仅约31%，这相当程度上得益于政府在2014年推出的“印度创造”（Make in India）。

服务出口是印度三大部门贸易中最具活力的。世贸组织的数据显示，印度的服务业出口从2001年的168亿美元增长到2016年的1 556亿美元，占国内生产总值的7.5%。而在服务业方面，在过去三年，总增加值以每年11%以上的速度增长，同期制造业的总值相对停滞。

印度发展最为突出的是在信息和通信技术软件领域。这一明星行业的崛起得益于印度20世纪80年代拉吉夫·甘地政府大力推动电子政府，印度软件企业借助于语言优势、与美国的互补时差、IT专业人员的良好素质和相对较低的工资，成为印度与硅谷建立人才交流和业务联系的主要部门，同时也吸引了大量的跨国公司和风险投资。印度目前出口约1 000亿美元的工程、健康等领域软件相关服务等，占总出口的15%，产值占GDP的5%。

印度在移动电话普及率方面与中国接近，共有9.5亿移动电话用户。但互联网普及率相对较低，目前只有大约2.13亿移动互联网用户。2015年7月，印

---

① R. A. Mashelkar. Reinventing India as Innovation Nation[R]. NITI AAYOG, 17 March 2017.

度正式启动了“数字印度”方案，其主旨是：建立坚实的平台基础，跃上新的发展台阶，弥合数字鸿沟。这个雄心勃勃的计划目标旨在通过手机实现更好的治理，实现全国范围内互联网连接。另一个目标是通过“信息高速公路”提供与保健、教育和社会福利有关的公共服务。政府已经向8亿人发放了独一无二的身份证（Aadhaar卡），它是基于数字生物信息，相当于一些国家的社会保险卡。

随着全球化趋势的变化，在新兴市场的出现、行业动态改变、加强监管、知识产权和竞争压力等因素作用下，印度制药业经历了范式转变。印度已成为全球医药研发外包的首选目的地，这主要基于其高质量药物开发、受过教育和熟练的人力资源、纵向集成式制造能力、差异化的商业模式和显著的成本优势。在全球范围内，印度在医药产品生产方面排名第三。预计到2020年，印度医药市场将达到550亿美元以上。

印度的生物技术中心在海德拉巴，被称为“生物谷”，拥有三家著名的创新型企业：Shantha、Bharat和Jupiter生物技术公司。印度制药行业在基因研究、生物仿制药、疫苗开发、合同研究和制造服务以及全新化学新药开发领域都表现出了良好的创新能力。例如：

（1）生物仿制药的创新：印度Biocon制药公司和辉瑞公司已达成一项全球战略协议，将Biocon的胰岛素生物仿制药版本和胰岛素模拟产品商业化，包括重组人胰岛素、长效胰岛素、门冬胰岛素、赖脯人胰岛素等。

（2）疫苗创新：印度的生物技术企业正积极参与开发具有挑战性的疫苗。例如，Shantha是印度第一个开发出核糖体基因乙肝疫苗的。印度的第一个甲型H1N1 流感疫苗是由艾哈迈达巴德的一家名为Cadila Healthcare的制药研究公司开发的。Bharat生物技术公司开发了一种新型疫苗HNVAC，它是唯一由发展中国家开发的在细胞中培养的流感疫苗。

自2010年4月以来，印度一直是世界增长第二快的汽车市场（仅次于中国）。印度汽车业在国内和国际市场上成功地推出了一系列自有品牌的新产品，塔塔汽车已经实现达到世界标准的完全国有化转变。此外，印度汽车零部件行业在成本和质量方面也具有独特的全球竞争优势，并已成为全球市场具有竞争力的供应商。从2005—2010年，其复合年增长率为23%。2008—2009年销售额达到190亿美元，到2016年预计达到400亿美元。

汽车行业也是印度工业机构中最大的研发投入者之一。过去10年中，国内和跨国公司的研发支出大幅增加。在研发投资的绝对水平上，2010年国内公司达到24亿卢比，远远超过跨国公司（2.10亿卢比）。

五、政府科创管理框架

印度政府在科创方面的框架如图13–6所示。具体分为四个层面：政治和跨部门政策、部门使命和协调、研发资金分配和研究实施组织。

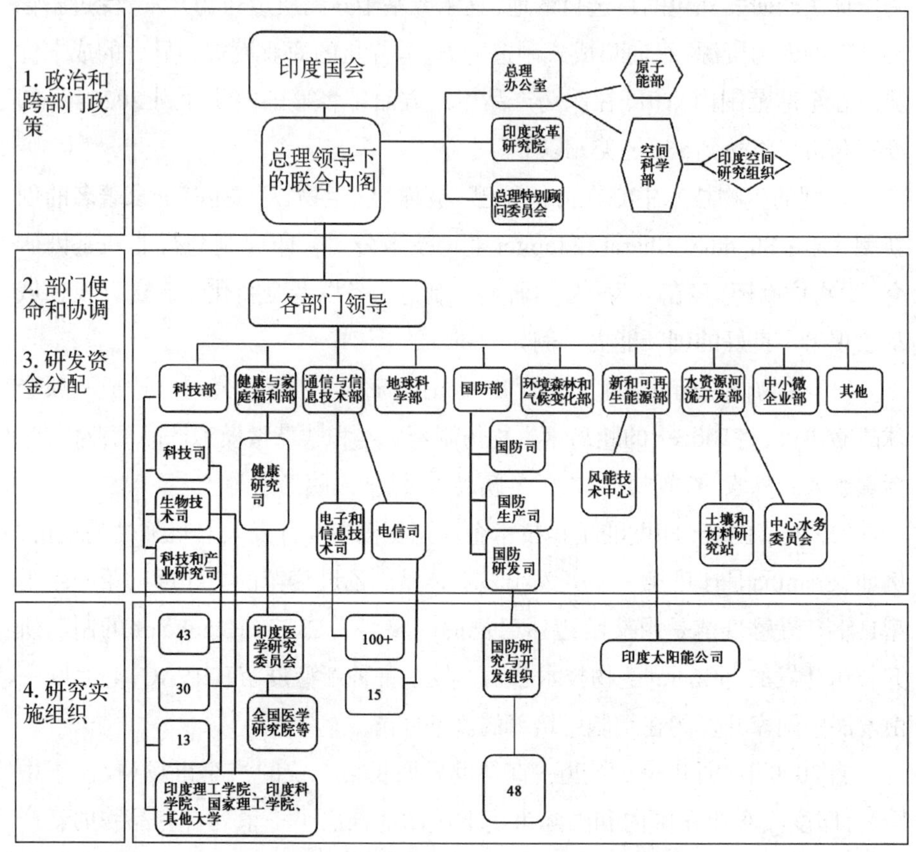

图13–6 印度研究和创新的治理结构

注：图中数字为科技项目或组织数量。

资料来源：Krishna (2016)。①

① Venni Krishna. RIO Country Report 2015: India[R]. European Union, 2016.

印度的国家创新体系与高层次的政治制度紧密结合。在总理办公室的全面管理和控制下，科技系统的结构以协调和协商的方式运作。最高级别有三个主要机构负责从长远的角度研究政策的制定、规划、协调和咨询：① 印度国家改革研究院（NITI Aayog），取代了早先的计划委员会；② 科学和技术部，下设科学和技术司；③ 科学顾问委员会，直接对总理负责。

在联邦政府层面，科技部作为主管部门，负责制定国家中长期科技发展战略，实施各类科技项目，组织、协调和促进科技活动。其政策分为六大部分：人员科技能力建设；制度能力建设；技术能力提升；通过联盟、伙伴关系和研发使命形成的科技竞争力；科技的社会契约；科学、技术与创新政策，为不同层次和类型的科技人才提供资助和支持，从刚毕业博士生、海外、女性和退休的科学家，从产业合作项目到高风险项目，等等。其主要重大科技项目包括创新科学事业激励研究（INSPIRE）和科技创业促进计划（TePP）。以下简要介绍INSPIRE。

INSPIRE计划旨在吸引更多的年轻人才从事基础科研和创新，是一个着眼于长远的计划，分为三个阶段：

（1）科学早期人才吸引计划（SESTS），连续5年以冬令营和夏令营方式，通过科学测试，每年选拔100万名10—15岁的绩优学生，提供5 000卢比奖金，通过INSPIRE实习计划体验科技创新。

（2）高等教育奖学金（SHE），面向17—22岁的自然科学专业的大学生，为1万名大学生每年提供8万卢比，采用导师制激发其科研兴趣，鼓励他们从事科研工作。

（3）有保障的研究生涯机会（AORC），面向22—32岁的优秀年轻学者，为他们提供5年自然和应用科学专业的博士后研究资助。

联邦其他重要科研部门还包括原子能部、空间科学部、地球科学部、生物技术部、国防研发组织、医学研究理事部、农业研究理事会、科学和产业研究部等。

印度近年来在研发投入方面进展不大，尽管2012年制定了5年达到2%的目标，现在看来这一目标并未能达成。

印度最重要的研发机构之一是科学和产业研究理事会（CSIR）。它成立于1942年，是一个跨部门、跨领域的“大科学”的研发机构，重在科学技术的转化和应用。CSIR机构遍布整个印度，是一个拥有38个国家实验室、39个外部服务中心、3个创新联合体和5个部门的动态网络。目前有约4 600名活跃科学家，总共有8 000名科技人员。在知识产权方面，CSIR拥有90%的美国专利局所授予各类印度政府资助的专利，平均每年申请200项印度专利和250项外国专利。大约13.86%的CSIR专利获得了许可——这一数字高于全球平均水平。在世界上由政府资助的研究机构中，CSIR在申请和保护全球专利方面处于领先地位。

六、印度科创体系的优劣势分析

在世界银行营商环境2017年排名中，印度排名较为靠后，为第130名（190个经济体）。世界经济论坛2016年对国家创新能力的排名，印度为第66位（128个经济体）。做得优秀和较差的方面如表13−10所示：

表13−10　印度在国家创新能力排名中表现的两极

排名靠前的指标	排名	排名落后的指标	排名
ICT服务出口占比	1	创业容易度	114
国内市场规模	3	破产清算容易度	110
按PPP计算人均GDP增长率	6	付税容易度	109
理工科研究生占比	8	初级中学师生比率	103
小投资者保护度	8	ICT接入	108

资料来源：世界经济论坛（2016）。

2016年，政府投入在印度研发投入中占64.4%，只有35.6%来自企业和其他部门。印度的研发强度从2001—2002年的0.81%微增到2011—2012年的0.88%。而在同一时期内，中国从1%左右迅速接近并于2014年突破2%。到2016年，印度的这一指标仍没有显著变化，距离使研发投入达到GDP 2%的目标相差甚远。

印度国内总产值的很大一部分（20%—25%）来自半城市、乡村工业和企业，其中包括2 000多个产业集群。这些企业的科技含量较低，在研发方面既缺乏能力，意愿也不强，对印度科创政策构成巨大挑战。2015—2016年政府推出了多个旗舰项目，包括：印度创造、数字印度、技能印度、绿色印度、智慧城市与城市发展、清洁印度（Swachh Bharat）、创建新的数字基础设施，但效果还有待观察。

2014年以来，印度的研究和创新框架出现了两个重要转变：一是政府将政策重点放在通过公私伙伴关系（PPP）上，在几乎所有经济部门，包括国防和战略科技部门，都争取企业部门的参与。二是与现有关注于机构资助相比，有向以项目为基础和使命模式资助转向的趋势。

在世界银行的支持下，印度政府通过对各州企业改革实施情况进行了评估和改进，提出大量的改革措施，包括：通过互联网手段简化创办企业的手续，降低创业门槛、提供一站式的电子政府服务、减化进出口通关手续、公司注册流程，通过新的公司法，降低资本金要求和简化管制要求等，取得了一定的效果。

值得一提的是，2012年7月，英国国家科技艺术基金会（National Endowmnet for Science, Technology and the Arts，以下简称“NESTA”）发布了题为《我们的节俭未来：印度创新体系的启示》（*Our frugal future: Lessons from India's innovation system*）的研究报告，介绍了印度的“节俭式创新”理念、模式和已取得的实际成效。报告同时指出，印度作为“节俭式创新”的实验地，其潜力和连锁效应对世界的影响并不仅在于它的产品、服务或者公司，而是一套完整的创新体系。“节俭式创新”不仅包括产品的创新，还包括服务创新、市场创新及流程创新，这也是传统创新标准无法发现和衡量的。

对于“节俭式创新”在印度的流行，NESTA报告总结了三个方面的原因：首先是文化因素，印度历来有一种文化被称为“Jugaad”（北印度语，指聪明的即兴创作）；其次是社会因素，印度的贫富差距正在不断拉大，但低收入人群也强烈渴望在卫生、教育、能源等领域享受到低价格、高质量的“节俭式创新”的产品和服务；最后，包容性科学和创新政策的制度推动，加快了印度“节俭式创新”的发展。

“节俭式创新”中有两个具有代表性的案例：一是印度著名的塔塔汽车公司2009年研发出一款售价2 500美元的Nano汽车，成为当时世界上最便宜的汽车，相当于其最大的竞争对手——日本铃木Maruti 800汽车一半的价格。二是印度纳拉英纳医院通过租用设备等方式千方百计降低成本，将心内直视手术的费用控制在2 000—5 000美元，而类似的手术在美国的花费要达到2万—10万美元。

总体而言，对印度科创体系的优劣势总结如表13–11所示：

表13–11 印度科创体系的优劣势

优势	劣势
• 印度迅速壮大的中产阶级、城市化和不断扩大的市场，加上高技能和低工资工人，在研发领域对外国直接投资具有吸引力 • 在制药、汽车、航空航天和卫星设计和发射等工业领域拥有高水平的科学和技术能力，具有竞争力 • 在软件、医疗、工程和专业服务上，具有强大的竞争力 • 新兴风险资本基金和天使投资人发展较快 • 具有一个相对完善的国家科技机构框架和研究与创新政策措施 • 法治基础好，尊重和重视知识产权	• 研发资金投入力度总量不足，政府在研发投入中占主导的局面短期内无法改变 • 民间企业研发资金投入比例偏低，能力和意愿不强 • 与研究机构（64.4%）相比，学术部门的研究强度很低（约5%—7%） • 研发的税收优惠难以确保企业进行研发而不是用于质量控制、技术活动等 • 研究机构与产业部门伙伴关系较弱 • 制造业相对偏弱，严重制约了印度的创新 • 公共采购与研发机构和大学之间的联系非常弱 • 政府官僚习气重，效率低，政府承诺的研发GDP占比目标实施过程缓慢

资料来源：Krishna (2016)。①

七、印度科技创新政策的启示

作为一个不发达的人口大国，印度的情况与中国有诸多类似之处。总体来看，印度的商业环境、人口素质、种姓制度等方面存在种种问题，科创体系仍然相当分散和割裂，与中国存在较大的差距。但是从印度科创政策发展历程看，也有一些值得借鉴之处：

一是印度结合自身的特点，尤其是区位和语言优势，把握住国际机遇，尤其是跨国公司的外包业务优先发展服务业。对于我国很多工业基础薄弱的区域来说，优先发展服务业，接受发达国家和沿海省份大企业的业务外包，从而

① Venni Krishna. RIO Country Report 2015: India[R]. European Union, 2016.

推动产业转型发展，不失为一条可行之策。

二是印度在知识产权保护方面进步较大，逐步形成对跨国公司研发中心友好的氛围。为了吸引跨国公司研发中心落户，印度在知识产权保护方面下了较大的功夫，加入和遵守各类国际专利组织的规定，并依法严格执行。

三是在面临转型升级的困境中，印度联邦政府越来越注重发挥地方政府的自治功能，予以充分授权。这当然既是由印度区域经济的分割较为严重的现实所决定，也是建立更加灵活多样的国际化联系的需要。在一定的创新体系框架下，让每个地方充分发挥自身的优势，各自探索适合于自身科技和产业发展之路，是很多发展中大国应当遵循的法则。

第四节　亚洲国家科创体系的启示

相比于欧美相对发达和成熟的经济体，亚洲多由发展中国家所组成，其科创体系呈现出更大的多样性，在体系方面更加不健全。这里列举的三个国家，有两个已经成功晋级为OECD成员，而且均为人口和面积相对较小的国家。对于中国而言，更具可比性的是印度。

中印预期到2050年会成为世界GDP总量最大的两个国家，有观察者认为，中国和印度不仅仅代表两个相互竞争的国家，还代表两个相互竞争的政治体制、意识形态，甚至文明。[①]当前对于两者不同的发展模式有着不同的意见。例如，一种观点认为，虽然中国经济总量和发展速度方面发展领先了一步，但是印度的民主体制会让其发展更具可持续性，而且其人口会超越中国，结构上更加年轻化，后劲更足。而且从全球看，其一是美国科技巨头被印度人“接管”了，在管理水平上印度甩出中国“二十一万六千里”；其二是欧美知名商学院也被印度人“接管”了，此外还有印度的语言优势等，印度管理会成为印度超越中国的利器。[②]但是同样有证据表明，印度的经济虽然成为全球第一，

① 拉赫曼. 21世纪的中印竞争［EB/OL］. FT中文网，http: //www.ftchinese.com/story/001072887?full=y［2018-4-27］.

② 汪涛. 印度比中国可怕在哪里［EB/OL］. 2017.9. http: //blog.sina.com.cn/s/blog_c72150f20102wtzz.html［2018-4-27］.

但是它与中国经济总量的差距是巨大的，仅有中国的五分之一，追赶还需假以时日。此外其民主体制存在深层缺陷，不但未能遏制腐败与财阀势力，相反崇拜“精英主义”，形成了极其低效的国家决策体系。还有，印度的人口素质不高、多宗教文明、地域分割等，都是限制其经济腾飞的因素。是文化与制度，而非管理，才是一个国家得以腾飞的根本。[①]

笔者认为，中印之争会是一个值得持续讨论的话题，对此无需回避。有一个值得尊敬的竞争对手，更有利于成长。只要不诉诸武力，能够求同存异，其结局其实是共赢的。而创新显然是谁能胜出的最为关键的因素。创新取决于体系性的因素，而不是单一的因素。创新的环境、制度性框架需要不断完善。我们更多地应从印度发展的内在动力中寻找可供学习借鉴的因素，而不是盲目自大，认为中国模式就是最好的追赶模式。如果做不到这一点，即便暂时领先，也未必能保证持续领先。回顾历史，30年前谁能预料到今天中国的崛起，经济总量远远超过以前的苏联、日本？按照同样的逻辑，我们今天如何能预测未来30年印度的发展潜力？

创新体系必须是一个动态发展的过程。如果静态地看，当前印度的民主是不完善的，但是其制度框架一旦搭建好，在内力和外力的驱动下，是否能有一种内在的纠错机制可以让其不断完善？此外，印度的人口超越中国，但是人口更多重质而不重量，仅仅人口众多本身并不能给人民带来更加幸福的生活，特大城市的人未必比小城市的人更加幸福。如果人员素质不能同步跟进，不能解决就业总量，并不会自动带来所谓的“人口红利”。

经济史学家诺斯等人一再强调，西方社会之所以能够崛起，根本是制度安排的发展，是“制度红利”。能够发展出一套不断改善生产率和要素市场的制度，并不断完善，才是西方国家得以突破原有发展模式的关键。更为有效的经济组织的发展，其作用如同技术发展对于西方世界增长所起的作用那样同等重要（诺斯，1971）[②]。无论中国或印度，如果不能持续发展出高效的经济组织，也即具有创新能力的企业，摆脱各类制约性因素，就很难保障持续发展。

---

① 周掌柜.“印度管理”全面超越中国吗？［EB/OL］.FT中文网，2012.12.12. http: //www.ftchinese.com/story/001075423#adchannelID=5000 [2018-4-27].

② North, D. Institutional Change and Economic Growth[J]. Journal of Economic History, 1971, 3: 118-125。本处译文参考盛洪编.现代制度经济学（上卷）.北京大学出版社，2003: 290.

第十四章　中国的科创政策

近三十多年来,中国的创新体系如同其经济发展一样,可能是全球发展最为迅速的国家之一。然而相比于经济总量的发展,创新能力并没有同步跟进。本书拟基于前人的研究,对中国科创体系建设作一个综合回顾,结合近年来最新发展,对其作一个综合的刻画,从中把握其发展趋势,提出可能面临的挑战。

第一节　改革开放以来中国科技政策回顾

计划经济年代,我国出台过两部主要的国家科技政策战略规划,即《1956—1967年科学技术发展远景规划纲要(修正草案)》《1963—1972年十年科学技术规划》,是为了适应当时经济建设的需要,在不同发展阶段起到了一定的作用,如"两弹一星"的成功研制。但是由于计划经济与企业自主创新内在的矛盾,当时所建立的计划体制,科技与生产经营完全脱离,时过境迁,成为后来改革的包袱。

改革开放以来,我国科技体制发展大体经历了以下四个阶段:

第一阶段:1978—1985年,是改革初期的探索阶段。

这一阶段出台了改革开放以来的第一部国家科技战略规划,即《1978—1985年全国科学技术发展规划纲要(草案)》。

1977年8月,在科学和教育工作座谈会上,邓小平指出,我们国家要赶上世界先进水平,须从科学和教育着手。12月,在北京召开全国科学技术规划会议,动员了1 000多名专家、学者参加规划的研究制定。1978年3月,全国科学大会在北京隆重举行，审议通过了《1978—1985年全国科学技术发展规划纲要（草案）》。同年10月，中共中央正式转发《1978—1985年全国科学技术发展规划纲要》（简称《八年规划纲要》）。

《八年规划纲要》提出了“全面安排，突出重点”的方针，明确了奋斗目标、重点科学技术研究项目、科学研究队伍和机构、具体措施、关于规划的执行和检查等工作，确定了8个重点发展领域和108个重点研究项目。同时，还制定了《科学技术研究主要任务》《基础科学规划》和《技术科学规划》。规划实施期间，邓小平提出了“科学技术是生产力”以及“四个现代化，关键是科学技术现代化”的战略思想，明确提出“知识分子，包括科技人才，属于工人阶级的一分子”，为发展国民经济和科学技术的基本方针和政策奠定了思想理论基础。

1982年底，国务院批准了国家计委、国家科委《关于编制十五年（1986—2000年）科技发展规划的报告》，由国务院科技领导小组统一领导科技长期规划的制定、重大技术政策的研究等工作。随后成立了由国家科委、计委、经委共同领导的“科技长期规划办公室”，组织了200多名专家和领导干部集中工作，成立了19个专业规划组，开展规划的研究与编制工作。根据国务院的统一部署，国家科委、国家计委和国家经贸委联合组织了全国性的技术政策的论证工作。“规划办”还邀请了联邦德国、日本、欧共体、美国等国的知名人士和工程技术专家座谈，了解国际发展趋势和一些国家的经验教训。

1985年通过的《中共中央关于科学技术体制改革的决定》是一部具有里程碑意义的科技政策文件，对科技的计划体制进行了全面改革。这项规划贯彻“科学技术必须面向经济建设，经济建设必须依靠科学技术”（简称“面向、依靠”）的基本方针，实际上就是要逐步引入市场机制。规划提出当前科学技术体制改革的主要内容，包括运行机制、引入市场调节、组织机构、人事制度改革等方面，推动科研经费管理、科技成果转化、发展技术市场和新兴产业开发区等，走向全面开放，为科技改革指引了正确方向。

第二阶段：1986—1995年，是市场体制确立阶段，从市场体制的引入，到最终将“科教兴国”确立为国家战略，建设有中国特色的社会主义市场经济的阶段。

1985年规划出台后，中央相继出台了高技术研究发展（863）计划、推动高技术产业化的火炬计划、面向农村的星火计划、支持基础研究的国家自然科学基金等科技计划，保证了规划的实施，为国家管理科技活动、配置科技资源进行了有益的探索。

与前一阶段政府采取直接主导科技引进和工程不同，这一阶段开始强调制度软环境建设，确立国家层面的基本法律，如《科学技术进步法》《专利法》。在加快体制改革的制度性措施力度不断加大，相继出台了《关于进一步推进科技体制改革的若干意见》《关于深化科技体制改革若干问题的决定》和《中共中央关于建立社会主义市场经济体制若干问题的决定》，从宏观环境上推动了体制改革，促进了科技发展。

1994年，党的十四大明确提出建设社会主义市场经济。在这一背景下，1995年通过《关于加速科学技术进步的决定》，将“科教兴国”作为国家战略，提出到2000年社会研究开发经费占国内生产总值的比例达到1.5%这一雄伟目标（实际值为0.9%）。规划所提出的“稳住一头，放开一片”的方针，正是当时“抓大放小”的企业改革思路的体现。要求大中型企业建立、健全技术开发机构，与科研院所高等学校开展多种形式的合作，增强技术开发能力。同时建立、健全为中小型企业提供技术、信息服务的生产力促进中心等技术服务机构，放开、搞活与经济建设密切相关的技术开发和技术服务机构，使其以多种形式、多种渠道与经济结合。

20世纪90年代中期，国家陆续提出的主要科教战略计划包括国家杰出青年科学基金（1994）、“211工程”（1995）。

第三阶段：1996—2011年，是科教兴国战略全面部署阶段和经济赶超阶段。

这一阶段中国经济改革逐步演化，尤其加入WTO，经济开始起飞，全面致力于部署科教兴国战略的阶段。

1995年后，国家出台了多项重要的科教战略，包括国家重点基础研究发展计划（973计划）、中国科学院知识创新工程（1998）、《面向21世纪教育振兴行动计划》（“985工程”，1998）、科技型中小企业技术创新基金（1999）。

与前一阶段有所不同的是，鉴于国有企业改革带来大量人员下岗，国家开始高度重视民营企业的发展，科技政策重点也开始关照民营科技企业的发展。政府各部门出台了《关于加快乡镇企业科技进步的意见》《关于大力发展民营科技企业的若干意见》《关于促进民营科技企业发展的意见》《关于加速国家高新技术产业开发区发展的若干意见》《关于进一步支持国家高新技术产业开发区发展的决定》等科技和产业政策。同时在融资方面也出台了相关政策，如《科技三项经费管理条例》和《政府采购法》。

随着中国2001年加入WTO，全面融入全球化，到2010年赶超日本，成为世界第二大经济体。在经济开始起飞的同时，也面临一系列挑战，这包括社会发展滞后；区域贫富差距加大；环境和资源压力；就业压力大；制造业升级困难，技术上受制于发达国家，以及出口所导致贸易争端等（OECD，2008）。中国意识到原有增长模式难以持续，必须在发展思路和战略上发生转变，需要转向科技创新驱动的道路。

这一背景下，2006年出台了《国家中长期科学和技术发展规划纲要（2006—2020年）》，明确提出以“自主创新，重点跨越，支撑发展，引领未来”的方针，确定了11个重点研究领域和68个优先主题，16个重大专项计划，8个前沿技术项目，24个基础研究课题。2020年目标包括：全社会研究开发投入占国内生产总值的比重提高到2.5%以上，力争科技进步贡献率达到60%以上，对外技术依存度降低到30%以下，本国人发明专利年度授权量和国际科学论文被引用数均进入世界前5位。中国进入创新型国家行列，为在21世纪中叶成为世界科技强国奠定基础。围绕这一纲要，中央先后发布了99条配套政策和78项实施细则。

第四阶段：2012年至今，是科教战略深化改革阶段。

受全球经济危机影响，中国经济增长速度近年来明显趋缓（从2011年9.5%下降为2016年6.7%），进入新常态，党的十八大以来新一届政府明确提出“创新驱动战略”，对科技体制深化改革有了更加迫切的需求。

2012年，党中央、国务院发布了《关于深化科技体制改革加快国家创新体系建设的意见》，围绕该意见落实中央各部门陆续修订或制定了200多项政策。2015年，中办、国办印发了《深化科技体制改革实施方案》，修订和制定了10个方面共143条政策措施。

这一期间，颁布的重要政策文件包括《国家创新驱动发展战略纲要》《促进科技成果转化法》《深化科技体制改革实施方案》《关于改进加强中央财政科研项目和资金管理的若干意见》《关于深化中央财政科技计划（专项、基金等）管理改革的方案》《关于大力推进大众创业万众创新若干政策措施的意见》《关于国家重大科研基础设施和大型科研仪器向社会开放的意见》等，主要从科技创新角度，提出了落实创新驱动发展战略的“施工蓝图”，积极营造激励创新的良好生态（包括市场、政策与制度环境等），着力破除创新活动面临的各类体制机制障碍，体现了新时期科技创新政策体系建设的最新思路。

自2005年以来，中国稳居世界第二大研发投入国，总研发投入2016年为1.567 67万亿元，超过了欧盟水平，占世界各国研发总支出的20%。产业和政府的投入占比分别为76%和20%。中国拥有世界上最大的科技人才队伍，2016年研发人员相当于全时当量387.8万人年。[①]

中国政府的“十二五”规划（2011—2015）明确到2015年，研发力度目标将超过国内生产总值的2.2%，为2020年将2.5%的目标奠定基础。GERD占GDP比例的实际值从2011年的1.79%上升到2015年的2.08%，离目标尚有距离。“十二五”规划科技发展的另一个指标是每万人发明专利数量，目标在2015年达到3.3，而实际数字为6.3，远远超过目标。“十三五”规划（2016—2020）仍以这两个指标作为指导科技发展的重点指标，重申2020年GERD与GDP的比率达到2.5%的目标。每万人发明专利数量到2020年目标将增加到12人。

在2012年11月召开的党的十八大上，中国新的领导层呼吁追求创新驱动的发展战略，强调中国的经济发展将由国内需求转向供给侧改革，通过减税，推动大众创业，依靠科技进步提升生产企业竞争力，大力发展现代服务业和战略性新兴产业，建设高素质人才队伍和管理创新，发展资源节约型的循环经济，协调和相互促进区域之间、城乡协调发展。在2013年11月召开的党的十八届三中全会上，党中央决定全面深化改革，实行创新型发展战略。自2013年底以来，已经宣布了几项重大政策法律修订，加快实施战略，解决中国创新体系面临的重大挑战。

2015年由中办和国办印发的《深化科技体制改革的实施方案》对我国2020年之前科技体制改革作出系统完整的布局。该方案提出了10个方面，32条改革举措，143条政策措施。其中科技部作为牵头单位的改革任务共有42项。这10个方面包括：建立技术创新的市场导向机制、构建更加高效的科研

① 数据来源：中国统计年鉴（2017），http: //www.stats.gov.cn/tjsj/ndsj/2017/indexch.htm.

体系、改革人才的培养评价和激励机制、促进科技成果转移转化的机制、建立健全科技和金融结合的机制、促进军民融合的发展机制、构建统筹协调的创新治理机制、推动深化形成深度融合的开放创新的格局、营造激励创新的良好生态和推动区域创新改革。

《中国制造2025》于2015年5月宣布，是中国第一个聚焦于促进制造业的行动计划，旨在将中国从世界制造大国变成制造强国。该计划明确分三个阶段的目标。第一步是到2025年完成，即大幅度提高中国制造业的质量、创新能力和劳动生产率。同时，能源、材料消耗和污染物排放量也将达到世界先进水平。第二步是到2035年，将中国制造业提升到发达国家的中等水平。在某些行业，中国企业将具备成为全球领导者的能力。第三步是到2050年完成，中国的制造业将在重要部门和领域实现领先，中国企业将成为全球领导者。

《中国制造2025》用于监测进度的12个指标可归为创新能力、质量、产业化和信息化水平和绿色发展四大类。创新能力类别的两个指标是内部研发支出占主营业务收入的比例和每亿元主营业务收入发明专利数量。质量类别三个指标包括质量竞争力指数、增加值和劳动生产率增长率。

2015年6月，国务院发布了《关于大力推进大众创业万众创新若干政策措施的意见》。文件指出，中国需要从要素驱动、投资驱动转向创新驱动；并从创新体制机制、加强知识产权保护、优化财税政策、搞活金融市场、发展创新型企业等十个方面提出了30项措施，旨在全国范围推动草根创业。

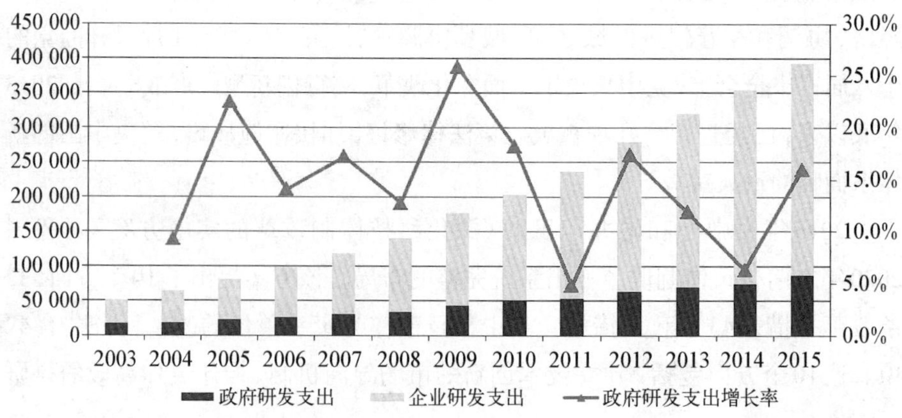

图14-1　中国政府、企业研发费用投入及增长率（2003—2015）

资料来源：OECD数据库。

总体而言，改革开放以来，我国科技创新政策呈现从科技政策单向推进向科技政策和经济政策协同转变，从“政府导向型”向“政府导向”和“市场调节”协同型转变、从单向政策向政策组合转变的发展趋势（刘凤朝，孙玉涛，2007）①。从政策着力点看，近年来环境面政策被提到首要位置，从注重“政策优惠”向消除“制度障碍”、营造健康环境转变。同时更加注重科技政策制定的科学化与民主化，进一步明确了企业在自主创新中的地位和作用，重视它们的意见表达。明确提出建立高层次、常态化的企业技术创新对话、咨询制度，吸收更多企业参与研究制定国家技术创新规划、计划、政策和标准（梁正，2017）②。

第二节 中国国家创新体系建设成效

中国创新体系经历近三十年的发展，各方面都取得了良好的绩效。本节先从体系层面进行分析，然后分组织和制度两个方面进行分析。以下分别加以论述。

通过每五年的科技发展滚动规划推动，我国科技发展水平日益提升，具体如表14–1所示：

表14–1 五年规划中科技发展的主要指标目标和实际完成对照（2005—2015）

指 标	“十一五”规划2010年目标	2010年实际完成	“十二五”规划2015年目标	2015年实际完成
全社会R&D投入/GDP	2%	1.75%	2.2%	2.1%
国际科学论文被引用数	世界前10位	8	5	4

① 刘凤朝，孙玉涛．我国科技政策向创新政策演变的过程、趋势与建议——基于我国289项创新政策的实证分析［J］．中国软科学，2007.5.

② 梁正．从科技政策到科技与创新政策——创新驱动发展战略下的政策范式转型与思考［J］．科学学研究，2017.2.

（续表）

指　　标	“十一五”规划2010年目标	2010年实际完成	“十二五”规划2015年目标	2015年实际完成
每万人发明专利拥有量（件）	世界前15位	1.7	3.3	6.3
科技进步对经济增长的贡献率	45%以上	—	—	55.3%
全国技术市场合同交易总额（亿元）	—	3 906	8 000	9 835
高技术产业增加值/制造业增加值	18%	13%	—	—
每万名就业人员的研发人力投入（人年）	14	33	43	48.5
公民具备基本科学素质的比例（%）	—	3.27	5	6.2
从事R&D活动的科学家和工程师全时当量	130万人年	—	—	—

到2017年，全社会研发支出达1.76万亿元，占GDP比重达到2.15%，超过欧盟15国2.1%的平均水平。2017年，发明专利申请量和授权量居世界第一，其中申请量占全世界的42.8%。国际科技论文被引用量居世界第二，科技进步贡献率从2012年的52.2%提升到2017年的57.5%。我国已经成为具有全球影响力的科技大国。①

经过几十年的发展，中国创新体系已经初步建成，对创新的治理处于不断完善的过程之中。世界经济论坛于2016年对中国创新体系进行了梳理，如图14–2所示：

① 引自2018年全国科技工作会议数据http: //www.most.gov.cn/ztzl/qgkjgzhy/2018/2018tpxw/201801/t20180109_137600.htm [2018–4–27]。

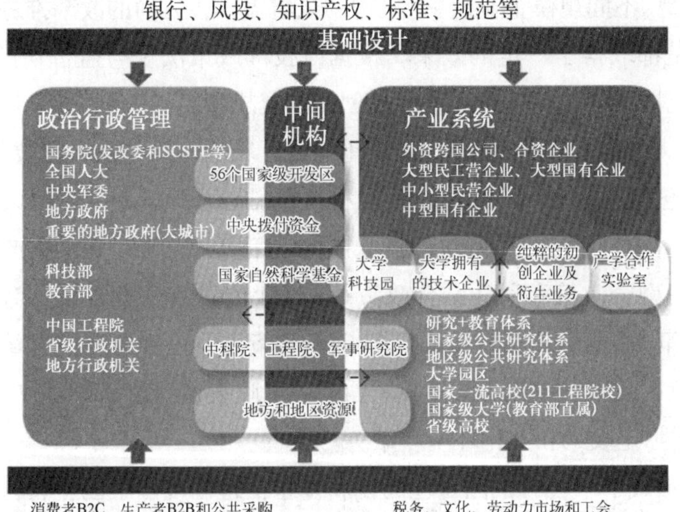

图14–2　中国的国家创新体系

注：SCSTE: 科技评估中心。
资料来源：世界经济论坛(2016)。

由图14–2可见，政、产、学、研、中间机构、开发园区不同主体自身力量和相互之间的关联都已经形成，呈现出体系的完整性。同时也能发现，中国这个体系具有很强的行政主导性。以下即将说明，这既是中国特色，是中国后发优势的体现，但是也可能成为未来创新体系进一步发挥作用的体制机制障碍。

从体系层面看，中国创新体系的特征体现在：

一是国家利用集中力量办大事的优势，前所未有地加大了对科研的投入力度，实现了对不同要素、联系相关政策的全覆盖。

作为一个后发国家，中国改革之初的科研体系基本不存在，由政府强力推动，应当被看成是一种体制优势，一种后发优势。可以与印度进行比较。在2000年之前，两国科技研发投入占GDP的比重相差不远，均在1%以下，但是到今天中国这一比例已经上升为2.1%，部分省份和城市，如北京、深圳2016年研发支出占GDP比重分别达到6.01%和4.1%，远超OECD国家约2.4%的平均水平。但印度仍在0.9%左右。因此，中国相比印度最重要的优势可能还不是经济总量，而是经济质量上超出对方太多。但是这种由政府在不长时间快速构建起来的体系，未来会面临如何发挥各方面创新主体的积极主动性的挑战。

借助于国家力量，中国政府在较短的时期内陆续推出了各项科技政策，针对不同类型、不同规模企业、科研机构的全覆盖。各方面的改革推进力度有所不同，但是都取得了一定的效果。根据科技部政策法规与监督司的总结：我国的科技创新政策体系，在国家科技创新发展战略的指引下，逐步形成了涵盖创新要素、创新主体、创新关联、产业创新、区域和环境的六大类政策。其中，要素政策包括科技投入、人才政策和科技基础设施政策；主体政策包括企业创新政策、高校院所政策和创新服务机构政策等；关联政策包括产学研结合政策、军民融合政策和科教结合政策等；产业创新政策主要是针对特定产业的创新政策（如电动汽车政策）；区域创新政策主要是针对特定区域的创新政策（如示范区政策、高新区政策等）；创新环境政策包括市场环境政策、科技金融政策、国际化政策和文化环境政策等。[①]

二是形成了一套有中国特色的创新体系治理制度。中国主管科技创新的部门一直处于分散之中，科技部、工信部、教育部等均承担一定的职责，经常出

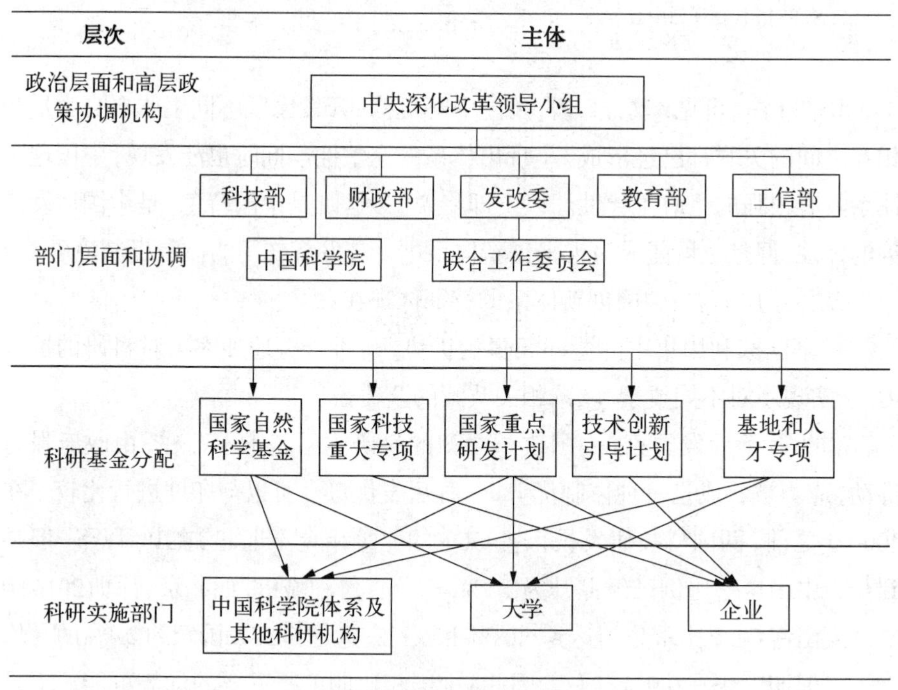

图14-3　中国国家创新体系的治理层次（2017）

① 贺德方.中国科技创新政策体系与发展趋势——在2015浦江创新论坛上的演讲[EB /OL]. 三思派,2016-2-19.

现科研项目重复资助或遗漏的情况，存在严重的协调问题。通过国务院机构改革，近年来中国科创治理体系更加清晰。

从图14-3可以看出，中国的科创体系是由中央政府集中控制的。这一体系由三个行政层次组成：最高决策机构、政策制定和实施机构、研发执行者（即大学、研究机构和商业企业）。中国科创治理结构在实施国家研究创新战略方面表现良好。与科技活动有关的决策都是在中央制定，然后以逐级向下的方式执行（Li，2012）[①]。

图14-3中没有标出地方政府的情况。事实上，1978年经济开放以来所形成的地方竞争机制和官员考核制度确保了地方政府有足够的能力和激励措施来推动当地经济，总体上对经济发展起到了积极作用。地方政府（省，市）享有对地方经济和社会发展进行管理的较大的自主权。

从国家到地方，我国对先进科技国家的制度学习热情和能力非常强。发达国家所采用的各类科技政策，在中国各地都有尝试。这类资金的杠杆效应是明显的：这一点可以从企业研发投入增速看得出来，从2003年到2015年，这一比例从60.1%上升到了74.7%，年均增速达到19%。这表明从总体上，我国科技战略的实施是行之有效的。

在科技经费方面，各地方政府贡献了政府投入研发总额的1/3。经济发达省份可以为科技活动提供大量预算，如深圳市近几年R&D投入一直高达GDP的4%以上，其中七大新兴产业增加值增幅达16.1%，占全市GDP比重从5年前的28%升至40%。当年PCT专利申请1.33万件，占全国的46.9%。

省级政府通常设有科技管理部门，也有其研发预算和管理方案，支持各省的研发活动。在一些经济发达省份，科技预算相当可观。2014年，地方政府对科技的贡献占中央政府研发投入的一半，占比从2011年的39%上升到2014年的54%（“中国统计年鉴”，2015年）。

三是创新要素基本完善。国家高度重视调动企业作为主要创新主体的积极性，出台了针对不同类型、不同发展阶段企业的创新激励政策，从初创企业、科技型中小企业到大中型企业基本实现全覆盖。尽管对政策工具的使用存在一定的争议，但这些激励政策总体上起到了刺激企业创新和创业行为的效果

---

① Li, Y. Erawatch Country Reports 2012: China[R]. The European Commission, 2012.

（朱平芳，徐伟民、2003；毛其淋，许家云，2015；Guan & Yam，2015）[①]。

更为重要的是，企业也日益加强对研发的重视，开始自动自发地开展研发创新，重视对外部技术的吸收和利用，这一点在互联网时代很多新技术的采纳方面已经有了体现。有关创新企业的成长，会在下一节展开。

科研机构方面的改革也在逐步展开，国家层面已经陆续出台鼓励科技成果转化的激励政策，包括对科技人员知识产权的认可。很多科研机构逐步实现市场化的运营，对自身的科技成果转化日益重视。

四是各类政策重视增强以知识为主的各类资源流动性，有利于营造良好的创新氛围。国家通过各项人事和户籍制度改革，为人才松绑，鼓励人员在产业和科研机构之间流动。除了一线城市相对控制较严，国内人才流动总体上比较顺畅，双向选择流动已经不受地域和行业的限制。

五是科技园区遍地开花。高新科技园区作为新兴产业的载体，受到各级政府的重视。从区域创新能力看，中国的高科技园区、自主创新示范区发展迅猛，2018年2月28日，国家高新区总量为168家。[②]这些园区不足国土面积的1%，但研发投入占全国企业的近40%，新产品销售收入占全国的32.8%。

六是对知识产权的日益重视。知识产权保护一直在中国的弱项，在国际排名一直不高。2014年我国在北京、上海、广州设立了知识产权法院，作为加强法治的一个重要内容。国务院2015年发布了《关于新形势下加快知识产权强国建设的若干意见》，提出了知识产权强国建设的目标。2015年新修订的《商标法》强调了注册商标的使用，并修订了《专利法》《著作权法》和《反不正当竞争法》。通过提高法定损害赔偿的最高限额，通过引进惩罚性损害赔偿的规则，通过确立新的证据提交规则，体现了对于权利人的强有力保护。

七是政府在营商环境方面的努力。2012年新一届政府上台之后，全面加强了商事制度改革，并大力推广上海自贸区负面清单的经验。国务院《"十三五"市场监管规划》更是将"信用"提升到前所未有的高度，明确提出

---

① 朱平芳，徐伟民.政府的科技激励政策对大中型工业企业R&D投入及其专利产出的影响——上海市的实证研究［J］. 经济研究，2003.6：45–53；毛其淋，许家云. 政府补贴对企业新产品创新的影响：基于补贴强度"适度区间"的视角［J］. 中国工业经济，2015.6：94–107; Guan, J., R. C. M. Yam. Effects of government financial incentives on firms' innovation performance in China: Evidences from Beijing in the 1990s[J]. Research Policy, 2015, 44(1): 273–282.

② 国家高新区再扩容总数增至168家。http://news.hexun.com/2018-03-12/192607730.html［2018-4-27］.

要“建立以信用为核心的新型监管机制”，鼓励企业创新和大众创业。在一些新兴行业如互联网创新方面比较重视发挥市场的作用，在监管政策方面能够保持一定的弹性。

八是创新教育日益受到重视。最令人印象深刻的是中国在K12阶段计算机教育方面的投入，同时大量采用计算机网络的教学方式。在大学阶段，主要是积极组织开展各类大学生、研究生科技创新挑战赛。同时，各地都出台了鼓励大学生创业的相关政策。尽管仍然存在争议，但是大学生已经成为创业的重要群体，为大众所认知并接受。

第三节　企业研发创新绩效

从企业来看，在改革开放初期，中国的企业几乎都是国有企业，它们仅仅是一个车间，基本没有开展任何产品研发，也无科研机构为它们提供这方面的支持。通过改革开放，涌现了大量民营企业和外资企业，国有企业自身也不断地开展技术引进和升级，越来越多的企业开始重视研发。从图14–4可见，开展研发的企业数量从2004年到2014年增长了2.73倍，而同期法人数量（内含

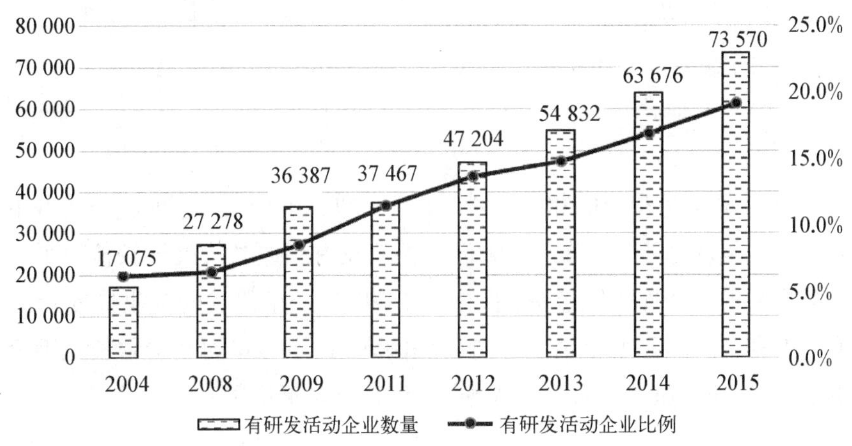

图14–4　规模以上工业企业开展研发的情况

说明：部分年份数据缺失。
资料来源：中国统计年鉴2008—2016。

企事业各类单位，其中企业占90%左右）只增长1.65倍。

从规模以上工业企业研发支出情况看，主要体现在以下指标上（见表14–2）：

表14–2 规模以上企业研发活动重要指标一览

项 目	2004年	2009年	2011年	2012年	2013年	2014年	2015年
总研发经费及其占主营业务收入之比	1 104.5	3 775.7	5 993.8	7 200.6	8 318.4	9 254.3	10 013.9
	0.56%	0.69%	0.71%	0.77%	0.8%	0.84%	0.9%
企均研发经费（万元）	646.9	1 037.7	1 599.8	1 525.4	1 517.1	1 453.3	1 361.1
新产品销售收入占主营业务收入比	11.6%	12.0%	11.9%	11.8%	12.4%	13.0%	13.6%
发明专利申请情况及其占总专利数量比	20 456	92 450	134 843	176 167	205 146	239 925	245 688
	31.7%	34.8%	34.9%	36.0%	36.6%	38.0%	38.5%
引进或购买外部技术经费及其占主营业务收入比	541.1	807.6	871.7	752.4	758.9	744.2	752.4
	0.27%	0.15%	0.10%	0.08%	0.07%	0.07%	0.07%

资料来源：作者基于中国统计年鉴整理。

从总研发经费看，从2004年到2015年，增长了8倍。总研发经费占主营业务收入比呈现稳步增长的态势，但是仍然没有超过1%，处于较低水平。从另一个重要指标企均研发经费（总研发经费除以从事研发的企业数量）看，增长了一倍有余。但是如果消除通货膨胀因素，这十多年间经费增长几乎可以忽略。也就是说，虽然总量有较大增长，但是企业平均研发投入情况并没有发生太大的变化。

新产品销售收入占主营业务收入比、发明专利占总专利数量比也反映出一定的问题。这十多年基本处在11%—13%之间，虽略有增长，但是增幅有限。

引进或购买外部技术经费支出代表着企业寻求突破式创新的努力，它包括引进国外技术经费支出、引进技术消化吸收经费支出、购买国内技术经费支出三项经费之和，其占主营业务收入的比例呈现逐步下降的态势，一方面表明企业对外部技术依赖度减少，另一方面也说明企业仍然以内部改造为主，而不是努力寻求外部技术合作。尤其在产研合作方面，力度仍然不够。

中国企业规模得到了空前扩大。从《财富》杂志世界五百强名单看，2000年，仅有11家中国公司（含台湾1家），排名第一的中国石化仅排第58名。到2010年达到54家（含台湾8家），前10名中已经有3家国有企业[中国石化（7）、国家电力（8）、中国石油（10）]，前100名中仅有5家。但在2017年榜单中，中国已经有115家企业上榜（含台湾6家），仅次于美国的132家，前10名中第2、3、4名为国家电力、中国石化、中国石油，前100名中有20家。

从创新企业看，中国同样也取得了快速的发展。根据研究机构WPP & Millward Brown编制的BrandZ排行榜，2016年中国在全球100个最具价值品牌中占有15席，腾讯公司进入前10。快公司（Fast Company）2017年评比出的50家最具创新力的公司中，中国占了6位，包括阿里、腾讯、华为、小米。2017年，普华永道（PwC）所排出的世界研发型公司1 000强中，中国占了113家（未包括香港12家、台湾31家），位列美国和日本之后，居第三位。①

但是与总量相比，中国创新型企业的数量和影响力仍然相对有限，具有国际竞争力的企业数量仍然偏少，很少有人会认为，那些排在财富500强前列的大型国企真正具有国际竞争力。另外更多科技型企业由于没有掌握核心知识产权，在经济全球化的过程中，很难凸显其品牌优势。这是当前中国企业走出去所面临的较大障碍。

---

① https: //www.strategyand.pwc.com/innovation1000[2018-4-27].

第四节　高校和科研机构的发展

中国的高校和科研机构近年来也取得了较为显著的成绩，主要体现在适龄人群的高等教育比率、研究生规模的大幅增长、国际论文数量和影响力方面，同时高校研究实力在日益增强，在各大排名榜上数量增加，尽管不如财富500强中的企业那么显著。显然，相比于企业规模的扩张，大学的科研能力提升将是一条更加长期艰巨的道路。

在基础科研领域，中国涌现了一批世界性的前沿成果，发现量子反常霍尔效应，实现了电子自发意向有序运动，发现CRPS诱导体细胞，为重大疾病开辟全新的路径；首次合成硬度超过金刚石的氮化材料，成功研制国际最长55厘米的碳纳米管，取得了载人航天、探月工程、量子通信等一大批具有国际影响力的重大成就。

在高端制造领域实现了一批核心关键技术的重大突破，攻克了集成电路、高端装备制造、高速铁路、特高压速变电等核心技术，移动通信产业重点跨越，带动系统设备、芯片设计从智能终端、测试仪表进入国际市场的中高端。

我国于2015年8月对《促进科技成果转化法》进行了修订，于2015年10月1日生效。修正案旨在促进公共研究机构和高等教育机构的技术转让，激励公共研究机构和高等教育机构的研发人员创业和创新，为技术转让创造良好的政策环境。新法明确了知识产权所有权和专利技术决策权，减少了转让或者销售大学知识产权的法律风险，消除了大学研究人员创业初创企业和最终上市的政策障碍。

科研方面的具体指标数值及在全球排名如表14–3所示：

表14–3　创新投入与产出

指　　　　标	数值/比率
出版物（2014）	157万
平均相对引用次数（2005—2015）	1 288万

（续表）

指　　标	数值/比率
国际共同出版物（2013）	占15.4%
博士毕业生（2014）	53 653
百分之十以上高引用率的出版物（2010）	7.4%
专利/商标/工业设计	数量/比率
PCT专利申请（接受，WIPO，2014）	27 088
商标申请（WIPO，居民2014）	2 076 472（等级1）
商标注册（WIPO，居民2014）	1 242 843（等级1）
工业设计申请（WIPO，居民2014）	548 428（第1名）
工业品外观设计注册（WIPO，居民2014）	346 751（等级1）

第五节　科研全球化的绩效

伴随着中国的改革开放，科研也逐步实现全球化。这既包括从发达国家引进消化新技术，实现技术升级，也包括科研方面国际合作。最让人印象深刻的是20世纪90年代以来，大量跨国公司陆续在中国设立研发中心。

中国在技术引进方面一直非常踊跃，随着国内科研水平的提升和企业技术的日益逼近前沿，以美国为首的发达国家日益加强了对华技术转出限制，企业对外的科研依赖度呈现逐步下降的趋势。

科研国际合作方面，随着科技实力的提升，中国越来越深入地参与到科技的国际合作之中。截至2016年9月，中国已经与158个国家和地区建立科技合作关系，签订了110个政府间的科技合作协定。政府间合作机制进一步完善，200名中国科学家担任了国际合作组织的领导职务，积极吸引国际高层创业人才来华创业创新，形成了中国与非洲科技伙伴合作，中国与周边国家科技合作，中国与美、俄、欧对话合作机制，中国参与国际大科学工程等全方位、多层次的国际科技合作新格局。[①]2016年，中国举办了G20杭州峰会，会上提出G20集团创新增长蓝图和创新行动计划。各国承诺采取促进创新的战略和政策，支持科技创新投资，支持科技创新技能培训，促进科技创新人才流动，支持以科技创新为核心涵盖广泛领域的创新议题对话与合作。根据彼此同意的条件，促进自愿的知识分享和技术转让。

中国以其广袤的市场、丰富而高素质的人才供给、优质基础设施和政府的支持吸引了大量跨国公司将其研发中心设立在中国，全球500强公司中有400多家在中国设立研发中心。根据国际研究组织Zinnov Confidential的统计，截至2011年3月，共有1 046个跨国公司（其中704家为中国的跨国公司）在中国设立了1 300个研发中心，这一数量仍处于不断增长中（见图14–5）。

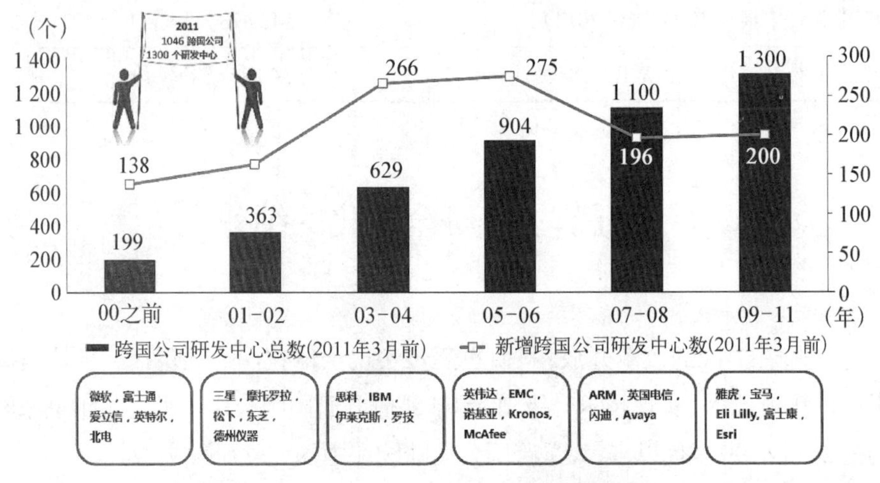

图14–5　跨国公司在中国研发中心数量

资料来源：Zinnov Confidential. MNC R&D Landscape: A China Perspective, 2012。[②]

一些重要的国际组织对各国经商环境、创新能力、竞争力等方面持续进行跟踪。中国在这些榜单上排名有高有低，但是如果纵向看，始终是处于前进的态势。值得关注的是，在当前数字经济年代，中国的互联网发展非常迅猛，创新层出不穷。如果能够在营商环境方面作出进一步的努力，释放制度红利，无

① 引自科技部副部长阴和俊在2016浦江论坛上的主旨演讲。

② https: //zinnov.com/pdfFiles/1327378229orv_China_RD_Ecosystem_Analysis _Talent_Perspective_.pdf.

疑会极大地促进未来的发展。

表 14–4 中国在国际组织各方面指标的排名

世界银行		世界知识产权组织	世界经济论坛		联合国		国际电信联盟
营商指数2018	税负指数 2017	全球创新指数 2017	国家竞争力 2017	IT就绪度指数 2016	人类发展指数 2016	电子政务发展 2016	信息发展指数 2017
78	131	22	27	59	90	63	80

资料来源：各类国际组织最新报告。

中国宏观经济的快速发展为科技创新提供了一个优良的外部条件，至少在经费来源上得到了更多的保障，整体研发投入水平逐年递增，科研人才日益增多。

最重要的政策和方针都是由中央政府一级进行讨论和颁布。在国家计划和目标指导下，各个省市分别制定相应的计划和战略。

第六节 中国创新体系的不足与政策建议

通过前面对中国国家创新体系的分析，可以发现其最核心的特点就是高度行政主导下的科技资源分配体制。这一体制对于技术路线清晰、处于追赶阶段的中国来说，具有“举国”体制的优势。比如中国“两弹一星”“登月计划”“蛟龙计划”等，很多重大科技突破就是这样实现的。但是正如吴敬琏(2002)所分析的，“在赶超时期，先进国家走过的道路是清楚的，政府拥有相对充分的信息。然而当面对创新的课题、需要探索未知的时候，政府并不具有信息优势，它的反应能力、运作效率则肯定不如民间机构，而且政府直接组织、管理高技术开发和生产，又必然压制个人创造力的发挥”。[①]因此，中国进入新常

① 吴敬琏. 发展中国高新技术产业：制度重于技术[M]. 北京：中国发展出版社，2002: 19.

态之后，政府应当重新思考自身适当的定位，更多地让市场发挥主导作用，自身则从创新环境营造、框架式条件的提供等方面提供制度供给。

对应于这一思路，目前还存在其他方面的问题，可以分为组织、人才和制度三个方面：

一、组织方面

（1）企业未能掌控核心技术。虽然在研发方面进行了大量的投资，中国企业在许多产品中占有很大的市场份额，但除了少数几个领域，中国科学家还没有达到科学前沿水平，中国企业还没有进入一些高价值的领域，增加利基市场。在对国家安全产生深远影响的某些关键零部件和设备上，中国依然依赖国外产品和技术。例如2015年，中国进口单一最大金额商品就是集成电路，进口金额2 300亿美元，占全部进口额比重达13.7%。特别是电子计算机核心CPU芯片、4G智能手机高端芯片的90%以上被几家外国公司控制。为解决这一挑战，2006年中长期发展规划推出后，中国政府启动国家科技重大项目，支持通用计算机芯片、无线通信、高精度机床、核能、艾滋病治疗等技术研发。“十二五”和“十五”规划中，中国政府已经资助并将继续资助这些前沿技术领域的研究，以及对国家安全和工业竞争力提升至关重要的项目。

（2）政府科创管理方面的纵向和横向协调均存在不足。横向看，科技创新方面存在多头管理，协调难度大的问题。科技部很难对科技创新承担起协调责任。纵向看，中央与地方的科技创新方面职责仍然不够清晰。一般而言，中央应该关注于使命导向的科创，而地方关注于扩散和应用导向的科创。但是实际操作看，由于中央掌握资源较多，大量项目都是扩散导向，地方科技政策在自主性上受到较大的约束，难以根据自身需要对创新政策进行调整。

（3）科研转化率低。尽管中国大学、科研机构研发投入较大，其专利技术转移率仍然很低，每年仅有10%。除了大学基础研发与行业商业应用之间的科技成熟差距之外，技术转化率低的主要原因之一是监管制度的缺陷，其中涉及激励、所有权、决策权、专利保护、政策障碍和利润分配等问题。

（4）企业国际竞争力偏弱。具有国际竞争力的创新型企业仍为数不多，万众创新刚处于起步阶段。大批中小企业的创新以一般性产品创新为主，处于产业链的中低端。2015年，中国规模以上工业企业研发经费首次突破1万亿元，但仅占主营收入额的0.92%，仅为发达国家平均水平的1/2。2015年，全国技术市场成交额达到9 835亿元，但从结构上看，80%左右是企业进行转让和吸纳，科研院所高校在转化成果方面还存在一些障碍。中国科技成果转化为产业应用技术的比例仅约15%，远低于先进国家约30%的比例。

（5）在市场环境方面，仍然存在很多障碍，突出表现在一些大型国有企业所处的行业中存在过多的行政性垄断。如市场准入（新产品、新设备）、地方保护主义（新能源汽车）、市场垄断（自然垄断行业）、过度管制（民航）等，束缚了民间企业的创新发展（世界经济论坛，2016）。对不断涌现的新商业模式，一些管理部门仍存在过度管制、限制发展的取向。

二、创新人才方面

科研人才数量多而不强。中国科技队伍的数量已居世界之首，但从教育培训方面看，不同层面学校灌输式、应试教育模式，不利于培养具有较强创造性思维的创新式人才。同时在培育独立思考能力、批判性思维方面，还远远不能适应新社会的要求。中国还是过于强调权威，包括家长、老师、学术殿堂以及各级领导大大小小的权威。而科学研究和创新往往是从挑战权威、去权威开始的。伟大的创新甚至是一个颠覆权威的过程。很多国家在探索如何尽量扩大个人自由的同时保证社会秩序，形成一个开放包容、多元化、既稳定又有创新活力的良性互动环境和社会治理体系。

中国人才培育在适应市场需求、科技新进步的培训机构、专业设置、培训方式等方面与美、德等科技强国比有较大差距。从使用、吸引人才方面看，鼓励创新、宽容失败的创新文化氛围尚未形成。

有关人才的另一个问题存在于移民政策。美国之所以持续保持竞争力，就在于其能够吸引全球最顶尖的人才移民。这种优势在其2007年美国科学院在给国会提交的一份政策报告中表达得非常清楚：要为高技能人才、理工科人才放松移民门槛。对于中国而言，目前对全球顶级人才（即便是华裔科学家）的吸引力还远远不够理想，在此方面仍然有很长的路要走。

三、制度层面

首先是知识产权保护力度不够。中国知识产权保护的执法力度、惩处力度仍有不足，使得侵犯知识产权的行为大量发生，被查处的侵权行为不到1/10，且处罚力度不强。一个国家从模仿到创新都需要经历一个过程，模仿的过程中就有可能侵犯别国或别人的知识产权。如果贪图眼前利益，而放之任之，最后会以长期创新能力的丧失为代价，损害科技人员和企业的自主创新的积极性。

其次是政出多门导致的不协调。中国主管科技的部门在中央部委中地位并不突出，协调功能弱。这种不协调既体现在横向的各部门之间，也体现在不同层次之间。从横向看，科技部、工信部以及各个行业主管部门均出台了一些重叠性的政策，政策众多而且相互缺乏互补性；从纵向看，国家政策与省市政策之间又存在一定的冲突和重叠，政策的复杂性导致了企业的困惑，很多务实的企业干脆就不理会。

再次是科技补贴导向存在偏差。相比于美国，中国政府更加大量使用供给类政策，而不是环境类政策（蔺洁等，2015）①。同时从补贴流向看，相当比例流向国有企业，中小企业受益相对较小。从中小企业看，政策偏向于那些业绩好、市场空间好的企业，可能存在对民间资本的挤出效应。

最后是对项目实施过程管理需要改进。对科技部中小企业技术创新基金的研究发现，有大量企业项目是僵尸项目，完全是为了骗补而虚构的，例如交大陈进的芯片项目诈骗事件，对此需要进行反思。此外在结项方面，项目评估的客观性还需要改进，目前存在项目并没有经过严格的评审就结项的情况。

基于上述分析，对于我国政府下一步的科技创新资助政策，提出以下几点建议。

第一，政府作为制度的供给者这一重要角色，使其成为国家创新体系中的重要主体。很大程度上，政府要对整个创新体系和生态的整体健康运行负责，应该加强对整个科创体系的制度性环境的研究，加强部门间、中央与地方在资

① 蔺洁，陈凯华，秦海波，侯沁江．中美地方政府创新政策比较研究：以中国江苏省和美国加州为例［J］．科学学研究，2015，33(7)：999–1006.

助政策方面的协调性。

第二，政府自身作为公共管理和服务部门的创新主体，对科创体系建设的成功至关重要。政府制度创新是整个创新体系中最核心的环节之一，各级政府除了要借鉴别国科技补贴政策，也要学习很多国家政府提升运行透明度的做法，比如政府在科技研发投入方面已经达到发达国家水平，当前最为突出的问题不再是投入量不足，而是有限科研资金的投入效率的问题。因此，科技研发管理的财政运行应该变得更加公开透明，让有限的财政资金发挥更大的效益，避免成为寻租场所。也要学习别国政府甘于当配角的定位，减少对企业具体创新行为的干预。

第三，公共投资与私人投资需要同时进行，尽量发挥公共投资的杠杆作用。从数据上看，中国企业研发投入量增长很快。但是如上分析，有些投入可能仅仅是由于政府政策导向的关系，企业换一个科目而已。这些投入的产出效果还有待于考察。

第四，为了激发更多的、更加优秀的青年参与科研工作，需要直接或借助于科技投入提升其收入水平，向市场释放更加明确的信号。同时减少科技费用管理存在的种种不合理的规定，真正起到激励科研人员的作用。

第五，在当前供给端政策基本就绪的情况下，要更加重视对创新需求政策的使用。创新需求既涉及创新的投入，也与产出相关。为此，政府需要变革科技产品的采购流程和制度，鼓励中小型创新企业或要求大企业与之合作，从而起到促进创新的效果。

专栏14-1 国际组织对中国科创政策的评估报告

一、OECD对中国国家创新体系的评估报告(2008)[①]

OECD会同中国科技部于2005—2008年对中国国家创新现状进行了诊断，对其现状评价中有褒有贬，总体问题和挑战居多。即便站在10

① OECD. Reviews of Innovation Policy: China[R]. OECD Publishing, Paris, 2008.

年后的今天，有些问题似乎仍然存在。

（1）中国在动员科技资源方面投入规模和速度前所未有。投入居世界第六位，人力资源居第二位。

（2）研发产出增长较快。比如科学论文发表专利申请每两年翻番，占全球申请量的3%。

（3）外国对华研发投资扩张速度很快，但其动因和内容在发生变化，更加注重人才而不是市场进入、适应中国市场的产品、支持出口导向的制造运营。

（4）中国创新型企业已经有第一波通过兼并收购进入海外市场，形成世界品牌，可以接入到国外的知识池。

（5）创新绩效的转化效率低，低效利用研发投资、科技人力资源、相关基础设施的能力发展较慢。

（6）一些制度框架式条件对市场创新不利，如公司治理、研发融资、基于技术的创业行为、知识产权保护。

（7）公共研发支持体系和制度安排不能激励研发创新，并作出产业转化。在基础研究部门与大规模的技术开发活动之间存在鸿沟。

（8）创新体系发展不充分，体系整合度差，不同角色与子系统之间的关系弱，存在创新孤岛。科技园区、孵化器对外溢出效应不足。没有对创新文化和手段产生推动。

（9）区域创新体系已经和仍将在中国科技发展中扮演重要角色，其中存在的问题是：创造了太多知识生产者和潜在用户之间的地理上的分割。从社会资本视角看，落后地区的创新体系仍然不发达。

（10）存在专业人才短缺的瓶颈，包括创新的各个发展阶段所需的人才。

OECD对中国的建议包括七个方面：

（1）调整政府的角色：卸下计划经济的包袱，鼓励政府官员的工作态度和方式的变革；增强政府在公共产品提供中的作用，在消除区域不平等中的作用，如市场和体系失灵导致的区域发展不平衡；运用科学和创新等公共产品应对社会和生态问题；更好地平衡政府在改进框架性条件和政策供给中的作用。

(2) 改善创新的框架式条件，这包括良好的现代公司治理和金融体系；反垄断法；有效的知识产权保护；资本市场；公共采购政策；遵循国际惯例利用技术标准推动创新。

(3) 理工科技术人才的持续增长。科技人才的持续增长；增强研究者的质量和效率；为培训投资提供激励。

(4) 提升科技政策治理水平。① 为中央和地方政策之间的关系创造一个更好的制度框架，更好协调区域创新努力，提升NIS整体效率。② 管理市场项目的支持，将政策制定与资助项目的运营管理分开。③ 加强必要能力开发的评估独立的评估机构，对研发项目实施，研发机构资助有一个统一的评估标准。④ 在中央政府层面创造一个整合协调机制，改进不同条块的协调推动科技战略规划的实施。

(5) 调整政策工具集以实现以下目标：鼓励更多深度研发，改变基础研发小，技术开发大的问题；避免高技术的近视症，关注更多产业，如传统和服务产业；克服项目行动主义，只有当这是应对市场失败的最佳方式时，才引进新公共项目。调整现有研发项目适应优先性的变化；更加重视软因素，如科技创新的公共意识、企业家精神、改进创新所需非科技技能的教育培训，如创新管理。

(6) 确保对公共研发充足的支持：① 建立在公共研究的优势基础上。平衡使命性科研与市场需求性科研。② 竞争性基金和科研性基金之间更好的平衡。

(7) 加强产学之间联系：创造创新的公私合作关系，推动持久的研发与创新合作，吸收OECD国家的经验。

二、世界经济论坛2016对中国创新生态系统的评估报告[①]

2016年，世界经济论坛中国理事会与清华大学、斯坦福大学携手合

① 世界经济论坛中国理事会. 中国创新生态系统[R]. 世界经济论坛，2016.8.

作，调查了大中华地区100多位创业者，就中国的创新生态现状以及中国的创新政策和监管制度等问题开展了调研。参与调查的创业者主要来自北京、上海、南京和广州等城市。

报告认为，中国的创新生态系统治理也从研发项目的中央管理系统，转变为科技发展的宏观协调系统。中国创新生态系统的一个显著特征是，地方政府和官方科研机构占据重要地位。国务院对科研体系的组织架构和研究政策的制定拥有最终决定权。

从现状看，中国创新生态系统的优势包括：① 科技创新为产业结构优化升级发挥了重要作用；② 企业作为技术创新主体的地位近年来不断加强；③ 从区域创新能力看，中国的高科技园区、自主创新示范区迅速发展。

挑战在于：① 核心技术落后；② 企业需要创新；③ 激励创新的环境仍需大力完善；④ 创新人才的培养、使用机制不完善；⑤ 知识产权保护可以更好地执行。

当与其他国家创新生态系统进行比较，8个创新生态系统要素对于中国初创企业成长的重要性和现状整理成下表：

表1　创新生态系统要素对早期企业成长的重要性分析

指　标	中国2016年报告	2014年世界经济论坛创业生态系统报告							
		美国硅谷	美国其他城市	北美	欧洲	澳大利亚、新西兰	亚洲	中东和非洲	中南美洲和墨西哥
可进入的市场	52%	44%	59%	59%	74%	74%	65%	68%	57%
人力资本/劳动力	63%	63%	70%	67%	41%	41%	67%	59%	63%
融资及资金来源	64%	64%	62%	63%	56%	56%	56%	55%	63%

（续表）

指标	中国2016年报告	2014年世界经济论坛创业生态系统报告							
		美国硅谷	美国其他城市	北美	欧洲	澳大利亚、新西兰	亚洲	中东和非洲	中南美洲和墨西哥
导师/顾问/支持系统	35%	35%	24%	29%	33%	33%	27%	14%	22%
监管框架/基础设施	10%	10%	11%	11%	19%	19%	27%	14%	33%
教育和培训	10%	19%	14%	12%	15%	15%	23%	18%	9%
重点大学的催化作用	17%	17%	9%	13%	7%	7%	5%	5%	0%
文化支持	31%	31%	19%	24%	7%	7%	11%	32%	11%

表2 创新生态系统八大支柱的存在对早期企业成长影响分析

指标	中国2016年报告	2014年世界经济论坛创业生态系统报告							
		美国硅谷	美国其他城市	北美	欧洲	澳大利亚、新西兰	亚洲	中东和非洲	中南美洲和墨西哥
可进入的市场	51%	92%	83%	85%	72%	69%	68%	68%	62%
人力资本/劳动力	52%	93%	87%	90%	81%	81%	73%	50%	71%
融资及资金来源	43%	91%	76%	82%	57%	69%	44%	55%	45%

（续表）

指　标	中国2016年报告	2014年世界经济论坛创业生态系统报告							
		美国硅谷	美国其他城市	北美	欧洲	澳大利亚、新西兰	亚洲	中东和非洲	中南美洲和墨西哥
导师/顾问/支持系统	42%	91%	72%	78%	52%	58%	38%	36%	35%
监管框架/基础设施	60%	67%	57%	62%	54%	54%	39%	55%	42%
教育和培训	42%	80%	62%	70%	60%	38%	34%	32%	27%
重点大学的催化作用	34%	88%	67%	75%	52%	42%	30%	23%	27%
文化支持	44%	90%	64%	75%	33%	35%	26%	45%	16%

对企业家的调查结果表明，中国处在中等水平，整体情况比北美和欧洲要弱。但是凭借良好的监管框架和基础设施，中国的创业生态系统优于其他亚洲国家。

在中国的创新政策和监管制度方面，报告认为创新生态环境近年不断改善，但是在四个方面仍存在问题，需要改进：

(1)积极营造加快实施创新驱动战略的良好生态环境，加快完善使市场在资源配置中起决定性作用和更好发挥政府作用的体制机制。

(2)强化企业技术创新的主体地位。

(3)完善创新人才的培养使用机制。

(4)推动形成开放创新格局。

跋：关于创新的几点反思

一是有关创新的本质。

本书对创新的基本理解体现在第一章所提出的创新的10条原理中。其中最基本的是前面四条，有关创新的本质，分别是：原理1. 创新是互动式实践过程。原理2. 创新是资源的新组合。原理3. 创新内在包含着张力。原理4. 不创新的风险大于创新风险。

这四个方面带有递进性。综合言之，创新是一项包含着张力和风险的学习性实践，它已经是一项人类不得不为之的活动。

不能不说，这可能是一种非常缺乏"科技"含量的理解。为什么不像很多人所说的"创新是技术发明的商业化过程"？

原因很简单，科学技术发明既非创新的必要条件，也非充分条件。技术当然是重要的，创新常常需要技术的支撑，受到一定技术的约束，但技术创新仅仅是创新中的一类，非技术创新大量存在。很多创新仅仅将现有技术换个地方使用，或者改变一下工作程序，有些则是制度的变革。因此对于创新而言，过于关注技术反而不利于我们看清创新的本质。

圣塔菲(Santa Fe)研究院布莱恩·阿瑟(W. Brian Arthor)教授的名作《技术的本质：技术是什么，它是如何进化的》开门见山地提出了技术的三条本质性原理：① 技术(所有的技术)都是某种组合。② 技术的每个组件自身也是缩微的技术。③ 所有的技术都会利用或开发某种(通常是几种)效应或现象(p. 18)。[①]

如果把这三条原理套用到创新上，可以发现，第1条与熊彼特的"资源重

---

① [美]布莱恩·阿瑟. 技术的本质：技术是什么，它是如何进化的[M]. 曹东溟，王健，译. 杭州：浙江人民出版社，2014.

新组合”定义不谋而合。第2条则与演化经济学家所说“创新是一个累积性的过程”类似。第3条，回归到现象，创新当然要利用某种现象和效应，特别是很多技术产品商业化之前需要做一些测试。但是与技术不同的，创新还可能是一种假设，因为一些创新观念的提出，很多时候并未发生，仅仅是大脑中一种构想，是否能达到预期的效果，有待于市场的检验。

阿瑟在其书中提及的另一个重要概念是“域”(domain)，他用这个概念来描述特定技术(集群)发挥作用的集合，而且认为“创新不是发明以及对其的应用，而是在新的可能世界中，将旧任务不断地进行重新表达或者再域定的过程”(p. 91)。从这个角度看，创新的同义词是试错(trial and error)，而不是其他。

二是创新政策的性质。

张维迎教授提出过一个现象，就是当存在创新产业政策补贴所谓的第一个吃螃蟹的人时，很多人会假装吃螃蟹。他相信，第一个吃螃蟹的人一定是因为自己想品尝美味佳肴的冒险冲动，而不是因为政府和其他什么人补贴才吃螃蟹的。政府不可能知道谁是第一个吃“螃蟹”的人，因为很多人连螃蟹长什么样都不知道。政府不应该阻止任何人吃螃蟹，但也没有必要为吃螃蟹埋单，因为那会诱使许多人假装吃螃蟹，但实际上不过是拿出吃螃蟹的姿势啃馒头。从啃馒头中得到的经验对吃螃蟹没有什么意义！

而根据林毅夫教授的观点，很多后发国家在发展初期都不同程度地借助过政府力量，积累资本，鼓励创业，建立产业体系。一些国家和地区，比如“亚洲四小龙”和中国大陆的成功追赶最初确实有赖于政府的主导。因此他认为政府应该有所作为，补贴企业家的创新创业行为。

两位教授的话各有道理。林教授说出了各国政策广泛存在的现实，张教授则非常敏锐地观察到了当前国内很多“创新政策”存在的弊端。政府出台各种补贴扶持与产业规划政策，会吸引大量行业外的投机者涌入套取财政补贴，或者利用概念在资本市场炒作，或者用低价强占市场然后出售公司套现，等等。例如，今天的中国突然冒出数百家机器人企业，而真正能够生产的仅有几家。[①]

① 张立伟. 中美竞争中的中国劣势(下)[EB/OL]. FT中文网，2018.1.16，http: //www.ftchinese.com/story/001075931?dailypop[2018-1-17访问].

因此，在讨论创新政策时，一个好的治理框架看来是更为关键的。政府在不同发展时期有其适当的作用和定位。在一国技术水平和市场体系较为落后，人力和金融资本非常不足时，一个雄心勃勃的政府及企业家型的领导人确实可以起到不可替代的作用，他们可以领导一个国家打破原有的制度藩篱，不断改革创新，成为一个社会企业家。但是当一国经济已经开始步入发展正轨时，企业开始具备自生能力，市场也逐渐成熟和精致化。作为一个高瞻远瞩的政治领导，应该知道自己应该有所不为，为市场留出足够的空间。对于市场主体的行为管制和引导，应更多地诉诸制度环境因素。

窃以为，对于创新政策，政府最好把它也看作一个社会政策，而不单纯是经济政策。政府作为公共管理机构，有其重要的使命，如保护国民安全、维持社会正常运行、促进总体经济增长等职责，从社会角度来看待创新更可能与市场形成互补，明晰界限。

三是有关创新与社会福利。

创新是一个社会过程，某个创新的成功与否，其背后代表了不同利益方的主张。因此它至少包括了两个重要的问题：一是相比于现状，创新会带来整体福利的改进吗？二是哪些人的福利得到改进，哪些人受损了？

福利经济学中存在两类改进：一类是帕累托改进，是指当经济中的资源和产出经过重新配置可以使任何人变好而不会让至少一个其他人变坏的情况。这是一种最为理想的情况。另一类是卡尔多–希克斯改进（Kaldor-Hicks Improvement），即经济资源的重新配置让多数人获益，同时另一部分（少数）人受损，但是社会总收益增加的情况。这种情况下，需要对少数人进行利益补偿。也就是说，如果能使整个社会的收益增大，创新也可以进行，无非是如何确定补偿方案的问题，将其转化为帕累托改进。

创新被称为“创造性破坏”，隐含着它会给部分人和产业带来巨大的负面冲击。有些冲击是摧枯拉朽式的，很多传统行业被直接消灭，如汽车对马车、移动电话对BP机等，但更多的是波澜不惊地静悄悄进行的，如智能手机对数码相机。还有一类创新的破坏是不经意的，完全出乎意料的。如外卖影响方便面业务；共享单车影响黑摩的、自行车维修业务；支付宝影响小偷的业务。18、19世纪的卢德分子毁坏机器的行为，正是那些感受到被侵害的利益群体过激行为的体现。

无论何种情况都显示出：创新不是请客吃饭，而是要端掉部分人的饭碗的。有些属于卡尔多–希克斯改进，而另一些影响短期内实在很难判断，但无论如何与帕累托改进不沾边。

当一部分人创新的成功意味着另一部分人利益的损失，而当这部分人又明显看不到有任何补偿的时候；当它对整个社会的负面冲击被认为大于其所带来的收益时，如人工智能可能带来大量的失业，及对人类本身造成威胁，创新的进程就会受阻，最终演化为一个政治过程，这需要有一种共识和信任。

也许正是某种共识和信任，才构成创新最基本的框架性条件。

参 考 文 献

一、英文部分

[1] Burt, R. S. Structural Holes: The Social Structure of Competition [M]. Harvard University Press, Cambridge, MA, 1992.

[2] Burns, T., and G. M., Stalker. The Management of Innovation[M]. London: Tavistock, 1961.

[3] Carson, R. Silent Spring[M]. New York: Houghton Mifflin, 1962.

[4] Chesbrough, H. Open Innovation: The New Imperative for Creating and Profiting from Technology[M]. Harvard Business School Press, Cambridge, MA, 2003.

[5] Chesbrough, H. Open Business Models: How to Thrive in the New InnovationLandscape[M]. Harvard Business School Press, Boston, 2006.

[6] Christensen, Clayton M.. The Innovator's Dilemma: When New Technologies Cause Great Firms to Fail[M]. Harper Business, 1997.

[7] D'Avani, R. Hypercompetition: Managing the Dynamics of Strategic Maneuvering[M]. Free Press, March, 1994.

[8] Dosi, G.. C. Freeman, R. Nelson, G. Silverberg and Luc Soete. Technical Change and Economic Theory. Part V: National Innovation Systems[C]. London: Pinter, 1988.

[9] Edquist, C., L. Hommen. Small Country Innovation Systems Globalization, Change and Policy in Asia and Europe[C]. Edward Elgar Publishing Limited, 2008.

[10] Etzkowitz, H. and L. Leydesdorff (Eds.). Universities and the Global

Knowledge Economy: A Triple Helix of University-Industry-Government Relations[C]. London: Cassell Academic, 1997.

[11] Fagerberg, J., D. C. Mowery, Richard R. Nelson. The Oxford Handbook of Innovation[C]. Oxford University Press, USA, 2004.

[12] Freeman, C. The Economics of Industrial Innovation (second ed.) [M]. Frances Pinter Publishing, London, 1982.

[13] Freeman, C. Technology Policy and Economic Performance: Lessons from Japan[M]. London: Pinter, 1987.

[14] Gibbons, M., C. Limoges, H. Nowotny, et al. The New Production of Knowledge: The Dynamics of Science and Research in Contemporary Societies[M]. London: Sage, 1994.

[15] Govindarajan, V., Chris Trimble. Reverse Innovation: Create Far From Home, Win Everywhere[M]. Harvard Business Review Press, April 10, 2012.

[16] Hall, B. H., N. Rosenberg (eds.). Handbook of The Economics of Innovation (Volume 1) [C]. Linacre House, Jordan Hill, Oxford, UK, 2010.

[17] Hamel, G. Leading the revolution[M]. Boston: Harvard Business School Press, 2000.

[18] Hofstede, G. Cultures and organizations: Software of the mind[M]. London: McGraw-Hill, 1991.

[19] Kim, L. From imitation to innovation: Thedynamics of Korea's technological learning[M]. Cambridge, MA: Harvard Business School Press, 1997.

[20] Kirzner, I. Competition and Entrepreneurship, Chicago, 1973.

[21] List, F. The National System of Political Economy (English Edition, 1904) [M]. London, Longman, 1841.

[22] Lundvall, B-Å. (ed.) National Systems of Innovation: Towards a Theory of Innovation and Interactive Learning [C]. London: Pinter Publishers, 1992.

[23] Lundvall, B-Å., Patarapong Intarakumnerd, Jan Vang. Asia's innovation systems in transition [M]. Edward Elgar Publishing, Inc., 2006.

[24] Lundvall, B-Å., K. J. Joseph, Cristina Chaminade, Jan Vang. Handbook on Innovation Systems and Developing Countries: Building Domestic Capabilities in a Global Setting [C]. Edward Elgar Publishing, 2010.

[25] Lundvall, B-Å Innovation Studies: A Personal Interpretation of "The State of the Art" [C]// Jan Fagerberg, Ben R. Martin, Esben Sloth Andersen-Innovation Studies: Evolution and Future Challenges. Oxford University Press, 2013.

[26] Lundvall, B-Å. National Systems of Innovation: Towards a Theory of Innovation and Interactive Learning [M]. Pinter Publishing, London, 1992.

[27] Marshall, A. Principles of Economics. 1 (First ed.) [M]. London: Macmillan, 1890.

[28] Marshall, A. Industry and Trade [M]. London: Machmillan, 1919.

[29] Mazzucato, M. The Entrepreneurial State (revised edition) [M]. London: Anthem Press, 2015.

[30] Miles, R., C. Snow. Organizational Strategy, Structure, and Process [M]. Stanford University Press, CA, 2003.

[31] Nelson, R. and S. Winter. An Evolutionary Theory of Economic Change [M]. Harvard University Press, Cambridge, 1982.

[32] Nelson, R.R. National Systems of Innovation: A Comparative Analysis [M]. Oxford University Press, New York, 1993.

[33] North, D. N. Institutions, institutional change, and economic performance [M]. Cambridge, UK: Cambridge University Press, 1990.

[34] Osterwalder, A., Y. Pigneur. Business Model Generation: A Handbook for Visionaries, Game Changers, and Challengers [M]. John Wiley & Sons, 2010.

[35] Porter, M.E. The Competitive Advantage of Nations [M]. New York: The Free Press, 1990.

[36] Rogers, E. M. The Diffusion of Innovations (5th ed.) [M]. The Free Press. New York, 1962/2003.

[37] Rothwell, R., W. Zegveld. Industrial Innovation and Public Policy:

Preparing for the 1980s and the 1990s [M].London: Frances Printer, 1981.

[38] Schumpeter, J. A. Business Cycles: A Theoretical, Historical and Statistical Analysis of the Capitalist Process (2 vols) [M]. New York, McGraw-Hill, 1939.

[39] Schumpeter, J.A. Capitalism, Socialism, and Democracy [M]. Harper, New York, 1942.

[40] von Hippel, E. The Sources of Innovation [M]. New York: Oxford University Press, 1988.

[41] Weick, K. E. Sensemaking in organizations [M]. Thousand Oaks, CA: Sage, 1995.

[42] Woodward, J. Management and technology [M]. London : H.M.S.O, 1958.

[43] Abernathy, W.J., and J.M. Utterback, Patterns of Industrial Innovation [J]. Technology Review January/July 1978, 40–47.

[44] Aerts, K., T. Schmidt. Two for the price of one? Additionality effects of R&D subsidies: a comparison between Flanders and Germany [J]. Research Policy, 2008, 37 (5): 806–822.

[45] Ahuja, G, C. M. Lampert. Entrepreneurship in the large corporation: A longitudinal study of how established firms create breakthrough inventions [J]. Strategic Management J., 2001, 22: 521–543.

[46] Ahuja, G., C. M. Lampert, and V. Tandon. Moving beyond Schumpeter: Management research on the determinants of technological innovation [J]. Academy of Management Annals, 2008, 2(1): 1–98.

[47] Alavi, M., D. E. Leidner. Review: Knowledge Management and Knowledge Management Systems: Conceptual Foundations and Research Issues [J]. MIS Quarterly, 2001, 25(1), pp. 107–136.

[48] Al-Debei, M.M., R. El-Haddadeh, D. Avison. Defining the business model in the new world of digital business [C] // Proceedings of the 14th Americas Conference on Information Systems AMCIS'08, Toronto, Canada, 2008, pp. 1–11.

[49] Al-Debei, M. M. and D. Avison. Developing a unified framework of the

business model concept [J]. European Journal of Information Systems, 2010, 19: 359–376.

[50] Amit, R., & C. Zott. Value creation in e-business [J]. Strategic Management Journal, 2001, 22: 493–520.

[51] Argote, L., D. Epple. Learning Curves in Manufacturing [J]. Science, New Series, Feb. 23, 1990, 247(4945): 920–924.

[52] Argote, L., S. L. Beckman, D. Epple. The persistence and transfer of learning in industrial settings [J]. Management Sci., 1990, 36(2): 140–154.

[53] Argote, L., B. McEvily, R. Reagans. Managing Knowledge in Organizations: An Integrative Framework and Review of Emerging Themes [J]. Management Science. 2003, 49(4): 571–582.

[54] Arrow, Kenneth J. Economic Welfare and the Allocation of Resources for Invention [C] // Richard Nelson (ed.), The Rate and Direction of Inventive Activity. Princeton, N. J.: Princeton University Press, 1962.

[55] Asheim, B., M.S. Gertler. The Geography of Innovation: Regional Innovation Systems [C] // Fagerberg, J., Mowery, D.C., Nelson, R.R. (Eds.), The Oxford Handbook of Innovation. Oxford University Press, Oxford, 2005, pp. 291–317.

[56] Baden-Fuller, C., and M. S. Morgan. Business Models as Models [J]. Long Range Planning, 2010, 43: 156–171.

[57] Bellman, R., C. Clark, et al. On the Construction of a Multi-Stage, Multi-Person Business Game [J]. Operations Research, 1957, 5(4): 469–503.

[58] Bernstein, J. I., M. I. Nadiri. Product Demand, Cost of Production, Spillovers, and the Social Rate of Return to R&D [J]. Working Paper No. 3625. Cambridge, Mass.: National Bureau of Economic Research. February 1991.

[59] Birch, D. G.W. The Job Generation Process [J]. MIT Program on Neighborhood and Regional Change, 1979, Vol. 302.

[60] Bjørnskov, C., N. J. Foss. Institutions, Entrepreneurship, and Economic Growth: What Do We Know and What Do We Still Need to Know? [J].

Academy of Management Perspectives, 2016, 30(3): 292–315.

[61] Boland Jr., R. J., J. Singh, P. Salipante, J. D. Aram, S. Y. Fay, P. Kanawattanachai. Knowledge Representations and Knowledge Transfer [J]. Academy of Management Journal. 2001, 44 (2): 393–417.

[62] Borgatti, S. P., R. Cross. A relational view of information seeking and learning in social networks [J]. Management Sci., 2003, 49(4): 432–445.

[63] Borrás, S., Edquist, C. The Choice of Innovation Policy Instruments [J]. Technological Forecasting and Social Change, 2013, 80: 1513–22.

[64] Boschma, R. Proximity and innovation: a critical assessment [J]. Regional Studies, 2005, 39: 61–74.

[65] Bradley, S. W., P. Klein. Institutions, Economic Freedom, and Entrepreneurship: The Contribution of Management Scholarship [J]. Academy of Management Perspectives, 2016, 30(3): 211–221.

[66] Casadesus-Masanell, R., J. E. Ricart. From strategy to business models and to tactics [J]. Long Range Planning, 2010, 43: 195–215.

[67] Casadesus-Masanell, R., J. E. Ricart. How to design a winning business model [J]. Harvard Business Review, 2011, 89(1/2): 100–107.

[68] Chaminade, C., C. Edquist. Rationales for public policy intervention in the innovation process: A systems of innovation approach [C] // Kuhlman, S., Shapira, P., Smits, R. (Eds.), Innovation policy-theory and practice. An international handbook. London, UK: Edward Elgar Publishers, 2010 (published in paperback in 2012).

[69] Chen, H., R. H. L. Chiang, V. C. Storey. Business Intelligence and Analytics: From Big Data to Big Impact [J]. MIS Quarterly, 2012, 36(4): 1165–1188.

[70] Chesbrough, H. W., R. S. Rosenbloom. The role of the business model in capturing value from innovation: Evidence from Xerox Corporation's technology spinoff companies [J]. Industrial and Corporate Change, 2002, 11: 533–534.

[71] Chesbrough, H. W. Business model innovation: Opportunities and barriers

[J]. Long Range Planning, 2010, 43: 354–363.

[72] Chun, H., J-W. Kim, J. Lee. How does information technology improve aggregate productivity? A new channel of productivity dispersion and reallocation [J]. Research Policy, 2015, 44: 999–1016.

[73] Cohen, W. M., D. A. Levinthal. Innovation and learning: The two faces of R&D [J]. Economic Journal, 1989, 99: 569–596.

[74] Cohen, W. M., D. Levinthal. Absorptive capacity: A new perspective on learning and innovation [J]. Admin. Sci. Quart., 1990, 35: 128–152.

[75] Cohen, W. M., R.R. Nelson, J.P. Walsh. Protecting their Intellectual Assets: Appro-priability Conditions and Why U.S. Manufacturing Firms Patent (or not) [J]. National Bureau of Economic Research, Working Paper 7552, 2000.

[76] Colyvas, J. A., S. Maroulis. Moving from an Exception to a Rule: Analyzing Mechanisms in Emergence-Based Institutionalization [J]. Organization Science, 2015, 26(2): 601–621.

[77] Cooke, P. Regional innovation systems, clusters, and the knowledge economy [J]. Ind Corp Change, 2001, 10(4): 945–974.

[78] Covin, J. G., J. E. Prescott, D. P. Slevin. The Effects of Technological Sophistication on Strategic Profiles, Structure and Firm Performance [J]. Journal of Management Studies, 1990, 27(5): 485–510.

[79] Czarnitzki, D., G. Licht. Additionality of public R&D grants in a transition economy [J]. Economics of Transition, 2006, 14 (1): 101–131.

[80] Czarnitzki, D., B. Ebersberger, A. Fier. The relationship between R&D collaboration, subsidies and R&D performance: Empirical evidence from Finland and Germany [J]. Journal of Applied Econometrics, 2007, 22 (7): 1347–1366.

[81] Dahlander, L., L. Frederiksen. The Core and Cosmopolitans: A Relational View of Innovation in User Communities [J]. Organization Science, 2012, 23(4): 988–1007.

[82] Damanpour, F. Organizational Innovation: A Meta-Analysis of Effects of

Determinants and Moderators [J]. Academy of Management Journal, 1991, 34(3): 555–590.

[83] Darr, E., L. Argote, D. Epple. The acquisition, transfer and depreciation of knowledge in service organizations: Productivity in franchises [J]. Management Sci., 1995, 41: 1750–1762.

[84] David, P. A., B. H. Hall, A. A. Toole. Is public R&D a complement or substitute for private R&D? A review of the econometric evidence [J]. Research Policy, 2000, 29: 497–529.

[85] Demil, B., X. Lecocq. Business model evolution: in search of dynamic consistency [J]. Long Range Planning, 2010, 43(2): 227–246.

[86] Dosi, G. Technological paradigms and technological trajectories. A suggested interpretation of the determinants and directions of technical change [J]. Research Policy, 1982, 11: 147–162.

[87] Dosi, G. Sources, procedures and microeconomic effects of innovation [J]. Journal of Economic Literature, 1988, 26 (3): 1120–1171.

[88] Dosi, G., R. R. Nelson. Technical Change and Industrial Dynamics as Evolutionary Processes [C] // Bronwyn H. Hall, Nathan Rosenberg (ed.) Handbook of the Economics of Innovation, Volume 1 (Handbooks in Economics) North Holland, (1st Edition), April 2010.

[89] Dougherty, D., D. D. Dunne. Organizing Ecologies of Complex Innovation [J]. Organization Science, 2011, 22(5): 1214–1223.

[90] Drucker, P.F. Knowledge-worker productivity: the biggest challenge [J]. California Management Review. 1999, 41(2): 79–94.

[91] Dumont, M. Assessing the policy mix of public support to business R & D [J]. Research Policy, 2017, 46: 1851–1862.

[92] Edler, J., A.D. James. Understanding the emergence of new science and technology policies: Policy entrepreneurship, agenda setting and the development of the European Framework Programme [J]. Research Policy, 2015, 44: 1252–1265.

[93] Edler, J., L. Georghiou. Public Procurement and Innovation: Resurrecting

the Demand Side' [J]. Research Policy, 2007, 36(7): 949–963.

[94] Edler, J., J. Fagerberg. Innovation policy: what, why, and how [J]. Oxford Review of Economic Policy, 2017, 33(1): 2–23.

[95] Edquist, C. Systems of innovation approaches-their emergence and characteristics [C] // C. Edquist (ed.), Systems of Innovation: Technologies, Institutions and Organizations, London: Pinter, 1997: 1–35.

[96] Edquist, C. Systems of innovation-perspectives and challenges [C] // J. Fagerberg, D. Mowery and R. Nelson (eds.), The Oxford Handbook of Innovation, Oxford: Oxford University Press, 2005: 181–208.

[97] Eisenhardt, K. M., B. J. Westcott. Paradoxical demands and the creation of excellence: The case of just-in-time manufacturing [C] // R. E. Quinn & K. S. Cameron (Eds.), Paradox and transformation: Toward a theory of change in organization and management. Cambridge, MA: Ballinger, 1988: 169–194.

[98] Fagerberg, J., B. Verspagen. Innovation studies—The emerging structure of a new scientific field [J]. Research Policy, 2009, 38(1): 218–233.

[99] Fagerberg, J., M. Fosaas, K. Sapprasert. Innovation: Exploring the knowledge base [J]. Research Policy. 2012, 41(7): 1132–1153.

[100] Fagerberg, J., S. Laestadius, B. R. Martin. The Triple Challenge for Europe: The Economy, Climate Change, and Governance [J]. Challenge, 2016, 59(3): 178–204.

[101] Faraj, S., S. L. Jarvenpaa, A. Majchrzak. Knowledge collaboration in online communities [J]. Organ. Sci., 2011, 22(5): 1224–1239.

[102] Ford, J. D., R. W. Backoff. Organizational change in and out of dualities and paradox [C] // R. E. Quinn & K. S. Cameron (Eds.), Paradox and transformation: Toward a theory of change in organization and management. Cambridge, MA: Ballinger, 1988: 81–121.

[103] Foss, N. J. Knowledge-Based Approaches to the Theory of the Firm: Some Critical Comments [J]. Organization Science, 1996, 7(5): 470–476.

[104] Freeman, C. The "National System of Innovation" in historical

perspective [J]. Cambridge Journal of Economics, 1995, 19(1): 5–24.

[105] Freeman, C. The diversity of national research systems [C] // R. Barre, M. Gibbons, J. Maddox, B. Martin and P. Papon. Science in Tomorrows Europe, Paris: Economica International, 1997: 183–194.

[106] Fromhold-Eisebith, M. Effectively linking international, national and regional innovation systems: insights from India and Indonesia [C] // Bengt-Åke Lundvall, Patarapong Intarakumnerd, Jan Vang (eds.) Asia's Innovation Systems in Transition, UK: Edward Elgar Publishing, Inc., 2006.

[107] Gajewski, M. Policies Supporting Innovation in the European Union in the Context of the Lisbon Strategy and the Europe 2020 Strategy [J]. Comparative Economic Research, 2017, Volume 20, Number 2.

[108] Garcia-Quevedo, J. Do public subsidies complement business R&D? A metaanalysis of the econometric evidence [J]. Kyklos, 2004, 57 (1): 87–102.

[109] Gassmann, O., Ellen Enkel and Henry Chesbrough. The future of open innovation [J]. R&D Management, 2010, 40(3): 213–221.

[110] Geels, F.W. The hygienic transition from cesspools to sewer systems (1840–1930): the dynamics of regime transformation [J]. Research Policy, 2006, 35: 1069–1082.

[111] Geels, F.W. Reconceptualising the co-evolution of firms-in-industries and their environments: Developing an inter-disciplinary Triple Embeddedness Framework [J]. Research Policy, 2014, 43: 261–277.

[112] Gibson, C. B., J. Birkenshaw. The antecedents, consequences, and mediating role of organizational ambidexterity [J]. Academy of Management Journal, 2004, 47: 209–226.

[113] Goerg, H., E. Strobl. The effect of R&D subsidies on private R&D [J]. Economica, 2007, 74 (294): 215–234.

[114] Goldberg, L. R. Language and individual differences: The search for universals in personality lexicons [C] // Wheeler (ed.), Review of

Personality and social psychology, 1981, Vol. 1, 141–165. Beverly Hills, CA: Sage.

[115] González, X., Pazó, C. Do public subsidies stimulate private R&D spending? [J]. Research Policy, 2008, 37 (3): 371–389.

[116] González, X., J. Jaumandreu, C. Pazó. Barriers to innovation and subsidy effectiveness [J]. The RAND Journal of Economics, 2005, 36 (4): 930–950.

[117] Guan, J., R. C. M. Yam. Effects of government financial incentives on firms' innovation performance in China: Evidences from Beijing in the 1990s [J]. Research Policy, 2015, 44(1): 273–282.

[118] Guerzoni, M., E. Raiteri. Demand-side vs. supply-side technology policies: Hidden treatment and new empirical evidence on the policy mix [J]. Research Policy, 2015, 44: 726–747.

[119] Gupta, A., V. Govindarajan. Knowledge Flows within Multinational Corporations [J]. Strategic Management Journal, 2000, 21: 473–496.

[120] Hall, B., J. Lerner. The financing of R&D and innovation [J] // Hall, B.H., Rosenberg, N. (Eds.), The Handbook of the Economics of Innovation, Vol. I. Elsevier, Amsterdam, NL, 2010: 609–639.

[121] Hall, B., J. Van Reenen. How effective are fiscal incentives for R&D? A review of the evidence [J]. Research Policy, 2000, 29 (4): 449–469.

[122] Hammer, M. Reengineering Work: Don't Automate, Obliterate [J]. Hardvard Business Review, July, 1990.

[123] Hansen, M.T., N. Nohria, T. Tierney. What's your strategy for managing knowledge? [J]. Harvard Business Review, 1999, 77(2): 106–116.

[124] Hansen, M. T. The search-transferproblem: The role of weak ties in sharing knowledge across organization subunits [J]. Admin. Sci. Quart., 1999, 44(1): 82–111.

[125] Hansen, M.T. Knowledge Networks: Explaining Effective Knowledge Sharing in Multiunit Companies [J]. Organization Science, 2002, 13(3): 232–248.

[126] Hedlund, G. A Model of Knowledge Management and the N-Form Corporation [J]. Strategic Management Journal. 1994, 15(Special Issue): 73–90.

[127] Helbing, D. Societal, economic, ethical and legal challenges of the digital revolution: From big data to deep learning, artificial intelligence, and manipulative technologies [J]. SSRN (Social Science Research Network), Apr. 14, 2015.

[128] Henderson, R. M., K. B. Clark. Architectural innovation: The reconfiguration of existing product technologies and the failure of established firms [J]. Admin. Sci. Quart.,1990, 35: 9–30.

[129] Holtham, C., N. Courtney. The Executive Learning Ladder: A Knowledge Creation Process Grounded in the Strategic Information Systems Domain[C] // Proceedings of the Fourth Americas Conference on Information Systems, E. Hoadley and I. Benbasat (eds.), Baltimore, MD, August 1998, pp. 594–597.

[130] Inkpen, A.C., E.W.K. Tsang. Social capital, networks, and knowledge transfer [J]. Academy of Management Review, 2005, 30(1): 146–165.

[131] Johnson, M. W., C. C. Christensen, H. Kagermann. Reinventing your business model [J]. Harvard Business Review, 2008, 86(12): 50–59.

[132] Jones, G. M. Educators, Electrons, and Business Models: A Problem in Synthesis [J]. Accounting Review, 1960, 35(4): 619–626.

[133] Kane, A. A. Unlocking Knowledge Transfer Potential: Knowledge Demonstrability and Superordinate Social Identity [J]. Organization Science, 2010, 21(3), pp. 643–660.

[134] Kankanhalli, A., B. C. Y. Tan, K.-K. Wei. Contributing Knowledge to Electronic Knowledge Repositories: An Empirical Investigation [J]. MIS Quarterly, 2005, 29(1): 113–143.

[135] Kim, L. National System of Industrial Innovation: Dynamics of Capability Building in Korea. [C] // National Innovation Systems: A Comparative Analysis. edited by Richard R. Nelson, Oxford University Press, USA,

1993: 357–384.

[136] Kim, L. Crisis construction and organizational learning: Capability building in catching-up at Hyundai Motor [J]. Organization Science, 1998, 9: 506–521.

[137] Kline, S. J., N. Rosenberg. An Overview of Innovation [C] // R. Landau and N. Rosenberg (eds.), The Positive Sum Strategy: Harnessing Technology for Economic Growth, Washington, DC, National Academy Press, 1986: 275–304.

[138] Kogut, B., U. Zander. Knowledge of the firm, combinative capabilities, and the replication of technology [J]. Organ. Sci., 1992, 3: 383–397.

[139] Kortmann, S., F. Piller. Open Business Models and Closed-Loop Value Chains: Redefining the Firm-Consumer Relationship [J]. California Management Review, 2016, 58(3): 88–108.

[140] Krackhardt, D. The strength of strong ties [C] // N. Nohria & R. G. Eccles (Eds.), Networks and organizations: Structure, form and action. Boston: Harvard Business School Press, 1992: 216–239.

[141] Krishnan, R.T. The evolution of a developing country innovation system during economic liberalization: the case of India [J]. Paper presented at The First Globelics Conference, Rio de Janeiro, 2003.

[142] Kuhlmann, S., P. Shapira, and R. Smits. Introduction. A Systemic Perspective: The Innovation Policy Dance [C] // Ruud E. Smits, Stefan Kuhlmann and Philip Shapira. The Theory and Practice of Innovation Policy: An International Research Handbook. Edward Elgar Pub., 2010.

[143] Laursen, K., A. J. Salter. The paradox of openness: Appropriability, external search and collaboration [J]. Research Policy, 2014, 43: 867–878.

[144] Lee, D., E. Van den Steen. Managing Know-How [J]. Management Science, 2010, 56(2): 270–285.

[145] Leonard-Barton, D. Core Capabilities and Core Rigidities: A Paradox in Managing New Product Development [J]. Strategic Management Journal, 1992, 13: 111–125.

[146] Levin, R. C., A. K. Klevorick, R. R. Nelson, and S. G. Winter. Appropriating the returns from industrial research and development [J]. Brookings Papers on Economic Activity, 1987, (3): 783–820.

[147] Liu, D., G. Ray, Andrew B. Whinston.The Interaction Between Knowledge Codification and Knowledge-Sharing Networks [J]. Information Systems Research, 2010, 21(4): 892–906.

[148] Lundvall, B.-Å., E. Lorenz. Modes of Innovation and Knowledge Taxonomies in the Learning economy [J]. Paper to be presented at the CAS workshop on Innovation in Firms, Oslo, October 30 – November 1, 2007.

[149] Lundvall, B.-Å. National Innovation Systems—Analytical Concept and Development Tool [J]. Industry and Innovation, 2007, 14(1): 95–119.

[150] Magretta, J. Why business models matter [J]. Harvard Business Review, 2002, 80(5): 86–92.

[151] Malerba, F. Sectoral Systems: How and Why Innovation Differs across Sectors. [C] // Jan Fagerberg and David C. Mowery(eds.). The Oxford Handbook of Innovation, 2005.

[152] March, J. Exploration and exploitation in organizational learning [J]. Organization Science, 1999, 2(1): 71–87.

[153] Martin, B. R. R&D Policy Instruments—A Critical Review of What We Do and Don't Know [J]. Industry and Innovation, 2016, 23 : 157–76.

[154] Mazzucato, M. and Semieniuk, G. Public financing of innovation: new questions [J]. Oxford Review of Economic Policy, 2017, 33 (1): 24–48.

[155] McDonough III, E. F., R. Leifer. Using Simultaneous Structures to Cope With Uncertainty [J]. Academy of Management Journal, 1983, 26(4): 727–735.

[156] Menon, T., J. Pfeffer. Valuing internal versus external knowledge [J]. Management Sci., 2003, 49(4): 497–513.

[157] Mokyr, J. The Contribution of Economic History to the Study of Innovation and Technical Change [C] // Bronwyn H. Hall and Nathan

Rosenberg(eds.). Handbook of The Economics of Innovation (Volume 1). Linacre House, Jordan Hill, Oxford, UK, 2010: 1750–1914.

[158] Morris, M., M. Schindehutte, J. Allen. The entrepreneur's business model: Toward a unified perspective [J]. Journal of Business Research, 2005, 58: 726–735.

[159] Mowery, D. C., J. E. Oxley, B. S. Silverman. Strategic alliances and interfirm knowledge transfer [J]. Strategic Management Journal, 1996, 17: 77–91.

[160] Mowery, D. C. The U.S. National Innovation System: Recent Developments in Structure and Knowledge Flows [J]. the OECD meeting on "National Innovation Systems," October 3, 1996.

[161] Murphy, P. J., J. Liao, H. P. Welsch. A conceptual history of entrepreneurial thought [J]. Journal of Management History, 2006, 12(1): 12–35.

[162] Murray, F. Innovation as co-evolution of scientific and technological networks: exploring tissue engineering [J]. Research Policy, 2002, 31: 1389–1403.

[163] Nelson, R. R. The Simple Economics of Basic Scientific Research [J]. Journal of Political Economy, 1959, 49: 297–306.

[164] Nelson, R.R. and N. Rosenberg. Technical innovation and national systems [C] // R.R. Nelson (ed.), National Systems of Innovation: A Comparative Study, Oxford: Oxford University Press, 1993, pp. 3–21.

[165] Nonaka, I. The Knowledge-Creating Company [J]. Harvard Business Review, 1991, November-December: 96–104.

[166] Nonaka, I. A dynamic theory of organizational knowledge creation [J]. Organ. Sci., 1994, 5(3): 14–37.

[167] Nonaka, I., R. Toyama, N. Konno. SECI, Ba and Leadership: A Unified Model of Dynamic Knowledge Creation [J]. Long Range Planning, 2000, 33: 1–31.

[168] Norman, W. T. Toward an adequate taxonomy of personality attributes:

Replicated factor structure in peer nomination personality ratings [J]. Journal of Abnormal and Social Psychology, 1963, 66 (6): 574–583.
[169] Orcutt, M. Who Will Build the Health-Care Blockchain? [J]. MIT Technology Review, September 15, 2017. https: //www.technologyreview.com/s/608821/who-will-build-the-health-care-blockchain/.
[170] Osterwalder, A., Y. Pigneur, C. L. Tucci. Clarifying business models: Origins, present and future of the concept [J]. Communications of the Association for Information Science (CAIS), 2005, 16: 1–25.
[171] Pacheco, D. F., J. G. York, T. J. Hargrave. The Coevolution of Industries, Social Movements, and Institutions: Wind Power in the United States [J]. Organization Science, 2014, 25(6): 1609–1632.
[172] Pavitt, K. Sectoral patterns of technical change: Towards a taxonomy and a theory [J]. Research Policy, 1984, 13: 343–373.
[173] Pavitt, K. Innovation processes [J] // Fagerberg, J., Mowery, D.C., Nelson, R.R. (Eds.), The Oxford Handbook of Innovation. Oxford University Press, Oxford, 2005: 86–114.
[174] Perry-Smith, J. E. Social yet creative: The role of social relationships in facilitating individual creativity [J]. Acad. Management J., 2006, 49(1): 85–101.
[175] Perry-Smith, J. E., P. V. Mannucci. From Creativity to Innovation: The Social Network Drivers of the Four Phases of the Idea Journey [J]. Academy of Management Review, 2017, 42(1): 53–79.
[176] Porter, M. E. Towards a Dynamic Theory of Strategy [J]. Strategic Management Journal, Winter 1991, 12: 95–117.
[177] Porter, M. E. Clusters and the New Economics of Competition [J]. Harvard Business Review, 1998, 11–12: 77–90.
[178] Romer, P.M. Increasing returns and long-run growth [J]. Journal of Political Economy, 1986, 94(5): 1002–1037.
[179] Romer, P. M., Endogenous Technological Change [J]. Journal of Political Economy, October 1990, 98: S71–S102.

[180] Rumelt, R. P. Theory, strategy, and entrepreneurship [C] // D. Teece, (ed.), The Competitive Challenge. Ballinger, Cambridge, MA, 1987, pp. 137–158.

[181] Schot, J., E. Steinmueller. Framing Innovation Policy for ransformative Change: Innovation Policy 3. 0 [J]. SPRU working paper series. Sussex University, 2016.9.

[182] Schumpeter, J. A. The Creative Response in Economic History [J]. Journal of Economic History, 1947, 7(2): 149–159.

[183] Sine, W. D., S. Shane, D. Di Gregorio. The halo effect and technology licensing: The influence of institutional prestige on the licensing of university inventions [J]. Management Sci., 2003, 49(4): 478–496.

[184] Smith W.K., M. L. Tushman. Managing strategic contradictions: A top management model for managing innovation streams [J]. Organization Science, 2005, 16: 522–536.

[185] Smith W.K., M.W. Lewis. Toward a theory of paradox: A dynamic equilibrium model of organizing [J]. Acad. Management Rev., 2011, 36(2): 381–403.

[186] Spencer, J. W. How Relevant Is University-Based Scientific Research to Private High-Technology Firms? A United States-Japan Comparison [J]. Academy of Management Journal, 2001, 44(2): 432–440.

[187] Spieth, P., D. Schneckenberg, J. E. Ricart. Exploring the linkage between business model (&) innovation and the strategy of the firm [J]. R&D Management, 2016, 46(3): 403–413.

[188] Steinmueller, W. E. Economics of Technology Policy [C] // Kenneth J. Arrow, Michael D. Intriligator. Handbooks in Economics of Innovation (vol. 2). Elsevier B.V, 2010.

[189] Szulanski, G. Exploring internal stickiness: Impediments to the transfer of best practice within the firm [J]. Strategic Management J., 1996, 17: 27–43.

[190] Takeishi, A. Knowledge Partitioning in the Interfirm Division of Labor:

The Case of Automotive Product Development [J]. Organization Science, 2002, 13(3): 321–338.

[191] Teece, D.J. Profiting from technological innovation [J]. Research Policy, 1986, 15 (6): 285–305.

[192] Teece, D., G. Pisano, A. Shuen. Dynamic capabilities and strategic management [J]. Strategic Management J., 1997, 18(7) 509–533.

[193] Teece, D. J. Business models, business strategy and innovation [J]. Long Range Planning, 2010, 43: 172–194.

[194] Teubal, M. The Innovation System of Israel: Description, Performance, and Outstanding Issues [C] // Nelson, R.(ed.) National Innovation Systems: A Comparative Analysis-Richard R. Nelson-Oxford University Press, USA Oxford University Press, 1993.

[195] Timmers, P. Business models for electronic markets [J]. Electronic Markets, 1998, 8(2): 3–8.

[196] Trajtenberg. M. R&D Policy in Israel: An overview and Reassessment [J]. NBER working paper 7930. Oct. 2000.

[197] Tripsas, M. Technology, Identity, and Inertia Through the Lens of "The Digital Photography Company" [J]. Organization Science, 2009, 20(2): 441–460.

[198] Tupes, E.C., R.E. Christal. Recurrent Personality Factors Based on Trait Ratings [J]. Technical Report ASD–TR–61–97, Lackland Air Force Base, TX: Personnel Laboratory, Air Force Systems Command, 1961.

[199] Tushman, M. L., and P. Anderson. Technological Discontinuities and Organizational Environments [J]. Administrative Science Quarterly, 1986, 31(3): 439–465.

[200] Tushman, M. L. C. A. O'Reilly. The ambidextrous organization: managing evolutionary and revolutionary change [J]. California Management Review, 1996, 38: 1–23.

[201] Van de Ven, A. H. Central problems in the management of innovation [J]. Management Sci., 1986, 32(5): 590–607.

[202] van Rijnsoever, F.J., et al. Smart innovation policy: How network position and project composition affect the diversity of an emerging technology [J]. Research Policy, 2015, 44: 1094–1107.

[203] Venturini, F. The modern drivers of productivity [J]. Research Policy, 2015, 44: 357–369.

[204] von Hippel, E. Lead Users: A Source of Novel Product Concepts [J]. Management Science, 1986, 32 (7): 791–805.

[205] von Hippel, E. The Dominant Role of Users in the Scientific Instrument Innovation Process [J]. Research Policy, 1976, 5: 212–239.

[206] Wareham, J., P. B. Fox, J. L. C. Giner. Technology Ecosystem Governance [J]. Organization Science, 2014, 25(4): 1195–1215.

[207] Wasko, M. M., S. Faraj. Why Should I Share? Examining Knowledge Contribution in Networks of Practice [J]. MIS Quarterly, 2005, 29(1): 35–57.

[208] Yip, G. S. Using strategy to change your business model [J]. Business Strategy Review, 2004 , 15(2): 17–24.

[209] Zahra, S. A., G. George. Absorptive capacity: A review, reconceptualization, and extension [J]. Academy of Management Review, 2002, 27: 185–203.

[210] Zhang, Y., H. Li. Innovation Search of New Ventures in A Technology Cluster: The Role of Ties with Service Intermediaries [J]. Strategic Management Journal, 2009, 31(1): 88–109.

[211] Zott, C., R. Amit. The fit between product market strategy and business model: Implications for firm performance [J]. Strategic Management Journal, 2008, 29(1): 1–26.

[212] Zott, C., R. Amit. Designing your future business model: An activity system perspective [J]. Long Range Planning, 2010, 43: 216–226.

[213] Zott, C., R. Amit, L. Massa. The business model: recent developments and future research [J]. Journal of Management, 2011, 37(4): 1019–1042.

[214] Block, F., and M. R. Keller. Where Do Innovations Come From?

Transformations in the U.S. National Innovation System, 1970–2006 [R]. Information Technology & Innovation Foundation. July 2008.

[215] BMBF. Die Neue Hightech-Strategie Innovationen Für Deutschland [R]. 2014 <link: http: //www.bmbf.de/pub_hts/HTS_Broschure_Web.pdf (8/2015)>.

[216] Bound, K., I. Thornton. Our Frugal Future: Lessons from India's innovation system [R]. Nesta, July, 2012.

[217] Bush, V. Science: The Endless Frontier [R]. U.S. Office of Scientific Research and Development, Report to the President on a Program for Postwar Scientific Research, Government Printing Office, Washington, D.C., 1945.

[218] Capron, H., B. De La Potterie, Public Support to Business R&D: A Survey and Some New Quantitative Evidence. OECD: Policy Evaluation in Innovation and Technology. Towards Best Practices [R]. OECD, Paris, 1997.

[219] Committee on Prospering in the Global Economy of the 21st Century: an agenda for American science and technology; Committee on Science, Engineering, and Public Policy. Rising above the gathering storm: energizing and employing America for a brighter economic future [R]. National Academies Press, 2007.

[220] de Fontenay, C., E. Carmel. Israel's Silicon Wadi: The forces behind cluster formation [C] // Bresnahan, T. and Gambardella, A.(ed.). building high-tech clusters: Silicon Valley and Beyond, Cambridge University Press, 2004.

[221] Dutta, S., B. Lanvin, S. Wunsch-Vincent. The Global Innovation Index 2017: Innovation Feeding the World [R]. WEF, 2017.

[222] Federal Ministry for Economic Affairs and Energy. Digital Strategy 2025 for Germany [R]. April 2016.

[223] Gwartney, J. D., J. Hall, R. Lawson. Economic freedom of the world: 2014 annual report [R]. Vancouver, Canada: The Fraser Institute, 2014.

[224] Goldman Sachs. The real consequences of artificial intelligence [R].

[225] Gwartney, J., R. Lawson, and J. Hall. Economic Freedom of the World: 2017 Annual Report [R]. Fraser Institute, 2017. <https: //www.fraserinstitute.org/studies/economic-freedom>.

[226] Halme, K., V-P. Saarnivaara, and J. Mitchell. RIO Country Report 2016: Finland [R]. European Union, 2017.

[227] IERC. Internet of Things: IoT governance, privacy and security issues [R]. IERC Position Paper, European Communities, 2015. www.internet-of-thingsresearch.eu/pdf/IERC_Position_Paper _IoT_ Governance _Privacy_ Security _Final.pdf.

[228] Kok, W. Facing the Challenge. The Lisbon Strategy for Growth and Employment [R]. European Communities, Luxembourg, 2004.

[229] Krishna, V. RIO Country Report 2015: India [R]. European Union, 2016.

[230] Li, Y. Erawatch Country Reports 2012: China [R]. European Commission, 2012.

[231] Manyika, J., M. Chui, B. Brown, J. Bughin, R. Dobbs, C. Roxburgh, A. H. Byers. Big data: The next frontier for innovation, competition, and productivity [R]. McKinsey Global Institute, May 2011.

[232] Mashelkar, R. A. Reinventing India as Innovation Nation [R]. NITI AAYOG, 17 March 2017.

[233] McKinsey Global Institute. Big data: The next frontier for innovation, competition, and productivity [R]. June 2011.

[234] McKinsey Global Institute. Disruptive technologies: Advances that will transform life, business, and the global economy [R]. May 2013. www.mckinsey.com/business-functions/ businesstechnology/our-insights/disruptive-technologies.

[235] OECD. Proposed Standard Practice for Surveys of Research and Development [R]. Directorate for Scientific Affairs, DAS/PD/62.47, Paris, 1963.

[236] OECD. Managing National Innovation Systems [R]. OECD Publishing,

Paris, 1999.
[237] OECD. Oslo Manual: Guidelines for Collecting and Interpreting Innovation Data (Third edition) [R]. OECD Publishing, Paris, 2005.
[238] OECD. Reviews of Innovation Policy: China [R]. OECD Publishing, Paris, 2008.
[239] OECD. Reviews of Innovation Policy: Korea 2009 [R]. OECD Publishing, Paris, 2009.
[240] OECD. The Internet Economy on the Rise: Progress since the Seoul Declaration [R]. OECD Publishing, 2013.
[241] OECD. Digital Economy Outlook 2015 [R]. OECD Publishing, Paris, 2015.
[242] OECD. Science, Technology and Innovation Outlook 2016 [R]. OECD Publishing, Paris, 2016.
[243] OECD. SME and Entrepreneurship Policy in Israel 2016 [R]. OECD Publishing, Paris, 2016.
[244] Schwab, K. The Global Competitiveness Report 2016–2017 [R]. World Economic Forum, 2016.
[245] Shipp, S., and M. Stanley. 2009. Government's Evolving Role in Supporting Corporate R&D in the United States: Theory, Practice, and Results in the Advanced Technology Program [C] // 21st Century Innovation Systems for Japan and the United States: Lessons from a Decade of Change: Report of a Symposium. Washington, D.C.: National Academies Press.
[246] U.S. Department of Commerce. The Competitiveness and Innovative Capacity of the United States [R]. January 2012: 2–5.
[247] Wadhwa, V., Ben Rissing, A. Saxenian, G. Gereffi. Education, Entrepreneurship and Immigration: America's New Immigrant Entrepreneurs, Part II [R]. Duke University Pratt School of Engineering, U.S. Berkeley School of Information, Ewing Marion Kauffman Foundation, June 11, 2007.

[248] Wessner, C. W., and A. W. Wolff (eds.). Rising to the Challenge: U.S. Innovation Policy for the Global Economy [R]. National Research Council, Washington, DC, 2012.

[249] Wessner, C. W. RIO Country Report 2015: United States [R]. EUR 28134 EN.

[250] World Bank. Doing Business [R].（历年报告）.

二、中文部分

[1] [美]布莱恩·阿瑟. 技术的本质：技术是什么，它是如何进化的[M]. 曹东溟，王健，译. 杭州：浙江人民出版社，2014.4.

[2] 陈志武. 金融的逻辑[M]. 北京：国际文化出版公司，2009.7.

[3] [美]贾雷德·戴蒙德. 枪炮、细菌和钢铁：人类社会的命运[M]. 谢延光，译. 上海世纪出版集团，2006.4.

[4] [美]彼得·德鲁克. 卓有成效的管理者[M]. 孙康琦，译. 上海译文出版社，1999.4.

[5] [美]彼得·德鲁克. 创新与企业家精神[M]. 张炜，译. 上海人民出版社，2002.

[6] [美]彼得·德鲁克. 管理的实践[M]. 齐若兰，译. 北京：机械工业出版社，2006.1.

[7] [美]彼得·德鲁克. 后资本主义社会[M]. 张星岩，译. 上海译文出版社，1998.12.

[8] [美]彼得·德鲁克. 个人的管理：德鲁克文集（第一卷）[M]. 沈国华，译. 上海财经大学出版社，2003.8.

[9] [美]彼得·德鲁克. 组织的管理：德鲁克文集（第二卷）[M]. 王伯言，沈国华，译. 上海财经大学出版社，2006.6.

[10] [美]彼得·德鲁克. 社会的管理：德鲁克文集（第三卷）[M]. 徐大建，译. 上海财经大学出版社，2006.6.

[11] [美]彼得·杜拉克. 杜拉克论管理[M]. 孙忠，译. 海口：海南出版社，2000.3.

［12］［美］杰夫·戴尔，赫尔·葛瑞格森，克莱顿·克里斯坦森. 创新者的基因［M］. 曾佳宁，译. 北京：中信出版社，2013.2.

［13］［美］托马斯·弗里德曼. 世界是平的：21世纪简史［M］. 何帆，肖莹莹，郝正非，译. 长沙：湖南科学技术出版社，2006.11.

［14］［美］巴尔科姆·格拉德威尔. 引爆点：如何制造流行［M］. 钱清，覃爱冬，译. 北京：中信出版社，2006.1.

［15］［美］迈克尔·哈默，詹姆斯·钱皮. 改革公司：企业革命的宣言书［M］. 胡毓源，徐荻洲，周敦仁，译. 上海译文出版社，1998.11.

［16］［美］杰夫·豪. 众包：大众力量缘何推动商业未来［M］. 牛文静，译. 北京：中信出版社，2009.6.

［17］［美］凯文·凯利. 技术元素［M］. 张行舟，余倩等，译. 北京：电子工业出版社，2012.6.

［18］［美］R.H.科斯，A.阿尔钦，D.诺斯. 财产权利与制度变迁：产权学派与新制度学派译文集［C］. 刘守英等，译. 上海人民出版社，1994.

［19］［美］哈罗德·孔茨，海因茨·韦里克. 管理学（第十版）［M］. 张晓君等，译. 北京：经济科学出版社，1998.7.

［20］［美］雷·库兹韦尔. 奇点临近：当计算机智能超越人类［M］. 李庆诚，董振华，田源，译. 北京：机械工业出版社，2011.10.

［21］李开复，王咏刚. 人工智能：李开复谈AI如何重塑个人、商业与社会的未来图谱［M］. 北京：文化发展出版社，2017.5.

［22］梁启超. 李鸿章传［M］. 南昌：百花文艺出版社，2000.5.

［23］［英］维克托·迈尔–舍恩伯格，肯尼斯·库克耶. 大数据时代：生活、工作与思维的大变革［M］. 盛杨燕，周涛，译. 杭州：浙江人民出版社，2013.1.

［24］［加］亨利·明茨伯格，布鲁斯·阿尔斯特兰德，约瑟夫·兰佩尔. 战略历程：纵览战略管理学派［M］. 刘瑞红，徐佳宾，郭武文，译. 北京：机械工业出版社，2001.1.

［25］［美］安纳利·萨克森宁. 地区优势：硅谷和128公路地区的文化与竞争［M］. 曹蓬等，译. 上海远东出版社，1999.9.

［26］［美］彼得·圣吉著. 第五项修炼（第2版）［M］. 郭进隆，译. 上海三联

书店, 1998.7.
[27] 盛洪编. 现代制度经济学(上卷)[C]. 北京大学出版社,2003.5.
[28] [美]克莱・舍基. 未来是湿的[M]. 胡泳,沈满琳,译. 北京: 中国人民大学出版社, 2009.5.
[29] [美]约瑟夫・斯蒂格利茨, 卡尔・沃尔什. 经济学(第三版)[M]. 黄险峰,张帆,译. 北京: 中国人民大学出版社, 2005.
[30] [加]唐・泰普斯科特, [英]安东尼・D・威廉姆斯. 维基经济学: 大规模协作如何改变一切[M]. 何帆, 林季红,译. 北京: 中国青年出版社, 2007.10.
[31] [德]马克斯・韦伯. 新教伦理与资本主义精神[M]. 于晓, 陈维纲等, 译. 北京: 生活・读书・新知三联书店, 1987.
[32] 吴敬琏. 发展中国高新技术产业: 制度重于技术[M]. 北京: 中国发展出版社, 2002.5.
[33] 吴军. 浪潮之巅[M]. 北京: 电子工业出版社, 2011.8.
[34] [美]卡尔・夏皮罗(Carl Shapiro), [美]哈尔・瓦里安(Hal Varian). 信息规则: 网络经济的策略指导[M]. 张帆, 译. 北京: 中国人民大学出版社, 2000.6.
[35] 项保华. 战略管理: 艺术与实务[M]. 北京: 华夏出版社,2001.5.
[36] [美]约瑟夫・熊彼特. 经济发展理论[M]. 何畏, 易家详等, 译. 北京: 商务印书馆,1990.1.
[37] 野中郁次郎, 胜见明. 创新的本质: 日本名企最新知识管理案例[M]. 林忠鹏, 谢群,译. 北京: 知识产权出版社, 2006.6: 19.
[38] 余胜海. 华为还能走多远[M]. 北京: 中国友谊出版公司, 2013.4.
[39] 张维迎, 盛斌. 论企业家: 经济增长的国王[M]. 北京: 生活・读书・新知三联书店,2004.6.
[40] 安德鲁・温斯顿. 牛文静, 译. 环保战略致胜未来[J]. 哈佛商业评论(中文版),2014.4.
[41] 白俊红, 江可申, 李婧. 应用随机前沿模型评测中国区域研发创新效率[J]. 管理世界,2009,(10): 51–61.
[42] 郭兵, 罗守贵. 地方政府财政科技资助是否激励了企业的科技创

新？——来自上海企业数据的经验研究[J]. 上海经济研究，2015，4：70–79.

[43] 梁正. 从科技政策到科技与创新政策——创新驱动发展战略下的政策范式转型与思考[J]. 科学学研究，2017.2：170–176.

[44] 蔺洁，陈凯华，秦海波，侯沁江. 中美地方政府创新政策比较研究——以中国江苏省和美国加州为例[J]. 科学学研究，2015，33(7)：999–1007.

[45] 凌鸿，赵付春，邓少军. 双元性理论和概念批判性回顾与未来研究展望[J]. 外国经济与管理，2010，32(1)：25–33.

[46] 刘凤朝，孙玉涛. 我国科技政策向创新政策演变的过程、趋势与建议——基于我国289项创新政策的实证分析[J]. 中国软科学，2007，(5)：34–42.

[47] 毛其淋，许家云. 政府补贴对企业新产品创新的影响：基于补贴强度"适度区间"的视角[J]. 中国工业经济，2015.6：94–107.

[48] 沈桂龙. "重要任务：'十三五'时期上海发展的总体思路与目标"[C]//王战等《开放改革引领创新转型》. 上海社会科学院出版社，2015.11.

[49] 赵付春. 国外知识共享管理研究述评[J]. 国外社会科学前沿，2011.1：517–527.

[50] 赵付春. 企业微创新特性和能力提升策略研究[J]. 科学学研究，2012，10：1579–1583.

[51] 朱平芳，徐伟民. 政府的科技激励政策对大中型工业企业R&D投入及其专利产出的影响——上海市的实证研究[J]. 经济研究，2003.6：45–53.

[52] 世界经济论坛中国理事会. 中国创新生态系统[R]. 世界经济论坛，2016.8.

[53] 腾讯研究院. 腾讯区块链方案白皮书：打造数字经济时代信任基石[R]. 2017.4.

图书在版编目（CIP）数据

创新解码：理论、实践与政策 / 赵付春著. —上海：上海社会科学院出版社，2018
（上海社会科学院院庆60周年暨信息研究所所庆40周年系列丛书）
ISBN 978-7-5520-2332-9

Ⅰ. ①创… Ⅱ. ①赵… Ⅲ. ①创造学—研究 Ⅳ. ①G305

中国版本图书馆CIP数据核字（2018）第095883号

创新解码：理论、实践与政策

著　　者：赵付春
责任编辑：熊　艳
封面设计：周清华
出版发行：上海社会科学院出版社
上海顺昌路622号　邮编200025
电话总机021-63315900　销售热线021-53063735
http://www.sassp.org.cn　E-mail: sassp@sass.org.cn
排　　版：南京展望文化发展有限公司
印　　刷：上海颛辉印刷厂
开　　本：710×1010毫米　1/16开
印　　张：25.75
字　　数：390千字
版　　次：2018年6月第1版　2018年6月第1次印刷

ISBN 978-7-5520-2332-9 / G·730　定价：128.00元
